火灾案例警示

(a)

(b)

"11・15"吉林商业大厦火灾现场

(a)

(b)

"11・15"上海教师高层公寓楼火灾现场

(a)

(b)

“2 · 9”中央电视台新大楼北配楼火灾现场

(a)

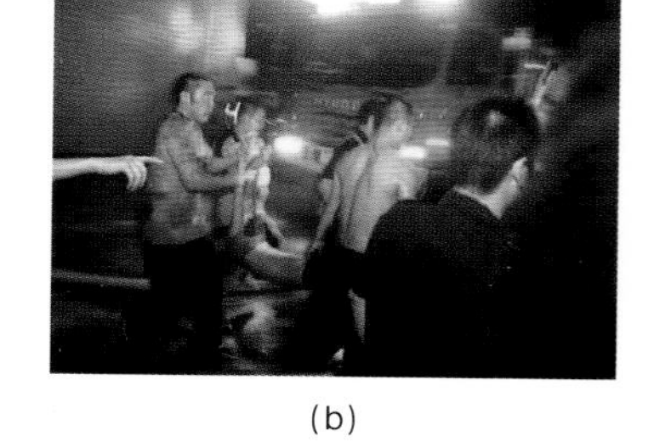

(b)

深圳市舞王俱乐部火灾现场

“6 · 5”南昌市艺术幼儿园火灾后现场

“3 · 29”焦作天堂音像俱乐部火灾现场

家庭防火、灭火常识

下列图片展示了家庭防火、灭火最基本、最常用也是最简单的一些常识，人们在平时的日常生活中，应谨记于心。

（1）教育孩子不玩火，不玩弄电器设备

（2）不乱丢烟头，不躺在床上吸烟

（3）不乱接拉电线，电路熔断器切勿用铜、铁丝代替

（4）明火照明时不离人，不要用明火照明寻找物品

（5）炉灶附近不放置可燃易燃物品，炉灰完全熄灭后再倾倒，草垛应远离房屋

（6）离家或睡觉前要检查用电器具是否断电，燃气阀是否关闭，明火是否熄灭

(7) 利用电器或灶塘取暖、烘烤衣服，要注意安全

(8) 不能随意倾倒液化气残液

(9) 发现燃气泄漏，要迅速关闭气源阀门，打开门窗通风，切勿触动电器开关和使用明火，并迅速通知专业维修部门来处理

(10) 家中不可存放 0.5 L 的汽油、酒精、香蕉水等易燃易爆物品

(11) 切勿在走廊、楼梯口等处堆放杂物，要保证通道和安全出口的畅通

(12) 不在禁放区及楼道、阳台、柴草垛旁等地燃放烟花爆竹

(13) 发现火灾迅速拔打火警电话 119。报警时要讲清详细地址、起火部位、着火物质、火势大小、报警人姓名及电话号码，并派人到路口迎候。

(14) 家中一旦起火，不要惊慌失措，如果火势不大，应迅速利用家中备有的简易灭火器材，采取有效措施控制。

(15) 油锅着火，不能用水灭火，应关闭炉灶燃气阀门，直接盖上锅盖或用湿抹布覆盖，令火窒息。还可向锅内放入切好的蔬菜冷却灭火。

(16) 燃气罐着火，要用浸湿的被褥、衣服等捂盖灭火并迅速关闭阀门。

(17) 家用电器或线路着火，要先切断电再用干粉或气体灭火器灭火，不可直接泼水灭火，以防触电或电器爆炸伤人。

(18) 救火时不要贸然开门窗，空源，气对流，加速火势蔓延。

火场逃生常识

利用电话等通讯工具报火警

家庭成员确定并熟悉逃生路线

火袭时迅速逃生，不可贪恋财物

火灾时不可乘电梯，应向安全出口方向逃生

(a)

(b)

用毛巾保护逃生

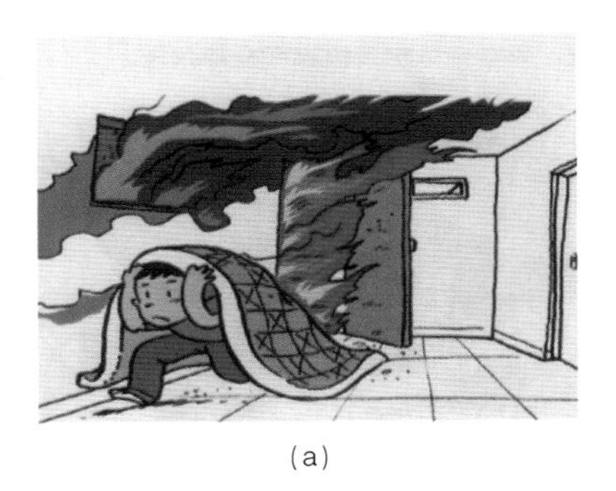

(a)

(b)

贴近地面爬行逃生

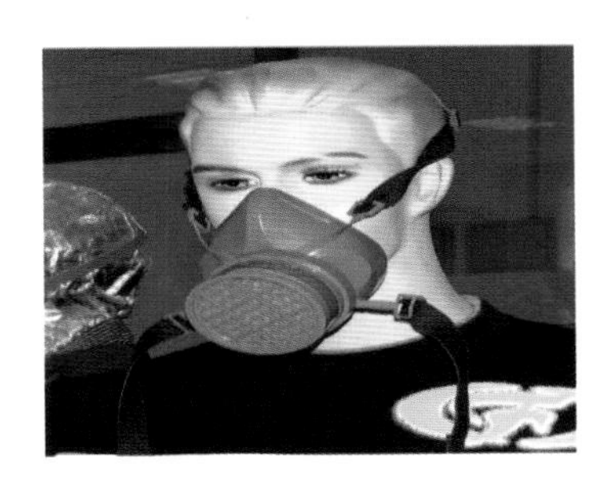

配戴防毒面具逃生

厚重衣物覆盖压灭火苗

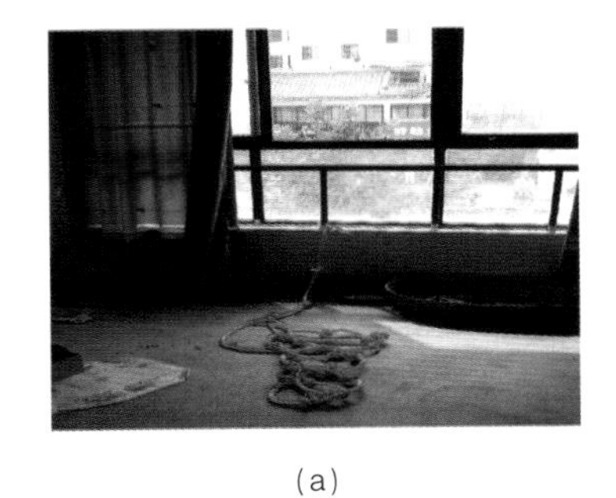

(a)

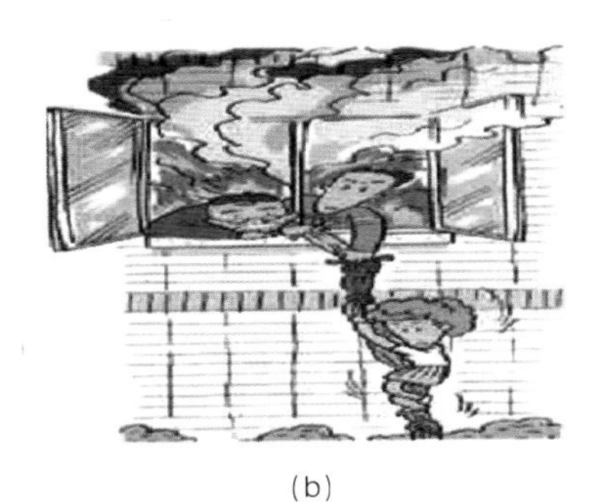

(b)

用绳索下滑逃生

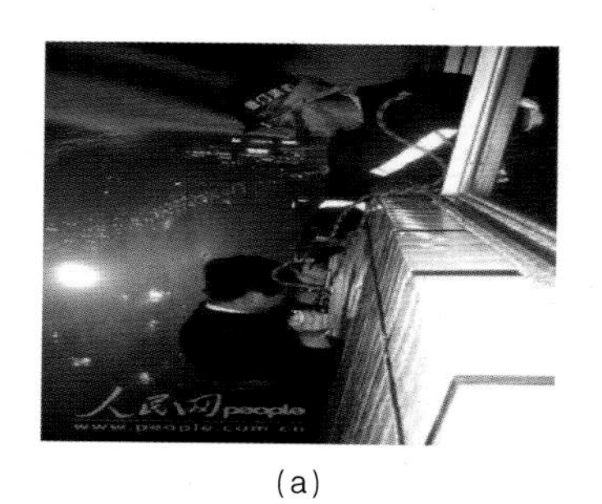

(a)

(b)

用救生缓降器逃生

(a)

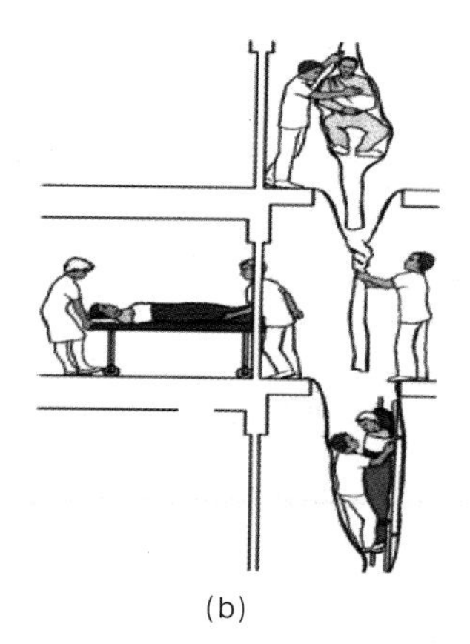

(b)

使用逃生滑道逃生

用湿毛巾等封堵门缝

火场被困时主动呼救待援

消防安全标志

一、火灾报警和手动控制装置标志

消防手动启动器
MANUAL ACTIVATING DEVICE

发声警报器
FIRE ALARM

火警电话
FIRE TELEPHONE

二、火灾疏散途径标志

紧急出口
EXIT

滑动开门
SLIDE

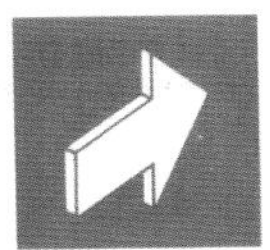

推开
PUSH

拉开
PULL

击碎板面
BREAK TO OBTAIN ACCESS

禁止阻塞
NO OBSTRUCTING

禁止锁闭
NO LOCKING

三、灭火设备标志

灭火设备
FIRE-FIGHTING
EQUIPMENT

灭火器
FIRE EXTINGUISHER

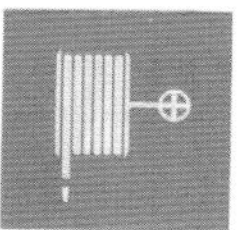

消防水带
FIRE HOSE

地下消火栓
FLUSH FIRE
HYDRANT

地上消火栓
POST FIRE
HYDRANT

消防水泵接合器
SIAMESE
CONNECTION

消防梯
FIRE LADDER

四、具有火灾、爆炸危险的地方或物质标志

当心火灾——易燃物质
DANGER OF FIRE
HIGHLY FLAMMABLE
MATERIALS

当心火灾——氧化物
DANGER OF FIRE
OXIDIZING MATERIALS

当心爆炸——爆炸性物质
DANGER OF EXPLOSION
EXPLOSIVE MATERIALS

禁止用水灭火
NO WATERING TO PUT
OUT THE FIRE

禁止吸烟
NO SMOKING

禁止烟火
NO BURNING

禁止放易燃物
NO FLAMMABLE
MATERIALS

禁止带火种
NO MATCHES

禁止燃放鞭炮
NO FIREWORKS

五、方向辅助标志

疏散通道方向

灭火设备或报警装置的方向

（a）

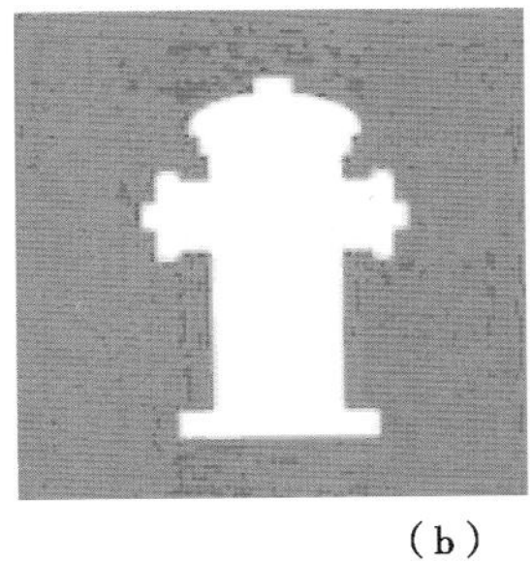

（b）

方向辅助标志使用举例

六、文字辅助标志

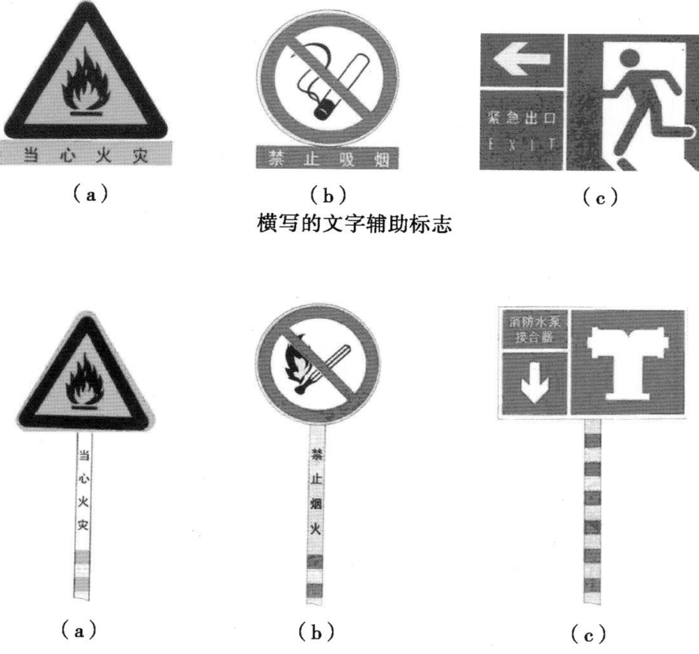

横写的文字辅助标志

写在标志杆上的文字辅助标志示意图

火灾预防与火场逃生

主　编　诸德志

参编者　陈咏军　严　娟
　　　　王春明　陈立新

东南大学出版社
· 南京 ·

图书在版编目(CIP)数据

火灾预防与火场逃生 / 诸德志主编. —南京:东南大学出版社，2013.10(2018.11 重印)

ISBN 978-7-5641-4568-2

Ⅰ. ①火… Ⅱ. ①诸… Ⅲ. ①火灾-预防②火灾-自救互救 Ⅳ. ①TU998.12②X928.7

中国版本图书馆 CIP 数据核字(2013)第 233210 号

火灾预防与火场逃生

主　　编　诸德志
出版发行　东南大学出版社
地　　址　南京市四牌楼 2 号　(邮编 210096)
出 版 人　江建中
责任编辑　唐　允
网　　址　http://www.seupress.com
经　　销　全国各地新华书店
印　　刷　南京玉河印刷厂

开　　本　850mm×1168mm　1/32
印　　张　15
彩　　插　12 面
字　　数　445 千字
版　　次　2013 年 10 月第 1 版
印　　次　2018 年 11 月第 5 次印刷
书　　号　ISBN 978-7-5641-4568-2
定　　价　65.00 元

序

长期以来，人们同火灾作斗争的经验表明，消防安全涉及社会的各个领域，与人们的生产和日常生活息息相关。可以说各地区、各部门、各行业、各单位甚至每个家庭都面对预防火灾、确保消防安全的问题。从无数次火灾事故的惨痛教训来看，除少数火灾是人为纵火或雷击、风灾、地震等自然灾害引起的以外，绝大多数都是由于管理不严、思想麻痹、用火不慎、不懂得消防法律法规或明知故犯、违规冒险作业等原因而造成。还有不少人缺乏最基本的防火、灭火知识，遇火情束手无策，不知如何报火警，不知如何逃生自救，以至于造成严重后果。因此，防范和控制火灾事故的发生，最大限度地减少和降低火灾危害，维护社会消防安全，十分重要。2006 年 5 月 11 日，《国务院关于进一步加强消防工作的意见》明确提出："广泛开展消防安全宣传教育，普及消防法律法规，教育广大人民群众切实增强防范意识，掌握防火、灭火和逃生自救常识。"为此，全社会各部门、各行业、各单位以至每个社会公众都要高度重视并认真做好消防安全工作，学习并掌握消防安全常识，自觉规范消防安全行为，共同维护公共消防安全。只有这样，才能从根本上提高全民的消防安全素质，提高全社会预防和抵御火灾的能力。

著者根据消防法律法规的有关精神和内容，结合多年消防工作实践的经验和体会，编写了《火灾预防与火场逃生》一书。该书引入并剖析了大量火灾事故案例，以此来说明消防安全工作的艰巨性和重要性，突出了管控火灾能力和提高火场逃生技能的迫切性，并从消防安全知识与管理方法两方面形成了闭环的逻辑关系。全书采用火灾案例、图表、文字叙述等方法，较系统地阐述了火灾及其预防、火场疏散逃生、火场自救及初起火灾扑救的基本知识和方法。全书章节编排新颖，图文并茂，所述内容自然流畅，既有知识、专业性，又有适应、通俗、可读性，针对性强，是机关、团体、企事业单位从业人员组织开展消防安全教育培训的好教材，也是社会公众学习、掌握消防安全知识的好读本。我深信，此书的出版发行，必将受到全社会各行各业广大读者们的欢迎，并将为提升单位及其从业人员的消防安全理念，普及全社会人员的消防安全常识，强化其消防安全素养，提高其消防安全技能，构建社会单位及每个家庭消防安全保障体系，促进社会稳定和国民经济稳步发展起到积极的推动作用。

消防安全关系各行各业、千家万户，重视消防安全，构筑稳定和谐社会。

国家安全生产委员会专家组专家
教育部高校安全工程学科指导委员会委员
南京工业大学副校长、教授、博士生导师

蒋军成

2013 年 10 月

前　言

21 世纪的今天，人们也许更多地关注住房的大小以及生活的舒适性，更多地关注子女如何去好学校读书，更多地关注网速的快慢和收入的增长——于是更多的人住进了高楼大厦和宽敞的建筑，尽情地享受着生活。大家对别的事物似乎不太关心，少了些忧患意识。他们不太清楚自己身处高楼，一旦发生火灾，自己如何应对？如何逃生？2012 年，全国共发生火灾 10 万余起，死伤人数超过 10 万！下面就让我们来认识一下它的元凶——火。

在现代科学出现之前，火一直带有神秘的色彩。古希腊神话中说，火是普罗米修斯为造福于人类，去天上偷盗而来的；中国古代传说，“燧人氏”是人工取火的创造发明者，“钻木取火，以化腥臊”就是新石器时代的重要反映。无论是神话还是传说，虽然并非真实、科学，但它却说明了一个问题：火的发现与利用，对人类文明与进步起到了举足轻重的作用，在人类社会文明发展史中占据着重要地位。

火究竟是何物？火，就是以释放热量并伴有烟或火焰或两者兼有为特征的燃烧现象；而燃烧则为一种发光、放热的化学反应（氧化反应）；火灾就是在时间或空间上失去控制的燃烧所造成的灾害。

现代科学技术的发展，使人们充分认识了火的真实身份，撕去了火的神秘面纱，使火已不再神奇。一般来说，大自然中存在三种火：一是天火——即雷击、闪电所为；二是地火——即火山爆发或地震而引起；三是生物火——即为在微生物或细菌作用下，生物腐烂变质发酵的自然现象。尽管人们在很长时间里不能科学地认识火的本质，但人类使用火的历史却十分悠久。据有关资料记载，距今约 200 万年前人类就已经掌握了利用天然火和保存火种的本领；距今 1.7 万年以前，北京周口店龙骨山的山顶洞人已学会了人工取火；新石器时代，摩擦生火的方法已得到广泛应用。人类学会用火，是跨入文明世界的重要标志之一，是认识和利用能源上的一次重大突破，也是人类改造自然生存环境的重要技巧和工具。火的使用与用火技能的不断提高，使人类增强了夜间抗御凶猛野兽的能力及严冬御寒的能力，摆脱了“茹毛饮血”的野蛮时代，在文明发展的道路上不断向前迈进；使制陶造瓷技术和炼丹、炼金等冶炼技术得以蓬勃发展、方兴未艾；刀耕火种开辟了农业发展的光明之道。现代文明社会的发展更加依附于火，火的燃烧产生了电，正是有了电，使得人类社会不断地发展和进步。

火与人类生态环境休戚相关。一场熊熊的森林烈火就会改变一个地区的生态系统：山火使寄生虫、病毒及真菌等得以控制或清除，但也烧毁了大片的花草、灌木及荆棘，驱走了在森林栖息的山鸟野兽，同时又刺激各种本木、草木植物的繁殖生长及新陈代谢，追寻新食物链的动物群也随之形成与发展。火能使土壤肥力改质，一把大火可使农田中稻草、杂草化为灰烬，但它同时也使农田中的植物营养成分如磷、钾、钙、镁等元素得以增加，减少了土壤腐殖质，改变了土壤酸碱度，使其碱性升高，有利于土壤风化、水侵。

正确使用火，可造福于人类，推进社会的发展，比如：煮饭、取暖、点灯、炼钢、炼铁都需要用火。现代高科技离不开火，商品流通部门更离不开火，比如：粮油饮料、食品加工要用火等。但倘若用火不当或者失控的话，火也会使人们辛勤劳动创造的物质财富在顷刻之间化为乌有，使人们流离失所，使珍贵的历史文物和稀世珍宝化为灰烬，甚至会夺走人们宝贵的生命，给生态环境造成可怕的灾难性后果。因此，在人口密集、建筑物鳞次栉比、高楼成群、燃气管道星罗棋布的城市，防火工作显得格外重要。由于建筑、装潢材料的迅猛发展和广泛应用，尤其是大量高分子新型材料，在燃烧中发出光和热的同时，还会释放出大量的烟尘及有毒有害的气体污染环境，故人们在生产、生活中使用火的同时，必须注重火的净化，警惕“火魔”作怪。尤其是随着社会的进步，人们生产和生活现代化进程的加快 ，人们更要学会科学地用火，科学地管理火，在消防安全方面有必要制定切实可靠的科学的行政管理办法，强化城市综合治理，走法治之路，从而使火只能为人类造福，而不是成为人类的灾难。

为了强化全民的消防安全意识，更好地普及消防安全知识，提高抗御火灾的能力，减小火灾危害，避免群死群伤火灾事故的发生，作者在查阅了大量国内外文献资料并结合多年消防工作实践的基础上编写成此书。书中以大量翔实的火灾案例及图文并茂的形式介绍了有关防火、灭火的基本常识及火场逃生的基本技能，与读者朋友们分享。

本书共分八章。第一章由南京市公安消防局高级工程师严娟撰写；第二章、第三章、第四章第二节中三、四，第五章、第六章第二节中七、第三节由南京公安消防局高级工程师诸德志博士撰写；第四章第一节、第二节中一、二，第六章第一节、第二节一至六由南京市公安消防局高级工程师陈咏军撰写；第七章由扬州市公安消防支队支队长、工程师陈立新撰写；第八章由南京公安消防医院主任医师王春明撰写。全书由诸德志统稿。

首先感谢江苏省公安消防总队政委陈益新少将对本书的编写给予的指导和帮助，同时感谢南京市公安消防局局长樊荣声大校和政委黄绪平大校对编写、出版本书的关心和支持；其次，感谢南京工业大学副教授陈发明博士和南京市公安消防局工程师张晟途对本书图片、资料的编集给予的大力支持和辛劳。最后要感谢长期从事消防宣传和报道的资深记者周义俊对本书的编撰和出版所作的贡献。

本书在编写过程中，参阅了国内外学者、同行的有关著作和文献资料，对他们给予的启示，在此表示由衷的感谢。

由于作者水平有限，书中难免会有一些疏漏和不尽如人意之处，敬请读者批评指正。

编者

2013 年 10 月

《火灾预防与火场逃生》编写委员会

主 任 委 员：朱力平

副主任委员：伍和员　丁九鸿　梁云红　葛洪正

徐国祥　陈立新

委　　　员：（排名不分先后）

陈海华　孙　山　刘　平　朱亚明

黄绪平　陈月球　梁　军　汤金宝

王大海　王志祥　王士军　窦礼念

胡庚松　周义俊　诸德志　陈武斌

俞　翔　丁俊标　杨新华　王　峰

目　录

第一章　燃烧与火灾

燃烧是一种自然现象，它常见于自然界之中，如果对其不能很好地加以控制，则其将会发展，酿成灾害，给人们的生命和财产带来巨大损失。为有效地控制和扑救火灾，需要全面地了解和掌握燃烧的基本原理和规律，通过破坏燃烧的基本条件，采取有效的预防措施，来达到控制火灾的发生和扑灭火灾的目的。

第一节　燃　　烧

为了更好地掌握灭火原理，首先应该要理解燃烧的含义，掌握燃烧的本质，熟悉物质燃烧的条件、类型、可燃物质燃烧的过程和产物等。

一、燃烧的概念

燃烧是一种放热发光的化学反应。燃烧过程中的化学反应十分复杂，有化合反应，有分解反应等。

可燃物与氧或其他氧化剂作用发生的放热反应，通常伴有火焰、发光或发烟的现象。

二、燃烧的条件

(一) 必要条件

任何物质的燃烧并不是随便发生的，而是必须具备一定的条件。只有在可燃物、氧化剂、温度(点火源)三个条件同时具备的情况下，可燃物才能发生燃烧，无论缺少哪一个条件燃烧都不能发生。燃烧的发生与发展，必须具备这三个必要条件，人们通常用燃烧三角形来表示这三个要素(见图 1-1),三角形的三条边分别代表燃烧的三个条件:可燃物、氧化剂和温度。

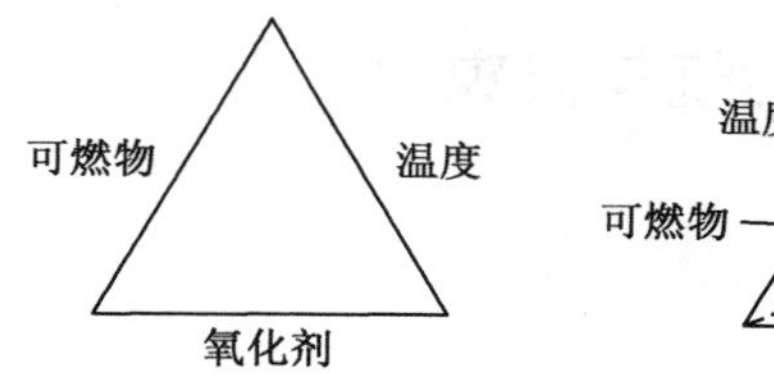

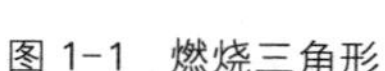

图 1-1　燃烧三角形

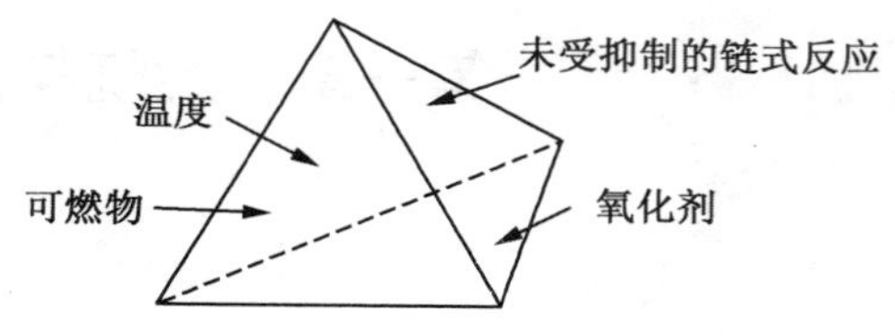

图 1-2　燃烧四面体

随着科学的发展,人们发现用燃烧三角形表示无焰燃烧的基本条件是确切的,而对有焰燃烧,因燃烧过程中存在未受抑制的自由基(游离基)中间体,所以燃烧三角形就增加一个坐标,形成燃烧四面体(见图 1-2)。自由基是一种高度活泼的化学基团,它能与其他的自由基或分子起反应,从而使燃烧按链式反应扩展。因此,有焰燃烧的发生需要四个必要条件:可燃物、氧化剂、温度(点火源)和未受抑制的链式反应。

1. 可燃物

不论是固体、液体还是气体,凡能与空气中氧或其他氧化剂起剧烈反应的物质,一般都称之为可燃物质,如木材、纸张、汽油、酒精、煤气、钠、钾等。物质能否被氧化,决定于它的化学组成和性质,任何主要由碳和氢元素组成的材料都可以被氧化,绝大多数的可燃固体材料、可燃液体和气体都含有一定比例的碳和氢元素。除了含有碳和氢元素的化合物外,含有其他元素的许多化合物也是可燃的。如有些物质,可以在空气中或氧气中燃烧;有些金属如镁、铝、钙等在某些条件下可以在纯氮气的环境中“燃烧”;也有一些物质在相当高的温度下可以通过自己的分解而放出光和热,例如肼(N_2H_4)、二硼烷(B_2H_6)与臭氧(O_3)等。

2. 氧化剂

凡能帮助和支持可燃物燃烧的物质,即能与可燃物发生氧化反应的物质叫氧化剂。普通燃烧过程中的氧化剂主要指空气中的氧或化合物中的氧。这种空气中的氧称为空气氧,它在空气中的含量约占

21%，最普遍的燃烧是可燃物以大气中游离的氧作为氧化剂的燃烧。多数可燃物质没有氧参加化合是不会燃烧的。如燃烧 1 kg 石油需要 10～12 m^3 空气，燃烧 1 kg 木材需要 4～5 m^3 空气。当空气供应不足时，燃烧会逐渐减弱，直至熄灭。当空气中的含氧量低于14%～18%时，就不会发生燃烧。除了氧元素以外，某些物质也可以作为燃烧反应的氧化剂，如氟、氯等。

3. 温度(点火源)

温度是供给可燃物和氧化剂发生燃烧反应的能量来源。常见的如明火焰、炽热体、电弧、静电火花、碰撞火星等。在无外界引火源时，将可燃物加热到其自燃点以上，才能使燃烧反应进行。由于不同种类可燃物的化学组成和化学性质各不相同，使其发生燃烧的温度也不相同。明火焰是比较强的火源，火焰的温度在 700～2 000 ℃之间，高于可燃物的自燃点，它可以点燃一般的可燃物质。炽热体(如烧红的金属设备)具有较高的温度且能放出较多的热量，它与可燃物接触时引起着火的速度取决于可燃物质的性质和状态。电弧、电火花是两电极间放电产生的，其温度高达 2 000 ℃以上，能使可燃气体、可燃液体蒸气、可燃固体物质着火，由于这种火源较普遍，因此火灾危险性很大。碰撞火星是铁、石等强力碰撞和摩擦时产生的，火源温度可达 1 200 ℃，可以引燃可燃气体或可燃液体蒸气与空气的混合物，也能引燃棉花、干草等。

4. 链式反应

有焰燃烧都存在着链式反应。当某种可燃物受热时，它不仅会发生汽化，而且该可燃物的分子会发生热裂解作用，即它们在燃烧前会裂解成为更简单的分子。此时，这些分子中的一些原子间的共价键常常会发生断裂，生成活性大的自由基。由于它是一种高度活泼的化学状态，能与其他的分子或自由基反应，而使燃烧持续下去，这就是燃烧的链式反应。

燃烧的链式反应包括一系列的复杂阶段，下面以氢在空气中的燃烧为例作简要说明。当将引火源置于氢氧体系时，氢分子被引火源的能量活化，两个氢原子间的共价键断裂，形成两个非常活泼的氢原子(氢自由基)。氢自由基具有非常高的能量，它们一旦生成，即与氧分子作用生成氧自由基和羟自由基。氧和羟自由基的能量都很高，它们又可以与氢分子作用生成水和新的氢自由基、羟自由基。这种反应的每一步都取决于前一步生成的物质的反应称为链式反应。

（二）充分条件

在某些情况下，虽然具备了燃烧的三个必要条件，并不意味着燃烧必然发生。这些要素只是引起燃烧的质的方面的条件，发生燃烧还要有量的方面的概念。量方面的因素，就是发生燃烧或持续燃烧的充分条件。燃烧的充分条件为：

1. 一定的可燃物浓度

可燃气体或蒸气只有达到一定浓度时，才会发生燃烧或爆炸。如甲烷只有在其浓度达到5%时才有可能发生燃烧；而车用汽油在 −38 ℃以下、灯用煤油在 40 ℃以下、甲醇在 7 ℃以下时均不能达到燃烧所需的浓度，在这种情况下，虽有充足的氧气和明火的条件存在，仍不能发生燃烧。

2. 一定的氧气含量

各种不同的可燃物发生燃烧，均有本身固定的最低含氧量要求，低于这一浓度，虽然燃烧的其他必要条件全部具备，但燃烧仍然不会发生。如汽油发生燃烧所需的最低含氧量为14.4%，煤油为 15%，乙醚为 12%。

3. 一定的点火能量

各种不同可燃物发生燃烧，其本身固定的最小点火能量均有不同的要求，达到这一强度则会引起燃烧反应，否则燃烧便不会发生。如在化学计量浓度下，汽油的最小点火能量为 0.2 mJ，乙醚(5.1%)的最小点火能量为 0.19 mJ，甲醇(2.24%)的最小点火能量为 0.215 mJ。

4. 未受抑制的链式反应

对于无焰燃烧，同时具备一定浓度的可燃物、一定含量的氧气和一定能量的点火源三个条件，相互作用，燃烧就会发生。而对于有焰燃烧过程，除需以上三个条件外，还需同时存在未受抑制的自由基，形成链式反应，才能使燃烧能够持续下去，这亦是燃烧的充分条件之一。

以上论述的是燃烧所需要的必要和充分条件，它们要相互作用，燃烧才会发生和持续。所谓防火和灭火的基本措施就是去掉其中的一个或几个条件，使燃烧不至于发生或不能持续。

三、燃烧的类型

燃烧按其形成的条件和瞬间发生的特点，一般分为闪燃、着火、自燃、阴燃和爆炸等类型。

（一）闪燃

1. 闪燃的概念

闪燃是在一定温度下，易燃或可燃液体（固体）在液体（固体）表面上产生足够的可燃蒸气，当与空气混合后，遇火源产生一闪即灭的燃烧现象。闪燃是一种瞬间燃烧现象，往往是着火的先兆。

液体可燃物如乙醇、丙酮、汽油等表面会因蒸发产生可燃蒸气，有些固体可燃物如萘也会因升华或分解产生可燃气体或蒸气，这些可燃气体或蒸气与空气混合而形成可燃性混合气体，当遇明火时即会产生闪燃。

2. 闪点

在规定的试验条件下，易燃或可燃液体（固体）表面能够发生闪燃的最低温度称为闪点。通常认为，液体的闪点就是可能引起火灾的最低温度。在低于某液体的闪点温度下，就不可能点燃它上方的蒸气与空气的混合物。闪点是衡量物质火灾危险性的重要参数。在消防工作中，通常用闪点的高低作为评价可燃液体火灾危险性大小的主要依据。闪点越低，可燃液体的火灾危险性就越大，反之，则相反。表 1-1 列出几种常见易燃和可燃液体的闪点。

表 1-1　部分易燃和可燃液体的闪点

名　称	闪点/℃	名　称	闪点/℃	名　称	闪点/℃
汽油	−50	乙苯	23.5	丙烯腈	−5
煤油	37.8～73.9	丁苯	30.5	戊烯	−17.8
柴油	60～110	甲酸丙酯	−3	丁二烯	41
原油	−6.7～32.2	乙酸丙酯	13.5	氢氰酸	−17.5
甲醇	11.1	乙酸乙酯	−5	二硫化碳	−45
乙醇	12.78	乙酸丁酯	17	苯乙烯	38

名 称	闪点/℃	名 称	闪点/℃	名 称	闪点/℃
正丙醇	23.5	乙酸戊酯	42	乙二醇	85
戊烷	<-40	乙醚	-45	丙酮	-10
己烷	-20	乙醛	-17	松香水	6.2
庚烷	-4.5	丙酸	15	环己烷	6.3
辛烷	16.5	甲酸	69	硝基苯	90
壬烷	33.5	己酸	42.9	松节油	32
苯	-14	丁酸	77	环氧丙烷	-37

3. 液体闪点的变化特点

(1) 同系物的闪点随其相对分子质量的增加而升高,随沸点的增加而升高;

(2) 同系物中异构体的闪点比正构体低;

(3) 多种组成的混合液体,如汽油、煤油、柴油等,其闪点随沸程的增加而升高;

(4) 两种可燃液体混合物的闪点,一般低于这两种可燃液体闪点的平均值;

(5) 能溶于水的易燃液体的闪点随含水量的增加而升高。

4. 固体的闪点

木材的闪点在 260 ℃ 左右,从这一温度起木材热分解加快,放出的分解产物增多。

(二) 着火

1. 着火的概念

可燃物与空气共存,达到某一温度时,与火源接触即发生燃烧,并在火源移去后,仍能继续维持燃烧,直到可燃物燃烧尽为止,这种持续燃烧的现象叫做着火。

2. 燃点

在规定的试验条件下,可燃物质开始持续燃烧时需要的最低温度叫做燃点。物质的燃点越低,越容易着火,火灾危险性就越大。表 1-2 列出几种常见可燃物的燃点。

表 1-2 部分可燃物的燃点

物质名称	燃点/℃	物质名称	燃点/℃
豆油	220	布匹	200
松节油	53	松木粉	196
石蜡	158～195	赛璐珞	100
蜡烛	190	醋酸纤维	320
樟脑	70	涤纶纤维	390
萘	86	粘胶纤维	235
纸张	130	尼龙 6	395
棉花	210～255	腈纶	355
麻绒	150	聚乙烯	341
麻	150～200	有机玻璃	260
蚕丝	250～300	聚丙烯	270
木材	250～300	聚苯乙烯	345～360
松木	250	聚氯乙烯	391

3. 燃点与闪点的关系

一切可燃液体的燃点都高于其闪点。一般的规律是，易燃液体的燃点比其闪点高出 1～5 ℃，而且易燃液体的闪点越低，这一差别越小。例如，对于汽油、丙酮等闪点低于 0 ℃的液体，这一差值仅为1 ℃，闪点在 100 ℃以上的可燃液体，这一差值则可达 30 ℃以上。因此，燃点对评定燃点和闪点区别不大的易燃液体的火灾危险性意义不大，燃点对评定可燃固体和闪点比较高的可燃液体具有实际意义。在控制物质燃烧时，将温度降至其燃点以下是控制火灾的措施之一。

(三) 自燃

1. 自燃的概念

自燃是指可燃物质在没有外部明火焰等火源的作用下，因受热或自身发热并蓄热所产生的自行燃烧的现象。即物质在无外界引火源的条件下，由于其本身内部所进行的生物、物理、化学过程而产生热量，使温度上升，最后自行燃烧起来的现象。

2. 自燃点

在规定条件下,不用任何辅助引燃能源,可燃物质产生自燃的最低温度称为该物质的自燃点。在这一温度时,可燃物质与空气接触,不需要明火源的作用,就会自动发生燃烧。表 1-3 列出几种常见物质的自燃点。

表 1-3 部分可燃物质在空气中的自燃点

物质名称	燃点/℃	物质名称	燃点/℃
汽油	415～530	樟脑	466
煤油	210	二硫化碳	112
石油	约 350	木材	250～350
氢	572	褐煤	250～450
一氧化碳	609	木炭	350～400
己烷	248	棉纤维	530
辛烷	218	木粉	430
丁烯	443	聚乙烯	520
乙炔	305	聚苯乙烯	560
苯	580	有机玻璃	440
甲醇	498	镁	520
乙醇	470	锌	680
丙酮	661	铝	645

3. 自燃的种类

根据热源的不同,物质自燃分为受热自燃和本身自燃两种。

受热自燃是指可燃物质在空气中,连续均匀地加热到一定的温度,在没有外部火花、火焰等火源的作用下,能够发生自动燃烧的现象。可燃物质受热发生自燃的最低温度叫自燃点,在这一温度时,可燃物质与空气接触,不需要明火源的作用,就能自动发生燃烧。

本身自燃是指有些可燃物质在空气中,在远低于自燃点的温度下自然发热,并且这种热量经长时间的积蓄使物质达到自燃点的现象。

物质本身自燃的原因有物质的氧化生热、分解生热、吸附生热、聚合生热、发酵生热等。

物质的受热自燃和本身自燃两种现象的本质是一样的，只是热的来源不同，前者是外部加热的作用，后者是物质本身的热效应，因此，两者可以统称为自燃。物质的自燃点越低，发生自燃火灾的危险性越大。

（四）爆炸

1. 爆炸的概念

爆炸是物质由一种状态迅速转变成另一种状态，并在瞬间放出大量能量，同时产生声响的现象。物质的急剧氧化或分解反应，使温度压力增加或两者同时增加，而发生爆炸。爆炸是由物理变化或化学变化引起的。

2. 爆炸的分类

爆炸可以由不同的原因引起，但不管是何种原因引起的爆炸，归根到底必须有一定的能源。按照能量的来源，爆炸可以分为三类，即物理爆炸、化学爆炸和核爆炸。

物理爆炸是由于液体变成蒸气或者气体迅速膨胀，压力急速增加，并大大超过容器的极限压力而发生的爆炸。如蒸汽锅炉、液化气钢瓶等的爆炸。物理爆炸是机械能或电能的释放和转化过程，参与爆炸的物质只是发生物理状态或压力的变化，其性质和化学成分不发生改变。

化学爆炸是因物质本身起化学反应，产生大量气体和较高温度而发生的爆炸。如炸药的爆炸，可燃气体、液体蒸气和粉尘与空气混合物形成的爆炸等。化学爆炸时，参与爆炸的物质在瞬间发生分解或化合，变成新的爆炸产物。化学爆炸按照爆炸的变化传播速度可分为爆燃、爆炸和爆震，化学爆炸是消防工作中预防的重点。

核爆炸是由于原子核裂变或核聚变反应所释放出的巨大核能引起的爆炸。如原子弹、氢弹的爆炸就属于核爆炸。核爆炸反应释放的能量比炸药爆炸时放出的化学能大得多，也具有更大的破坏力。化学爆炸和核爆炸反应都是在微秒量级的时间内完成的。

3. 可燃气体和液体蒸气与空气混合物的爆炸

如果可燃气体或液体蒸气预先按一定比例与空气均匀混合，遇火源即发生爆炸,这种混合物称为爆炸性气体混合物。可燃气体和蒸气与空气混合后,遇火产生爆炸的最高或最低浓度称为爆炸浓度极限,通常简称为爆炸极限,用体积百分比表示。可燃气体和蒸气与空气组成的混合物,能使火焰传播的最低浓度,称为该气体或蒸气的爆炸下限。可燃气体和蒸气与空气组成的混合物能使火焰传播的最高浓度,称为该气体或蒸气的爆炸上限。表 1-4 列出了部分可燃气体和液体蒸气的爆炸极限。

表 1-4　部分可燃气体和蒸气的爆炸极限

物质名称	在空气中 /%		在氧气中 /%	
	上限	下限	上限	下限
氢气	4.0	75.0	4.7	94.0
乙炔	2.5	82.0	2.8	93.0
甲烷	5.0	15.0	5.4	60.0
乙烷	3.0	12.45	3.0	66.0
丙烷	2.1	9.5	2.3	55.0
乙烯	2.75	34.0	3.0	80.0
丙烯	2.0	11.0	2.1	53.0
氨	15.0	28.0	13.5	79.0
环丙烷	2.4	10.4	2.5	63.0
一氧化碳	12.5	74.0	15.5	94.0
乙醚	1.9	40.0	2.1	82.0
丁烷	1.5	8.5	1.8	49.0
二乙烯醚	1.7	27.0	1.85	85.5

同一种可燃气体和液体蒸气的爆炸极限值受初始温度、初始压力、惰性介质及杂质、混合物中氧含量、点火源等因素的影响而变化。初始温度越高,爆炸范围越大;初始压力升高,爆炸极限范围变大;混合物中加入惰性气体,使爆炸极限范围缩小,特别对爆炸上限的影响更大;混合物含氧量增加,使爆炸极限范围变大。充装混合物的容器

管径越小,爆炸极限范围越小,当管径小至一定程度时,火焰即不能传播。点火源的温度越高,爆炸极限范围也越大。

4. 可燃粉尘与空气混合物的爆炸

粉尘是指分散状态的固体物质。所谓粉尘爆炸,就是悬浮在空气中的可燃粉尘触及明火或电火花等火源时发生的爆炸现象。可燃粉尘爆炸应具备三个条件,即① 粉尘本身具有爆炸性;② 粉尘必须悬浮在空气中并与空气混合到爆炸浓度;③ 有足以引起粉尘爆炸的点火能量。粉尘的爆炸性能受粉尘的颗粒度、粉尘挥发性、粉尘水分、粉尘灰分和火源强度等影响。粉尘爆炸的特点是:① 多次爆炸是粉尘爆炸的最大特点;② 粉尘爆炸所需的最小点火能量较高,一般在几十毫焦耳以上;③ 与可燃性气体爆炸相比,粉尘爆炸压力上升较缓慢,较高压力持续时间长,释放的能量大,破坏力强。

(五) 无焰燃烧(阴燃)

无焰燃烧是一种发生在气固相界面处的燃烧反应,亦称之为阴燃,是固体物质特有的燃烧形式,是没有火焰和可见光的缓慢燃烧现象,通常产生烟并且伴有温度升高。阴燃表现的特征为:燃烧区与非燃烧区界限不清。一些固体可燃物在空气(氧气)不足、加热温度较低或含水分较高时会阴燃,如:成捆堆放的棉、麻、纸张及大堆垛的煤、草、湿木材等易发生这类火灾。阴燃的燃烧速度慢、温度低,不易被发现。在一定条件下,阴燃可以向明火转化,转变为有焰燃烧。阴燃火灾常发生在堆积物的内部,较难彻底扑灭,并且易发生复燃,因此,阴燃具有很大的危险性。

[案例 1-1] 2004 年 2 月 15 日 11 时许,吉林省吉林市中百商厦发生造成 54 人死亡、70 人受伤,直接经济损失 426 万元的特大火灾,就是因为雇工将嘴上叼着的香烟掉落在仓库中,慢慢引燃地面上的纸屑纸板等可燃物引发的。

四、可燃物质的燃烧过程

自然界里的一切物质,在一定温度和压力下,都是以固体、液体、气体三种状态存在的,这三种状态的物质燃烧过程是不同的。可燃性固体和液体发生燃烧,需要经过分解和蒸发,生成气体,然后由这些气体成分与氧化剂作用发生燃烧。气体物质不需要经过蒸发,可以直接燃烧。

（一）固体的燃烧

固体是有一定形状的物质。它的化学结构比较紧凑，所以在常温下都以固态存在。各种固体物质的化学组成是不一样的，有的比较简单，如硫、磷、钾等都是由同种元素构成的物质；有的比较复杂，如木材、纸张和煤炭等，是由多种元素构成的化合物。由于固体物质的化学组成不同，燃烧时情况也不一样。有的固体物质可以直接受热分解蒸发，生成气体，进而燃烧。有的固体物质需受热后先熔化为液体，然后气化燃烧，如硫、磷、蜡等。

此外，各种固体物质的熔点和受热分解的温度也不一样，有的低，有的高。熔点和分解温度低的物质，容易发生燃烧。如赛璐珞（硝化纤维塑料）在 80～90 ℃时就会软化，在 100 ℃时就开始分解，150～180 ℃时自燃。但是大多数固体物质的分解温度和熔点是比较高的，如木材先是受热蒸发掉水分，析出二氧化碳等不燃气体，然后外层开始分解出可燃的气态产物，同时放出热量，开始剧烈氧化，直到出现火焰。

另外，固体物质燃烧的速度与其体积和颗粒的大小有关，小则快，大则慢。如散放的木条要比垛成堆的圆木燃烧得快，其原因就是木条与氧的接触面大，燃烧较充分，因此燃烧速度就快。

（二）液体的燃烧

液体是一种流动性物质，没有一定形状。燃烧时，挥发性强，不少液体在常温下，表面上就漂浮着一定浓度的蒸气，遇到着火源即可燃烧。

可燃液体的种类繁多，各自的化学成分不同，燃烧的过程也就不同，如汽油、酒精等易燃液体的化学成分就比较简单，沸点较低，在一般情况下就能挥发，受热时，可直接蒸发生成与液体成分相同的气体，与氧化剂作用而燃烧。而有些化学组成比较复杂的液体燃烧时，其过程就比较复杂。如原油（石油）是一种多组分的混合物，燃烧时，原油首先逐一蒸发为各种气体组分，而后再燃烧。原油的燃烧与其他成分单一的液体燃烧不一样，它首先蒸发出沸点较低的轻组分并燃烧，而后才是沸点较高的组分发生燃烧。

（三）气体的燃烧

可燃气体的燃烧不像固体、液体物质那样需经过熔化、蒸发等准备过程，所以气体在燃烧时所需要的热量仅用于氧化或分解气体和将气体加热到燃点，因此容易燃烧，而且燃烧速度快。

根据燃烧前可燃气体与空气（氧）混合状况不同，其燃烧方式分为两大类：一是扩散燃烧，即可燃气体从喷口喷出，在喷口处与空气中的氧边扩散混合边燃烧的现象，一般为稳定燃烧，如使用液化石油气罐烧饭就是扩散燃烧；二是预混燃烧，即可燃气体与空气（氧）在燃烧之前先混合，形成一定浓度的可燃混合气体，遇到着火源被点燃所引起的燃烧，这类燃烧往往会造成爆炸。如液化石油气罐气阀漏气时，漏出的气体与空气形成爆炸混合物，一遇到着火源，就会以爆炸的形式燃烧，并在漏气处转变为扩散燃烧。扩散燃烧是可燃气体的通常燃烧状态，预混燃烧往往是爆炸式燃烧。

五、燃烧的产物

（一）燃烧产物的概念

由燃烧或热解作用而产生的全部物质称为燃烧产物，通常指燃烧生成的气体、蒸气、热量、可见烟和固体物质等。

燃烧生成的气体一般有：一氧化碳、氰化氢、二氧化碳、丙烯醛、氯化氢、二氧化硫等。

大多数物质的燃烧是一种放热的化学氧化过程。从这种过程放出的能量以热量的形式表现，形成热气的对流和辐射。热量对人体有明显的物理危害作用。

由燃烧或热解作用所产生的悬浮在大气中能被人们看到的固体和（或）液体颗粒总称为烟，烟是由浮游在空气中的微小固体颗粒、微小液滴及气体和蒸气组成，粒径一般在 0.01～10 μm 之间。这种含碳物质，大多数是物质在火灾中不完全燃烧所生成的。

（二）不同物质的燃烧产物

可燃物质在燃烧过程中，如果生成的产物不能再燃烧，称为完全燃烧，其产物为完全燃烧产物；如果生成的产物还能继续燃烧，则称为不完全燃烧，其产物为不完全燃烧产物。燃烧产物的数量、成分随物质的化学组成以及温度、空气（氧）的供给等燃烧状况不同而有所不同。主要分为以下四种产物：

1. 单质的燃烧产物

一般单质在空气中完全燃烧，其产物为该单质元素的氧化物。例如：碳、氢、磷、硫等燃烧生成二氧化碳、水、五氧化二磷及二氧化硫等产物。这些产物不能再发生燃烧，称为完全燃烧产物。

2. 一般化合物的燃烧产物

一些化合物在空气中燃烧除生成完全燃烧产物外，还会生成不完全燃烧产物，特别是一些高分子化合物，受热后会产生热裂解，生成许多不同类型的有机化合物，且生成物能进一步燃烧，其中最典型的未完全燃烧产物为一氧化碳，它能进一步燃烧生成二氧化碳。

3. 木材的燃烧产物

木材是一种化合物，它是使用最广泛的结构材料，火灾中常包含有木材燃烧。木材主要由碳、氢、氧元素组成，主要以纤维素[$(C_6H_{10}O_5)_x$]分子形式存在，也有以糖、胶、酯、水等分子形式存在。

木材在受热之后会发生热裂解反应，生成小分子产物。温度在200 ℃左右开始，主要生成二氧化碳、水蒸气、甲酸、乙酸及各种易燃气体；在200～280 ℃产生少量水汽及一氧化碳；在280～500 ℃，产生可燃蒸气及颗粒；在500 ℃以上则主要是碳，产生的自由基对燃烧有明显的加速作用。

4. 合成高分子材料的燃烧产物

合成高分子材料在燃烧中伴有热裂解，有的高分子材料还含有氯元素、氮元素，因此，在燃烧时会生成许多有毒或有刺激性的气体，如氯化氢（HCl）、光气（$COCl_2$）、氰化氢（HCN）及氮氧化物等。

（三）几种典型的燃烧产物

统计资料表明，火灾中死亡人数大约80%是由于吸入毒性气体而致死的。火灾产生的烟气中含有大量的有毒成分，如CO、HCN、SO_2、NO_2等。这些气体均对人体有不同程度的危害，如CO_2，它是主要的燃烧产物之一，在有些火场中浓度可达15%。它最主要的生理作用是刺激人的呼吸中枢，导致呼吸急促、烟气吸入量增加，并且还会引起头痛、神志不清等症状，而CO是火灾中致死的主要的燃烧产物之一，其毒性在于对血液中血红蛋白的高亲和性，其对血红蛋白的亲和性比氧气高出250倍,因而,它能阻碍人体血液中氧气的输送,引起头痛、虚脱、神志不清等症状和肌肉调节障碍等。

第二节 火 灾

在各种灾害中,火灾是最经常、最普遍地威胁公众安全和社会发展的主要灾害之一。为了更好地了解火灾,增强公众预防火灾的意识,下面着重叙述火灾的概念、分类,并举例说明火灾所造成的危害。

一、火灾的概念

火灾是在时间和空间上失去控制的燃烧所造成的灾害。火灾属于燃烧,"造成灾害"是火灾这种燃烧区别于其他燃烧的特点,因此,火灾的概念也可描述为造成了灾害的燃烧。燃烧与火灾的关系:一是并非所有的燃烧都造成火灾灾害。燃烧有不造成灾害的燃烧和造成灾害的燃烧两种。前者可以是正常的生活和生产用火,特殊的有破坏性实验中引起的实验体的燃烧;后者可以是用火不慎、放火等情况所造成的。二是火灾灾害程度的增长不一定随燃烧受控或终止而停止。一般情况下,火灾灾害的产生伴随着燃烧现象,随着燃烧失控状态的终止火灾灾害也停止增长,火灾也就终止。也有些情况下即使燃烧已被控制,但灾害却仍有继续增长的可能性。例如,火被扑灭后建筑物的倒塌、化学危险物品泄漏等造成人员伤亡或环境污染等。

二、火灾的分类

(一) 按可燃物类型和燃烧特性分类

根据可燃物的性质、类型和燃烧特性,《火灾分类》(GB/T 4968—2008)将火灾分为六大类:

A类火灾:指固体物质火灾。这种物质往往具有有机物性质,一般在燃烧时能产生灼热的余烬。如木材、棉、毛、麻、纸张火灾等。

B类火灾:指液体或可熔化的固体物质火灾。如汽油、煤油、柴油、原油、甲醇、乙醇、沥青、石蜡火灾等。

C类火灾:气体火灾。如煤气、天然气、甲烷、乙烷、丙烷、氢气火灾等。

D类火灾:金属火灾。如钾、钠、镁、钛、锆、锂、铝镁合金火灾等。

E类火灾:带电火灾。物体带电燃烧的火灾。如发电机、电缆、家用电器发生的火灾。

F类火灾:烹饪器具内的烹饪物(如动植物油脂)火灾。

(二) 按火灾损失严重程度分类

按火灾损失严重程度分类,火灾分为特别重大火灾、重大火灾、较大火灾和一般火灾四个等级:

特别重大火灾是指造成30人以上死亡,或者100人以上重伤,或者1亿元以上直接财产损失的火灾;

重大火灾是指造成10人以上30人以下死亡,或者50人以上100人以下重伤,或者5 000万元以上1亿元以下直接财产损失的火灾;

较大火灾是指造成3人以上10人以下死亡,或者10人以上50人以下重伤,或者1 000万元以上5 000万元以下直接财产损失的火灾;

一般火灾是指造成3人以下死亡,或者10人以下重伤,或者1 000万元以下直接财产损失的火灾。("以上"包括本数,"以下"不包括本数。)

三、火灾的危害

在社会生活中,火灾是威胁公共安全、危害人们生命财产和社会发展的灾害之一。在各种灾害中,火灾是最经常、最普遍和发生频率较高的一种。随着经济的发展和人民物质生活水平的提高,石油化工、易燃易爆、高层建筑、地下建筑、公共娱乐场所、大型商场和仓库的数量越来越多,家用电器、煤气、天然气、液化石油气等在广大城市和农村逐步普及,用火、用电、用气量增加,火灾隐患和火灾发生的几率大大升高,稍有不慎,就会引发火灾而导致大量的人员伤亡和财产损失。俗话说:"水火无情",火灾造成人员伤亡和财产损失的事时有发生。据统计,2008年全国共发生火灾13.3万起(不含森林、草原、军队、矿井地下部分火灾,下同),死亡1 385人,受伤684人,直接财产损失15亿元;2009年全国共发生火灾128 331起,死亡1 148人,受伤613人,直接财产损失15.8亿元;2010年全国共发生火灾131 705起,死亡1 108人,受伤573人,直接财产损失17.7亿元;2011年全国共发生火灾 125 402 起，导致 1 106 人死亡，572 人受伤，直接财产损失 18.8 亿元。从这些资料可以看出，全国平均每年火灾起数达 13 万次左右，由火灾造成的经济损失达 16.8 亿元，死亡约 1 187 人，受伤约 611 人。近几年来，火灾的总趋势是损失上升及火灾危害范围扩大，造成几十人死亡的特别重大的火灾也时有发生，给国家和人民群众的生命财产造成了巨大的损失。

火灾的危害性具体体现在以下四个方面：

(一) 火灾造成的直接财产损失大

在我国有这样一句广为流传的谚语："贼偷三次不穷，火烧一把精光"，它形象、生动地刻画了火灾的残酷无情。一把火能烧掉人类经过数十载辛勤劳动创造的物质财富，使工厂、仓库、城镇、乡村和大量的生产、生活资料化为灰烬，影响社会经济的发展和人们的正常生活。

[案例 1-2] 2009 年 2 月 9 日晚 21 时许，在建的中央电视台新台址园区文化中心发生因违规燃放烟花引起的特别重大火灾事故，火灾造成 1 名消防队员牺牲，6 名消防队员和两名施工人员受伤，建筑物过火、过烟面积 21 333 m^2，其中过火面积 8 490 m^2，造成直接经济损失 16 383 万元。

(二) 火灾造成的人员伤亡重

据资料统计，从 2008 年至 2011 年这四年间的火灾来看，全国每年平均发生约 13 万起火灾，大约有 611 人在火灾中受伤，约 1 187 人在火灾中丧命，平均每天约有 3.3 人在火中被烧死。

[案例 1-3] 2000 年 12 月 25 日，河南洛阳东都商厦因电焊工违章操作引起火灾，造成 309 人死亡，7 人受伤。

[案例 1-4] 2010 年 11 月 15 日 14 时 14 分，上海胶州路 728 号教师公寓发生因违章电焊，焊渣引燃外墙保温材料碎屑的火灾，该起特大火灾事故导致 58 人死亡，71 人受伤的严重后果，建筑过火面积 12 000 m^2，直接经济损失 1.58 亿元。

(三) 火灾造成的间接财产损失更巨大

现代社会各行各业密切联系，牵一发而动全身。一旦发生重、特大火灾，造成的间接财产损失之大，往往是直接财产损失的数十倍。火灾能烧掉大量文物古建筑，毁灭人类历史的文化遗产，造成无法挽回和弥补的损失。

[案例1-5] 1994年11月15日，吉林市银都夜总会因纵火发生火灾，殃及在同一建筑物内的市博物馆，烧毁建筑6 800 m^2，不仅造成直接财产损失671万多元，而且将无法用金钱计算的博物馆内藏文物7千余件和黑龙江在该馆巡展的1具7千多万年以前的恐龙化石烧毁，以及堪称世界级瑰宝、被列入《吉尼斯世界大全》的吉林陨石雨中最大的1号陨石也在大火中分为两半，间接财产损失无法估算。

[案例1-6] 1998年3月5日下午，西安市煤气公司液化气站发生泄漏的液化石油气爆炸燃烧，造成12人死亡，30人受伤，烧毁400 m^3球罐2台，100 m^3卧罐4台，槽车7辆，直接财产损失477万元，气站全部瘫痪，居民无气做饭，引起群众恐慌，影响社会稳定。

（四）火灾造成环境污染和生态平衡的破坏

火灾不仅对人类生命本身造成伤害，还会对周围环境造成污染，破坏生态平衡，间接威胁着人类的健康。火灾会对周围的环境产生负面影响，主要表现为：

一是火灾导致化学物质的泄漏，造成对环境的污染。

[案例1-7] 2005年11月13日，中石油吉林石化公司双苯厂苯胺二车间发生由于双苯厂P-102塔堵塞循环不畅问题处理不当而发生爆炸并引起大面积火灾的事故，火灾造成8人死亡，1人重伤、591人轻伤，万人转移，直接经济损失6 908万元，造成总量约100 t含苯、苯胺、硝基苯等有机物流入松花江，导致松花江水体严重污染，污染影响波及俄罗斯滨海地区。为确保用水安全，哈尔滨市被迫从23日起临时停水4天。

[案例1-8] 2010年7月16日，大连市的中石油国际储运有限公司油库，工作人员在对外籍油轮进行卸油作业时，由于向已停止卸油的输油管道中持续长时间注入含有强氧化剂的原油脱硫剂，导致输油管线发生化学爆炸起火，部分输油管道、附近储罐阀门、输油泵房和电力系统损坏，大量原油泄漏，事故造成103号罐和周边泵房及港区主要输油管道严重损坏，部分原油流入附近海域，周边海域受到污染，教训极为深刻。

二是火灾产生的有毒有害物质，如烟气、热量和生成的有毒气体及有毒性的灭火对象的扩散等对环境产生的破坏作用大，其中火灾中的燃烧产物二氧化碳和二氧化硫影响最大。二氧化碳含量的增加，植物光合作用消耗的二氧化碳的平衡将逐渐遭到破坏，二氧化碳在大气中累积会导致地球的温室效应。

三是森林火灾造成森林面积的减少，使得森林对空气的净化作用减弱，导致火灾时产生的二氧化硫等气体在空气中含量增高而形成酸雨可能。据统计，2006 年全国共发生森林火灾 7 946 起，受害森林面积 407 624 hm^2。森林面积的减少，还会造成洪水泛滥。

[案例 1-9] 1987 年 5 月 6 日到 6 月 2 日几乎长达一个月的大兴安岭森林特大火灾，起火直接原因是林场工人在野外吸烟引起，间接原因是气候条件有利燃烧，可燃物多。近 10 万军民经过近一个月的殊死搏斗，才将大火扑灭。这场大火致使 193 人丧生，226 人受伤，火灾破坏了 1 000 多万亩林业资源，大火殃及 1 个县城 3 个镇，破坏的生态平衡需 80 年才能恢复，经济损失高达 69.13 亿元。

由此可以看出，火灾对人类的危害是巨大的。它能烧掉茂密的森林和广袤的草原，使宝贵的自然资源化为乌有，还污染了大气，破坏了生态环境；能烧掉人类经过辛勤劳动创造的物质财富，使工厂、仓库、城镇、乡村和大量的生产、生活资料化为灰烬，影响社会经济的发展和人们的正常生活；能烧掉大量文物古建筑等许多人类文明，毁灭人类历史的文化遗产，造成无法挽回和弥补的损失；甚至还涂炭生灵，夺去许多人的生命和健康，造成难以消除的身心痛苦。

第三节　火灾的特点及规律

任何一个地区，任何一个企业，一旦发生火灾，往往会在经济上造成重大损失或人员伤亡，从而影响社会的稳定。火灾的发生与发展，有其鲜明的特点和特征，通过对火灾成因的全面分析，总结火灾随着社会环境经济发展、时间等变化特有的规律，可为火灾预防工作提供指导和服务。

一、火灾的特点

（一）建筑内部火灾特点

建筑内部火灾特点主要表现为突发性、多变性、瞬时性、高温性、毒害性等。

1. 火灾的突发性

火灾在什么时间、什么地点、什么气候条件下发生都是未知数，难以预料，它往往违背人们的意志突然降临。如深圳特大爆炸事故发生在中午；南昌万寿宫大火发生在夜间；黄岛油库大火则发生在雷鸣闪电暴雨之中；洛阳东都商厦大火发生在人们翩翩起舞之时。火灾的发生事先没有预警，没有明显的征兆，即使有的出现了事故征兆，也往往因来不及采取应对措施或处置不当无法避免，当发现时往往已呈燃烧状态，如电气设备短路及用火不慎等引起的火灾。在火灾过程中，也具有突发性特征，如温度的突然升高、烟气的突然侵入、方向感的突然失去等等。突发性是火灾中给人们造成恐慌的重要原因，突然的恐惧与危害刺激可能使人们不能冷静地采取应对方式，尤其是在夜间和陌生场所，如果反应迟缓、判断失误或者惊慌失措，就会丧失扑救和逃生的第一时间，就会使生命和财产受到重大威胁和损失。

2. 火灾的多变性

火灾的性质、火灾发生的场所及火灾发生的原因各不相同，即使同一性质、同一场所的火灾，由于受多种环境、气候等因素的影响，火灾的发展过程瞬息万变，火灾会多种多样，不易掌握。不同的建筑物发生不同的火灾，这与建筑物内装饰装修材料、堆放和贮存物品等因素有关，也与建筑物的内部结构有关。民用住宅建筑单元密集，空间相对较小，装饰装修可燃物质多为木材，燃点较低，发生火灾时燃烧迅速，火势集中，易轰燃，且逃生路径狭窄、单一，给扑救和逃生都造成障碍。商用建筑相对面积、空间较大，内部装饰装修材料复杂，空气流通良好，发生火灾时，火势猛烈，蔓延迅速，过火面积大，如果疏散和逃生无序极易造成群死群伤。因此适应火场需要，把握火灾多变性的规律，及时有效地扑救火灾，最大限度地减少火灾损失和火灾危害，已成为我们共同面临的重要问题。

3. 火灾的瞬时性

火灾发生后在短时间内能使温度上升到让人致死的程度，能使空间内快速充满令人窒息的有毒烟气。受火灾突发性和多变性特点的制约，身处火灾中的逃生人员，在突如其来的火灾面前必须迅速做出反应，其处理火情表现出的行为也属于瞬时性。

火灾的瞬时性表现在以下三个方面：一是在火场人员对火情的处理上，对于萌芽状态的火灾，如果及时正确地进行处理，便会避免灾难的发生。相反，如果见到火情，惊慌失措，不知如何扑救或没有及时报警，就会酿成大祸。二是在火场人员的逃生意识上，能否安全撤离火场，只在一念之间。如果能够沉着、冷静，临场不乱，采取科学的逃生自救措施，则可有效地避免和减少伤亡；反之，如果惊慌失措，反应迟钝或者恋及财物，则会逃生无门，以至葬身火海。三是在火灾本身的无规律性上，现场所采取的一切手段和方法都必须根据火情的发展随机进行选择，果断、灵活处置。

4. 火灾的高温性

火场上可燃物质多，火灾蔓延速度快，往往短时间内热量便会聚积。建筑内部发生火灾时，热烟气一般很难排出，热量散发慢，内部温度上升快。特别是火灾发展到轰燃时，房间内空气的体积急剧膨胀，CO、CO_2等气体浓度迅速增加，气体的温度骤然提高，可达到上千度。人在 100 ℃ 的环境中即出现虚脱现象，丧失逃生能力，那么这样的高温对人的危害是可想而知的。

5. 火灾的毒害性

火灾的发生必然伴随有大量的有毒有害烟气的生成，由于可燃物质的不同，便会生成 CO、CO_2等成分复杂的气体，尤其是现代社会生活中大量新型复合材料的广泛应用，更增加了烟气成分的复杂性，为多种有毒物质的混合体，其对人体危害远大于单一有毒气体的危害。烟气成分越复杂，其对人体的危害越严重。火场被困人员吸入低浓度烟气，就会出现呕吐、头痛、头晕等症状。吸入大量烟气，则可能在瞬间失去知觉，甚至导致死亡。这是火场群死群伤的主要原因之一。因此，火灾发生时和逃生过程中，防止烟气的毒害尤为重要。

(二) 建筑外部火灾特点

建筑外部火灾主要有燃烧暴露、大气温度、风力等特点:

1. 燃烧暴露

室外火灾发生时,因不受空间的限制,空气对流性强,含氧量充分,燃烧呈现完全暴露状态,燃烧速度快,所形成的火灾面积相对较大。

2. 大气温度

室外环境温度对火灾的发展起着较大的影响作用。温度越高,可燃物质燃烧升温越快,与起火点温差较小,燃烧快速反应,火势迅猛发展;温度较低时,起火点与环境存在较大温差,可燃物质受热分解产生的气体量减少,火势蔓延速度较慢。

3. 风力

室外风力对火灾的影响很大,是造成火灾中火势增大的一个重要因素,主要表现在四个方面:第一,风使火焰向下风方向倾斜,风力越大,倾斜角越大,引燃下风向可燃物的可能性就越大。第二,自然风源不断补充的有氧空气,使燃烧更为猛烈,火势蔓延得更快。第三,当风速达到 4 m/s 以上时,就会出现飞火的可能,极有可能引燃邻近可燃物,火借风力迅速蔓延造成更大的经济损失和人员伤亡。一般建筑物高处风速比地面大,在高度 10 m 处的风速为 5 m/s,高度 30 m 处风速可达到 8.7 m/s,高度 60 m 处风速可达到 12.3 m/s。高层建筑火灾受风速风向的影响更为明显,易造成立体燃烧或跳跃燃烧。第四,风向风速的变化会影响火灾烟气流蔓延的方向,形成火风压,增加烟气向上的抽拔力和火场空气的供给量,进而影响火势蔓延速度和方向。

二、建筑火灾的发展特征

(一) 火灾发展过程

建筑火灾的发展分为四个阶段,分别为初起阶段、发展阶段、猛烈阶段、减弱阶段和熄灭阶段。

1. 初起阶段

初起阶段是火灾从无到有开始发生的阶段,是火灾在起火部位的燃烧,由于燃烧面积小,烟气流动速度缓慢,火焰辐射出的热量少,虽然周围的物品开始受热,但温度上升不快。这一阶段可燃物的热解过程至关重要,主要特征是冒烟、阴燃。同时,这一阶段,也是灭火最有利的时机,若能及时发现,可用较少的人力和简易的灭火器材将火扑灭。

2. 发展阶段

发展阶段是初始燃烧的继续，起火点周围的物品受热后，温度呈直线上升，开始分解出可燃气体，火焰由局部向周围蔓延，火势由小到大发展，燃烧面积扩大，燃烧速度加快。这一阶段通常满足时间平方规律，即火灾热释放速率随时间的平方非线性发展，轰燃就发生在这一阶段。此阶段，需要投入较多的力量才可将火扑灭。

3. 猛烈阶段

猛烈阶段的燃烧面积扩大到整个室内空间，大量的热辐射使室内空间温度上升并达到最高点，周围的可燃物品都起火燃烧。此时，燃烧强度最大，热辐射最强，不燃材料的机械强度受到破坏，以致于发生变形或倒塌。这个阶段不仅需要大量的人力和器材扑救火灾，而且还需要用相当多的力量保护起火建筑周围的其他建筑物，以防火势进一步蔓延。由于建筑物可燃物、通风等条件的不同，建筑火灾也有可能达不到猛烈阶段，而是缓慢发展后就熄灭了。

4. 减弱阶段和熄灭阶段

减弱阶段和熄灭阶段是随着可燃物质燃烧、分解，其数量不断减少，加上助燃剂的大量消耗，火灾逐渐减弱。火势被控制后，可燃物几乎全部燃尽，数量减少，火熄灭。此阶段是火灾由最盛期开始消减至熄灭的阶段，熄灭的原因可以是燃料不足、灭火系统的作用等。这一阶段，要防止“死灰复燃”和注意建筑物结构的倒塌。

假设火灾经历完整的过程，建筑火灾的发展将经历上述四个阶段，建筑火灾热释放速率的一般规律如图 1-3 所示。在火灾增长阶段，热释放速率按照 t^2 增长规律进行，稳定的热释放速率是由通风条件和燃料表面的形状决定的。

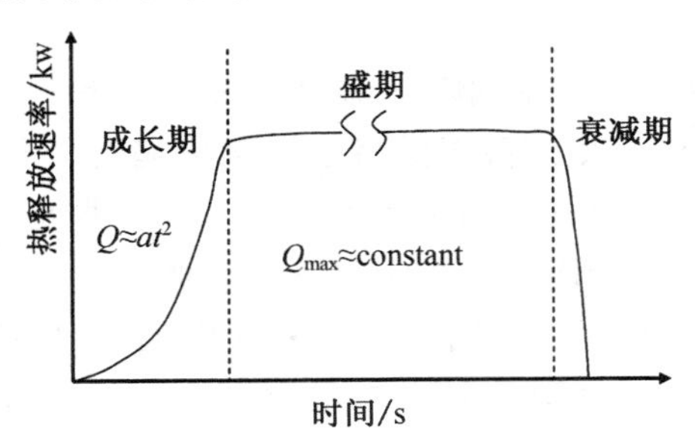

图 1-3　建筑火灾热释放速率的一般规律

(二) 火灾蔓延方式和途径

1. 热传播方式

火灾发生、发展的整个过程始终伴随着热传播过程,热传播是影响火灾发展的决定性因素。热传播除了火焰直接接触外,通常是以热传导、热对流和热辐射三种方式向外传播的。

(1) 热传导

热传导是指热量通过直接接触的物体,从温度较高部位传递到温度较低部位的过程。影响热传导的主要因素是:温差、导热系数和导热物体的厚度和截面积。导热系数愈大,厚度愈小,传导的热量愈多。热传导是固体中热传递的主要方式。在气体或液体中,热传导过程往往和对流同时发生。

(2) 热对流

热对流是指热量通过流动介质,由空间的一处传播到另一处的过程或现象。对流是液体和气体中热传递的特有方式,气体的对流现象比液体明显。火场中通风孔洞面积愈大,热对流的速度愈快;通风孔洞所处位置愈高,热对流速度愈快。热对流是热传播的重要方式,是影响初期火灾发展的最主要因素。

(3) 热辐射

热辐射是指以电磁波形式传递热量的现象。热辐射虽然也是热传递的一种方式,但它和热传导、热对流不同。它能不依靠媒质把热量直接从一个系统传给另一系统。热辐射以电磁辐射的形式发出能量,温度越高,辐射越强。热辐射的热量和火焰温度的四次方成正比,因此,当火灾处于发展阶段时,热辐射成为热传播的主要形式。

2. 火灾蔓延途径

在建筑物某个封闭空间内,火灾产生的高温热气会引燃周围的可燃物,火灾过程中产生的高温烟气上升到火焰上方形成烟羽流,烟羽流在上升过程中不断卷吸周围的空气,在浮力、膨胀力、对流和“烟囱效应”的作用下上升到顶棚,在顶棚形成顶棚射流沿顶棚表面向四周水平扩张。随着温度的升高,烟气流动速度加快,与周围空气的混合作用减弱,当火势发展到一定程度,会形成一种热风压即火风压,火风压的出现会改变原有空气流动方向,产生逆流,从而加剧火势蔓延。

建筑内的楼梯间、电梯井、电缆井、排气道、垃圾道等各种竖向管井和自动扶梯等大面积共享空间，在发生火灾时就像一座座高耸的“烟囱”，有拔气作用，成为重要的火灾蔓延途径。火灾初期，因空气对流而产生的烟气水平扩散速度为 0.3 m/s，在火灾猛烈燃烧阶段，由于高温作用，空气热对流而产生的烟气水平扩散速度为 0.5～0.8 m/s，而烟气沿楼梯间等竖向管井的垂直扩散速度是 3～5 m/s，这样的速度能使烟气在 12 s 左右由 50 m 高的建筑底部通过垂直通道扩散到顶部。

［案例 1-10］ 2000 年 12 月 25 日晚 21 时 35 分，河南省洛阳市东都商厦发生因违章动火焊渣掉落在可燃物上引起的特大火灾事故。员工在地下一层大厅进行电焊作业，焊渣溅入地下二层海绵床垫等可燃物上起火，火灾产生的大量一氧化碳、二氧化碳、含氰化合物等有毒烟雾，以每分钟 240 m 左右的速度通过楼梯间迅速扩散到四层娱乐城，大量高温有毒气体导致 309 人中毒窒息死亡，7 人受伤。尸横遍野的惨景并未发生在地下二层的起火点，而是在四层的舞厅。

建筑的外窗、玻璃幕墙等也是造成火灾烟气垂直蔓延的重要因素。玻璃破裂，增加了空气对流，蹿出的火焰极易沿外墙窗口向上层蔓延。有时突出于建筑物防火结构的可燃构件，建筑物内的门窗、洞口等孔洞，未作防火处理的通风、空调管道也成为烟气蔓延的途径。在建筑外墙搭建的可燃脚手架为火势在建筑内外的发展创造了条件，火灾的烟气、火焰、火星等可沿着脚手架迅速蔓延。相邻建筑外墙如采用可燃保温及装饰材料，着火建筑的辐射热也能引燃毗邻建筑，造成火灾进一步的扩大蔓延。2012 年除夕之夜的沈阳皇朝万鑫国际大厦火灾就是因为此原因从 B 座蔓延到 A 座的。

三、火灾基本规律

火灾本质上虽然是一种自然现象，但其能否发生、发生次数多少、规模大小和造成的损失多少，与许多社会因素和一些自然因素有关，火灾发生的规律和特点有：

（一）随社会环境经济发展的变化规律

由于火的利用是社会性的，因此，火的灾害也会受到社会上多种环境因素的影响，如经济的发展、科技的进步、民众的意识以及风俗习惯等各种社会环境经济的影响。

1. 经济发展对火灾形成的影响

随着国民经济的发展，资源能源的开发，交通运输的发达、第三产业的蓬勃发展，人们生活水平的提高，生产生活中用火、用电、用油、用气量的增加，使火灾发生的因素增加。城市的发展和扩大导致人员和财富的高度集中，一旦发生火灾极易造成重大损失。如公众聚集场所发生火灾后易造成人员群死群伤，资本密集型企业发生火灾易造成重大财产损失。

2. 科技进步对火灾形成的影响

随着科技的迅猛发展，新工艺、新材料、新设备的大量运用，机械化、电气化、自动化水平的提高，致灾的因素增多，火灾发生的几率增加，火灾危险性上升。另一方面消防科技水平的发展，防灭火科技水平的提高，防御火灾的技能增强，起火成灾率将会减少。

3. 民众的意识对火灾形成的影响

由于我国经济基础薄弱，处于奔小康的发展阶段，民众的物质生活水平和科学文化素养不高，安全意识、自我保护意识较差，一些经营者把经济发展置于主导地位，消防法制观念淡薄，对火灾隐患久拖不改，导致火灾发生率增加，火灾死亡率严重。公众的消防安全知识缺乏在我国是一个普遍存在、亟待解决的问题。公安部消防局与国家统计局于 2005 年 10～11 月联合进行的国民消防安全素质调查结果显示，近年来发生的重特大火灾事故，80%以上是由于民众安全意识淡薄所致。

4. 风俗习惯对火灾的形成也有影响

“文明生产”、“小心灯火”等良好风气，给消防管理营造了一个良好的社会环境，火灾趋势会因此下降。不良风俗习惯，如：违规燃放烟花爆竹、上坟烧纸、供神焚香、酗酒吸烟、乱扔烟头等增加了火灾发生的几率。

（二）火灾随一年四季的变化规律

虽然我国地域广阔，各地经济发展、风土人情有所差异，但就火灾随季节的变换而变化而言，有着基本共同的规律。根据中国公安部消防局历年的《中国火灾统计年鉴》、《中国消防年鉴》，绘制了

2000～2006 年中国火灾的月发生起数分布图(见图 1-4),分析发现历年变化规律有非常相似之处,具有很明显的季节性波动特征和增长趋势。

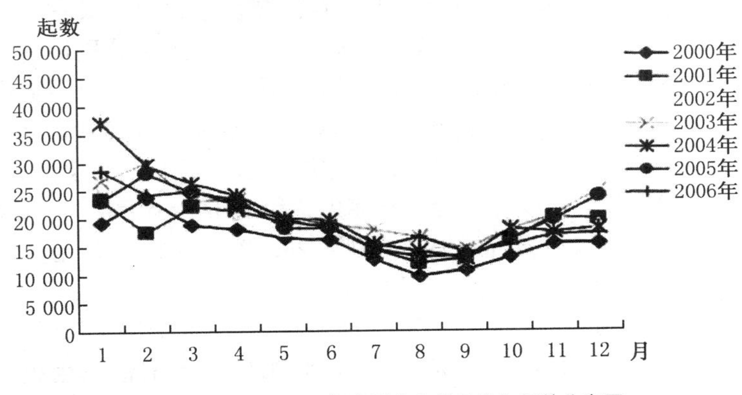

图 1-4　2000～2006 年中国火灾的月发生起数分布图

冬季(12～2 月份)是火灾发生最频繁的季节,夏季(6～8 月)火灾发生起数是最少的,春季(3～5 月)火灾起数仅次于冬季排第二,秋季(9～11 月)名列第三。由此可见,并非气温越高,就越容易发生火灾,气温越低,火灾就越难发生。通过分析火灾随季节的变换而变化的原因,可以发现如下规律:

冬天气温低,生产、生活取暖用火、用气、用油、用电增多,夜晚照明时间加长,这是火灾多发的原因之一,另外,中国的传统节日——春节就在 1、2 月份,春节期间正常秩序被打乱以及燃放烟花爆竹,是导致火灾多发的原因之二。2010 年,全国春节期间发生火灾 6 638 起,约占冬季总数的 1/4,仅烟花爆竹引起的火灾就占春节期间总数的 35.5%。

春季风大,风力为四季之首,加上气温回升快,土壤水分蒸发量大,水汽散失极快,形成风高物燥的气候。此季节还有人们春游踏青、清明祭扫焚香烧纸等火灾诱因,野外火源增多。据统计,春季还是森林火灾最多的时期。

秋季气温、湿度与春季相近,风力比春、冬季小。中秋之后,庄稼开始成熟,禾秆渐趋枯萎,收获、打场用火、用电量增加,秸秆焚烧,柴草堆垛林立都增加了火灾诱因。特别是进入晚秋，寒潮频袭，气温下降，风力上升，时有火灾发生。

夏季气温高，雨水多，日照时间长，用火量和用火时间减少，所以火灾起数居四季的末位。然而需要注意的是夏季自燃火灾占全年之首，据全国 1993 年至 1997 年火灾统计数据，自燃火灾分别比春、秋、冬季平均高 28.95%、26.93 %、46.39%。夏季雷电火灾也明显高于其他季节。更为重要的是夏季气温高，闪点低的易燃物品的燃烧及危险物品的爆炸可能性增加，一旦发生火灾，损失往往惨重。例如，1993 年 8 月 5 日的深圳市安贸危险品仓库火灾和 1997 年 6 月 27 日北京东方化工厂罐区火灾直接经济损失分别为 2.5 亿元和 1.17 亿元。

（三）火灾随一日时间的变化规律

从 2001 年至 2010 年火灾 24 小时分布图（见图 1-5）可以看出，10 时至 22 时为起火高峰期，例如 2009 年和 2010 年此时段发生火灾分别为 83 041 起和 83 491 起，分别占起火总数的 64.2%和 63.0%。22 时至次日上午 8 时因生产经营活动及生活用火用电减少，火灾次数明显小于其他时段，其中凌晨 4 时至 8 时起火风险最小。例如 2010 年凌晨 4 时至 8 时共发生火灾 12 142 起，只占火灾总数的 9.2%。

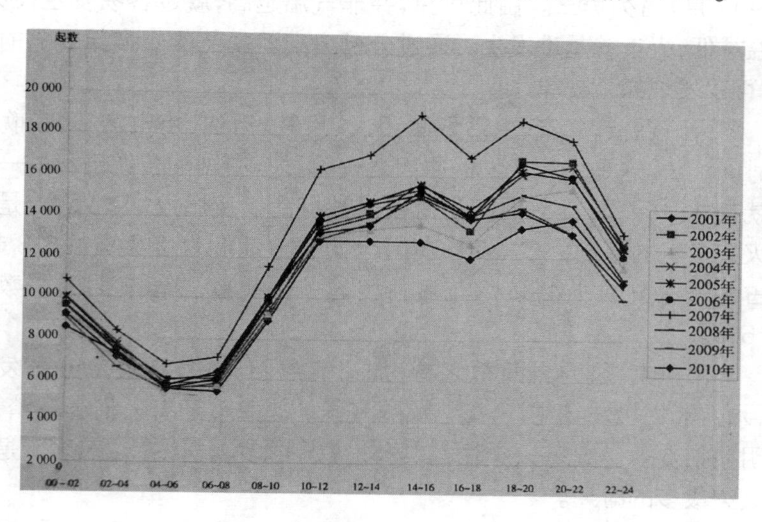

图 1-5　2001～2010 年火灾 24 小时分布图

从2010年火灾伤亡人数24小时分布情况(见图1-6)看,20时至早晨6时时段,是亡人火灾特别是较大以上火灾的高发时段。2010年该时段火灾共造成624人死亡,占火灾死亡总数的51.8%。

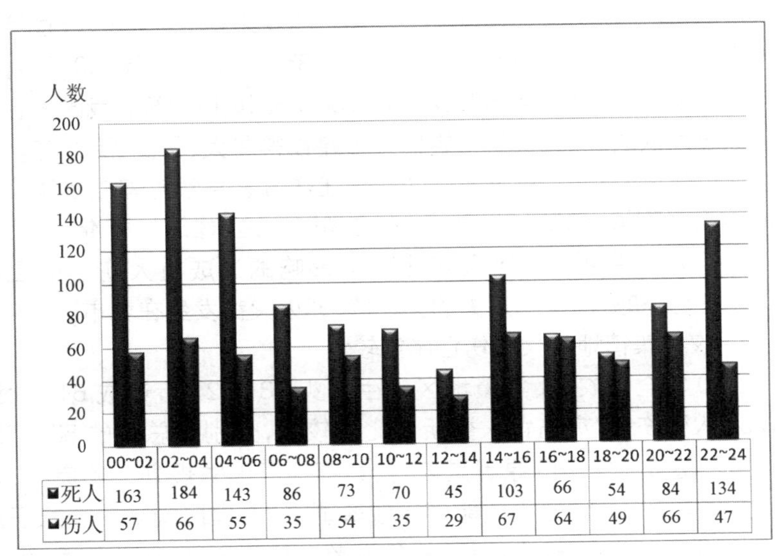

	00~02	02~04	04~06	06~08	08~10	10~12	12~14	14~16	16~18	18~20	20~22	22~24
死人	163	184	143	86	73	70	45	103	66	54	84	134
伤人	57	66	55	35	54	35	29	67	64	49	66	47

图1-6　2010年全国火灾伤亡人数24小时分布图

火灾在一日24小时内的发生规律是:白天起火风险大,尤以下午为最大;夜间起火风险小,尤以后半夜为最小。成灾率是白天低夜间高。这个规律的形成,是与人们的生活和生产经营活动规律紧密相关的。白天是人们从事生产和经营活动最集中、最频繁的时间,也是用火用电和使用易燃易爆物品最多的时间,如果疏于防范,容易失火。特别是下午,人们的精力、体力处于疲惫、困倦状态,易放松警惕,更容易发生火灾。但由于人们都在岗位上,即使失火也能早发现、快报警,由于扑救及时,故成灾率较低。而夜间,虽然停止了或减少了生产经营活动,生活用火用电量减少,失火机会少,但由于该时段人员安全防范能力最为薄弱,一旦起火,不易发现,或者发现后,由于缺少人力、物力,得不到及时扑救,往往小火酿成大火,故火灾成灾率较高,损失较大,是亡人火灾特别是较大以上火灾的高发时段。

（四）火灾随地域的变化规律

1. 城市火灾起数较多

随着城市的发展，近几年发生在城市的火灾有增多趋势。2010年，全国共发生城市火灾49 605起，死亡433人，受伤253人，直接财产损失5.9亿元，分别占总数的37.4%、35.9%、40.5%、30.3%，与2009年相比，分别上升4.5%、23.4%、38.3%和10.3%。我国处在城市化进程加快的时期，人们希望把城市建设得更大、更高、更漂亮。然而在城市建设过程中，对于速度的过分迷恋容易导致对基础系统发展不足和重视不够，消防的规划、基本的消防设施、建筑的标准、物业管理等达不到发展要求。这几年比较有影响的造成重大伤亡的上海“11.15”火灾和财产重大损失的央视“2.9”火灾都发生在城市。

2. 农村集镇地区火灾伤亡比重较大

2010年全国农村、集镇地区发生火灾53 392起，造成611人死亡，262人受伤，火灾伤亡人数所占比重较大，分别占总数的50.7%、42.0%。造成此结果的原因是农村、集镇地区消防规划不够完善，消防设施覆盖率低，防控火灾能力比较薄弱，加之农民消防安全意识淡薄，年轻劳动力外出打工，留下的多为老人和儿童，居住条件差，发生火灾的几率比较高，自防自救能力弱，常有小火因扑救不及时酿成大灾的现象，易造成人员伤亡。

3. 亡人火灾多集中在住宅场所

据统计，多数亡人火灾发生在门面房、小作坊、民房等简易住宅场所。我国城乡居民住宅宿舍2009年共造成877人死亡，占火灾死亡总数的71%，2010年居民住宅宿舍场所共造成853人死亡，占火灾死亡总数的70.8%，都居各类场所之首。现在我国人民生活水平不断提高，许多家庭拥有多种电气设备和燃气器具，家庭装修中也大量使用可燃和易燃材料，使住宅的火灾危险性大大增加，而防火抗灾能力没有提高，造成亡人火灾多发，这类场所一般还存在消防设施不足、消防水源缺乏等问题。

4. 各类厂房仓储场所的火灾损失上升

经济的繁荣，物质的丰富，使制造业、仓储业迅速发展，厂房数量和储存物品量增多，由于社会单位消防意识未跟上，对消防安全重视程度不够，主体责任不落实，组织管理制度不健全，火灾防范措施不到位，操作程序不够规范，超存、混存现象严重，致使着火后经济损失巨大。2010 年，全国火灾损失上升的主要原因就是厂房和仓储场所火灾损失的大幅上升，各类厂房、物资仓储场所共发生火灾 13 525 起，造成 72 人死亡、73 人受伤，直接财产损失 80 162.5 万元，损失占火灾损失总数 40.9%，比 2009 年上升 35.3%。

四、火灾成因分析

火灾和任何灾害事故一样具有突发性、随机性和偶然性，虽然火灾发生的原因随着经济的发展和科学技术的进步变得越来越复杂，但实际上都是各种不安全因素在一定条件下发展的必然结果。火灾的成因归纳起来主要是人的因素、物的因素及社会因素三个方面。

人的因素有：人的素质、疲劳程度、生活习惯、行为规范、心理状态、纵火、小孩玩火等，全国有近 80% 的火灾是由人的因素造成的；物的因素有：建筑环境、建筑结构、物质自燃、气象条件等；社会的因素有：社会制度、社会秩序、社会管理、社会习俗及思想意识等。人为因素为火灾中的主要诱因，在生产、生活中，由于人们消防安全意识不高，消防安全基本常识掌握不够，违规用火用电用气，不注意安全，有侥幸心理，存在电气安装使用不规范、生活生产的用火不慎、违章操作以及吸烟、玩火、放火、燃放烟花爆竹、焚烧纸钱等现象，稍有不慎，极易引发火灾和造成人员伤亡。2010 年因违反电气安装使用规定等引发的各类电气火灾造成 358 人死亡，占 29.7%；生活用火不慎造成 215 人死亡，占 17.8%；放火造成 165 人死亡，占 13.7%；玩火造成 96 人死亡，占 8.0%；吸烟造成 107 人死亡，占 8.9%，合计造成 941 人死亡，占总亡人数的 78.1%。

从火灾发生的原因看，用火（包括吸烟）不慎和用电不当引发的火灾事故占所有的比例很大，2010 年起火原因与起数的关系图（见图 1-7）给予了说明。另据 2000 年至 2010 年 10 年火灾事故的统计，全国范围此类原因引发火灾的起数为 814 994 起，占总起数的 40.5 %。因此，控制好用火用电这些方面的引火源，就能有效保证消防安全。

（一）电气火灾所占比重最大

日常生活中所用的电器设备在安装、使用过程中，违反电气安全

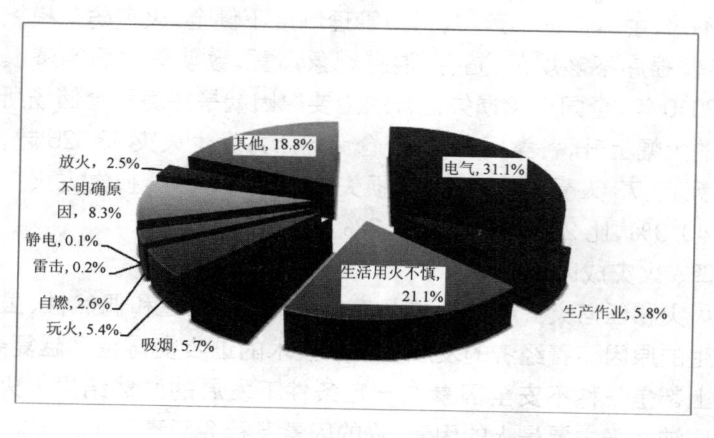

图 1-7　2010 年起火原因与起数比例图

规定或者线路老化、短路、乱拉乱接等造成的电气线路和电器设备故障以及电加热器具的炽热表面引起的火灾均属于电气火灾。电气线路发生火灾，主要是由于线路的短路、过载或接触电阻过大等原因，产生电火花、电弧或引起电线、电缆过热造成。从统计数据看，历年来电气火灾起数、经济损失均占各类火灾之首。据《中国消防年鉴》统计，2006～2010 年间，因违反电气安装使用规定和电器故障等引发的电气火灾共 199 615 起，占总火灾起数的 28.5%，2010 年一年内全国电气火灾共发生 41 237 起，占当年火灾总数的 31.1%，造成 358 人死亡，187 人受伤，直接财产损失达 65 421.6 万元。2010 年发生的 4 起重大火灾事故中，有 2 起就是电气原因造成的，造成 31 人死亡，34 受伤，直接财产损失达 1 569 万元。2010 年起火原因与损失的关系（见图 1-8），可见不仅电气引发的火灾次数多，而且电气火灾造成的损失也居各类火灾的首位，所占的比重较大。

电气火灾比重大的主要原因有：电器普及率的提高，用电设备的增加，可能造成电线超负荷工作；未及时检查、更新更换，导致电器线路绝缘层陈旧老化；电器设备安装不规范，敷设简陋，造成导线与导线、导线与电气设备连接点连接不牢；电器设备使用不当；元器件、材料选用不合规范，如导线截面积选择不当，实际负载超过了导线的安全载流量；违反安全规定私拉乱接电线，或不懂得安全用电常识；在一

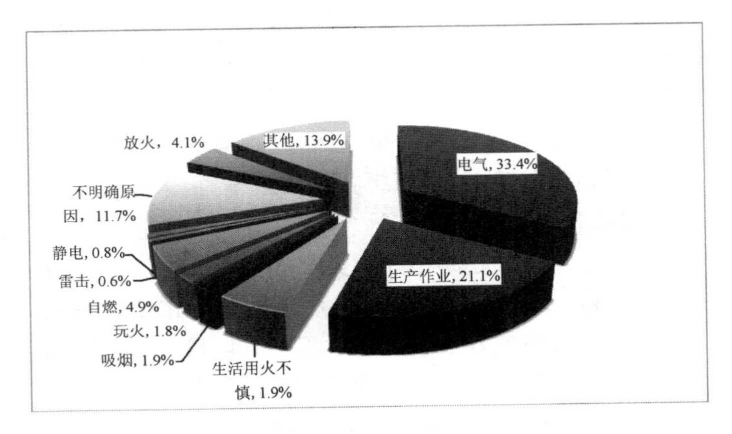

图 1-8 起火原因与损失比例图

个插座上拖若干个拖线板，并在线路中接入过多或功率过大的电气设备，超过了配电线路的负载能力；不注意使用环境，电线、电缆的绝缘受高温、潮湿或腐蚀等作用，失去了绝缘能力；选用的产品性能不符合国家标准。市场上销售的各种电器产品如：电流保护器、断路器、开关、插座、镇流器、各类导线及家用电器等，相当部分的电气性能技术指标、绝缘等级不符合国家及国际电工委员会 IEC 标准，未经质量和安全认证，等等。这些因素造成火灾频次的增加。

［案例 1-11］ 2007 年 12 月 12 日 8 时 24 分，温州市温富大厦一楼经营场地达 1 千多平方米的“朵朵鲜”花店发生造成 21 人遇难的特大火灾。起火部位为花店西北部新装修的卖场，起火原因就是吊顶内照明线路短路引燃周边可燃物所致的。

［案例 1-12］ 2011 年 4 月 25 日凌晨，北京大兴发生的火灾，共造成 17 人死亡 25 人受伤，其起火原因为现场存放的电动三轮车电气故障引起。

（二）生活用火不慎引发的火灾较多。

2010 全国共发生火灾 132 497 起，因用火不慎引起的火灾 25 878 起，占 19.5%，是除电气火灾外起数最多类型的火灾。用火不慎引发火灾的原因主要是由于人们消防安全意识薄弱、心存侥幸，漫不经心，思想麻痹，不懂用电、用气、用油的安全常识，因而在生活中造成了大

量的动态性火灾隐患，易导致此类火灾起数上升。如炭火取暖，使用蜡烛、吸烟等距离可燃物过近或不注意安全；用大功率灯泡取暖或烘烤衣服；电熨斗、电热杯、电吹风等器具使用后离开未切断电源；油烟管道油污太多；烹煮油炸食物时随意离开；灶具的橡胶管老化或橡胶管与灶具或燃气管道连接处没有绑扎严造成漏气；大锅灶的灶口附近就近堆放大量柴草；焚烧纸钱、秸秆、垃圾时未实施看护等等。由此可见，养成良好的生活习惯是防范此类火灾的重要因素。

［案例 1-13］ 2008 年 3 月 5 日，广东省惠州市综合福利院因点蚊香引起棉被阴燃，造成 8 名儿童死亡；2008 年 11 月 14 日 6 时 10 分许，上海商学院宿舍区发生火灾，4 名大学生慌不择路从 6 楼跳下当场身亡。起火原因就是学生宿舍内使用“热得快”，停电后忘关闭，恢复供电后，“热得快”空烧引燃周围可燃物所致。火灾造成四位女生死亡，最小者仅 19 岁，如花的生命就此无法挽回，可以看出危害之大。

（三）生产作业类火灾也占有一定比重

2010 年全国共发生火灾 132 497 起，造成的直接财产损失为 195 945.2 万元，生产作业类火灾 7 722 起，占 5.8%，直接财产损失为 4 142.4 万元，占 21.1%，是起数较多、损失数所占比重也较多类型的火灾。生产作业类火灾主要包含焊割、烘烤、熬炼、机械设备类故障和化工火灾等，大多是由于操作者缺乏消防安全常识，违章操作等人为不安全行为造成。要减少此类火灾，就需要作业人员在作业过程中严格遵守本行业、本单位的安全生产规章制度和操作规程。

［案例 1-14］ 2010 年 11 月 15 日 14 时 14 分，发生 58 人死亡、71 人受伤，直接经济损失达 1.58 亿元严重后果的上海胶州路 728 号教师公寓火灾就是典型的生产作业类火灾，发生该起特大火灾事故的大楼建筑外墙保温主要采用的是硬泡聚氨酯喷涂薄抹灰，起火过程是工人在 10 楼在未采取防护措施的情况下违章电焊，溅落的金属熔融物焊渣引燃下方 9 楼脚手架上堆积的硬泡聚氨酯保温材料碎片，碎片迅速起火燃烧，火焰引燃 9 楼表面的尼龙防护网、脚手架上的毛竹片和保温材料，同时引燃室内的易燃物品造成火势的迅速扩大。在有 156 户住户正常居住的情况下进行外墙施工，施工作业现场管理混乱，未按照安全操作规程采取防护或隔离措施是造成如此大事故的直接

原因。

五、火灾规律的应用

分析火灾统计数据,剖析火灾特性及其规律,可为消防工作作出决策及科研提供信息和依据,对当前消防工作进行谋划,发现苗头性问题及时预警,有针对性地加强监督执法和宣传教育,做到消防监督执法跟着经济社会发展和火灾规律走,主动打好火灾防控仗。

(一) 依靠科技创新提升防控水平

随着科技的迅猛发展,新工艺、新材料、新设备的大量产生,应积极使用消防安全新技术、新工艺、新材料,积极借鉴吸收国外先进技术,鼓励进行消防科研技术攻关,充分发挥生产、科研、技术服务机构的技术优势,加大消防行业新产品、新技术的研发和转化应用。据资料统计,2007 年至 2008 年,我国发生在当地有影响的高层建筑火灾 990 起,直接经济损失 3.3 亿元。目前仅上海市的高层建筑就已达1.9 万余幢,超高层建筑近 1 000 幢。而全国只有少数地区配备登高车辆达到 80～100 m。相比之下,消防能力显得明显不足,只有积极运用消防安全新技术、新工艺、新材料,才能提高防灭火科技水平,降低起火成灾率。

有了消防科技新成果、新技术,还要积极推广应用消防新产品,加强火灾防控新技术新成果的转化应用,提高社会防范和抗御火灾的能力。如督促高层住宅、老年公寓、寄宿制学校、幼儿园、福利院、小型人员密集场所等亡人火灾较多的特殊场所设置独立式火灾探测报警器;推广应用消防电子巡查系统、局部应用自动喷水灭火系统、安全控制与报警逃生门锁等技术和不燃、难燃节能装饰装修材料。

(二) 提高重点时段和场所的防范能力

1. 加强人员聚集场所夜间的防范

公安消防监督部门针对大量的商场市场、宾馆饭店、歌舞娱乐场所夜间才进入营业高峰时段,场所人员聚集,不安全因素多的特点和常在夜间发生火灾的规律,建立了消防监督人员"错时检查制度",将工作延伸到 8 小时工作时间之外,把警力部署到火灾高发时段和高发部位,加强对此类夜间营业场所的消防监督,减少火灾,特别是亡人火灾的发生。

2. 加强夏季易燃易爆化学物品火灾的防范

夏季气温高，酷暑时气温可达 40 ℃ 左右，这对易燃易爆品的使用、储存、运输增加了火灾危险性，易引发易燃易爆化学物品火灾，为保证夏季易燃易爆品的防火安全，有效预防和控制易燃易爆化学物品火灾的发生，要针对此类场所开展消防安全专项大检查，主要检查易燃易爆场所内的各项消防安全制度，储罐区、灭火器、安全检查和巡查制度，灭火预案的制定和演练，静电接地装置、电源与防爆、防雷设施等是否符合要求，切实加强在夏季高温期间的消防安全管理力度，时刻防范安全隐患，确保安全。同时为防患于未然，有针对性地开展场所的灭火救援演练，提升处置能力。

3. 加强农作物收获季节的防范

一般农作物收获季节气温较高，风干物燥，也是火灾频发的时期，一旦田间农作物发生火灾，农民一年的辛苦将毁于瞬间。为防火于未然，相关部门应加大检查和宣传力度，把消防安全知识送到千家万户，送到田间地头，提醒广大农民，提高认识，树立防火意识，收割期间不在田间吸烟，不在田野里点火焚烧秸秆等，同时应增强自防自救能力。

4. 加强烟花爆竹火灾的防范

每年春节期间都是烟花爆竹类火灾多发时节，人们在燃放烟花爆竹喜庆之际，不要忘记防火。政府部门要加强管理，采取指定燃放区域、区域洒水等措施，燃放人要做到不买劣质烟花爆竹，去指定地点燃放烟花爆竹，不在室内燃放，不对着居民住宅燃放。燃放地点要选择室外空旷平坦、无障碍的地方，严禁在市场、剧院、繁华街道等公共场所和古建筑、山林、电力设施下方以及靠近易燃易爆物品的地方燃放，要远离仓库和堆垛，更不要在油库、车库和化工品仓库旁燃放。

（三）落实农村消防工作措施

根据农村常发生亡人火灾的规律，指导农村开展消防标准化建设，配备专（兼）职消防管理人员，积极引导、鼓励村民自治，组织建立多户联防等自我管理机制，充分发挥农村治安联防、巡防和保安队伍在防火巡查、消防宣传、扑救初起火灾等方面的作用，实行群防群治，切实增强防御火灾能力。结合农村水、电、路建设和村庄规划，加强农村消防基础设施规划建设，改善农村消防安全条件。积极推行消防安全网格化管理，以村庄为基本单位逐级划分消防监管网络，明确各网络的监管职责、任务，对网络中的消防安全状况全面监管，督促落实。

(四) 加强消防宣传教育培训

由于市场经济体制在我国的建立和完善，社会经济日益发展，城市日益繁荣，但我国重、特大群死群伤恶性火灾事故日益增多，一个重要原因就是社会成员的消防安全意识跟不上形势的发展。加强科学的消防宣传教育培训，提高公民的消防安全意识，通过培训普及消防知识，丰富防火灭火知识，增强消防意识，提高人们遵守法律、法规的自觉性，提升自身抗御火灾的警惕性和技能，是预防和减少群死群伤恶性火灾事故的有效手段。在宣传方式上除了运用传统的报刊、面对面的宣传培训手段外，利用电视、数字电视、网络等多种新兴方式，构建富有时代特色的宣传教育体系。

第四节 火灾防控的基本原理

任何可燃物产生燃烧或持续燃烧都必须具备燃烧的必要条件和充分条件，火灾防控就是破坏燃烧条件、使燃烧反应终止的过程。掌握了物质燃烧的条件，就了解了预防和扑救火灾的道理。一切防火措施都是为了防止燃烧的条件同时存在，防止燃烧条件互相结合、互相作用。根据物质燃烧的原理，所能采取的防控火灾的基本措施是：控制可燃物、隔绝助燃物、消除着火源、阻止火焰及爆炸波扩展。

一、控制可燃物

可燃物是燃烧过程的物质基础，在选材时，尽量用难燃或不燃的材料代替易燃或可燃材料，如用水泥代替木料建筑房屋，用防火涂料浸涂可燃材料以提高耐火性能。对于具有火灾、爆炸危险性的厂房，采取局部通风或全部通风的方法，以降低可燃气体、蒸气和粉尘在空气中的浓度；凡是能发生相互作用、发生化学反应的物品，要分开隔离存放或移走、减少可燃物等。

二、隔绝助燃物

隔绝助燃物就是使可燃物不与空气、氧气或其他氧化剂等助燃物接触，这样即使有着火源作用，也因为没有助燃物参与而不致发生燃烧。如对使用、生产易燃易爆化学物品的生产设备实行密闭操作，防止与空气接触形成可燃混合物；对有异常危险的生产，可充装惰性气体保护；隔绝空气储存某些化学危险品等。灭火过程中断绝或减少燃烧所需要的氧气等助燃物，使其窒息熄灭。如采用扑火工具直接扑打灭火、用沙土覆盖灭火、用化学剂稀释燃烧所需要氧气灭火，就会使可燃物与空气形成短暂隔绝状态而窒息。这种方法仅适用于初发火灾，当火灾蔓延扩展后，需要隔绝的空间过大，投工多，效果差。

三、消除着火源

消除着火源就是严格控制吸烟、照明、取暖、烟囱飞火、小孩玩火、焊割动火、机械火星、电火花、熬炼用火、烘干用火、摩擦热、化学反应热、聚集的日光及静电、自燃、雷击等着火源，防止可燃物遇明火或温度升高而起火。如在爆炸危险场所安装整体防爆电气设备；在仓库、油库、加油站等重要场所禁止任何火源等等。

四、阻止火焰及爆炸波扩展

为阻止火势、爆炸波的蔓延，就要防止新的燃烧条件形成，从而防止火灾扩大，减少火灾损失。安全装置的使用，可达此目的。安全装置一般有阻火设施和防爆泄压设施两大类。它们是在系统发生异常状况时能够阻止灾害发生或不使事态扩大，以减少事故损失的装置。

（一）阻火设施

阻火设施的作用是防止火焰蹿入有燃烧爆炸危险的设备、容器与管道内或阻止火焰在设备和管道内扩散，通过使燃烧的可燃物与未燃烧可燃物隔离，破坏火的传导作用，达到灭火目的。由于科技的发展和研究的加强，现在的阻火设施品种很多，有安全液封设施、水封井、阻火器、单向阀（止回阀）、阻火闸门（防火阀、排烟防火阀等）、防火门、防火窗、防火卷帘等。如通过在可燃气体管路上安装阻火器、安全水封；在建筑物内的管道上设置防火阀、排烟防火阀等，在面积较大的场所用防火门、防火卷帘、防火窗设置防火分区，可以达到阻止火势、爆炸波蔓延的目的。下面介绍几种常见阻火设施。

1. 安全液封设施

安全液封设施是一种以液体作为阻火介质的安全设施。目前广泛使用的安全水封设施是以水作为阻火介质,一般装设在气体管线与生产设备之间。常用的安全水封有敞开式和封闭式两种。

2. 水封井

水封井是安全液封设施的一种,见图 1-9。通常设置在含有可燃气体、易燃液体蒸气或油污的污水管道上或油罐区罐组防火堤内,以防止燃烧、爆炸沿着水管网蔓延扩展。

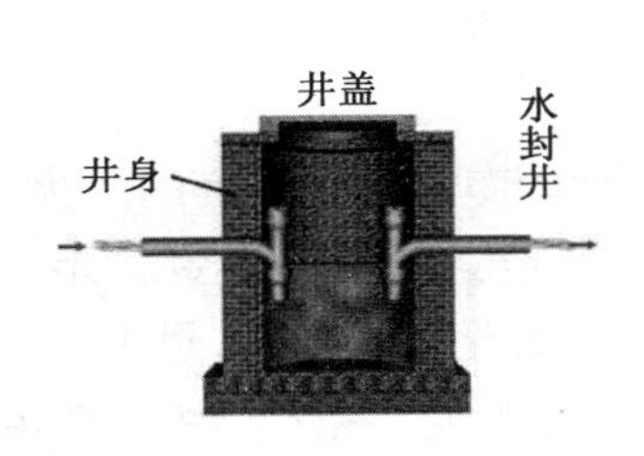

图 1-9 水封井示意图

图 1-10 阻火器示意图

3. 阻火器

阻火器是阻止可燃气体或易燃液体蒸气火焰蔓延的安全设备,见图 1-10。它只能让气体通过而不能让火焰通过。它的工作原理是火焰在管中以蔓延的速度随着管径的减小而减小,最后可以达到一个火焰不蔓延的临界直径。这一现象按照链式反应理论的解释是:管子直径减小,器壁对游离基的吸附作用的程度增加。用热损失的观点来分析,当管径小到某个极限值时,管壁的热损失大于反应热,从而使火焰熄灭。阻火器是根据上述原理制成的,即在管路上连接一个内装细孔金属网或砾石的圆筒,可以阻止火焰从圆筒的一侧蔓延到另一侧。在输送或排放可燃气体的管线上安装阻火器或隔火器可防止因回火或火源进入设备而引起的爆炸。阻火器应按照其用途和使用条件选择不同的类型,不能互相代用。如油罐阻火器能阻止传播速度不大于 45 m/s 的火焰通过,火炬用管道阻火器能阻止传播速度不大于 1 200 m/s 的火焰通过等。

4. 单向阀

单向阀又叫止逆阀、止回阀,见图 1-11。其作用是仅允许可燃气体或液体向一个方向流动，遇有倒流时即自行关闭，从而避免在燃气或燃油系统中发生流体倒流，防止高压流体蹿入低压造成容器管道、容器、设备的爆裂或发生回火时火焰的倒袭和蔓延等事故。生产中常用的单向阀有升降式、摇板式、球式等。

图 1-11 单向阀示意图

在工业生产上，通常在系统中流体的进口与出口之间、在与燃气或燃油管道及设备相连接的辅助管线上、高压与低压系统之间的低压系统上或压缩机与油泵的出口管线上安置单向阀。

5. 阻火闸门

阻火闸门是为了阻止火焰沿通风管道蔓延而设置的阻火装置。在正常情况下，阻火闸门受制于成环状或条状的易熔金属元件的控制，处于开启状态，一旦着火，温度升高，易熔元件熔化，阻火闸门失去控制，闸门自动关闭，阻止火势沿着管道蔓延。易熔元件通常用低熔点合金或有机材料制成。也有的阻火闸门是手动的，即在遇火警时由人迅速关闭。主要有防火阀、排烟防火阀，分别见图 1-12、图 1-13。

图 1-12 防火阀示意图

图 1-13 排烟防火阀示意图

防火阀是安装在通风、空调系统的送、回风管穿越防火墙处，平时呈开启状态，火灾时当管道内气体温度达到 70 ℃时，易熔片熔断，阀门在扭簧力作用下自动关闭，在一定时间内能满足耐火稳定性和耐火完整性要求，起隔烟阻火作用的阀门。

排烟防火阀有常闭型和常开型。常闭型排烟防火阀是安装在排

烟系统管路上，平时一般呈关闭状态，并满足漏风量要求，火灾或需要排烟时手动或电动开启，起排烟作用。当排烟管道内烟气温度达到280 ℃ 时关闭，并在一定时间内满足漏烟量和耐火完整性要求，起隔烟阻火作用。它的电动排烟开启功能通常是由控制中心或简单的烟感探测装置来指令其动作。常开型排烟防火阀是安装在机械排烟系统的管道上，平时呈开启状态，火灾时当排烟管道内烟气温度达到280 ℃时关闭，并在一定时间内满足漏烟量和耐火完整性要求，起隔烟阻火作用。

6. 防火门、防火窗

防火门、防火窗是建筑物防火分隔的措施之一，通常用在防火墙上、楼梯间出入口或管井开口部位，能阻隔烟、火蔓延，见图 1-14。防火门、防火窗对防止烟、火的扩散和蔓延、减少损失起重要作用。一般将防火门、防火窗分为甲、乙、丙三级，其最低耐火极限分别为：甲级 1.20 h，乙级 0.90 h，丙级 0.60 h。

(a) 防火门

(b) 防火窗

图 1-14 防火门、防火窗示意图

7. 防火卷帘

防火卷帘是一种适用于建筑物较大洞口处的防火、隔热设施，见

图 1-15　防火卷帘示意图

图 1-15。防火卷帘帘面通过传动装置和控制系统实现卷帘的升降起到防火、隔火作用。防火卷帘门广泛应用于工业与民用建筑的防火隔断区，平时收拢，发生火灾时卷帘降下，将火势控制在较小的范围之内，防止火势蔓延，保障生命财产安全。

（二）防爆泄压设备

防爆泄压设备是一种超压保护装置。其功能是当容器在正常的工作压力下运行时，它保持严密不漏，而一旦容器内压力超过规定值，它就能自动、迅速、足够量地把容器内部的气体排出，使容器内的压力始终保持在最高许可压力范围内，从而减少压力对设备的破坏和爆炸带来的损失。同时，它还有自动报警的作用，提醒操作人员采取防范措施。它包括安全阀、防爆片、呼吸阀、防爆门和放空阀（管）等。

1. 安全阀

图 1-16　安全阀示意图

安全阀是为了防止设备和容器内异常状况下压力过高引起爆炸而设置的安全装置，见图1-16所示。包括防止物理性爆炸（如锅炉等压力容器、蒸馏塔等的爆炸）和化学性爆炸（如乙炔发生器的乙炔受压分解爆炸）。当容器和设备内的压力升高超过安全规定的限度时，安全阀即自动开启，泄出部分介质，待压力降至安全范围内再自动关闭，从而实现设备和容器内压力的自动控制，防止设备和容器的破坏。

安全阀按其结构和作用原理可分为重力式、杠杆式和弹簧式等。安全阀的选用，应根据压力容器的工作压力、温度、介质特征来确定。选用时，除了注意正确选型，还要注意它的压力范围和排气量。

2. 防爆片

防爆片又叫防爆膜(板),是一种断裂型的安全泄压装置,见图1-17。爆破片的重要作用:一是当设备发生化学性爆炸时,保护设备免遭破坏。其工作原理是根据爆炸发展的特点,在设备或容器的适当部位设置一定大小面积的脆性材料(如铝箔片),构成薄弱环节。当爆炸刚发生时,这些薄弱环节在较小的爆炸压力作用下,首先遭受破坏,立即将大量气体和热量释放出去,爆炸压力以及温度很难再继续升高,从而保护设备或容器的主体免遭更大损坏,使在场的生产人员不致遭受致命的伤亡。二是如果压力容器的介质不洁净,易于结晶或聚合,这些杂质或结晶体有可能堵塞安全阀,使得阀门不能按规定的压力开启,失去了安全阀的作用,在此情况下,就只得用爆破片作为泄压装置。

图 1-17 防爆片示意图

图 1-18 呼吸阀示意图

3. 呼吸阀

呼吸阀是一种用于常压储罐的安全设施,它可以保持常压储罐中的压力始终处于正常状态,用来降低常压罐内挥发性液体的蒸发损失,并保护储罐免受超压或超真空度的破坏,见图 1-18。

4. 防爆门(窗)

防爆门(窗)实际上是一个防爆翻板。一般装设在燃烧炉(室)壁上。防爆门的总面积一般不少于 2 500 cm^2/m^3(按燃烧室内净容积计算)。防爆门一般设置在燃油、燃气和燃烧煤粉的燃烧室外壁上,以防燃烧室发生爆燃或爆炸时设备遭到破坏。为防止气体喷出时将人烧伤或翻开的盖子将人打伤,防爆门应设置在人们不常到的地方,高度最好不低于 2 m。

5. 放空管

当反应物料发生剧烈反应,采取加强冷却、减少投料等措施不能阻止超温、超压、爆聚、分解爆炸事故发生时，应设置自动或就地手控紧急放空管。厂内有火炬时，紧急放空管可经阻火器连接到通往火炬的管道。

6. 防爆帽

防爆帽又称爆破帽，也是一种断裂性的安全泄压装置。防爆帽的样式较多，它的主要原件就是一个一端封闭、中间具有一薄弱断面的厚壁短管。当容器内的压力超过规定，使薄弱断面上的拉伸压力达到材料的强度极限时，防爆帽即从此处断裂，气体由管孔中排出。

（三）火星熄灭器

图 1-19　火星熄灭器示意图

火星熄灭器是指防止火星迸出引起失火的器具，见图 1-19。一般安装在产生火星的设备和装置上或机动车的排气管上，以防飞出的火星引燃易燃易爆物质。

火星熄灭器的基本原理：一是使带有火星的烟气由小容积进入大容积，造成压力降低，流速减慢，将重量大的火星颗粒沉降下来，而不从排烟道飞出。二是设置障碍，改变烟气流动方向，增加火星所走的路程，使火星熄灭或沉降。三是设置网格、叶轮等，将较大的火星挡住或将火星分散开，以加速火星的熄灭。四是用喷水或水蒸气使火星熄灭。

第二章　火灾烟气及人在火灾中的心理行为特征

火灾是具有突发性的意外事件，常常在短时间内给人以毁灭性的伤害。由于火灾的发生常常比较突然，且同时伴有浓烟、强烈的热辐射和有毒性，因此，处在这种环境之中的人们往往需要承受更大的心理压力。倘若人们在遭遇火灾等意外事件时能保持良好的心理状态，及时采取自救行为，往往能获救或避免死亡。

有关研究表明，在遭遇突发事件时，不同人的心理和行为反应是各不相同的。心理素质较好的人，在遇到突发事件时也会感到紧张害怕，并伴有一系列的心理反应，如血压升高、心跳加快等，但他们的大脑却很清醒，肌肉有力，反应敏捷，行动迅速，在危难时临危不惧，成功避难，甚至成为危机时的领袖人物；而心理素质较差的人，如平时胆小怕事者、见灾难临头会非常恐惧者等，往往表现出手忙脚乱，呆若木鸡，不知所措，不能自制，不知道迅速撤离灾害现场等行为。有的人表现出极高的利他主义精神；有的人则自私自利，见死不救。人对突发事件的反应方式，既与个体特征有关，也与其受训练程度有关。如果人们平时注重突发事件应变能力的训练，尤其是对心理素质较差的个体进行有针对性的训练，有助于提高人们对待火灾等灾害事故的处置能力。

第一节　火灾烟气及其危害性

有人说，火灾燃烧中所产生的烟雾是扼杀生命的“蒙面杀手”，国内外无数起火灾、无数条生命丧失的铁的事实也证明了这一点。火灾中浓烈的有毒烟气疯狂肆虐，一次次向人们展示了它的疯狂，又一次次无情地侵害、吞噬着无辜的生命。人们常用“烧死烧伤”多少人来统计火灾伤亡人数，其实火灾对受害者的危害性是综合性的。惨痛而又惊人的伤亡数字饱含着逝者的鲜血和亲人的泪水，而遇难者让我们惊醒，他们以生命做代价，向人们敲响了警钟。因此，只有认识了火灾，了解了烟气的综合危害，才能使我们真正掌握与火灾作斗争的有力武器。那么，火灾烟气是怎样危害人体的呢？

一、火灾烟气的概念

烟气是火灾过程中的一个重要的物理现象。当建、构筑物中可燃物质发生火灾时，建筑材料、装修材料及室内可燃材料等可燃物质在燃烧时所产生的物质之一就是烟气；当可燃液体（如汽油、柴油，酒精、丙酮等）、燃气（如煤气、液化石油气、天然气等）发生燃烧时，其产物之一为烟气。无论哪种不同状态下的物质，如可燃固态物质、液态物质或气态物质，在燃烧时都要消耗空气中的大量氧气，并产生大量的炽热烟气。

因此，所谓火灾烟气，就是一切可燃物质在燃烧或者热分解时所产生的悬浮在大气中的蒸气、气体、液滴和（或）固体微粒的总称，即是气体和烟尘的混合物。

烟气的成分相当复杂，是多种物质的混合物，主要包括：①燃烧产生的气相产物，如水蒸气、CO、CO_2、SO_2、多种低分子的碳氢化合物及少量的 HCN、HCl、NO_x（氮氧化合物）等；②在流动过程中卷吸进入的空气；③烟尘，即多种微小的固体颗粒和液滴，如燃料的灰分、煤粒、油滴以及高温裂解产物等。

燃烧条件不同，上述各组分的组成比例也存在较大差别。同样是固体可燃物，在火灾中可以发生阴燃，也可以发生有焰燃烧。阴燃生成的烟气中含有较多未燃的碳氢化合物。这种产物与冷空气混合时可浓缩成较重的高分子物，形成薄雾，并可缓慢地沉积在物体表面，形成油污。而有焰燃烧产生的烟气颗粒则几乎全部是小的固体颗粒，其中一小部分颗粒在高热通量作用下脱离固体的灰分，大部分颗粒则是在氧浓度较低的情况下，由于不完全燃烧和高温分解而形成碳颗粒，即使初始可燃物是气体或液体，也能产生固体颗粒。因此，烟气对大气环境的污染是多种毒性物质的复合污染。烟尘对人体的危害与颗粒的大小有关,大多是直径小于 10 μm 的飘尘,尤其以 1～2.5 μm 的飘尘危害性最大。

二、火灾烟气的危害性

火灾是失去控制的燃烧,在诸多种灾害中发生频率最高。美国学者曾对 933 起建筑火灾中死亡的 1 464 个人进行了研究,并对其死因作了统计分析,结果表明,其中因缺氧窒息和中毒死亡的达 1 062 人之多。近年来,随着国民经济的快速发展,我国的火灾形势呈现出愈演愈烈之势。人造高分子材料在建筑、室内装饰及家具制造业中广泛应用,其在燃烧过程中将产生大量的有毒烟气,火灾烟气成分变得越来越复杂,危害性也越来越大。烟气在建筑火灾中是阻碍人们逃生、导致被困人员死亡的主要原因,已成为火灾中的第一杀手。如 1993 年 2 月 14 日,唐山林西百货大楼火灾后,经法医鉴定,死亡的 80 余人中除 1 名高空坠落死亡外,其余全部死于有毒烟气;1994 年 12 月 8 日,新疆克拉玛依友谊馆大火死亡 325 人,其中 95%死于烟气中毒;1994 年辽宁省阜新艺苑歌舞厅"11·17"大火因易燃的棉丙交织化纤布燃烧时分解出大量有毒气体,造成 200 余人中毒窒息死亡;2000 年洛阳"12.25 特大火灾"造成 300 多人死亡,据事后调查,绝大多数死亡者也都是因吸入火灾烟气窒息死亡的,并且他们所处位置都远离火源。火灾危害主要指的是对人和财产所造成的危害,主要是热量、烟气和缺氧三种因素的作用结果,通常这种危害可分为两类:热辐射引起的危害和非热因素引起的危害 。而非热因素引起的危害则主要是指烟气危害。

几乎所有的火灾都会产生大量的烟气,其对火灾中人员的生命安全威胁最大。统计结果表明,火灾中 85%以上的死亡者是由于烟气的影响,其中大部分是吸入了烟尘及有毒气体昏迷后而致死的。烟气中各种有毒有害成分、腐蚀性成分、颗粒物等以及火灾环境的高温、缺氧等,对生命财产以及生态环境都造成很大破坏。

[案例 2-1] 2000 年 12 月 25 日晚 9 时许,河南省洛阳市东都商厦发生火灾,造成 309 人死亡(其中男性 135 人,女性 174 人)、7 人受伤,直接财产损失 275.3 万元。

东都商厦原名老城商场，一期工程始建于1988年12月，1990年12月竣工开业后，二期工程开始建设，并于1991年竣工投入使用。商厦共六层，地下二层，地上四层，耐火等级为二级，占地面积3 200 m²，建筑面积79 00 m²。负二层为家具商场和丹尼斯量贩洛阳东都分店租用的货物仓库，负一层主要经营副食品、百货等，地上一层主要经营小五金、小家电、文体用品服装等，二层主要经营服装，三层仅有一些货架摊位，四层东侧和南侧为东都商厦办公区，北侧有一会议室，西侧为舞厅KTV包间，中部为东都舞厅大厅。火灾当晚歌舞厅内有400余人在圣诞狂欢。

火灾原因系丹尼斯量贩职工王某在负一层违章电焊、冒险蛮干时电焊熔渣引燃负二层楼梯上的可燃物所致。事后调查表明，大部分狂欢的顾客由于消防安全意识淡薄，进入舞厅后没有熟悉舞厅安全疏散设施，加上逃生自救常识缺乏，烟气侵入后吸入烟气窒息死亡。

[案例2-2] 2008年9月20日晚11时许，广东深圳市龙岗区龙东社区舞王俱乐部发生火灾，造成43人死亡，65人受伤。起火建筑为位于深圳市龙岗区龙岗街道龙东社区三和二村的三和综合市场，属于单栋钢筋混凝土框架结构，由深圳市龙岗区龙岗镇龙东社区三和二经济合作社投资兴建，共五层（一至四层每层1 695 m²，第五层920 m²），高度21米，总建筑面积约7 700 m²，2002年上半年完工，2004年主体验收合格。一层为旧货市场，二层东半部分为茶餐厅、西半部为旧货仓库，第三层为舞王俱乐部（设有一个演艺大厅和10个包房，其中演艺大厅建筑面积约700 m²），第四层一部分空置、一部分为舞王俱乐部员工宿舍，第五层为舞王俱乐部办公室和员工宿舍。舞王俱乐部在未经消防验收合格的情况下于2007年9月8日擅自开业。

当晚10时48分35秒左右，舞王俱乐部员工王帅文演出时使用自制道具手枪向舞台上方发射烟花弹，烟花弹发出一道耀眼白光并伴有巨大声响。约15秒后，演出人员及舞台周边观众发现舞台上方顶棚着火，俱乐部工作人员使用灭火器扑救未奏效。浓烟从舞台上方顶棚处沿顶棚向四周迅速蔓延，并伴有大量熔融滴落物，在场人员开始疏散。据了解，当晚进入舞王俱乐部的消费人员约有400人。

经火灾现场调查，判定火灾着火部位在三楼舞王俱乐部舞台，起火原因为员工在舞台使用自制烟花道具枪时引燃天花上的聚氨酯泡沫塑料及墙上的吸音海绵等易燃可燃有毒材料并迅猛燃烧所致。聚氨酯泡沫塑料的显著特点：一是氧元素含量和内部孔隙率比较高，燃烧迅猛、蔓延速度非常快；二是氮元素含量比较高，除了容易产生一氧化碳外，还能产生大量的剧毒物质氰化氢。此外，墙壁使用的隔音吸音材料等也容易燃烧产生大量有毒烟气。由于舞王俱乐部三楼空间密闭，有毒烟雾迅速扩散蔓延至各个角落，大量人员因无法及时疏散，导致 43 人烟熏中毒死亡，65 人受伤。

那么，火灾烟气的危害性到底有哪些呢？

（一）烟气的毒害性

火灾烟气的毒害性大致表现在以下四个方面：

1. 缺氧危害

空气中氧气的正常含量约为 21%，而人体生理正常所需要的最低氧气量大约为 16%，处于该氧气浓度下，人们的思维敏捷、神志清晰、反应快速、判断准确，人体的各部位也不会出现不良反应。但在火灾状况下，由于可燃物的燃烧消耗了空气中的大量氧气，使得烟气中的氧气含量大大降低，低于人体生理正常需氧量，使得人们出现各种缺氧的不良反应现象，见表 2-1。有关试验表明：当空气中氧含量低于 15%时，人体的肌肉活动能力下降；氧含量在 10～14%时，人体四肢无力，智力下降，辨不清方向而不能逃离火场；氧含量在 6～10%时，人会晕倒；氧含量低于 6%时，人短时间内就会窒息死亡。据有关实验测定，实际火灾的着火房间中氧含量最低可达 3%左右，因此，火灾时人们倘若不能及时逃离火场，其生命是非常危险的。

表 2-1　缺氧情况下人的各种不良反应

空气含氧量 /%	症　状
＜15	肌肉活动能力下降
10～14	四肢乏力、智力混乱、方向不明
6～10	晕倒
＜6	窒息死亡

2. 高温危害

发生火灾时，火灾中心的温度会急剧上升，大约在15分钟时间内，温度即可达到760 ℃左右，如果此时不能逃离火灾现场，则人将必死无疑。随着可燃物的继续燃烧，火场上的热量不断积聚，火场温度很快即可达到1 000 ℃以上。然而，在火灾中心以外的地方，火焰的热辐射及火灾产生的热气流对人体都有伤害作用，见表2-2。研究表明，如果温度超过70 ℃，人的呼吸道由于高温烟气热损伤的作用将引起肺不张、肺水肿、肺炎等病症，短时间内将导致死亡。热烟气对人的呼吸道的热损伤见表2-3。实验表明：人体对高温气体的忍耐性是有限的，烟气温度越高，忍受时间就越短，见表2-4。

表2-2　高温对人体的伤害效应

温度/℃	症　状
37.8	有因高温而产生疲劳和心脏麻痹的危险
43.3	体温不能自行调节
48.9	可忍受3～5 h
54.4	不能忍耐4 h以上，身体周围毛细血管破坏
70	肺病变，短时间会死亡

表2-3　热烟气对人的呼吸道的热损伤

烟气温度/℃	呼吸道热损害
49～50	血压迅速下降，循环系统衰竭
70	气管、支气管黏膜充血起水泡，组织坏死，肺水肿，窒息死亡

表2-4　高温中人体的忍耐极限

温度/℃	忍耐时间(min)
65	可短时间忍受
120	15 min就可产生不可恢复的损伤
140	～5
170	～1
＞170	无法忍受

当然，人体呼吸系统的热损伤不仅仅是火灾时的高温空气，从动物实验的结果也表明，烟尘的存在也是重要的影响因素之一。如果火灾中存在大量烟尘，则由于烟尘附着在肺细胞上使得肺的有效呼吸面积减少而出现呼吸困难甚至窒息死亡。然而，这种死亡不能完全归咎于烟尘，通常是多种因素综合作用的结果，这当中最危险的是高分子化合物燃烧时释放出来的有毒气体。

3. 烟尘危害

火灾中的烟尘大多是指燃烧产物中悬浮在空气中的固态、液态微粒，即为燃烧过程中析出的碳粒子、焦油状液滴及火场上房屋倒塌时扬起的灰尘的混合物，其中危害最大的就是直径小于 10 微米的飘尘，它们在大气中甚至可飘浮长达数年之久。烟尘的毒害作用随着其温度、直径大小不同而不同，温度越高、直径越小、化学毒性大的烟尘，对呼吸道的损伤就越大。直径小于 5 μm 的飘尘，随空气的流动能进入人体的肺部，黏附并聚集在肺泡壁上，随血液输送至全身，引起呼吸道病变、心脏病而死亡。另一方面，烟尘飞入眼中使人流泪，损伤人的视觉，进入鼻腔和咽喉后使人打喷嚏、咳嗽。冷烟尘微粒附着了水、蒸气、酸、醛等物质，人一旦吸入可将有毒或刺激性液体带入呼吸系统，从而影响人的肌体功能。

4. 有害气体危害

火灾烟气是可燃物质燃烧的气体产物和烟中的固态、液态微粒与空气的混合物。烟气的组成成分及其含量取决于可燃物的化学组成和燃烧时的温度、供氧量等燃烧条件。在氧含量充足的条件下，可燃物发生完全燃烧，其燃烧产物主要有 CO_2、H_2O（蒸汽）；在含氧量不足的条件下，则发生不完全燃烧，其产物除了上述物质外，还有 CO、醇、醚、醛等有机化合物。这些燃烧产物中有很多是有毒有害气体，对人体的呼吸系统、循环系统、神经系统都会造成伤害，影响人的正常呼吸功能和逃生行为。因此，人员火场逃生的关键是防止烟气吸入。

烟气中不同含量的气体成分所产生的毒害效应是不一样的，但当这些有毒有害气体达到一定浓度后均能致人死亡，表 2-5 中列举了一些有毒有害气体的毒性、人生理正常所允许的尝试和火灾时疏散条件尝试。

表 2-5　各种有毒有害气体的毒性及其许可浓度

毒性分类	气体名称	长期允许浓度/ppm	火灾疏散条件浓度/ppm
单纯窒息性	缺 O_2	—	≥0.14
	CO_2	5 000	0.03
化学窒息性	CO	50	2 000
	HCN	10	200
	H_2S	10	1 000
黏膜刺激性	HCl	5	3 000
	NH_3	50	—
	Cl_2	1	—
	$COCl_2$	0.1	25

对大量火灾案例的分析研究和火灾死亡者的解剖分析，得出：

(1) 人员中毒一般是轰燃发生之后。

(2) 致亡的有毒有害气体主要有：

A. 一氧化碳(CO)

CO 为可燃物不完全燃烧时的产物，是无色、无味且有强烈毒害性的气体，难溶于水，密度为 0.97。它是烟气中致人死亡的罪魁祸首，火场中 CO 致死人数约占烟毒致死人数的 40% 以上。它的毒性主要表现为人一旦吸入，CO 将会取代血液中氧血红素中的氧元素而与血红素(Hb)紧密结合(其结合能力高出氧约 250 倍)，形成较为稳定的一氧化碳血红素(COHb)，使得血液的输氧能力下降，从而导致脑细胞缺氧发生障碍，抑制肺细胞呼吸而中毒，阻止血液排除肺部的 CO_2 废气。一氧化碳(CO)浓度及其吸入量、吸入时间对人体的影响见表 2-6。

表 2-6　一氧化碳对人体的影响

CO 浓度/%	暴露时间	症　状
0.01	几个小时内	几小时内无明显感觉
0.02	2～3 h 内	有轻度前头痛
0.04	1～2 h 内 2～3 h 内	前头痛，呕吐，后头痛

续 表

CO 浓度/%	暴露时间	症 状
0.08	45 min 内 2 h	头痛，眩晕，呕吐，痉挛失明
0.16	20 min 内 2 h	头痛，眩晕，呕吐，痉挛致死
0.32	5～10 min 10～15 min	头痛，眩晕，呕吐，痉挛致死
0.64	1～2 min 10～15 min	头痛，眩晕，呕吐，痉挛致死
1.28	1～3 min	致死

火场上烟雾弥漫的房间中，CO 的含量较高，对室内人员的生命将构成严重威胁，同时，CO 除有毒性外，它还具有易燃易爆的特性，因此，必须注意防止 CO 中毒和其与空气形成爆炸性混合气体。火场上 CO 含量见表 2-7。

表 2-7 火场上一氧化碳的含量

火场和燃烧物	CO 含量/%
地下室	0.04～0.65
闷顶内	0.01～0.10
楼层内	0.01～0.40
浓烟	0.02～0.10
赛璐珞	38.40
火药	2.47～15
爆炸物质	5～70

B. 二氧化碳(CO_2)

CO_2为可燃物完全燃烧的产物之一，为无色、不燃、略带酸味的气体，且微溶于水，是火灾烟气中最常见的气体，其毒性较小，主要是刺激人的呼吸中枢神经系统，高浓度下的 CO_2 对人的中枢神经系统有麻醉作用，人过量吸入会导致各器官充血、水肿、功能障碍，最终死亡。

二氧化碳浓度对人体的影响见表 2-8。

表 2-8　二氧化碳对人体的影响

CO_2 浓度/%	症　状
0.55	暴露 6 h 无任何感觉
1～2	有不适感
3	呼吸中枢刺激,呼吸、心跳加快,血压上升
4	头痛,耳鸣,眩晕,心悸,视力模糊
5	呼吸不可忍受,30 min 产生中毒症状
6	呼吸急促,呈困难状态
7～8	数分钟内失去知觉甚至死亡

C. 氢化氰(HCN)

HCN 是一种无色、有苦杏仁味的气体,溶于水,剧毒。含氮的高聚物如聚氨酯、丁腈橡胶、尼龙及毛织品、丙烯酸及丝绸、某些纸张、木材等物品燃烧时会产生该种气体,其毒性约为 CO 气体的 20 倍,即使是微量也有很强的毒性,当空气中含有 HCN 的浓度达 135 ppm 时,呼吸 30 min 即可致人死亡,是一种窒息性且迅速致死的毒性气体。其毒性是因为 HCN 的氰根(—CN)能与人体内氧化酵素的铁元素结合形成一种非常牢固的络合物,使得氧的活化作用受阻,人体内的细胞组织得不到氧,中毒轻者有头痛、恶心、乏力、胸闷疼痛、呕吐,重者表现为意识丧失、抽搐、血压下降,最终因脑水肿、肺水肿致死亡。氢化氰气体对人体的毒害性见表 2-9。

表 2-9　氢化氰对人体的影响

HCN 浓度/ppm	症　状
18～36	数小时后出现轻度症状
45～54	耐受 0.5～1 h 也无大的损伤
110～125	0.5～1 h 有生命危险或致死
135	30 min 致死
181	10 min 致死
270	立即致死

D. 二氧化硫(SO_2)

SO_2是含硫物质燃烧时的产物，它是一种无色有刺激性气味的气体，密度为2.26，易溶于水，在20℃时1体积的水能溶解40体积左右的SO_2，它是一种有毒气体，是大气污染中危害较大的气体之一，它严重损害植物，刺激人的呼吸道，腐蚀金属等。表2-10给出了大气中SO_2的含量对人体的危害。

表2-10　二氧化硫对人体的影响

SO_2浓度		对人体的危害
%	,mg/L	
0.000 5	0.014 6	长时间作用无危险
0.001～0.002	0.029～0.058	气管感到刺激，咳嗽
0.005～0.01	0.146～0.293	1 h内无直接危险
0.05	1.46	短时间内有生命危险

E. 氯化氢(HCl)

HCl是含氯物质如毛织品、皮革、氯丁橡胶及聚氯乙烯塑料等燃烧时的生成物，它是一种刺激性气体，吸收空气中的水分后会形成酸雾，有较强的腐蚀性，浓度较高时会强烈刺激人的眼睛，引起呼吸道发炎、肺水肿。表2-11显示了HCl气体对人体的影响。

表2-11　氯化氢对人体的影响

HCl浓度/ppm	症　状
0.5～1	轻微刺激
5	鼻子刺激，不快感
10	鼻子受强烈刺激，坚持不到30 min
35	短时间内刺激咽喉
50	短时间内能坚持的极限值
1 000	有生命危险

F. 硫化氢(H_2S)

H_2S是含硫有机物如橡胶、毛织品、皮革及人造丝等在燃烧中高温分解或硫化物与酸性物质发生化学反应产生的一种气体。它是一种无色、易挥发且带有异臭味的有毒气体。由于其异臭,因此比较容易被人们所察觉识别。当空气中含有0.02%左右的H_2S时,人们对其的嗅觉辨别能力就会迅速衰退,呼吸几次后即刺激性感觉消退,随之伴有流泪、眼部疼痛、惧光、结膜充血剧痛等中毒症状,严重时出现胸闷、脸色青紫、狂躁、抽风、呼吸系统衰竭,直至昏迷。硫化氢气体对人体的危害见表2-12。

表2-12　硫化氢对人体的影响

H_2S浓度		暴露时间	症状
%	mg/L		
0.01~0.015	0.015~0.023	数小时	轻微中毒症状
0.02	0.31	5~8 min	强烈刺激眼睛
0.04~0.07	0.77~1.08	1~1.5 h	头晕眼花、呼吸道干燥疼痛,严重中毒
>0.07	>1.08	—	剧毒,严重影响神经系统,呼吸急剧加快,呼吸迅速停止
0.1~0.3	1.54~1.08		死亡

G. 氮氧化物(NO_x)

燃烧产物中的氮氧化物主要有一氧化氮(NO)和二氧化氮(NO_2),它们是含硝酸盐及含亚硝酸盐炸药在爆炸过程中,或硝酸纤维及含有氮元素的其他有机化合物在燃烧过程中的产物。NO为无色气体,NO_2为棕红色气体,刺激性都很强,且有毒性。其毒性作用主要在深度呼吸道,它可与呼吸道中的水分形成亚硝酸、硝酸,对肺部产生强烈的刺激作用和腐蚀作用,轻度中毒为胸闷、咳嗽等症状,重度中毒会出现昏迷、肺水肿。它们对人体的影响见表2-13。

表 2-13　氮氧化物对人体的伤害

NO_x的含量		对人体的损害
%	mg/L	
0.004	0.19	长时间作用无明显反应
0.006	0.29	短时间内气管感到刺激,数小时后毒性发作
0.01	0.48	8 h 后恶心、呕吐、出现滞后性肺水肿
0.025	1.20	短时间内迅速死亡

H. 其他有毒气体

高聚物发生燃烧时,除生成 NO_x、SO_2 等物质外,还释放出诸如 NH_3、HF、光气($COCl_2$)和醛类等有毒有害气体,它们对黏膜同样有着强烈的刺激作用。如果吸入这些气体,同样会对肺功能产生损害。光气($COCl_2$)、甲醛(HCHO)、苯(C_6H_6)与神经细胞结合能力强,能起麻痹作用,并且刺激皮肤和黏膜。

另外,美国学者在对烟毒性气体的研究中还发现,在火灾烟气中还存在"游离基中间气态物质"。该物质比一氧化碳危害还要大,吸入后人的肺部发生游离基反应,导致缺氧,其反应可能在人体内持续数月。

5. 多因素综合作用危害

以上讨论的主要是单一因素对人体的危害性,实际火场中烟气的成分非常复杂,因此,必须考虑多种因素(气体)对人体的综合作用。

多因素对人体的综合作用与单一因素不尽相同,有人把火灾中导致死亡的四大因素:热量、CO、CO_2、O_2分别以单因素组合、双因素组合及三因素组合,其结果见表 2-14。

表 2-14　CO、CO_2、O_2综合作用对人体的影响

因素组合	损害因素	对人 24 h 致死量
单因素	O_2 CO CO_2	8% 0.01% 20%

因素组合	损害因素	对人 24 h 致死量
双因素	O_2 + CO O_2 + CO_2 CO + CO_2	11% O_2 + 0.02% CO 14% O_2 + 14% CO_2 0.2% CO + 14% CO_2
三因素	O_2 + CO + CO_2	14% O_2 + 0.01% CO + 5% CO_2 或 17% O_2 + 0.01% CO + 14% CO_2

从上表可以看出，多种因素组合对人体的毒性要比单一因素大得多，而且致死浓度也低得多，而在火灾状况下，烟气的组成成分与浓度变化更为复杂，也很难找到固定的数学公式来计算，至今没有好的方法来测定多因素的毒性数据。图 2-1 示意了火灾烟气中几种主要的有毒气体成分。

图 2-1　火灾烟气的毒害性

尽管如此，仍然存在一些比较简单的、值得借鉴的烟气毒性评估方法。美国国家标准及技术研究所首先提出了一个称为 *N*—气体模式的概念。使用该模式可以明显降低测试所需的花费和动物使用的数量。不过该方法有一个假设条件，即起火物品所产生的多数毒性效应均是由同样数目的少数几种气体引起的。也就是说，浓烟中少数(N)气体代表着大部分可观察到的毒性效应。该法之所以被称为N—气体模型是因为其发明者无法确定到底有多少种气体是重要的，但却可以肯定，气体的种数(N) 较少。人们可以燃烧一种物品，然后测量 N—气体中每一种的释放速率，最后根据实验结果把各种效应结合在一起。目前为止，一般考虑如下 6 种气体：CO、CO_2、O_2(贫氧)、HCl、HBr 和 HCN。计算公式如下：

$$N\text{气体值} = \frac{m[CO]}{[CO_2 - b]} + \frac{[HCN]}{LC_{50}(HCN)} + \frac{21 - [O_2]}{21 - LC_{50}(O_2)} + \frac{[HCl]}{LC_{50}(HCl)} + \frac{[HBr]}{LC_{50}(HBr)} \tag{2-1}$$

式中：中括号内的数目代表这种气体在空气中的浓度，常数是在30 分钟及 14 天观察期间总死亡数，烟气毒性的衡量标准通常采用LC_{50}，这一参量表示 50%致死率的烟气浓度(mg/L)。CO 和 CO_2 并非以线性方式相互影响。由实验所决定的 m 和 b 在 CO_2 浓度小于等于 5%时为 −18和122 000，在 CO_2 浓度大于 5%时为 23 和 −386 000。毒性主要起源于氧气的消耗，所以上述公式中会出现21−[O_2]。HCN、O_2、HCl 和 HBr 的 LC_{50} 分别为 150 ppm，5.4%，3 800 ppm 和3 000 ppm。通过研究发现，，如果公式(2-1)的值等于 1 的话，测试的动物部分会死亡；如果公式(2-1)的值小于 0.8 的话，则不会有动物死亡；但如果公式(2-1)的值大于 1.3 的话，则测试动物会全部死亡。公式(2-1) 的计算只考虑了各种气体单独作用时对动物的影响。由一些案例可以发现：由于火灾时烟气的成分是多种多样的，它们的作用也一定是互相影响的。有时候某几种气体的共同作用可以加强毒性，比如 NO_2和 CO 的共同作用，就会显著的增加 CO 的毒性；而有时候某些气体的共同作用又可能降低毒性，比如 NO_2 和 HCN 两种气体混合在一起，则 HCN 的毒性会大大降低(当有 200 ppm 的 NO_2 存在时，则 HCN 的 LC_{50}增加到 480 ppm，是 HCN 单独存在时的 2.4 倍)。如果是超过 2 种以上的气体混合在一起，其毒性的影响将更为复杂，需要通过大量的实验加以验证。

如果我们仅考虑 NO_2的影响，则公式(2-1)变为：

$$N\text{气体值}=\frac{m[CO]}{[CO_2-b]}+\left[\frac{[HCN]}{LC_{50}(HCN)}\times\frac{0.4[NO_2]}{LC_{50}(NO_2)}\right]+0.4\left[\frac{[NO_2]}{LC_{50}(NO_2)}\right]$$
$$+\frac{21-[O_2]}{21-LC_{50}(O_2)}+\frac{[HCl]}{LC_{50}(HCl)}+\frac{[HBr]}{LC_{50}(HBr)} \quad (2\text{-}2)$$

当然这种简单的修改只是初步的，需要做的研究工作还有许多。

另一种毒性评估方法是 FED 法（ Fractional effective Exposure Dose）。FED 法首先测量燃烧所释放出的某些气体的数量，后把各个测量结果转换成它们各自在杀死某种生命所需的总剂量中所占的比例。转换的依据是根据一些主要有毒气体致死浓度组合在一起的大量数据。

如果毒性可以简单线性相加，则 FED 可以定义为：

$$FED=\sum_i\frac{\int_0^t C_i\,dt}{LC_{50}(i)t} \quad (2\text{-}3)$$

式中：C_i 为第 i 种气体的浓度，$LC_{50}(i)$ t 为致死浓度与时间的乘积。

如果浓度随时间的变化较小，则上式可变为：

$$FED=\sum_i\frac{C_i}{LC_{50}(i)t} \quad (2\text{-}4)$$

于是 *N*—气体模式的模型可以用下式来表示：

$$FED=\frac{m[CO]}{[CO_2-b]}+\frac{[HCN]}{LC_{50}(HCN)}+\frac{21-[O_2]}{21-LC_{50}(O_2)}+\frac{[HCl]}{LC_{50}(HCl)}+\frac{[HBr]}{LC_{50}(HBr)} \quad (2\text{-}5)$$

式中：中括号内的数目代表气体在真实大气中的浓度，常数是在 30 分钟及 14 天观察期间总死亡数。如果在火灾调查中或实验测试中发现有其他气体，也可以加入此公式中。

对于不同的可燃材料，上述几个公式具体的形式有所不同。比如对于聚丙烯腈等不含 Cl 和 Br 元素的材料，则公式(2-1)可写为：

$$N\text{气体值}=\frac{m[CO]}{[CO_2-b]}+\frac{[HCN]}{LC_{50}(HCN)}+\frac{21-[O_2]}{21-LC_{50}(O_2)} \quad (2\text{-}6)$$

对其他类型燃料，可以类似地写出方程。

[案例 2-3—火场烟气毒性分析]：2001 年 6 月 5 日凌晨，江西省南昌市某幼儿园发生特大火灾，致使该园小(六)班 13 名幼儿死亡。起火原因系蚊香点燃从床沿掉落下来的幼儿棉被所致。这起火灾从发现报火警至火灾基本扑灭，仅用了约 10 min 的时间，过火面积 43 m^2，当晚留宿的 17 名幼儿中，4 名在火灾初期被救出，其余 13 名在熟睡中丧生。蚊香何以在小范围、短时间内造成十多名幼儿死亡呢？在火灾原因调查和现场勘查中，对火灾现场特征、火场燃烧物特性及其致死原因进行了分析。

(1) 火场主要特征

该园是一所有艺术特长的幼儿园，各班均由学习活动室、寝室、洗漱室及卫生间四部分组成，吊顶采用轻钢龙骨矿棉板，设有嵌入式格栅照明灯 4 只，墙壁为仿瓷材料，地面为木地板。小(六)班寝室 43.2 m^2，设有幼儿床 29 张，按“六纵一横”有序摆放，床两侧中央约 60 cm 宽未设置护栏，“六纵中”设有 3 处约 46 cm 的通道。每位幼儿配发有床、棉被、垫褥、枕头及存放个人物品的塑料筐。6 月 4 日晚，气温 18 ℃，班主任于 21:10 左右点燃 3 盘蚊香，分别放置在距幼儿床 25 cm 的 3 个南北纵向的通道中间，独有的北墙窗户微开。幼儿逐渐入眠后，班主任在向保育员简单交代后离去。22:10 以后，保育员一直在寝室外打扫清洗学习活动室、整理幼儿个人物品，直到发现火灾实施初期扑救。

失火后，北墙外侧窗户脱落地面，内侧窗户大部分烧毁且残留在窗框上，寝室门上部玻璃全部碎落，门从门框中脱落，其下部的中间两块塑料板脱落。西南角轻钢龙骨矿棉板掉落，4 只嵌入式格栅灯管均熔融。床及床上物品均有过火痕迹，腈纶线毯、棉被、聚氨酯泡沫枕芯、棉垫或聚氨酯泡沫床垫严重烧毁，部分散落在地。中间 5 张床错乱交叠，其中 2 张被烧穿。着火痕迹呈南重北轻、中间重东西向轻、上面重下面轻。地板中间部位炭化严重，且有约 10 cm^2 的浅凹坑。一只蚊香金属支架及两根弧长约 6～7 cm 未燃尽的蚊香距南墙约 3.7 m，距东墙 3.2 m。现场发现幼儿尸体 13 具。

(2) 接触物品引燃模拟试验

为查实使用的蚊香表面燃烧温度、持续燃烧时间、引燃接触物品及其燃烧难易程度,针对幼儿床上可能掉落下来的物品,在等同条件下进行了模拟燃烧试验,其结果见表 2-15。

表 2-15 "夏灵"牌蚊香燃烧试验

试验项目		试验结果
表面燃烧温度测试		463 ℃
持续燃烧时间测试(一盘)		均匀燃烧 6 h 24 min
引燃接触物品的状态及时间测试	相邻 25 cm 床上掉落的棉被	58 min 引起明火
	相邻 25 cm 床上掉落的毛毯	呈明显熔融状态,不易引起明火
	棉质毛巾(衣服)对折覆盖	19 min 35 s 引起明火

试验结论:蚊香表面温度 463 ℃,远大于纯棉布、棉花 210 ℃的燃点;按接触物品引燃难易程度,依次为毛毯、棉被和棉质毛巾(衣服)。其中,引燃毛巾类棉织物的时间约需 20 min,引燃棉被的时间约需 1 h,毛毯类织物不易引起明火燃烧。

(3) 燃烧性能测试分析

为验证火场可燃物燃烧性能及其烟气毒性,分析幼儿死亡原因,对现场存在的 8 种可燃物进行了检测分析,其结果见表 2-16。

表 2-16 火场可燃物燃烧特性测试

样品序号	样品名称	主要成分	燃烧性状	燃烧产物
1	盖被	棉花	燃烧迅速产生疏松灰分	CO、CO_2、H_2O,不完全燃烧时,CO 生成量增大
2	垫被	棉花	同上	同上
3	棉枕芯	再生腈纶棉	燃烧迅速,烟雾大,有强刺激性气体释放,燃烧时伴有熔融滴落	除 CO、CO_2、H_2O 外,还有烃类和腈类剧毒有害气体

续　表

样品序号	样品名称	主要成分	燃烧性状	燃烧产物
4	棉枕芯	聚氨酯泡沫	约 2.22 g/min 速度燃烧	CO、CO_2、H_2O 及 NO_x 等有毒有害气体
5	毛毯	原 0.8 cm 的腈纶纯毛织物	约 26.4 cm/min 速度燃烧	CO、CO_2、H_2O 及烃类、腈类、NO_x 等有毒气体
6	毛毯	厚 0.8 cm 的腈纶纯毛织物	同上	同上
7	被套	纯棉布	约 51 cm/mm 速度燃烧	CO、CO_2、H_2O，不完全燃烧时，CO 量增大
8	塑料筐	聚丙烯树脂	约 1.59 g/mm 速度燃烧，伴有熔融滴落，呈现蜡状	CO、CO_2、H_2O 及刺激性烃类化合物

(4) 火场烟气测试结论

火场烟气中含有大量的 CO、CO_2、NO_x、烃类、腈类等有毒有害气体，其中，CO 经呼吸道吸入人体内与血红蛋白结合，使肌体缺氧窒息；烃类、NO_x 气体经皮肤、呼吸道进入人体内，对眼睛及呼吸系统产生刺激作用，并使中枢神经系统麻醉；腈类物质经呼吸道及皮肤进入人体内迅速分解，产生类似氢氰酸作用，细胞缺氧。上述物质的综合作用，产生咳嗽，呼吸道黏膜急性水肿，中枢神经系统麻醉，导致严重窒息，持续数分钟至数十分钟后，如不能及时抢救，可致死亡。

(二) 烟气的减光性

所谓烟气的减光性，实际上是指火灾中悬浮在空气中的烟尘微粒对可见光的遮蔽作用。可见光的波长一般为 0.4～0.7 μm，火灾烟气中烟尘微粒的直径一般为几微至几十微米，即烟尘微米的直径大于可见光的波长，这些微粒对可见光是完全不透明的，其对可见光有完全的遮蔽作用，使人眼的能见度下降。在正常的光源下，人的视距也是有极限的，而在火灾中，随着可燃物的热分解，悬浮弥漫在空气中不透明的烟尘粒子浓度不断增加，可见光会因受到烟粒的遮蔽作用而大大减弱，能见度大大降低；尤其在空气不足时的不完全燃烧，烟的浓度更大，能见度会降得更低，加之热烟和毒性气体如二氧化硫（SO_2）等对眼睛的刺激，人的视距会受到严重影响。如果是建筑物失火，楼内走道里大量的烟气会使人陷入昏暗之中，无法辨别火势方向，不易寻找起火地点，看不清疏散方向，找不到疏散楼梯及安全出口，愈发感到恐惧，而这种恐惧正是疏散和逃生的最大障碍，常常使人们失去自救与补救的良机。

（三）烟气的恐怖性

由于火灾的突发性，对于处在不熟悉环境中的人来说，容易出现恐惧心理，这是一种正常的心理反应现象。此时此刻，人们的心理较脆弱，尤其由于浓烟导致失去方向感时，人们更是紧张、害怕，甚至惊恐万状，手足无措。大量火场观察证明：在着火后约 15 min 后，烟的浓度最大，此时的能见度一般只有 30 cm 左右。此时如果出现轰燃，则火焰和烟气冲出门窗洞孔，浓烟滚滚，烈火熊熊，声音与场景的强烈刺激对人们的心理震慑会更大，常常疏散混乱，甚至使人失去理智和行动能力，相互挤压、踩踏，堵塞疏散通道、安全出口等逃生路径，最终造成群死群伤。

（四）烟气的熏损性

对于工业洁净厂房、实验室及计算机室、存放精密电子仪器的场所，发生火灾时，烟气蔓延扩散，无孔不入，其腐蚀性气体会使厂房的结构强度下降，或精密仪器设备锈蚀而报废，造成巨大财产损失。

（五）烟气的污染性

一些特大恶性火灾，由于持续燃烧时间长，燃烧面积大，不仅难于扑救，造成的损失大，而且燃烧产生的烟气弥漫空间，污染大气，会造成滞后的恶劣影响。如 1997 年 8 月 5 日的印度尼西亚苏门答腊岛和加里罗曼岛森林火灾，大火持续了 3 个多月，造成 144 万亩森林烧毁，直接经济损失 1 250 万美元。大火产生的浓烟笼罩在东南亚上空，造成严重的环境污染，同时引起 6 000 多人染病，271 人丧生。

三、烟气的有利性

唯物辩证法认为，事物都是一分为二的。任何物质都具有双重性，火灾烟气也不例外。一方面，火灾烟气的危害性，会使身处火场中的人员蒙受苦难；另一方面，通过火灾烟气，可以及早报火警，并根据

其颜色，大致可判别正在燃烧的是何物，有助于人们及早采取正确的施救措施来灭火。

(一) 根据烟气颜色和气味可判断燃烧的物质

不同组成成分的可燃物质，燃烧时产生的烟气成分也不同，而不同成分的烟气，其颜色和气味也不尽相同。利用烟气的这一特性，在扑救火灾时可判断正在燃烧的是何种物质。例如，白磷燃烧时生成浓白色的烟，并有带蒜味的三氧化二磷(P_2O_3)生成。几种常见可燃物质燃烧时的烟气特征见表 2-17。

表 2-17　常见可燃物质燃烧时生成烟气的特征

可燃物质	烟气特征		
	颜色	嗅	味
木材	灰黑色	树脂嗅	稍有酸味
石油产品	黑色	石油嗅	稍有酸味
磷	白色	大蒜嗅	—
镁	白色	—	金属味
硝基化合物	棕红色	刺激嗅	酸味
硫黄	—	硫嗅	酸味
橡胶	棕黑色	硫嗅	酸味
钾	浓白色	—	碱味
棉、麻	黑褐色	烧纸嗅	稍有酸味
丝	—	烧毛皮嗅	碱味
粘胶纤维	黑褐色	烧纸嗅	稍有酸味
聚氯乙烯纤维	黑色	盐酸嗅	稍有酸味
聚乙烯	—	石蜡嗅	稍有酸味
聚丙烯	—	石油嗅	稍有酸味
聚苯乙烯	浓黑色	煤气嗅	稍有酸味
锦纶	白色	酰胺类嗅	—
有机玻璃	—	芳香嗅	稍有酸味
酚醛塑料(以木粉为填料)	黑色	木头、甲醛嗅	稍有酸味
脲醛塑料	—	甲醛嗅	—
玻璃纤维	黑色	酸嗅	有酸味

（二）阻止燃烧作用

CO_2是可燃物燃烧时的产物之一，它在一定程度上对燃烧反应有阻碍作用。如果在一个完全密闭的房间内发生火灾，随着燃烧的进行，燃烧产物的浓度会越来越高，由于物质燃烧时需要耗氧，空气中的氧气含量也随之会越来越少，燃烧的强度便会随之降低。当产物的浓度达到一定程度时，燃烧就会自动熄灭。实验证明：若空气中 CO_2 的含量达到 30%时，一般可燃物都不能发生燃烧。因此，正在着火的房间不能轻易打开门窗，地下室火灾必要时可采取封堵洞口的灭火措施就是这个道理。

（三）及早报火警作用

由于不同的物质燃烧时产生的烟气颜色、嗅味不同，因此，火灾初期产生的烟气能够为人们提供火灾报警。人们可根据烟雾的方位、规模、颜色和气味，大致判断出着火的方位、火灾规模、燃烧物质种类等，从而采取正确有效的灭火措施。

第二节　烟气蔓延规律

从 2000 年河南省洛阳市东都商厦“12・25”特大火灾案例来看，火灾的起火部位在地下二层，而远离起火点的四层舞厅未见燃烧痕迹，却横尸遍野。大量火灾调查发现，建筑火灾大多数致死人员并非死于着火房间，而是非命于着火点邻近或更远的地点，这说明火灾中的烟气是在流动和扩散的，特别是向上部的扩散蔓延，而起火点上层的开口部位也是最危险的场所。

建筑内火灾烟气的流动与扩散是有它独特的规律性的，主要与“烟囱效应”有关，还与建筑结构、风向风力和建筑内部各种通风系统造成的压差有关。

一、建筑外部火灾烟气的蔓延规律

在火灾燃烧中，起火可燃物上方的火焰及流动的烟气通常称为羽流，其结构形态大体上分为火焰与烟气两个部分，即火羽流与烟羽流。由于烟气的温度较其周围空气的温度高，烟气的比重较周围空气的比

重小，因此，二者之间存在重力差，即浮力。在浮力的作用下，热烟气即向上升腾。烟羽流在上升流动过程中，将会把其周围的大量空气卷吸进来。实际上，远离起火点的烟气大部分是卷吸进来的空气。

在建筑外部的不受限空间中，烟羽流将一直向上扩展，直到其浮力变得相当微弱以至于无法克服黏性阻力的高度。越到上方，烟羽流的速度就越小，烟气的温度也越来越低，因此，那些不再上升的烟气将发生弥散而沉降消散。在无外界风力的影响时，烟羽流上升扩散是沿羽流中心轴线对称的，见图 2-2。若在外界风力的作用下，则烟气羽流的上升扩散是不对称的，偏向下风侧。其实，建筑内部高大中庭内生成的烟气就很容易发生这种现象。

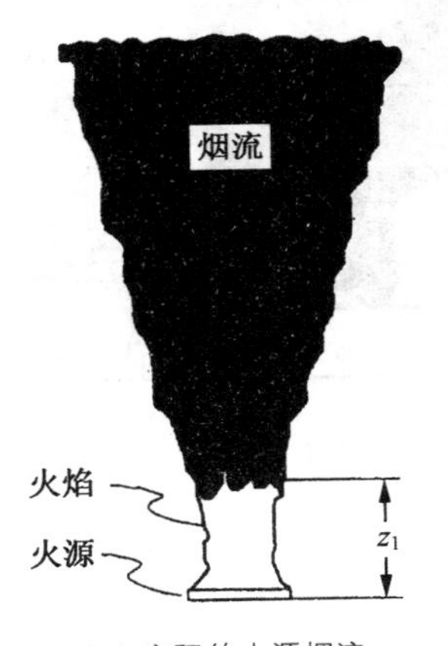

(a) 实际的火源烟流

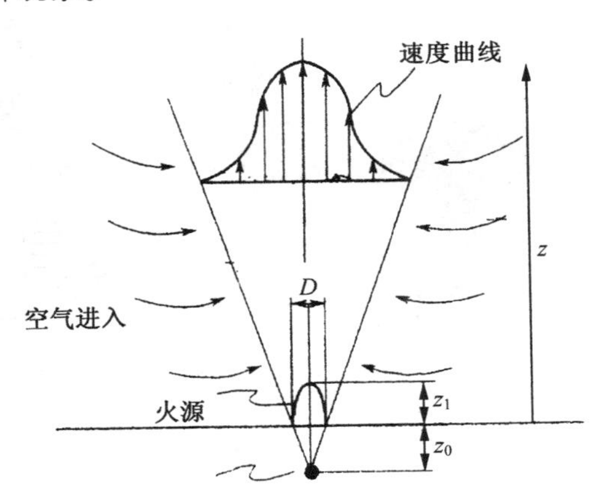

(b) 理想化的轴对称火源烟流

图 2-2　无外力风状况下室外火源烟羽流模式

二、建筑内部火灾烟气的蔓延规律

建筑内部火灾属于受限空间火灾，其烟气的流动扩散受墙壁、顶楼板等诸多障碍物阻挡的影响。当建筑物室内发生火灾时，烟气在浮力的作用下会向上流动。此时，室内上部空间的大气压力会大于室外大气压力，室内下部空间的大气压力会小于室外大气压力。当热烟气上升至顶棚时，会受到顶棚的阻挡而沿顶棚下表面水平流动扩散，这种现象称之为顶棚射流。它是一种半受限的重力分层流。当烟气在水平顶棚下积累到一定厚度时，便发生水平流动，图 2-3 为这种射流发展过程示意图。热烟气在遇到墙壁后会顺着墙壁向下流动蔓延。

图 2-3　浮力羽流与顶棚的相互作用

由于受到顶棚与墙壁的限制，热烟气将会在室内上部空间积聚起来。随着燃烧的持续，在顶棚下表面形成烟气层，其发展是由火灾过程中烟气的生成速度决定的。此时，室内大体上可分为上部烟气层和下部空气层两个区域。当烟气层的高度下降到室内开口的上沿部位时，烟气将会从室内溢出形成烟气的溢流，见图 2-4。

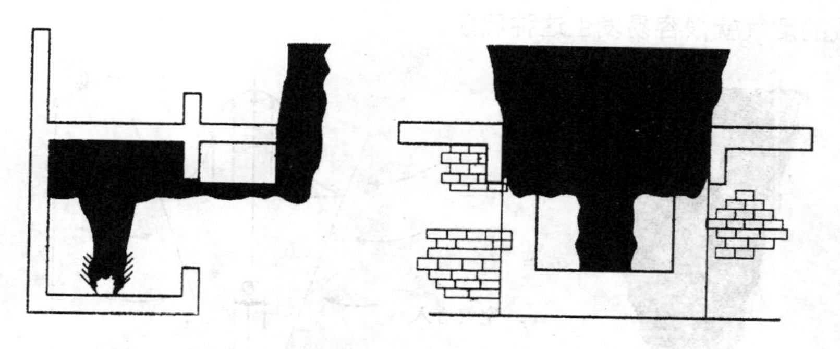

图 2-4　从火源房间开口部位流出的垂直烟羽流

建筑物内发生火灾时，火灾烟气一般会沿着垂直方向和水平方向扩散蔓延。

（一）火灾烟气垂直蔓延

建筑物尤其是高层建筑内设有数量不等的共享中庭、楼梯间、电梯井、通风（如送风、排风）井、排烟井、垃圾道及管道井、电缆井等各种竖向井道。火灾时，由于室内温度高于室外温度，室内空气膨胀，密度降低，室内外气体密度存在差异，这将引发浮力驱动的流动，烟气便沿着这些垂直通道自然上升流动，并从各种竖井的上部开口渗出，室外冷空气因密度大，从下部开口渗入补充，这就形成“烟囱效应”，其作用实质上是拔火拔烟，图 2-5 为建筑共享中庭的“烟囱效应”示意图。“烟囱效应”是室内外温差形成的热压及室外风压共同作用的结果，通常以前者为主，而热压值与室内外温差产生的空气密度差及进排风口的高度差成正比。也就是说，室内温度越是高于室外温度，建筑物越高，则“烟囱效应”也越明显。由于“烟囱效应”作用使建筑物内烟气气流由下至上不停地流动，因此，火灾发生时着火层以上的开口房间往往是危险场所。

图 2-5 共享中庭“烟囱效应”

通常情况下，火灾烟气在垂直方向的扩散流动速度为 1～3 m/s，在楼梯间或各种竖向井道中，由于“烟囱效应”产生的抽拔力，烟气流动扩散速度可达 5～7 m/s。这意味着一幢高度为 100 m 的高层建筑，烟火由底层直接蹿至顶层只需 30 s 左右的时间。如果燃烧条件具备，整个大楼顷刻间便可形成一片火海。因此，各种竖井是火灾垂直蔓延的主要途径。

（二）火灾烟气水平蔓延

室内发生火灾时，烟气在浮力的驱动下上升至顶棚或楼板后，沿水平面方向扩散流动，遇墙体阻挡时，部分烟气沿墙壁向下流动。随着烟气的不断产生，烟层不断增厚，烟层则会自室内门窗等开口处向走廊或室外流动扩散。在走廊上，烟气与冷空气混合后，烟层不断加厚，继续做水平流动。当遇到过梁或突出物阻挡时，烟层堆聚，形成湍流，会加速烟气的流动。

烟气的水平扩散蔓延也很快，可达 0.3～0.5 m/s，在走廊上的扩散速度可达 0.5～0.8 m/s。

三、风向风力及通风空调系统对火灾烟气蔓延的影响

室外风向和风力对火灾烟气流动的影响，随着建筑物的结构形状和规模大小不同而变化。简单地说，风向和风力作用使得迎风面的墙壁经受向内的压力，而背风面、侧风面的墙壁及屋顶有着朝外的压力。

这两种压力的作用，使空气从迎风面流入建筑物内，从背风面流出建筑物外，建筑物两侧及屋顶也具有向外流出烟气的强大趋势。

建筑物内的通风空调系统对烟气流动扩散影响也较大。建筑物内通风空调系统是可以人为调控的，它取决于送风和排风的平衡状况。因此，火灾条件下建筑物内的通风空调系统可以按照某种预定要求来控制建筑物内的烟气流动。

四、几种特殊建筑中的烟气流动

（一）建筑中庭

现代建筑设计中许多采用了中庭结构，有的空间还相当高大。中庭连接一个建筑物的许多个楼层，中庭建筑内烟和火从一个楼层扩散到另一个楼层的速度，要比每层都由防火楼板作为垂直防火分区分隔物的建筑物快得多。烟气的这种传播会对楼内人员的疏散撤离时间、消防人员的行动和建筑结构及财产破坏产生较大的影响。

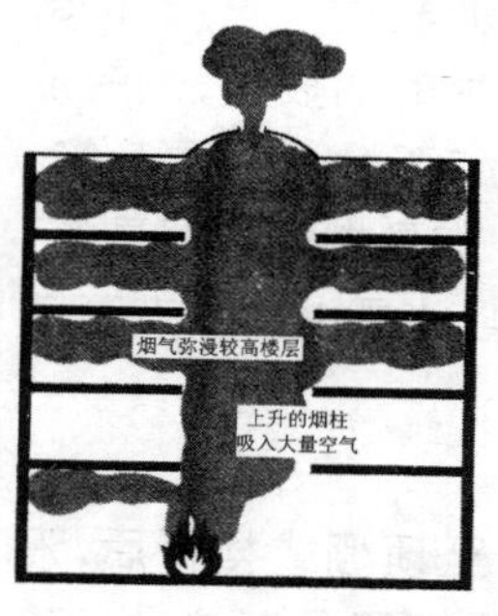

图 2-6　建筑内中庭火灾烟气的流动现象

如果火灾发生在未封闭的与中庭相连通的楼层，则热烟气将上升至顶棚，并在顶棚下形成热烟气层，向各个方向蔓延。顶棚下的热烟气层扩散到中庭会因浮力作用向上发展蔓延，烟气在中庭内上升的同时也混入大量的空气，降低了烟气的温度，同时扩大了其体积。当烟气上升时，其温度降低，密度增大，达到一定高度时，烟气温度降至周围空气的温度，然后由于失去浮力而停止上升。烟气上升到顶层后，会向下发展形成烟气层；烟气层厚度增加后将在其厚度内向水平方向开放的楼层扩散，如图 2-6 所示。

（二）隧道及水平长通道

对于公路与铁路隧道、人防通道走廊等狭长空间，烟气在水平方向上将蔓延很长的距离。当隧道或水平长通道内发生火灾时，火源将加热其上方的空气使其温度升高、密度降低，被加热的空气在浮力的作用下将向上运动并不断卷吸周围的新鲜空气，形成火羽流。火羽流上升到一定的高度，将撞击顶棚，然后转为向四周的径向蔓延；径向流扩散到一定阶段后，将受到隧道侧壁或长水平通道墙壁的限制而最终转变为沿隧道方向的纵向一维运动过程。因此，隧道水平长通道内火灾烟气的蔓延过程可分为5个阶段或区域，如图2-7所示：

阶段Ⅰ：火羽流上升阶段；

阶段Ⅱ：撞击顶棚阶段，根据火源的大小和高度以及隧道或水平长通道顶棚的高度的不同，可分为烟羽流撞击和火焰直接撞击两种情况；

阶段Ⅲ：径向扩散阶段；

阶段Ⅳ：径向扩散的烟气遇到隧道侧墙阻挡后向纵向蔓延的转化阶段；

阶段Ⅴ：纵向蔓延阶段。

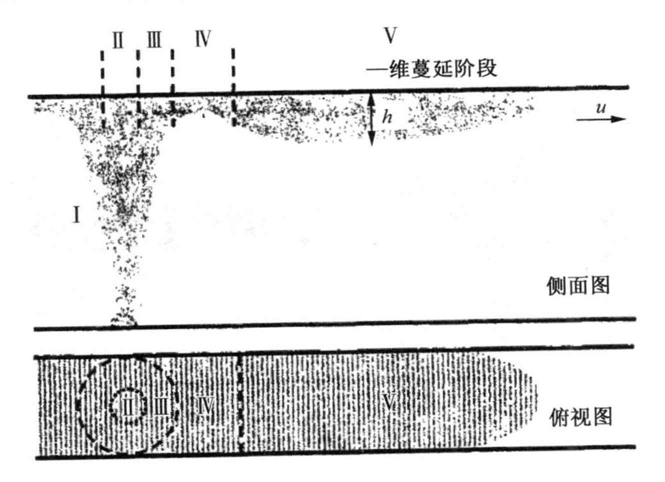

图2-7 隧道内火灾烟气层的发展过程

（三）高大空间建筑

大空间建筑是指那种内部空间很大的建筑物。根据建筑结构特点，其形式有多种多样。有的占地面积相当大，但并不太高，例如大型商场、大型车间；有的平面面积非常大且具有一定高度，如大会堂、体育馆、展览馆、候车候机室等；有的占地面积并不大，但却相当高，如高层建筑的中庭。

由于结构的特殊性和使用功能的需要，大空间建筑内可能无法进行防火防烟分隔。烟气一旦进入到大空间中就可向四周蔓延，进而对

大空间内的各区域及与其相连通的建筑造成严重影响。然而也由于烟气在大空间内流动的距离较长，其浓度和温度都将大大降低，尤其是火灾初期产生的烟气，有可能上升不到顶棚便发生弥散。普通建筑中安装使用的感烟和感温探测器在大空间火灾中无法正常使用，烟气的浓度或温度不足以使火灾探测器启动工作。即使启动，火势也早已发展到相当大的规模。同样，依靠温度变化来启动的自动喷水灭火系统的喷头也不能有效发挥作用。

另外，大空间建筑的外部环境也会对室内温度分布产生重要影响。尤其是在夏季，由于太阳的热辐射和外界热空气的作用，往往使建筑屋顶的温度升高，于是建筑物顶棚下方可形成一定厚度的热空气层，它足以阻止温度不太高的烟气上升到大空间的顶棚。这种现象通常称之为“热障效应”，见图 2-8 所示。

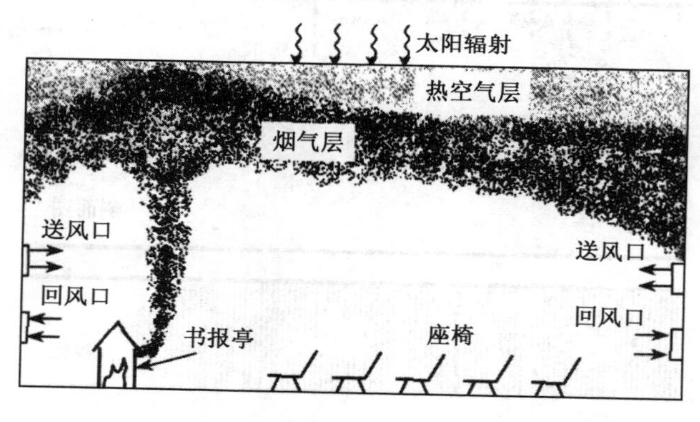

图 2-8　夏季大空间建筑内火灾烟气的流动现象

有些大空间中还采用了全空调系统。它可使空间内形成某种气体的定向流动，从而改变烟气的自然流动状况。出于节能考虑，这种空调系统的送风口和回风口通常设置在距地面较低的位置，以保证在大空间下部的空气维持较低的温度。这种形式又进一步促进了上部热空气层的形成。

第三节 人在火灾中的心理与行为特征

在心理学上，人的活动被理解为心理的外部表现，人的活动方式被理解为心理的外部表现形式，这种表现形式是人与周围的社会环境和自然环境相互作用形成的。因此，人们意识的差异，使人们在相同的环境下心理活动不同；客观外界因素的变化，也必然会引起人的心理活动也随之而变化。

大量的火灾案例和数据显示，火灾中人员的伤亡与其疏散行为密不可分。为了充分保证人员的安全，人员的疏散策略在充分考虑火灾等紧急情况下外界环境因素的同时，还须综合其心理和行为特征。显然，这些心理和行为特征既与人员的特性、建筑结构、安全疏散设施有关，也与人员的个体特征、认知水平、社会特质、面临的不同危险局面等因素有关，同时还受火灾发展和火灾产物的影响。因此，人们早就意识到火灾中人的心理和行为对其火场安全逃生的重要性，并积极开展了大量的研究工作。

火灾中人的疏散行为规律的有关研究源于20世纪初。当时采用的研究方法大多为观察描述、访问研究等定性分析的方法。从20世纪70年代开始，主要的研究方向集中在群集恐慌行为研究、人的疏散行动能力研究等方面。20世纪70年代末至80年代初，在美国和英国分别召开了三次火灾与人的专题讨论会，并将有关论文编辑整理成《火灾与人的行为》一书出版发行。1972年英国学者Wood对火灾中人的心理与行为进行了广泛深入的研究，采访了众多亲历火灾的人，总结出火灾中人的行为表现大体分为逃生、灭火、验证火灾真实性、通告他人和其他行为等五大类型(见表2-18)。20世纪80年代以后，相关研究工作取得了重大进展，不仅局限在对火灾后生还者的调查、安全设施的使用与检测等方面，而且还借助于消防演练等实验手段深入进行火灾动力学研究及计算机仿真模拟，建立了多种建筑物发生火灾时人员有计划疏散行为规律和疏散时间的数学模型，从原来的定性分析逐步发展到随机的定量分析，由此火灾中人的心理和行为再度成为消防研究的活跃领域。

表 2-18　火灾中人的行为

行为类型	行为表现	研究结果(百分数)%
逃生型	自己逃出建筑物 帮助他人逃出建筑物	9.5 7
灭火型	采取行为灭火 采取措施降低风险	15 10
验证火灾真实性	看是否发生了火灾	12
通告他人	向消防队报警 通告他人	13 11
其他	其他行为	20

为了解和掌握建筑火灾中人们的心理和行为特征，我国东北大学的阎卫东博士及西安建筑科技大学的张树平博士等人先后以问卷调查的形式进行了大量的研究工作，下面简介之。

一、火灾中人们心理和行为调查研究实例

（一）问卷调查研究实例一

东北大学的阎卫东博士等研究人员对某大学学生进行了三次问卷调查，问卷内容包括调查对象的自然状况（如性别、年龄、性格、政治面貌、所学专业、所在班级、居住的楼层、房间号、家庭结构、家庭经济状况、是否学生干部、是否经历过疏散演练或火灾、是否接受过与消防有关的教育培训等信息）和题目（包括心理和行为两个方面）两个部分。

第一次问卷：即“多层多室建筑火灾人员疏散实验研究调查问卷”主题研究的内容主要围绕以下方面展开：

①为了解火灾时人员的心理反应，重点对以下问题进行了调查：

在火灾状况下，你是否会存在侥幸心理？是否会存在恐惧心理？是否感到只有跑下楼到室外才是安全等。

②为了解火灾时人员的行为反应，着重调查了以下三个方面的问题：

(a) 是否会采取适应性行为

着火情况下，能否采取措施降低风险（如关门离开房间、用物品堵

住门缝防止烟气进入等)? 刚刚察觉着火时你能否采取灭火行为? 能否做到就近逃生而非局限于安全通道等。

(b)是否采取非适应性行为

火灾情况下,是否表现得惊慌失措? 是否会倾向跟大多数人在一起逃生? 已经逃出建筑物,对于发现自己的某样东西或要好的同学还落在建筑物内,你是否还会冲进去寻找? 当火灾发展超过刚察觉时,是否会继续采取灭火行动? 为了灭火或通知他人火灾信息,或是为重新找到出口位置,你是否会穿过密度较大和携带热量的烟气? 能否阻止某些人因贪恋钱财、趁火打劫而重返火场等。

(c)是否采取社会行为

失火时,你能否帮助他人逃出建筑物? 能否向消防队报警? 能否通告他人着火的信息? 能否在火灾逃生中做到相互救助? 如有人因烟雾或气体中毒,你会立即帮助其脱离火场并呼叫救助吗? 大家正在通过安全通道时,如在得不到正确及时的疏散诱导和指挥的情况下,你会不会有平常的相互协调和礼让? 在疏散时发现有人跌倒,你会不会立即上前扶助? 如果有人身上着火,你会不会立即采取措施上前扑救等。

第二次问卷"学生公寓火灾人员应急疏散实验研究调查问卷"增加了"疏散路线的选择"和"开始疏散到安全区域所需时间的计量"。

第三次问卷"教学主楼火灾人员应急疏散实验研究调查问卷"在第二次调查问卷内容的基础上增加了"人员在室内所处区域"的调查。

研究人员在讨论火灾时人员疏散心理与行为特点和规律的影响因素时,在个体特征方面选择了性别和性格两个因素;在认知水平方面选择了文化程度、消防知识与经验和对火灾现场环境的熟悉程度四个因素;在社会特质方面选用了家庭经济状况、家庭完整性和社会角色三个因素;在面临不同危险局面方面选择了楼层因素。通过统计分析,分别得出如下结论:

1. 人员性别

(1) 在经历过消防疏散演练或火灾方面,女性较男性更少;

(2) 女性比男性有较强的紧张心理、恐惧心理和从众心理;

(3) 男性比女性更能做到就近逃生,更容易采取穿过密度较大和携带热量的烟气等行为方式，以便通知他人或重新找到出口位置，但女性会在火灾初始时采取灭火行为，并乐于呼叫救助。

大量火灾案例表明，女性较男性更易产生强烈的紧张、焦虑和恐惧感，且更易导致不可控制的情绪爆发。认知能力下降、意识狭窄的比例也是女性高于男性，而保持冷静、自制的比例则是男性高于女性。面对危险情境的压力，更多的女性属于情绪取向型，她们较多地表现为哭泣和呼喊，而男性则属于问题取向型，他们会想尽一切办法摆脱危险。女性在面临灾害时更多地表现出退缩、依附和服从等心理倾向，而男性则相对进取、主动、头脑灵活和思维敏捷，这也是为什么在避难行为中男性更多地采取适应行动以及成为临时性领袖的缘故。但同样的心理倾向也使男性容易产生鲁莽和冲动，这也使得男性成为过度防御行为和惊逃行为者的主力。

2. 人员性格

(1) 混合型性格的人员比内向型性格的人员有更强烈的回避心理和行为；比外向型性格的人员更有日常的相互协调和礼让行为，不易受环境、其他人的影响和感染；比理智型性格的人员存在更强的侥幸心理和惊慌心理；比意志型性格的人员从众心理更强；

(2) 情绪型性格的人员比混合型性格的人员目标更易转移，更易受感情支配，不善于思考和推理；

(3) 理智型性格的人员比混合型性格的人员自控能力强。火灾时，理智型性格的人员能运用思维分析能力权衡利弊，决定是否需要及时地改变目标。

3. 人员文化程度

(1) 文化程度较高的人员存在的恐惧心理比文化程度较低的人员强；重返火场心理和行为比文化程度较低的人员弱，相互救助心理和行为较强，能做到就近逃生，而非局限于安全通道；

(2) 由于文化程度较高的人员更多地经历过消防疏散演练或火灾，所以当火灾发展超过刚察觉时，他们的灭火心理和行为较弱，不会继续采取灭火行为，因为他们知道这种行为是非常危险的。

人们关于应付火灾的知识越丰富，越有助于个人减轻心理压力，从而采取适应性行为。相反，如果人们应对火灾的知识匮乏，火灾突

然出现后又对如何采取有效行动一片茫然，就势必加剧心理紧张，产生极度惊慌或盲目呆滞等消极心理反应。火灾知识包括：如何应对火灾、火场逃生原则和方法、火场急救知识和技能的掌握、掌握常用逃生设备的使用、灭火剂和灭火器使用方法等。个人的能力与知识是不可分割的，它们都决定个人对危险的认识、评价和对后果的估计。知识越多、能力越强，个人受到的心理压力越小，就越容易产生适应性心理和行为。反之，火灾知识越匮乏，无力应对危险，个人受到的心理刺激越强，越紧张、惊慌，则就越容易产生不适应的心理和行为。

4. 人员环境熟悉程度

(1) 接受过与消防有关教育培训的人员对自己居住的周围环境熟悉程度较好；

(2) 经历过消防疏散演练或火灾的人员对自己居住的周围环境熟悉程度较好；

(3) 接受过与消防有关教育培训的人员和经历过消防疏散演练或火灾的人员，在火灾情况下，一般不会存在侥幸心理。

5. 人员社会角色

(1) 学生干部比普通同学掌握的消防知识多，但不专业、不系统，同时也反映出学生干部的侥幸心理比普通同学较强；

(2) 建筑物失火时，学生干部不会表现得惊惶失措，同时责任意识强于普通同学。

6. 人员面临不同危险局面

(1) 学生居住的楼层越高，从众心理越强，从众心理有随着楼层的增高而增强的趋势。

当高层建筑发生火灾时，人们总是习惯地认为：火是从下面往上烧的，身处的楼层越高就越危险，越低就越安全，只有尽快逃到底层室外，才可能脱离危险。殊不知，此时的下层可能已经是一片火海，若盲目地往下跑，岂不是更危险吗？人的心理和行为是不可分开的，行为是心理的延伸，心理是行为的基础，它决定着人们采取什么样的方式进行逃生以及能否成功逃生。从众心理有可能导致从众行为，而从众行为是一种非适应性行为，所以居住最高层的学生存在的从众心理倾向需要引起高度重视。

(2) 楼层较高的学生比楼层较低的学生适应性行为多。

火灾中，他们会采取灭火行为，能做到就近逃生，也能做到相互救助等，而很少采取重返行为及表现得惊惶失措，较少有穿过密度较大和携带热量的烟气等非适应性行为；

(3) 楼层最低的学生比楼层最高的学生能迅速做出帮助他人脱离火场的能力和行为，但是楼层最高的学生比楼层居中的学生相互救助的意识要强。

(4) 楼层居中的学生比楼层较高的学生存在较强的惊慌心理。

惊慌心理有可能会导致诸如拥挤、从众、趋光和归巢等恐慌行为，这是飞速逃离类型的行为反应。因为居住中间楼层的学生认为他们上不着天，下不着地，火灾对他们来说是最危险的。

7. 人员家庭结构

完整家庭的人员比单亲家庭的人员有较强的从众心理。这很可能是单亲家庭人员与完整家庭的人员相比而言，缺少对社会规则、公共约定和权威的认可与服从，缺乏对他人需要的注意，观察力、注意力薄弱，孤独，不善交往，不合群等缘故。

8. 人员经济状况

家庭经济状况越不好的人员越不太熟悉现住公寓周围的环境；从众心理越不强；自控能力越不强。当遇到火灾时，家庭经济状况越不好的人员越不善于运用思维分析能力理智地权衡利弊，妥善处置应急事件，决定是否需要及时地改变目标。

9. 人员是否经历过消防演练或火灾

(1) 没有经历过消防演练或火灾的人员很少或没有接受过与消防有关的教育培训；

(2) 经历过消防演练或火灾的人员比没有经历过的人员更熟悉和关心其所住公寓周围的消防环境条件；

(3) 在火灾情况下，经历过消防演练或火灾的人员比没有经历过的人员更趋于镇定，而没有经历过消防演练或火灾的人员则表现出较强的惊慌和恐惧心理；

(4) 在火灾情况下，经历过消防演练或火灾的人员比没有经历过的人员自我控制能力强，不会轻易采取灭火行为，特别是当火灾发展超过刚察觉时更不会去灭火，他们能运用思维分析能力理智地权衡利弊，妥善处置应急事件。

消防演练使人们避免了由于突然和意外危险导致的惊慌、混乱和不知所措，它使人们以一种熟悉、习惯的心理和行为方式有效地应对火灾。经过与消防有关的教育培训或者经历过火灾的人们，对火灾一般都不存侥幸心理，也不会表现得惊慌失措。他们心里会对当时的火灾环境有个大致的了解，觉得自己对周围环境仍具有“控制”能力。这种“控制”环境的感觉会给人带来安全感，使其不至于产生“失去控制”的恐惧。因此，这些人在火灾面前也不会产生过分恐惧的情绪，而是沉着自救或者救助他人。

10. 人员是否接受过消防培训

接受过消防培训的人员基本上掌握了火灾逃生的主要方法，而没有接受过消防培训的人员则相反。

（二）问卷调查研究实例二

为了研究建筑火灾中人的行为反应，西安建筑科技大学张树平博士等人从 2001 年开始，历时近两年之久，在陕西、山东和河南三省对火灾逃生者、被救者、最早到达火场实施救人的消防队员以及失火建筑周边的知情者开展了“建筑火灾逃生者问卷调查”研究，调查采用了当面访问、电话补充访问和集中访问三种方法，共调查火灾 169 起，包括住宅（含简易住宅、棚户区住宅、住宅楼）火灾、公寓或多人住宅建筑火灾、公共建筑（办公楼、宾馆、影剧院）火灾、商业建筑（超市、批发市场、百货店）火灾、工业厂房及仓库火灾，其分布如图 2-9。

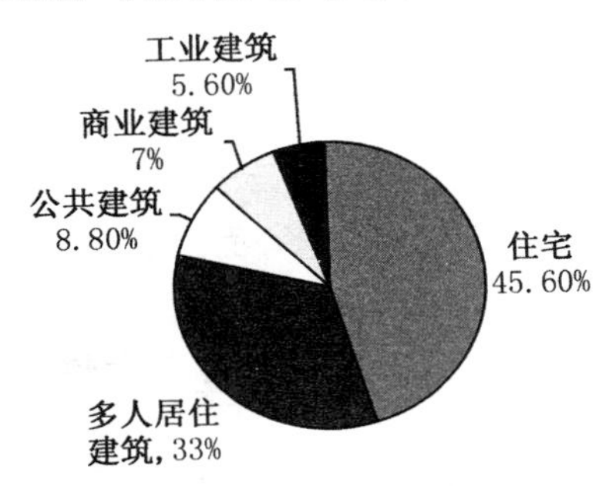

图 2-9　调查的建筑火灾分布图

其结果是建筑火灾中人的行为反应排序依次为报警求助、通知他人火灾信息、亲自外出查证、尝试救火与向他人求证。人们在获取火灾信息后的第一行为反应分布见图 2-10，其中报警求助者占 33%；通知他人火灾信息者占 16%；亲自外出查证确认火灾者占 12%；尝试救火者及向其他人求证火灾信息者分别占 11%；未作回答或提供多个答案者占 9%；打电话询问火灾信息者占 5%；其他占 3%。

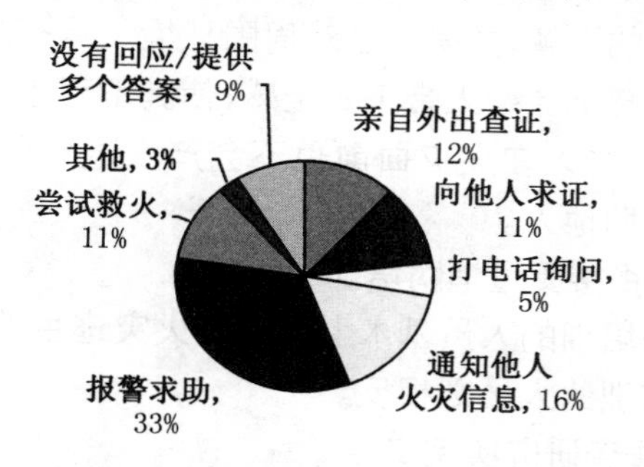

图 2-10　获取火灾信息后的第一行为反应分布图

1. 不同年龄（10～65 岁）调查对象火灾时的第一反应行为特征

（1）报警求助者占比例最高。其中青年人占最多，占 40.8%；成年人其次，占 37.9%；老年人和少年最次。

（2）通知他人火灾信息者占比例次之。其中青年人占 22.3%；成年人及老年人分别约占 17.3%；少年占 6.3%，为数最少。

（3）亲自外出查证火灾者的比例呈递增趋势，而好奇心较强的青少年这一行为的比例最高，达 21.9%。

（4）尝试救火者 25～65 岁人中表现稳定在 16.1%～13.0%；而 10～17 岁的少年的这一反应高于老年人，达 15.6%。

2. 不同性别调查对象火灾时的第一反应行为特征

（1）无论男女，报警求助者最多，而且男性中所占比例高出女性 11.4%；

（2）其次是通知他人火灾信息，其中女性所占比例高出男性 9.6%；

（3）男性与女性对火灾的关注度大致相同，无论是亲自查证、向他人求证还是电话求证，所占比例几乎相同；

(4) 尝试救火的反应行为中，女性中占的比例(13.9%)比男性(11.5%)高。

3. 受教育程度不同的调查对象火灾中的第一反应行为特征

(1) 报警求助的频率最高，且随受教育程度的提高而增加；

(2) 亲自外出查证的频率随受教育程度的提高而增加；

(3) 通知他人火灾信息的频率随受教育程度的提高而下降；

(4) 尝试救火者，大专以上文化程度的调查对象频率最低；

(5) 向他人求证火灾者，所接受的教育程度越高，则比例越低，反之则相反。

4. 接受火灾逃生训练程度与第一行为反应特征

(1) 未受过火灾逃生训练者，第一行为反应频率最高的是向他人求证落实火灾信息，其次是报警求助和亲自外出查证；

(2) 日常有一定消防知识者，第一行为反应最高的是报警求助，其次是通知他人火灾信息，再次是亲自外出查证和尝试救火；

(3) 受过消防安全专门培训者，报警求助为第一行为反应的频率最高，达54%，其次是通知他人火灾信息，尝试救火居第三；

(4) 从无消防知识到日常积累一点乃至接受专门培训者，他们的报警求助频率呈现增长趋势，尝试救火频率略显增长，而亲自外出查证、向他人求证的频率呈下降趋势。

5. 火灾前的活动与第一行为反应特征

发生火灾前的活动仅指睡觉、看电视做家务和正在工作三类，在此状态下调查对象获悉火灾信息后的第一行为反应特征大致如下：

(1) 睡觉状态下，一旦被火情惊醒，36%的对象选择报警求助，居第一，16%的选择询问他人火灾真实性，居第二，亲自外出查证和通知他人火灾信息各占14%，居第三；

(2) 看电视、做家务状态下，约1/3的对象选择报警求助，居首位，其次是亲自外出查证落实火情者，占23%，各有13%的人选择通知他人火灾信息和尝试救火，居第三；

(3) 工作状态即完全清醒状态下，第一行为反应报警求助的选择率最高，达41%，其次是通知他人火灾信息，占26%，居第三位的是尝试救火；

(4) 对于报警求助、通知他人火灾信息、尝试救火三种行为反应而言，处于工作状态时的调查对象高于睡觉和看电视、做家务者，而亲自外出查证火灾、向他人求证和电话询问的行为反应是这三种状态下最低的。

6. 不同获悉火情途径的调查对象的第一行为反应特征

(1) 受烟火刺激而发现火灾者，其第一行为反应为报警求助的比例高达41%，其次是向他人求证火灾信息，占22%，其他行为反应的为19%，通知他人的只有4%；

(2) 闻到烧焦异味而发现火灾者，57%的人第一行为反应选择报警求助，为最高；亲自外出查证的为其次，占18%；打电话询问火情和尝试救火的均为8%，居第三；通知他人火灾信息的最低，仅占3%；

(3) 由外界噪声而获悉火警信息者，第一行为反应为报警求助的占28%，位居第一；通知他人火灾信息的达23%，位居第二；亲自外出查证火灾的为18%；

(4) 火情是由他人通知而获得者，第一行为反应选择最高的是报警求助和通知他人火灾信息(均占23%)，其次是尝试救火(占22%)，第三位是向他人求证火灾信息；

(5) 直接听到火灾报警声音者，第一行为反应频率最高的是通知他人火灾信息，包括通知防灾中心和亲朋好友，达37%，且是各途径中通知他人火灾信息频率最高的，其次是报警求助，占17%。

以上两个研究火灾中人的心理和行为特征及规律的问卷调查实验所得出的结论，可以很好地帮助我们来理解和解释火灾中人的心理和行为。

二、火灾中国内、外人的行为特征比较

建筑火灾中人的逃生行为反应是各国制定建筑防火性能化设计规范的重要依据之一。比较不同文化背景下各国建筑火灾中人的行为反应特征，可以探索人类在面临火灾这一危急状况下的行为反应的共同点与不同点。用比较的方法研究不同文化背景下建筑火灾中人的逃生行为反应，可以揭示不同国家、地区间逃生行为反应的差异和个性。这种比较研究是宏观考察的方法，比较两个以上不同文化背景国家或地区的逃生行为反应，可以克服仅从一个角度研究问题的片面性，帮助我们更好地认识与把握建筑火灾中人的逃生行为反应规律。

由于我国在人群形体特征、文化背景、行为习惯和应急疏散素养方面与国外有很大不同，所以人们在紧急情况下的疏散行为特征也与国外人群有不同之处。

（一）火灾中中国人与英国人的行为特征比较

1972 年，英国 SURREY 大学 Wood 教授主持完成了“火灾中人类行为调查”的研究，收集 952 起火灾事故和卷入火灾的 2 193 名当事人的调查问卷。其研究方法是，设计统一格式的调查问卷，由火灾现场的消防员实施调查，并以此问卷作为研究的主要内容。在此基础上，于 1980 年出版了《火灾和人的行为》一书。该项研究历时十多年，所调查的火灾中，居住建筑占 50% 以上，工厂占 17%，公寓或其他有多人居住的建筑约占 11%，商场占 7%，4% 是社会事业机构（学校、医院等）。其余的火灾发生在各式各样有人居住的建筑内。

1. 获悉火灾的途径比较

中英两国人获悉火灾信息的途径分布见图 2-11。

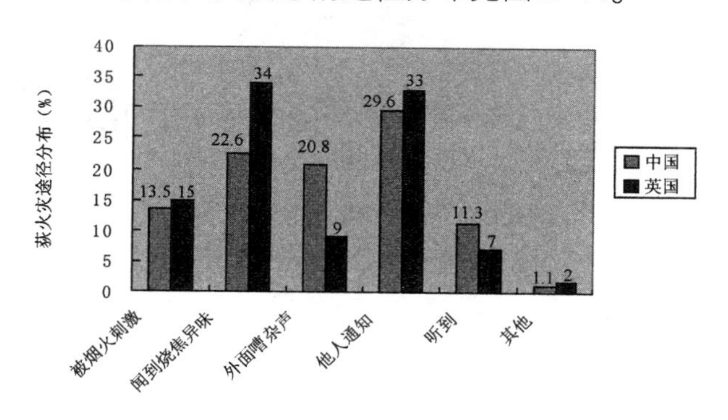

图 2-11　中英两国人获悉火灾信息的途径分布

从图 2-11 可以看出，因受“烟火刺激”而发现火灾一项，我国占 13.5%，英国占 15%，这一项英国略高。“闻到烧焦异味”这项，我国占 22.6%，英国占 34%，相差 11.4%。如果将烟火、烧焦异味这两项火灾的理化刺激合并的话，中国仅占 36.1%，而英国达 49%，几乎占到发现火灾途径总数的一半。

从“外面嘈杂声”（包括人们的嘈杂声、消防车辆的警笛声等）一项来看，我国占 20.8%，而英国仅有 9%，我国高出英国 1 倍之多。其首要原因可能是我国的人口密度大，建筑物发生火灾后，往往行走在室外马路上的人先发现了火情，于是喊叫声、惊呼声四起，引起着火建筑物内的人们警觉而较早发现火灾。与此相反，英国人由外界的噪声而发现火灾的比例就要低得多。

从“他人通知”火灾信息看，我国占 29.6%，英国占 33%，这一项相差 3.4%。因为中英两国人民都十分重视人际关系，发现火灾时都会马上通知自己的亲友和邻居，因此这一项是有共性的。

“听到”火灾信息这一项，包含了火灾燃烧、轰燃的声音以及火灾报警系统的报警信号。我国占 11.3%，英国占 7%。这一比例也许反映了火灾报警系统设置的普及率。

2. 火灾中人的行为特征比较

图 2-12 是中国人和英国人得知火警信息后的初期行为反应(或第一行为反应)统计情况。

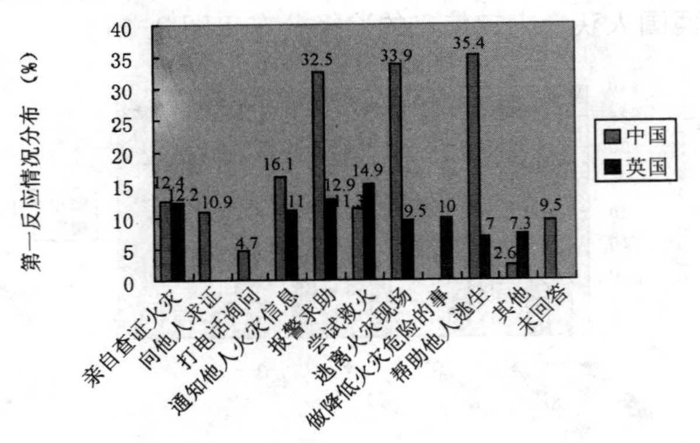

图 2-12　火灾中中英两国人的初期行为反应

(1) 亲自查证火灾

由图 2-12 可以看出，火灾时，第一反应是“亲自查证火灾”者，我国占 12.4%，英国占 12.2%。有了火警信息，会去查证是否真的发生了火灾，这一行为反应分布两国基本是一致的。

(2) 向他人求证

对于大型建筑、高层建筑等，是通过其他知情人查证火灾的我国占总调查人数的 10.9%，而英国无对应的问卷调查项目。

(3) 打电话询问

我国占调查对象4.7%的人，是通过电话查证火灾信息的。相比之下，英国的研究报告中，或许是因为调查资料为20世纪60年代至70年代的，当时的电话普及率较低，使得"打电话询问"火灾情况未能引起研究者的注意。

上述三项——亲自查证火灾，向他人求证火灾，打电话询问火灾，都是为了证实发生火灾的真实性，只不过途径不同、方法不同而已，随着电话及手机的普及，查证(询)火灾信息更加便捷了。以上三项为第一行为反应者的百分率，我国是28.0%，英国是12.2%，可见中英两国都有相当的人在得知火警信息时，首先想到确认火灾危险的真实性，以便做出火灾时的正确判断。

(4) 通知他人火灾信息

"通知他人火灾信息"为第一行为反应者，我国占16.1%，英国占11%，我国高出英国5.1%。这说明，在火灾危难之时，中国人对同处于建筑中的亲友、邻居关心程度高于英国人，当然这仅就调查到的统计比例而言。

(5) 报警求助

"报警求助"可以使消防队尽快了解火灾情况，赶赴火灾现场，扑灭火灾，救护生命，降低火灾损失。调查发现，这一项我国占32.5%，英国占12.9%。由此可见，我国人民对消防队救人灭火的期望值很高。

(6) 尝试救火

获悉火警后，我国有11.3%的调查对象尝试救火。然而，这一行为反应有正、负两个效应。正效应是，在火灾初起时，人们能及时、快速地扑灭火灾，不至于会酿成大灾害；负效应是，若人们不熟悉消防器材，甚至不会使用，只有扑救愿望，而没有扑救实力，最终导致大灾，如2000年洛阳东都商厦"12·25"火灾、2004年吉林中百商厦"2·15"火灾中，当事人只顾扑火，未及时报警，而当火灾失控后，救火者逃离现场，导致数百人死伤的惨案，教训深刻。

在"尝试救火"这一反应上，英国人占更高的比例，达到14.9%。他们似乎更乐于表现出挑战、冒险、独立承担责任的行为。

(7) 做降低火灾危险的事

“做降低火灾危险的事”这一行为反应包括失火后切断电源、移开燃料等，英国占 10%，这些行为对有效控制火灾，减少火灾损失具有重要意义，而我国尚未查找到有关这方面的调查研究资料。

此外，“逃离火灾现场”和“帮助他人逃生”这一行为，英国人分别占 9.5%和 7.0%，而我国“逃离火灾现场”者占 33.9%，“帮助他人逃生”占 35.4%。

(二) 火灾中中国人与美国人的行为特征比较

1975～1977 年，美国约翰·L 教授和布莱恩教授完成了建筑火灾中人的行为调查研究，被调查对象为 584 人，涉及 335 起火灾，研究方法与英国 Wood 教授的类似。在调查的建筑火灾中，美国家庭火灾数量较多，其中63.6%的火灾发生在有人居住的建筑物内，20.9%的火灾发生在公寓建筑，工厂火灾仅占 0.6%。在被调查的对象中，约有 28.3%的人曾有过火灾经验。

1. 获悉火灾途径比较

图 2-13 为中国人与美国人获悉火灾信息的途径分布情况。

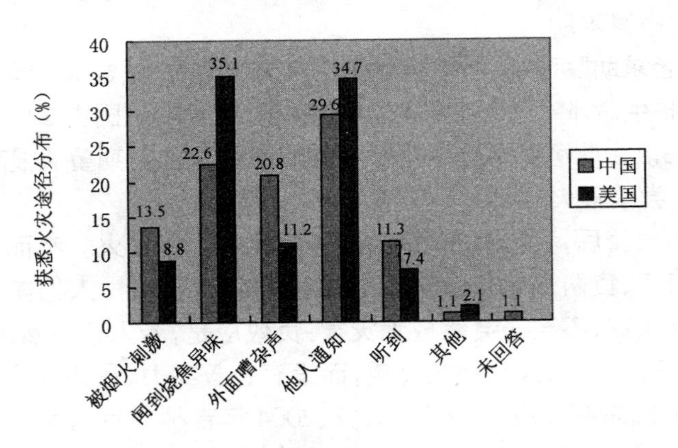

图 2-13 中国人与美国人获悉火灾信息的途径分布

如图 2-13 所示，因“被烟火刺激”而发现火灾是共同的途径。我国占 13.5%，而美国这一项比例较低，占 8.8%。

“闻到烧焦异味”(包括烟味)这一项是美国人较高，占 35.1%。而我国占 22.6%，美国要高出我国 12.5%。

“外面嘈杂声”(包括建筑外的人员嘈杂声,消防车辆的噪声等)这一项我国占 20.8%,美国仅占 11.2%。

“他人通知”火灾信息,包括家人、同事、邻居等通报的火灾信息。通知方式包含当面告知和电话告知等。这一项,我国为 29.6%,美国为 34.7%。此外,就“听到”的火灾信息而言,我国占 11.3%,而美国此项较低,仅占 7.4%。

2. 火灾中人的行为反应比较

图 2-14 给出了中国人与美国人得知火警信息后的初期行为反应(或第一行为反应)情况。

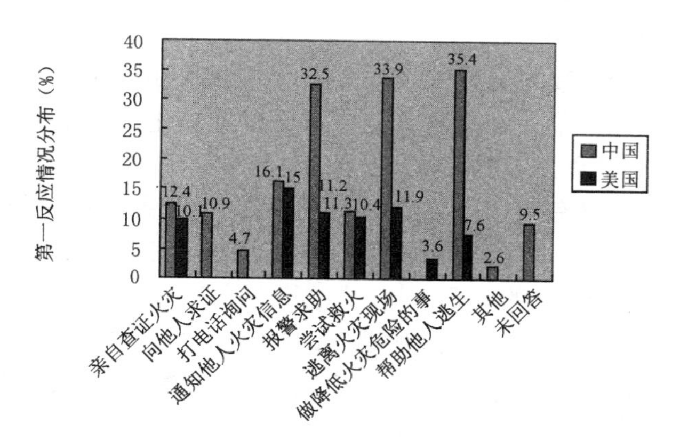

图 2-14 火灾中中美两国人的初期行为反应

(1) 查证火灾信息

查证火灾信息,最主要的是亲自查证,包括寻找火源,证实火灾发生等,中国占总数的

12.4%,美国占总数的 10.1%,相差不是太大。但是,中国的调查对象中,向他人(知情人)求证,或打电话询问火灾情况,其实质是间接地查证火灾。若加上这两项所占的比例,中国人在查证火灾信息所占的比例就达到了 28.8%。

(2) 通知他人火灾信息

将火灾信息及时通知建筑物内的其他人是赢得火灾逃生时间、减少人员伤亡的最佳反应。在这一点上,两国人民有基本共识,我国占 16.1%,美国占 15.0%。

(3) 报警求助

“报警求助”包括向大厦的防灾中心报警和向消防队 119 报警。在这一项，中国占 32.5%，而美国仅占 11.2%。

(4) 尝试救火

在得知火警信息后，我国“尝试救火”者为 11.3%，美国为 10.4%，这一项我国略高。

综上所述，中国人与美国人在得知火警信息后最主要的几项行为反应中，“查证火灾”这一项我国人总的比例比美国高出 17.9%；“报警求助”方面，我国比美国高出 22.3%；而“通知他人火灾信息”、“尝试救火”两项均高出美国约 1%。

以上讨论了我国与英、美两国的人员在火灾中的第一行为反应特征。虽然我国传统文化与西方文化属于世界文化中两个根本不同的文化体系，但随着历史的发展、社会的进步，它们先后出现并且平等发展，既有冲突，又有融合。因此，处于不同文化背景下的中国人与英、美等西方人在火灾中所表现出的行为特征既有相同点，又有不同点。比较不同文化背景下的人员在火灾中的行为反应，可以帮助我们更好地认识和掌握火灾中人的行为反应规律及适应范围，使得建筑防火设计及其性能化设计更具科学性、合理性，也使得消防安全教育与培训更具针对性和实效性。

三、人的心理与行为模式

火灾时，建筑物内的人员需要有一定的可利用时间用于安全疏散，才有可能脱离危险状态。只有认识火灾中人所表现出来的心理与行为规律(即人员自身的作用和人与人之间的交互作用)，才能了解到集约于有限时间的火灾危险状态下人的行为表现，进而有针对性地进行消防知识宣传培训和制定相应的应急疏散方案并演练，确保人员安全疏散。根据人的心理与行为模式，可以知道作为强烈刺激源的火灾激化了在该场景下人求生的原始本能，以此为动机和目标的行为导出模式必然使人出现不同的心理反应和行为表现。人的行为是所受到的环境刺激和作出的相应心理反应两者共同作用的结果。作为外界刺激源的火灾，由于其自身具有突发性、多变性、瞬时性、高温性、毒害性等特点，使人员处于非正常状态，这种状态在心理学中称为应激状态，对火灾中人的心理与行为会产生很大的影响，它会使处于此状态的人员在心理和行为上表现出一些特殊性。这些特殊性表现于个体和群体会存在很多差异，从而导致不同的心理反应和行为结果。

行为科学认为，人的行为是由动机支配的。人的行为是动机的结果，是目标的手段。一般情况下，动机、行为和目标三者的指向具有一致性，即使过程中发生偏移，系统会通过反馈自动调整修正心理与行为系统（见图 2-15）。行为是在需要、动机的驱使及外部条件的刺激和影响下，经过内部自身经验的判断而产生的反应活动。

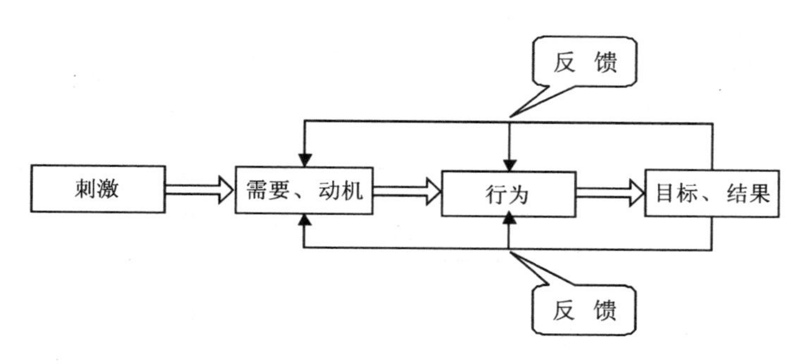

图 2-15　正常情况下的心理与行为模式

在日常生活中，人的行为遵从心理与行为模式，按照正常的模式行动。而在非正常状态的火灾场景下，人所受到的刺激是强烈的，处于强烈的求生欲望和期待逃离火场到达安全地带的焦虑心情之中，应激的火灾负性情绪反应交织在一起，对个体心理功能与行为活动产生了交互影响，使人的认知能力和自我意识变狭窄，表现为注意力不集中，判断能力和社会适应能力下降，从而使人出现异常行为，心理与行为系统发生异常和偏差。其表现形式通常为：

（1）动机—行为的历程缩短

从感知火灾信息到做出行为反应，一般所需要的时间为 5～10 s，在这一过程中，处于火灾中的人员缺乏理智的分析过程，行为具有紊乱性。

（2）动机—行为—结果的不一致性

火灾发生时，常常会出现与结果不一致甚至相反的行为，如习惯往狭窄角落或有光的地方奔跑，甚至从高处向下跳等反常行为。

(3) 行为的盲目性

火灾时,人们都随其他奔跑的人流或向无烟火处撤离或向自己最熟悉的出口奔跑,一旦出口受阻就只能原路返回,在返回途中有可能因被烟火封堵而遇难。

(4) 行为的排他性

人们在逃生时,往往不顾及他人,全神贯注地致力于尽快逃离火灾现场,导致混乱和拥挤,即便在撤离人员不多的情况下也会如此,从而耽延逃生时间,造成不必要的伤亡。

(5) 行为的无序性和多向性

由于每个人心理素质的差异,人员所选择的逃生方式会呈现如图 2-16 所示的无秩序性和多样性。

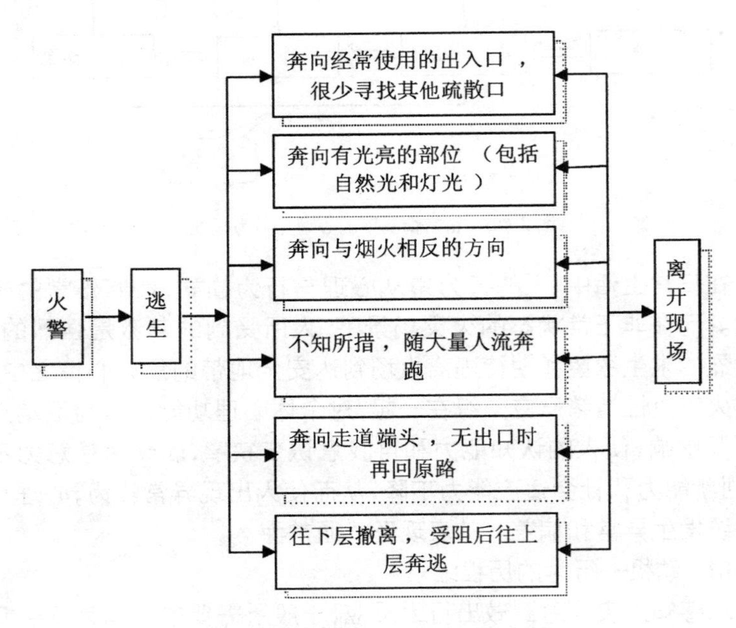

图 2-16　火灾时人的行为模式

从火灾时人员所表现出来的上述心理与行为模式分析,可以得到两个基本认识:一是通过精心的疏散设计是可以引导人们的疏散行为的;二是人行动的方向关键在于建筑内水平和垂直方向两大运动体系。由此可见,水平疏散组织,各安全出口的位置、宽度与数量及水平与垂直运动交会处的楼梯、电梯的平面布局、数量将成为建筑疏散设计的核心问题。

四、火灾中个体的心理与行为特征

火灾作为一种突发性灾难,会引起人的应激心理反应。在火灾状态下,需要人迅速地判断情况,在一瞬间做出决定,能够利用过去的经验,集中意志力果断地进行判断。在该情况下会惊动整个有机体,使有机体激活水平心率,血压肌紧张发生显著改变,引起情绪的高度应激化并促使行为的积极性。这时认识的狭窄会使个体出现很难符合目标的行动,易作出不适当的反应。长时间处于应激状态,对人有不利的影响,甚至是很危险的。

当然,火灾应激场景地的变化,会对人产生不同的影响。根据火灾中烟气的危害程度,可将其对人的危害过程分为三个阶段,即:(1)第一阶段为人员尚未受到来自火区的烟气和热量影响或受影响轻微的火灾初期。这一阶段中,影响人员疏散和逃生的重要因素主要是心理行为因素,如人员对突发事件的心理承受能力,对火灾知识的认知程度,对火灾警报的反应以及对环境的熟悉程度等。(2)第二阶段为人员已被火场烟气和热量所包围的时期。这一阶段中,人员吸烟后的状况及人的生理因素严重制约着人员的逃生疏散能力,人会出现体力不支、神志不清等中毒和缺氧反应症状,或心有余而力不足的困难境地,难以选择正确的逃生路线和方法,但是可借助别人的帮助进行逃生行动。(3)第三阶段为人员在火灾中濒于死亡或死亡的时期。致死的首要因素是烟气中毒,其次是缺氧窒息,再次是吸入灼热的燃烧气体灼伤呼吸系统,火焰的灼烧及房屋的坍塌等。在第二、第三阶段,由于受到火灾烟气的毒害作用,人员行为的自控性减弱。下面主要讨论人在第一阶段时的心理与行为规律。

(一)个体在火灾中的心理反应

(1)惊慌

火灾中的惊慌是指火灾中的人们接受异常灾难刺激表现出的一种焦虑状态或行为状态。这种极度难忍、充满恐怖的环境中引起的应激心理和生理反应,会导致人员在瞬间对环境的适应能力和应对能力下降,若这种应激状态持续下去,处于火灾中的人员对环境的判断力和分析力持续下降，更有甚者失去理智，不能自控，从而造成跳楼、拥堵出口及不带亲人逃生等不良的后果。如天津松江胡同一幢居民楼火灾中，409 室一家各奔东西，分四路逃生，丈夫不顾妻儿，父母不顾子女，同胞兄弟也丢下父母各自逃命，结果 4 口人在房间的不同地点中毒倒下。

(2) 恐惧

恐惧是人类最基本的情感之一，也是一种重要的心理反应，是指人们在面临险境时不能迅速适应变化的环境所产生的一种极度紧张和害怕的心理情绪，是人的一种本能反应。其主要表现形式为：心慌害怕、心跳加快、心律失常、言行错乱和意志力下降，有的人可能双腿发软、全身瘫痪、思维停滞、反应迟钝，还有的人可能会口干舌燥、张口结舌、目光呆滞等。

恐惧是一种消极心理现象，对火场逃生行为具有较大的负面影响。在这种心理状态下，人员容易出现非理性行为。言语错乱会影响人的正确表达，如报火警时言语含糊不清，无法说清起火地点或火灾现场情况，仅仅单调地重复若干简单的词句，不能有效地与外界沟通；思维停滞、反应迟钝会影响人的判断力和意志力，使人们不能采取正确的逃生方法或导致人们失去逃生意志。人们强烈的救生欲望和坚定的意志会使人们施展浑身解数，忍受恶劣的火灾环境，最终脱离火灾危险。但恐惧则会降低人们的斗火意志，使人丧失逃生信心，放弃积极逃生努力，以至于陷入坐以待毙的绝境；双腿发软、全身瘫痪则直接让人丧失逃生能力，被火魔吞食。

(3) 绝望

绝望是目标难以实现时的一种心理现象。它是惊慌、恐惧心理的深化。面对滚滚浓烟和熊熊大火，人们在多次尝试逃生而不能成功的情况下，就会产生上天无路、入地无门的感觉，于是就开始产生绝望情绪。在这种绝望情绪的支配下，人们通常表现出听天由命、放弃逃生或干脆跳楼。2003 年 6 月 30 日中午，坐落在台北市敦化南路的一幢 18 层商住楼的 16 层一个房间发生大火后，大多数居民和办公人员逃至楼下，但在 16 层施工的多名工人被烟火围困，其中 1 名装修工人因逃避不及被大火烧死，另两名工人见到此景于绝望中跳楼摔死。

火灾中跳楼是因绝望心理所表现出的一种万不得已的行为。相关研究表明，在采取诸如抱棉被、垫床垫等一定的保护措施时，跳楼的最高可行高度也仅为 8 m 左右，倘若从 4 层及以上跳楼，那将是死路一条。由此可见，不管火灾形势有多么恶劣和险峻，身处火场的人员要坚定信心，积极寻找逃生出口，不要轻易悲观绝望，切不可采取过急鲁莽行为。

在火灾中人所产生的心理反应主要有以上三种，这些心理反应会对个体的认知决策过程产生很大的影响。由于浓烟热气流和毒气弥漫及火场的燃烧，个体丧失了对日常环境的依赖性，这严重影响了个体的记忆力、判断力和分析能力，使个体产生很多异常行为。

（二）个体在火灾中的异常行为表现

处于火灾中的个体因为缺少逃生知识、技能以及慌张鲁莽的性格，会在逃生的过程中作出一些异常行为，但大多为一些无意识行为，更多是依赖人的原始本能、缺乏科学决策后的结果。这种由求生本能引起的行为主要有如下几种：

（1）趋熟

趋熟就是趋向于选择自己熟悉的道路环境，以求得自己生存的一种行为。因为熟悉的状态会激起人脑的神经细胞中处于一种绝对优势的兴奋区域，熟悉的内容会成为人在第一时间内的选择。所以当人在房间内受到烟火威胁并从房间内跑出时，往往不管是否有利逃生方向，都选择自己较熟悉的走廊、楼梯、电梯或出口等。

（2）向地

向地就是将大地作为生存根基的心理所产生的一种行为，是由于长期生活习惯形成的，也是火灾疏散过程中人们常用的一种行为。发生火灾时，人们都会自觉不自觉地从楼上向楼下跑，直至室外地面才感到心里踏实，才有安全感。当浓烟与烈火封住出口，逃生无路、绝望之时，向地行为的表现形式之一即为跳楼。

（3）奔光

奔光就是逃向光亮处的行为。在火灾浓烟区，被困人员一旦看见亮光，就会奔向光亮处。因此，光亮可成为引导人员安全疏散的一种指示、诱导标志。在建筑物中设置疏散指示标志和应急照明等就是利用人的奔光性，使人在火灾中能安全有效地疏散逃生。根据在建筑火灾中烟雾的减光性和烟气流动特性，我国建筑设计的相关防火规范对火灾应急照明和疏散指示标志设置作出了明确的规定。

(4) 退避

退避是因既有恐惧而引起躲避的一种行为。当遇到浓烟、熊熊大火时，人们会本能地反向逃跑。特别是室内发生火灾时，人们第一反应总是尽力往室外跑，即便他们是处于安全地带，也会向起火的反方向逃避。

(5) 沿墙

沿墙即沿着墙根奔跑或爬行的行为。当人员受到烟火围困、视觉器官失去作用时，主要靠触觉寻求逃生去路。所以将安全疏散指示标志设置于墙上时，其高度应在人们的视线以下，距地面 0.3～1.0 m 为最佳。

(6) 从众

从众是由于缺少客观的自我评判标准来面对事物而产生的一种人云亦云、人为我为的行动。从众行为是为适应团体或群体的要求而改变自己行动和信念的过程。它不管群体的行为是否正确，而是消极地认同、盲目地顺从群体，是火灾中的人员盲从于其他人的一种行为。这种行为在火灾人员疏散过程中往往会造成安全出口堵塞，从而造成更多的人员伤亡。如 2004 年的“2・15”吉林中百商厦火灾中 4 楼堆满烟熏致死的顾客，其中大部分来自 3 楼的浴室，因为 3 楼以下窗格都上有铁栅栏，大部分顾客都从众向楼上跑去，而没有利用好三楼的逃生工具，造成严重的人员伤亡。

(7) 选择方便之路

在火灾情况下，假设有两条逃生路线：一条堆满了东西，障碍较多；另一条宽敞，无任何障碍。人员从房间冲出的刹那，大多选择宽敞而非有障碍的路线，哪怕烟火是从宽敞的路径袭来。人的选择标准在当时特定的环境下，并未考虑选择路线逃生的可能性及可行性，而是以下意识的方便为标准来选择逃生的路径。

(8) 归巢

归巢是指回归自己比较熟悉的环境的行为。譬如人们去商场购

物，一般是从哪个门进入，购物后一般也从哪个门出来。火灾时，人们往往首先想到的是寻找自己进入时的门逃生。这种行为有时会耽搁有限的、可利用的逃生时间，而使自己身陷火海之中。

(9) 重返

重返是指已经成功逃离火场的人员为了寻找处于火险中的亲人、朋友或钱财而重新返回火场的行为。这一行为在火场逃生中是不可取的，也是非常危险的。一方面，他（她）的重返会与向外疏散的人流相遇而碰撞，从而影响他人的迅速疏散；另一方面，重返火场会遇到新的危险，甚至是一去不复返。因此，陷于火场中的人们切记不要因贪恋财物等重返火场而痛失自己的生命。

(10) 超越

超越即超越自然能力的行为，指在灾害事故（如火灾场景）的刺激下，个体产生强烈的心理反应，其反应的动量远远超过自身原有的能力（包括体能和技能）的一种行为。在2000年的"12・25"洛阳东都商厦火灾中，有一位年近七旬的老人，从窗口跳出，成功跳到邻近低一层的屋顶上，这在平时是不可想象的行为。

五、火灾中群体的心理与行为特征

群体是通过人们彼此之间的相互影响、相互作用形成的一种有组织的集体形态。每个个体为一个共同目标而奋斗，每个个体从其中都得到满足，个体间的互动使人群成为一个整体。因此，群体应具有下述全部或部分属性：频繁互动，个体群聚意识，一系列共同的规范和相互联系作用，接受来自群体内部成员的压力，有一个共同的目标，以及由于成了群体的成员而带来的个体行为的改变。火场上，受灾者因求生心理会产生群聚状态，似乎大家团聚在一起就可以减少惊慌和恐惧。

(一) 火灾中群体的形成及特点

火灾中的群体大多是时空群聚体，即为在一定的时间、空间条件下，以外界压力、威胁（火场上的威胁包括烟、火和嘈杂的人声）为凝聚因素的群体。这种群聚体存在的条件是由于时间和空间的限制导致个体感情上的联合。其中没有私人的、社会的和职业的关系，一切个体行为，包括家庭和工作小群体都要服从于时空群聚体。

群聚体形成的先决条件：起火时，人们处于建筑内，且在没有救援的情况下已无法逃生，必须创造避难场所暂避一时，直至救援到达为止。火灾群聚体一旦形成，不论每个个体是否相识，均会融于此中，其抵抗火的时间比单个个体抵抗火的时间长。基于共同处境和目标的火灾群体虽无共同纲领，却有共同行动。比较集中的行为表现是对外呼救和与外界取得联系，对内尽量减少烟火对群聚体的影响。

群聚体常形成于某些被选择作为避难场所的特殊房间：(1)临街的房间；(2)有阳台的房间；(3)便于接近楼梯间的房间。

避难群体大多会自然形成领导者，其取决于多种因素：如群体的性质、个体成员的能力及人格、群体的形成时间和位置等，但主要取决于个体在群体中所处的角色。火灾中，形成群聚体的房间主人常常充当领导者，有的情况下由具有专门知识或受过消防专门训练的人担任，如宾馆饭店的服务人员或群聚体中的消防人员、保安人员等。火灾场景是一个瞬息变化多端、极具强烈刺激的特殊环境，火灾中的人们会因此产生巨大的心理压力和思想负担，他们处在这种险境中会非常依赖于领导者的指挥，并把个人的安危交付于他(她)，而领导者镇定自若的情绪及对火情处置的认知才能，无疑增加了个体对其的信赖感。如果公共场所的服务人员或消防保安人员成为领导者，则其无疑会牢牢抓住群体中个体的服从心理及模仿心理，形成权威，大大增强凝聚力。

(二) 火灾中群体的心理与行为特征

(1) 助长

也可称为社会助长作用，指个体在与其他人一起避难逃生时，有助于减少恐惧，增加信心，更好地在现有条件下逃生的心理行为。曾有人做过一个实验，安排被试者位于有管道导入烟气的房间内，当安排单独一人时，有 75%的人在特定环境中只能忍耐 4 min；若安排两个不相识的人在一起时，则有 90%的人在 4 min 内仍留在原地，在咳嗽的同时共同扑打烟雾，与烟雾作斗争。

(2) 传递

传递又称为感染，指的是情感或行为从一群人中的个体蔓延到其他个体的过程。大致可分为两种：情绪传递和行为传递。情绪传递具有反馈放大作用，当个体的情绪在他人中引起了同样的情绪过程，反

馈回来又加剧了个体的情绪，就造成了情绪传递的高潮，这可见于火灾中惊慌情绪的传递。行为传递则是从某一个体行为传递至其他个体的一种模仿行为。在1985年“4·18”哈尔滨天鹅饭店火灾中，当时有6名服务员位于房间内，有1人从11层楼窗口跳至10层楼开启的玻璃窗上，另5名服务员仿效，也从11层楼跳了下去。如果在一个人数众多的娱乐场所发生火灾时，人们就会不顾一切向安全出口蜂拥而至，甚至于踩倒他人，最后造成伤亡。如1994年“11·27”辽宁阜新艺苑歌舞厅大火，烧死233人，在清理火场时，发现歌厅里仅有几具零散的焦尸，其余几乎堆积在出口，尸体叠压五、六层。同年年底，发生在新疆克拉玛依友谊馆的火灾，近200具尸体同样堆压在出口附近。

(3) 钝化

群体内存在非个性化的“集体心理”，这种心理使得其中个体的感觉、思维和行为与其单独时的极为不同，当然这种迟钝不仅仅来源于个体聚集为群体状态的结果，亦由于处在火灾这种应激状态下个体的认知模式发生变化、个体本身缺少对该环境的认识了解及环境本身发生变化后的综合结果。这种“集体心理”的迟钝性妨碍了群体的积极行为，在多数火灾中表现为消极等待救援，而火灾中的个体，往往大多表现为积极的自救。

(4) 从众

个体在群体中，常常不自觉地受到群体的压力或诱导，表现出与多数人一致的行为，这就是从众倾向或从众行为。从众具有如下特点：一是下意识性，从众本身没有十分明显的目的和动机；二是自发性，从众不受他人的指使、强制和命令；三是自我存在意识的淡漠，盲目地放弃原来的行为而“随大流”。日本有位安全心理学家做了一个试验，让3个人排成纵队，在他们面前出现一个危险物，试验者两人按规定方向跑，结果是前面两人向右拐，第三人也向右拐；前面两人左拐，第三人也向左拐。2003年“2·2”哈尔滨天潭饭店火灾中，大火烧断了酒店的电路，店堂内瞬间变得一片漆黑，大火很快封住了酒店大门，有人呼喊着奔向大门，而其他人也匆忙向大门方向出逃，毫不犹豫地奔向浓烟，结果大都倒在了大门附近。

以上讨论了人在火灾情况下的心理与行为，这些心理行为在火灾状态下主要呈现负面效应,成为人员在火灾中逃离烟毒、缺氧、高温损伤环境的制约因素,影响了人员的安全疏散。处于逃生的压力下,火灾中的人会产生“一般适应综合症状”(GAS)。这种症状共有三个阶段:惊恐反应阶段、抗拒阶段和衰竭阶段。人在抗拒阶段适应达到最佳水平,此时从肾上腺和脑垂体分泌激素波,这些激素波的释放恢复了身体的平衡。而在惊恐反应阶段人会因为紧张反应,促使其心跳加快,意识狭窄。因此只有加强消防知识培训教育、经常组织疏散演习和消防演练,增强人的应急疏散意识,强化安全逃生在人们潜意识中的作用,减少从惊恐反应阶段到抗拒阶段的适应时间,提高人的逃生能力,才能使人们在火灾中尽快利用有限的时间、空间逃生。与此同时,建筑防火设计和主动、被动的消防安全措施都能够对火灾中人的行为产生显著的影响(主动火灾预防技术的发展使人类行为的主要因素得以确定),而对这个领域的研究成果可以用来减少危险,增强系统的可靠性。

第三章　火灾的预防

近年来，随着我国经济的快速发展，在生产和生活中，容易引起火灾发生的易燃可燃物品的使用越来越多，发生火灾的危险性也相应增加，火灾发生频率及造成的财产损失和人员伤亡数量呈现上升趋势。从 1998 年到 2010 年间，全国共发生火灾 1 757 099 起，每年的火灾直接经济损失高达 12.08 亿元左右，平均每年约有 2 088 人在火灾中失去生命。有关统计资料表明，发生火灾的主要原因是电气火灾及用火不慎，此类原因造成的火灾几乎占了火灾总数的一半。

火与人类的生存和发展有着十分密切的关系，火的出现给人类带来生活的方便，然而，事物都有两重性，火也是一样，如果掌控得好，火可以造福人类，假如失去控制，火就成了灾害之源。火灾可以顷刻之间夺取人的生命，使社会事业和人民生命财产遭受危害。因此，预防火灾对于促进中国特色社会主义现代化建设和保障人们的幸福生活有着十分重要的意义。如何做好火灾的预防，减少财物的损失，是当今社会消防安全管理工作的首要问题。

第一节　高层建筑火灾的预防

根据现行国家标准《高层民用建筑设计防火规范》GB50045 的规定，高层建筑是指 10 层及 10 层以上的居住建筑（包括首层设置商业服务网点的住宅）及建筑高度超过 24 m 且建筑层数在 2 层及 2 层以上（不包含单层主体建筑超过 24 m 的体育馆、会堂、剧院等）的公共建筑；我国现行国家标准《建筑设计防火规范》GB50016 规定，建筑高度超过 24 m 且建筑层数在 2 层及 2 层以上的厂房、库房等工业建筑，均属于高层建筑。

一、高层建筑火灾特点

(1) 火势蔓延快，易形成立体火灾

高层建筑内设有众多的楼梯道、电梯井、风道、电缆井、管道井、垃圾井等竖向井道，发生火灾时，这些竖井好像一座座高耸的烟囱，形成强大的抽拔力，使热气流迅速上升，形成“烟囱效应”，成为火势纵向迅速蔓延的重要途径。为了保持室内空气具有一定的温湿度和清洁度，楼内设置的空调、通风管道纵横交叉，几乎延伸到建筑的各个角落，这给火灾的扩大蔓延埋下了隐患，一旦发生火灾，高温烟气进入空调通风管道，往往成为火势横向蔓延的重要渠道。另外，通风、空调管道的保温材料选择不当(如选用聚苯乙烯泡沫塑料等可燃性材料)是建筑火灾扩大蔓延的又一原因。因此，高层建筑一旦发生火灾，其火势发展的速度比普通建筑要快得多，并且在纵向和横向上同时迅速扩大蔓延，形成立体火灾，危及全楼安全。

(2) 疏散困难，易造成人员伤亡

高层建筑通常楼房较高、楼层较多、体量及规模较大、垂直疏散距离长，其内人员大多相对集中在建筑的中、上部，一旦发生火灾，在“烟囱效应”的作用下，火势和烟雾向上蔓延扩散快，容易形成一个高温、有毒、浓烟、缺氧的火场环境，增加了人员疏散到地面或其他安全区域的时间和难度。普通电梯在火灾时由于切断电源等原因往往迫降至底层，停止运转。因此，大多数高层建筑安全疏散主要是靠楼梯和消防电梯，而楼梯和消防电梯等有限的疏散通道通常也是消防人员灭火救援进攻的通道，疏散与灭火行动容易相互干扰，倘若楼梯间内蹿入烟气，更容易造成惊慌、混乱、挤踏争抢、消极待援等情况，严重影响疏散。1980 年 11 月 21 日，美国内华达州拉斯维加斯一栋 26 层、拥有 2 000 多套客房的旅馆发生火灾，大火从一楼数分钟蔓延至全楼，致使上千名旅客和工作人员被困楼内，虽出动数十架直升机进行营救，但最终仍造成 84 人死亡、300 多人受伤，财产损失达 1 亿多美元的惨剧。

(3) 扑救难度大

一是火情侦察困难。由于高温、浓烟，消防人员不易接近起火部

位准确查明起火点。烟气的流动和火势的蔓延扩散，不同楼层的不同部位会冒烟、喷火，容易给消防人员造成错觉误判，贻误和丧失战机。

二是对建筑自身的消防设施依赖性强。高层建筑尤其是超高层建筑的灭火救援已超出了常规消防设备和消防部队常规作战的能力范围。我国现有的消防云梯车最高可达 100 m 左右，且此种装备尚不普及，全国仅有的数量屈指可数，而国内一般的消防云梯车平均高度只有 40～50 m，相当于 16～18 层楼高，所以高层建筑一旦失火，很难扑救。因此，扑救高层建筑火灾，必须立足于自救，即主要依靠建筑自身的消防设施。

就高层建筑施工现场而言，常常是主体建筑工程施工完毕，而各种配套工程尚未施工完成，建筑内消火栓和自动喷淋系统尚未安装或调试完毕，仍不能正常使用，虽然设有临时消防给水设施，但也只能满足施工使用，且灭火时大多依靠灭火器。当形成大面积火灾时，其消防用水量显然不足，需要利用消防车向高楼供水。建筑物内如果没有安装消防电梯，消防队员会因攀登高楼体力不支，不能及时到达起火层进行扑救，消防器材也不能随时补充，均会影响扑救。

三是组织指挥困难。高层建筑层数多、体量大，一旦发生火灾需要调用特种消防车辆乃至直升机，火场消防装备多、灭火救援人员多，组织指挥难。

(4) 功能复杂，火灾隐患多

一些综合性的高层建筑，功能复杂，用火、用电、用气、用油设备多，尤其是多产权的高层建筑，消防主体责任不落实，消防意识淡薄，建筑内疏散通道阻塞不畅，安全出口锁闭，消防设施不能完好有效，消防车道被占用，没有统一的消防组织管理机构等，潜在火灾隐患诸多。高层建筑内部的陈设、装修材料和生活办公用品大多是可燃或易燃物品，它们在火灾条件下发烟量大，还释放出多种有毒气体，在火场上危害极大。

二、高层建筑火灾预防

(一) 高层建筑的消防安全要求

1. 提高建筑整体抗御火灾能力

(1) 高层建筑的耐火等级

根据我国现行国家标准《高层民用建筑设计防火规范》GB50045的规定，一类高层建筑的耐火等级应为一级；二类高层建筑的耐火等级不应低于二级；高层建筑裙房的耐火等级不应低于二级；高层建筑地下室的耐火等级应为一级。

(2) 保持防火间距

为了满足消防扑救需要和防止火势向邻近建筑蔓延等，高层建筑之间及其与其他民用建筑之间应保持一定的防火间距，并应符合《高层民用建筑设计防火规范》GB50045 的有关规定要求。

(3) 划分防火分区

为了把火灾有效地控制在一定范围内，以防止火势的扩大蔓延，减少火灾危害，利于安全疏散和火灾扑救，高层建筑设计时应根据不同的用途和情况，采用防火墙、防火卷帘、防火门(窗)、防火楼板等防火分隔设施，在水平和垂直方向上划分防火分区；同时，为了将火灾初期产生的烟气控制在一定空间区域内，使其不至于向其他区域流动扩散，还应采用挡烟隔板、挡烟垂壁或从顶棚向下突出不小于 50 cm 挡烟梁等防烟分隔设施，将整个空间划分成一个或多个具有蓄烟功能的小空间，即防烟分区。防火分区和防烟分区的面积应符合《高层民用建筑设计防火规范》GB50045 的有关规定。

(4) 设置防排烟系统

设置防排烟设施主要是保证在一定时间内，使火场上产生的高温烟气不随意扩散至疏散通道和其他防烟分区，并进而就地加以排出，确保人员安全疏散和灭火救援用的防火防烟楼梯间、消防电梯内无烟，且要选用适当有效的排烟设备，合理安排进排风口、管道面积和位置。

2. 高层建筑的安全疏散

安全疏散是建筑物发生火灾后确保人员生命财产安全的有效措施，是建筑防火的一项重要内容。

对国内外建筑火灾的统计分析表明，凡造成重大人员伤亡的火灾，大部分是因为没有可靠的安全设施或其管理不善，人员不能及时疏散至安全避难区域造成的。有的疏散楼梯不封闭、不防烟；有的疏散出口数量少，疏散宽度不够；有的安全出口上锁、疏散通道堵塞；有的缺少火灾应急照明和疏散指示标志。可见，为给建筑物内人员和物资的安全疏散提供条件，则安全疏散设施的合理设置和日常管理应当重视。具体包括：

（1）合理布置疏散路线；

（2）要有足够的安全疏散设施，如安全出口、疏散楼梯、疏散通道等；

（3）疏散走道最好要有自然采光；

（4）安全出口的设置和宽度应符合有关消防技术规范的要求；

（5）疏散指示标志、事故应急照明和应急广播系统要完好有效；楼内走道、楼梯间、配电房、消防泵房、消防控制中心（室）等要有火灾事故照明，即在火灾时切断电源后，仍有另一路电源做保障。

3. 高层建筑的消防设施

当高层建筑发生火灾时，则火灾的扑救主要是依靠其内部设置的消防设施来进行，因此，高层建筑必须严格按照现行国家标准《高层民用建筑设计防火规范》GB50045 的有关规定设置火灾自动报警系统、自动喷水等灭火系统和室内消火栓系统等消防设施，并应符合《火灾自动报警系统设计规范》GB50116、《自动喷水灭火系统设计规范》GB50084 等消防技术标准的要求，确保消防供水水量、水压满足消防要求。

（二）高层建筑的消防安全管理

1. 建立健全消防安全管理责任制

高层建筑的消防安全管理应建立消防组织，健全消防网络，明确消防负责人和专职消防干事。高层建筑共用部位消防安全由全体业主共同负责，专有部分由相关业主各自负责。高层建筑实行承包、租赁或者委托经营时，应当符合消防安全要求，当事人在订立的合同中应当明确各方的消防安全责任，没有约定或者约定不明的，消防安全责任由业主、使用人共同承担。高层建筑未依法经消防验收、备案擅自投入使用，或者经抽查不合格未停止使用，以及公安消防部门日常消防监督检查发现因建设单位原因致使高层建筑不符合工程建设消防技术标准的，消防安全责任由建设单位负责。

多产权高层建筑的业主、使用人应当确立消防安全管理机构负责消防工作，并报当地公安机关消防机构备案。同时对消防安全管理事项、双方的权利义务、消防设施、器材的维护保养、火灾隐患整改费用落实方法和程序、违约责任等内容进行约定。消防安全管理机构应当制定消防安全管理制度，落实消防安全管理人员，组织防火巡查、检查，及时消除火灾隐患；在每层醒目位置设置安全疏散路线引导图，采取有效措施保障疏散通道、安全出口、消防车通道畅通；制定灭火和应急疏散方案，并定期组织演练；定期组织消防设施、器材维护保养，每年至少组织 1 次消防设施全面检测；组织开展经常性的消防安全宣传教育，利用广播、视频、公告栏、社区网络等途径宣传消防安全知识和技能；牵头成立志愿消防队等消防组织，开展自防自救。

2. 严格防火间距和内部构件改造管理

高层建筑之间的防火间距内，严禁搭建任何形式的建、构筑物占用防火间距，且在其 18 m 范围内，不应种植高大树木、架设电力线路，以免影响灭火救援作业；其内部装修改造时，不得随意改变使用性质和用途、改动防火分区、消防设施等消防设计内容，降低装修材料燃烧性能等级，更不得随意拆改防火防烟分隔设施、安全疏散设施，如在防火墙上开门凿窗和存放易燃易爆物品等。新建、改建、扩建高层建筑（含室内装修、用途变更、建筑外保温系统改造）应当依法办理消防设计审核、消防验收或者备案手续。

3. 加强火源和消防设施的管理

高层建筑中电气设备多、易燃物品多、火源多，预防火灾事故的工作十分艰巨。在其火源管理工作中，应严格做到：

(1) 进行动火作业时，必须有申报审批手续；

(2) 禁止在电梯、管道井内使用易燃可燃液体作业；

(3) 严格遵守燃气安全使用规定，严禁存放液化石油气钢瓶，严禁擅自拆、改、装燃气设备、管道和用具；

(4) 不得将未熄灭的火种倒入垃圾井道，不得随意焚烧纸张等可燃物品；

(5) 严格遵守电气安全使用规定，不得擅自增加大功率用电设备，超负荷用电，严禁使用不合格电器产品，以及与线路负荷不相匹配的保险或者漏电保护装置；不得随意拉接或更改线电气线路；

(6) 严格执行易燃易爆危险品管理规定，严禁在高层建筑及其地下室生产、储存、经营易燃易爆危险品；高层住宅内不得存放超过500克的汽油、酒精、香蕉水等易燃物品或者违规燃放烟花爆竹；

(7) 严格执行室内装修防火安全规定，不得影响消防设施、器材、安全疏散设施的正常使用；

(8) 保护消防设施、器材，不得损坏、挪用或者擅自拆除、停用；

(9) 保持楼梯、走道和安全出口畅通，不得堆放物品、存放车辆或者设置其他障碍物；禁止堵塞、封闭安全出口、疏散门及避难楼梯(道)等。

4. 规范消防安全标志标识管理

(1) 高层建筑的消防车通道、消防救援场地、消防车取水口、室外消火栓、消防水泵接合器等，应当按照规定设置明显标志，并加强日常管理；

(2) 高层建筑消防设施、器材的醒目位置应当按照规定设置消防安全标识，明示使用、维护的方法和要求。人员主要出入口、电梯口、防火门等位置应当设置明显标志或者警示标语，提示火灾危险性，标明安全逃生路线和安全出口方位；

(3) 高层建筑应当根据火灾危险性划定禁火、禁烟区域，并设置醒目的警示标志。

以上消防安全标志及其设置应符合现行国家标准《消防安全标志》GB13495 和《消防安全标志设置要求》GB15630 的要求。

5. 强化消防安全日常管理

要认真贯彻落实《中华人民共和国消防法》和《机关、团体、企业、事业单位消防安全管理规定》(公安部令第 61 号)，努力提高单位"四个能力"建设，即检查消除火灾隐患能力、扑救初起火灾能力、组织疏散逃生能力及消防宣传教育能力。

(1) 制定消防安全管理制度，落实消防安全管理人员，组织防火巡查、检查，及时消除火灾隐患。消防安全管理机构应当每日进行防火巡查，每月至少开展 1 次防火检查，并填写巡查、检查记录。重点对共用部位消防安全、消防控制室工作制度落实、高层建筑内的单位和场所日常消防安全管理情况等进行检查、指导；高层建筑内的消防安全重点单位应当每日进行防火巡查；高层建筑内的公众聚集场所在营业期间，应当每2小时至少进行1次防火巡查，营业结束时，应当对营业现场进行检查，消除遗留火种；高层建筑内的人员密集场所应当每月至少开展1次防火检查，其他单位和场所应当每季度至少开展1次防火检查。

(2) 在每层醒目位置设置安全疏散路线引导图，采取有效措施保障疏散通道、安全出口、消防车通道畅通；常闭式防火门应当保持常闭，闭门器、顺序器应当完好有效；常开式防火门应当保证火灾时自动关闭并反馈信号。平时需要控制人员出入或者设有门禁系统的疏散门，应当有保证火灾时人员疏散畅通的可靠措施。

(3) 定期组织消防设施、器材维护保养，每年至少组织1次消防设施全面检测；

(4) 组织开展经常性的消防安全宣传教育，利用广播、视频、公告栏、社区网络等途径宣传消防安全知识和技能，不断提高员工发现和消除火灾隐患的能力，提高扑救初起火灾和组织人员疏散的能力，从而提高单位本身的自防自救能力。

(5) 消防控制室应当每日24小时专人值班，每班不少于2人，其值班人员应当经专门机构培训合格，持证上岗，并应熟练掌握接处警操作程序和要求，能按照有关规定检查自动消防设施、联动控制设备运行情况，确保其处于正确工作状态。消防控制室还应当配备方便巡查、确认火灾所需的通讯、视频和初起火灾扑救所需的个人防护、破拆等设备、器材，并采取措施确保值班人员能够及时操作消防泵、配电装置、排烟(送风)机等消防设备。

(6) 高层建筑内的厨房排油烟管道应当定期进行检查、清洗，宾馆、餐饮场所的经营者应当对厨房排油烟管道每季度至少进行1次检查、清洗和保养。

(7) 应当根据高层建筑的特点和使用情况，制定灭火和应急疏散预案，并定期组织演练。高层建筑内的消防安全重点单位应当每半年至少组织1次本单位员工参加的灭火和应急疏散演练，其他单位每年至少组织1次有业主、使用人参加的灭火和应急疏散演练。

第二节 宾馆饭店火灾的预防

宾馆饭店是以建筑物为凭借，主要通过客房、餐饮、娱乐等设施及与之有关的多种服务项目，向客人提供服务的一种专门场所。换言之，宾馆、饭店就是利用空间设备、场所和一定的消费物质资料，通过接待服务来满足宾客住宿、饮食、娱乐、健身、会议、购物、消遣等需要而取得经济效益和社会效益的一个经济实体，是集餐厅、咖啡厅、歌舞厅、展览厅、会堂、客房、商场、办公室和库房、洗衣房、锅炉房、停车场等辅助用房为一体的综合性公共建筑。在我国，由于地域和习惯上的差异，有“饭店”、“酒店”、“宾馆”、“大厦”、“旅馆”、“度假村”、“休闲山庄”等多种不同的叫法。目前，我国也出现了拥有同一品牌和优质服务的经济型连锁酒店和集住宅、酒店、会所和写字楼等多种功能于一体的酒店式公寓。宾馆、饭店的多功能性决定了用房配置和各种设施配置的复杂性，一座大型的高级宾馆具有现代化生活和商务办公所必需的所有完善服务，设置了各种生活服务设施和办公自动化设备，可称之为“城中之城”。

一、宾馆饭店火灾特点

宾馆、饭店作为一个浓缩的“小社会”，人员密集，用火用电频繁，内部装饰装修、陈设、家具等多为可燃材料，潜伏着较大的火灾风险，火灾时的扑救和疏散极为困难，一旦处置不当，极易造成群死群伤和巨大的经济损失。

(1) 使用可燃物多

现代的宾馆、饭店室内装修标准高，大量的装饰、装修材料和家具、陈设都采用木材、塑料和棉、麻、丝、毛等可燃材料，建筑的火灾荷载较大。在日常的运作过程中还存在可燃液体、易燃易爆气体燃料及生活、办公用品等可燃物，在装修过程中还使用化学涂料、油漆等物品，一旦发生火灾，这些材料燃烧猛烈，大多材料在燃烧的同时还释放大量有毒气体，给人员疏散和火灾扑救工作带来很大困难。

(2) 易产生“烟囱效应”

现代化的宾馆、饭店,大多都是高层建筑,其楼梯间、电梯井、电缆井、垃圾道等竖井林立,如同一座座大烟囱,且通风管道纵横交错,一旦发生火灾,极易产生"烟囱效应",使火焰沿着竖井和通风管道迅速蔓延、扩大。

(3) 疏散困难,易造成重大伤亡

宾馆、饭店属于典型的人员密集场所,且大多是暂住的旅客,人员出入频繁、流动性大,其中大多数顾客对建筑物内部的空间环境、疏散路径不熟悉,对消防设施设备的配置状况不熟悉,特别是外地和异国人员,处置初起火灾和疏散逃生的能力差,加之发生火灾时烟雾弥漫,心情紧张,极易迷失方向,拥塞在通道上,造成秩序混乱,给疏散和施救工作带来困难,因此往往会造成重大伤亡。

(4) 致灾因素多

宾馆、饭店用火、用电、用气设备点多量大,如果疏于管理或违章作业极易引发火灾。厨房、操作间、锅炉房等部位是用火、用气的密集区,液体、气体燃料泄漏或用火不慎或油锅过热会引发火灾;空调、电视、计算机、复印机、电热水壶等用电设备会因为设备故障、线路故障或使用不当而引发火灾;一些宾馆、饭店管理人员和住店人员的消防安全意识薄弱,"人走灯不熄,火未灭,电不断"的现象大有存在,私拉乱接电线、随意用火、卧床吸烟、乱丢烟头等也是导致火灾的常见现象。宾馆、饭店火灾案例表明,火灾原因主要是:旅客卧床吸烟、乱丢烟头;厨房用火不慎和油锅过热起火;维修设备和装修施工违章动火;电气火灾等。易发生的部位是厨房、客房、餐厅及设备机房等。

二、宾馆饭店火灾预防

(一) 宾馆饭店消防安全技术要求

1. 建筑耐火等级和消防安全布局

(1) 根据现行国家建筑设计防火规范的有关规定,一类及二类高层建筑的宾馆饭店,其耐火等级应分别为一级和不低于二级,其他建筑的宾馆饭店的耐火等级不应低于二级,确有困难时,可采用三级耐火等级,但需采取必要的防火措施,不应采用四级耐火等级的建筑。

(2) 高层宾馆饭店的观众厅、会议厅、多功能厅等人员密集场所应设置在建筑的首层、二层或三层,当设置在其他楼层时,应符合下列规定：

① 一个厅、室的建筑面积不宜超过 400 m²，且安全出口不应少于两个；

② 必须设火灾自动报警系统和自动喷水灭火系统；

③ 幕布和窗帘应采用经阻燃处理的织物。

(3) 歌舞厅、卡拉 OK 厅(含具有卡拉 OK 功能的餐厅)、夜总会、录像厅、放映厅、桑拿浴室(除洗浴部分外)、游艺厅(含电子游艺厅)、网吧等歌舞娱乐放映游艺场所，应设置在首层、二层或三层，宜靠外墙部位，不应布置在袋形走道的两侧或尽端；并应采用耐火极限不低于 2.00 h 的不燃烧体隔墙和 1.00 h 的不燃烧体楼板与其他场所(或部位)隔开，厅、室的疏散门应设置乙级防火门。当必须设置在其他楼层时，还应符合下列规定：

① 不应布置在地下二层及二层以下；当布置在地下一层时，地下一层地面与室外出入口地坪的高差不应大于 10 m；

② 一个厅、室的建筑面积不应大于 200 m²，且出口不应少于两个，当建筑面积小于 50 m²时，可设 1 个出口；

③ 应设置火灾自动报警系统和自动喷水灭火系统；

④ 应设置防烟与排烟设施。

在多层公共建筑中，当上述场所必须布置在袋形走道的两侧或尽端时，最远房间的疏散门至最近安全出口的距离不应大于 9 m。

宾馆饭店建筑的建筑结构、总平面布局等还应符合现行国家标准《建筑设计防火规范》GB50016、《高层民用建筑设计防火规范》GB50045 的有关规定。

2. 安全疏散

(1) 宾馆饭店建筑的安全出口的数目不应少于两个，但符合下列要求的可设一个：

① 一个房间的面积不超过 60 m²，且人数不超过 50 人时，可设一个门；位于走道尽端的房间内由最远点到房门口的直线距离不超过 14 m，且人数不超过 80 人时，可设一个向外开启、净宽不小于 1.40 m 的门。

② 单层建筑如面积不超过 200 m² 且人数不超过 50 人时，可设一个直通室外的安全出口。

③ 建筑层数不超过三层、每层建筑面积不超过 500 m^2、第二层和第三层人数之和不超过 100 人时，可设 1 个疏散楼梯。

（2）宾馆饭店的安全出口或疏散出口应分散布置，相邻两个安全出口或疏散出口最近边缘之间的水平距离不应小于 5 m。

（3）疏散用的门不应使用侧拉门、转门、吊装门和卷帘门，公共场所的疏散门应当采用消防安全推闩、门禁系统等先进的安全疏散设施。人员密集场所的疏散门不应设置门槛，紧靠门口 1.4 m 内不应设置踏步。

（4）宾馆饭店建筑内疏散楼梯、走道的净宽应根据《建筑设计防火规范》GB50016 和《高层民用建筑设计防火规范》GB50045 规定的有关疏散宽度指标和实际疏散人数计算确定；单层、多层民用建筑的宾馆饭店，其楼梯和走道最小净宽不应小于 1.1 m；高层民用建筑的宾馆饭店，其楼梯最小净宽不应小于 1.2 m。

（5）疏散通道、疏散楼梯、安全出口处以及房间的外窗不应设置影响消防安全疏散和应急救援的固定栅栏、广告牌等障碍物。

（6）宾馆饭店建筑的疏散楼梯间应采用封闭楼梯间、防烟楼梯间或室外疏散楼梯：

① 下列宾馆饭店建筑应设置封闭楼梯间：

（a）超过 5 层的公共建筑；

（b）设有歌舞娱乐放映游艺场所且超过 3 层的地上建筑；

（c）建筑高度不超过 32 m 的二类高层民用建筑或高层民用建筑裙房；

（d）其他应设置封闭楼梯间的建筑。

② 下列宾馆饭店建筑应设置防烟楼梯间：

（a）一类高层民用建筑或建筑高度超过 32 m 的二类高层民用建筑；

（b）底层地坪与室外出入口高差大于 10 m 的地下建筑；

（c）其他应设置防烟楼梯间的建筑。

注：高层民用建筑的分类按《高层民用建筑设计防火规范》GB50045 标准确定（以下同）。

③封闭楼梯间、防烟楼梯间的设置应符合《建筑设计防火规范》

GB50016和《高层民用建筑设计防火规范》GB50045和《人民防空工程设计防火规范》GB50098中的有关要求。

(7)高层民用建筑封闭楼梯间、防烟楼梯间的门应采用不低于乙级的防火门，并应向疏散方向开启，多层民用建筑内封闭楼梯间可采用双向弹簧门。

(8)地下、半地下室与地上层不应共用楼梯间，当必须共用楼梯间时，应在首层与地下或半地下层的出入口处，设置耐火极限不低于2 h的隔墙和乙级防火门隔开，并应有明显标志。

(9) 楼梯间的首层应设置直接对外的出口。

(10) 宾馆饭店建筑的下列部位应设有火灾应急照明：

① 封闭楼梯间、防烟楼梯间及其前室、消防电梯间及其前室或合用前室；

② 设有封闭楼梯间或防烟楼梯间建筑的疏散走道及其转角处；

③ 多功能厅、餐厅、营业厅等人员密集场所；

④ 消防控制室、自备发电机房、消防水泵房以及发生火灾时仍需坚持工作的其他房间。

火灾应急照明的设置应符合下列要求：

① 火灾应急照明灯宜设置在墙面或顶棚上，地上部位应急照明的照度不应低于0.5 lx，地下部位不应低于5.0 lx；发生火灾时仍需坚持工作的房间应保持正常的照度；

② 火灾应急照明灯应设玻璃或其他非燃烧材料制作的保护罩；

③ 火灾应急照明灯可采用蓄电池作备用电源，其连续供电时间不应少于30 min；

④ 正常电源断电后，火灾应急照明电源转换时间应不大于15 s。

(11) 宾馆饭店建筑的下列部位应设置灯光疏散指示标志：

① 安全出口或疏散出口的上方；

② 疏散走道。

疏散指示标志的设置应符合下列要求：

① 疏散指示标志的方向指示标志图形应指向最近的疏散出口或安全出口；在两个疏散出口、安全出口之间应设置带双向箭头的诱导标志，疏散通道拐弯处、“丁”字型、“十”字型路口处应增设疏散指示

标志；

② 设置在安全出口或疏散出口上方的疏散指示标志，其下边缘距门的上边缘不宜大于0.3 m；

③ 设置在墙面上的疏散指示标志，标志中心线距室内地坪不应大于1 m（不易安装的部位可安装在上部），走道灯光疏散指示标志间距不应大于20 m（设置在地下建筑内，不应大于15 m）；

④ 灯光疏散指示标志应设玻璃或其他不燃烧材料制作的保护罩；

⑤ 灯光疏散指示标志可采用蓄电池作备用电源，其连续供电时间不应少于30 min；工作电源断电后，应能自动接合备用电源。

（12）宾馆饭店的每个楼层应在电梯口、出入口或其他醒目位置设置安全疏散指示示意图，指引火灾状况下人员的疏散逃生方向。

3. 建筑内部装修

（1）建筑内部装修不应遮挡消防设施、疏散指示标志及安全出口，不应减少安全出口、疏散出口和疏散走道的设计所需的净宽度和数量，并且不应妨碍消防设施和疏散走道的正常使用。

（2）地上建筑的水平疏散走道和安全出口的门厅，其顶棚材料应采用不燃材料装修，其他部位应采用难燃性以上的材料装修。

（3）消防水泵房、排烟机房、固定灭火系统钢瓶间、配电室、变压器室、通风和空调机房等，其内部所有装修均应采用不燃材料。

（4）当歌舞厅、卡拉OK厅（含具有卡拉OK功能的餐厅）、夜总会、录像厅、放映厅、桑拿浴室、游艺厅、网吧等歌舞娱乐放映游艺场所设置在一、二级耐火等级建筑的四层及四层以上时，室内装修的顶棚材料应采用不燃材料，其他部位应采用难燃性以上的材料装修；当设置在地下一层时，室内装修的顶棚、墙面材料应采用不燃材料，其他部位应采用难燃性以上的材料装修。

（5）宾馆饭店建筑地下部分的办公室、客房、公共活动用房等，其顶棚材料应采用不燃材料装修，其他部位应采用难燃性以上的材料装修。

宾馆饭店的建筑内部装修还应当符合《建筑内部装修设计防火规范》GB50222、《建筑内部装修防火施工和验收规范》GB50354 的相关

要求。

4. 建筑消防设施

宾馆饭店建筑的消防设施通常主要包括室内外消火栓系统、自动喷水灭火系统、火灾自动报警系统及防排烟系统等。

(1) 消火栓

宾馆饭店应按照《建筑设计防火规范》GB50016、《高层民用建筑设计防火规范》GB50045 和《人民防空工程设计防火规范》GB50098 中的有关要求设置室内外消防用水。

① 室外消火栓布置间距不应大于 120 m,距路边距离不应大于 2 m,距建筑外墙不宜大于 5 m。

② 下列宾馆饭店建筑应设置室内消火栓:

(a) 超过 5 层或体积≥5 000 m^3 的建筑;

(b) 高层民用建筑。

(2) 自动喷水灭火系统

下列宾馆饭店建筑应设置自动喷水灭火系统:

① 任一楼层建筑面积>1 500 m^2,或总建筑面积>3 000 m^2 的单层、多层建筑;

② 设在高层民用建筑及其裙房内的宾馆饭店和建筑面积>200 m^2 的可燃物品库房。

自动喷水灭火系统的设置应符合《自动喷水灭火系统设计规范》GB50084 中的有关要求。

(3) 火灾自动报警系统

下列宾馆饭店建筑应设置火灾自动报警系统:

① 任一楼层建筑面积>1 500 m^2 或总建筑面积>3 000 m^2 的单层、多层建筑;

② 设在一类高层民用建筑内的宾馆饭店,设在二类高层民用建筑内且建筑面积>500 m^2 的宾馆饭店。

火灾自动报警系统的设置应符合《火灾自动报警系统设计规范》GB50116 中的有关要求。

(4) 防排烟系统

① 下列宾馆饭店建筑应设置防排烟系统:

(a) 设在高层民用建筑及其裙房内的宾馆饭店;

(b) 多层建筑的宾馆饭店中经常有人停留或可燃物较多,且建筑面积大于 300 m^2 的地上房间及长度大于 20 m 的走道;

(c) 地下建筑。

② 不应设置影响宾馆饭店自然排烟的室内外广告牌等。

③ 不超过 6 m 净高的宾馆饭店应划分 500 m^2 的防烟分区,每个防烟分区均应设有排烟口,排烟口距最远点的水平距离不应超过 30 m。

防排烟系统的设置应符合《建筑设计防火规范》GB50016、《高层民用建筑设计防火规范》GB50045 和《人民防空工程设计防火规范》GB50098 中的有关要求。

(5) 灭火器

① 灭火器的选择应符合下列要求:

(a) 扑救 A 类(固体)火灾应选用水型、泡沫、磷酸铵盐干粉灭火器;

(b) 扑救 B 类(液体)火灾应选用干粉(磷酸铵盐或碳酸盐干粉,下同)、泡沫、二氧化碳型灭火器,扑救极性溶剂 B 类火灾不得选用化学泡沫灭火器;

(c) 扑救 C 类(气体)火灾应选用干粉、二氧化碳型灭火器;

(d) 扑救带电火灾应选用二氧化碳、干粉型灭火器;

(e) 扑救 A、B、C 类火灾和带电火灾应选用磷酸铵盐干粉;

(f) 扑救 D 类火灾的灭火器材应由设计单位和当地公安消防机构协商解决。

② 一个灭火器设置点的灭火器不应少于 2 具,每个设置点的灭火器不宜多于 5 具。

③ 手提式灭火器宜设置在挂钩、托架上或灭火器箱内,其顶部离地面高度应小于 1.5 m,底部离地面高度不应小于 0. 15 m。

宾馆饭店灭火器的配置应符合现行国家标准《建筑灭火器配置设计规范》GB50140 中的有关要求。

(二)宾馆饭店消防安全管理要求

宾馆饭店属于人员密集场所之一,人员流动频繁,可燃装修材料较多,用火、用电、用气等设备等致灾因素较多,倘若发生火灾,不仅不易扑救,而且极易造成人身伤亡及财产重大损失,多年来,一直作为消防安全管理的重要单位。凡是客房数为50间以上的宾馆饭店都属于消防安全重点单位，必须加以严格的管理。

根据《消防法》的规定，凡宾馆饭店内有新建、改建、扩建或者变更用途、重新进行内部装修的工程，宾馆饭店应当依法将消防设计图纸报送当地公安消防机构审核，经审核合格后方可施工。工程竣工后，必须经公安消防机构进行消防验收，验收合格后，并应向公安消防机构申报消防安全检查，经消防安全检查合格后，方可投入使用或开业。

1. 消防安全责任

(1) 宾馆饭店的法定代表人或主要负责人为本单位的消防安全责任人，对单位的消防安全工作全面负责；

(2) 属于消防安全重点单位的宾馆饭店应当设置或者确定消防工作归口管理职能部门，并确定专、兼职消防安全管理人员；

(3)应当建立消防安全管理体系，落实逐级消防安全责任制和岗位消防安全责任制，明确逐级和岗位消防安全职责、权限，确定各级、各岗位的消防安全责任人；

(4) 实行承包、租赁或委托经营、管理时，产权单位应提供符合消防安全要求的建筑物，当事人在订立的合同中依照有关规定明确各方的消防安全责任，承包、承租或者受委托经营、管理的单位应当在其使用、管理范围内履行消防安全职责；

(5) 消防车通道、涉及公共消防安全的疏散设施和其他建筑消防设施应当由产权单位或者委托管理的单位统一管理。

(6) 两个以上产权单位或产权人合作经营的场所，各产权单位或产权人应明确管理责任，可委托统一管理。

2. 消防安全重点部位

(1) 宾馆应将下列部位确定为消防安全重点部位：

① 容易发生火灾的部位，主要有娱乐中心、多功能厅、厨房、员工宿舍楼、锅炉房、木工间等；

② 一旦发生火灾可能严重危及人身和财产安全的部位，主要有客房、员工宿舍、会议室、贵重设备工作室、档案室、微机中心、财会室等；

③ 对消防安全有重大影响的部位，主要有消防控制室、配电间、

消防水泵房等。

(2) 消防安全重点部位应设置明显的防火标志，标明“消防安全重点部位”和“防火责任人”，落实相应管理规定，并实行严格管理。

(3) 宾馆饭店应至少每半年对厨房油烟道进行一次清洗，燃油燃气管道应经常检查和保养。营业面积大于500 m²的餐厅，其烹饪操作间的排油烟罩及烹饪部位宜设置自动灭火装置，且宜在燃气或燃油管道上设置紧急自动切断装置。

3. 电气防火管理

宾馆饭店的电气设备种类繁多，一般含有厨房专用设备、洗衣设备、电梯、自动扶梯、小型家用电器及自动化办公设备等，用电量大，电负荷变化频繁，如果管理使用不当，则引发火灾的可能性较大。因此，电气线路、电气设备的安装、使用和维护必须做到：

(1) 电器设备和线路敷设应由具有电工资格的专业人员负责安装和维修，进行电焊、气焊等具有火灾危险的作业人员必须持证上岗并严格遵守消防安全操作规程。每年应对电气线路和设备进行安全性能检查，必要时可委托专业机构进行电气消防安全检测；

(2) 防爆、防潮、防尘的部位安装电气设备应符合安全要求；厨房等湿气较大的地方应采用防潮灯具；

(3) 电气线路敷设、设备安装的防火要求：

① 明敷塑料导线应穿管或加线槽保护，敷设在有可燃物的闷顶内的电气线路应采取穿金属管、封闭式金属线槽或阻燃塑料管等保护措施，导线不应裸露，并应留有1至2处检修孔；电气线路不得穿越通风管道内腔或敷设在通风管道外壁上；电力电缆线不应与输送甲、乙、丙类火灾危险性液体管道、可燃气体管道、热力管道敷设在同一管沟内；慎用铝芯导线，用电负荷大电气设备应选用铜芯导线；

② 配电箱的壳体和底板宜采用不燃性材料制作，配电箱不应安装在可燃和易燃的装修材料上；

③ 开关、插座应安装在难燃或不燃性材料上；

④ 照明、电热器等设备的高温部位靠近非不燃材料或导线穿越可燃和易燃装修材料时，应采用不燃性材料隔热；

⑤ 多功能厅、餐厅或其他厅、室布置场景、灯光和其他用电设备

时，要核实供电回路的最大允许负荷，严禁擅自增设电气设备，以防过载引发火灾。

⑥ 不应用铜线、铝线代替保险丝。

(4) 电气防火管理要求：

① 电气线路改造等应办理内部审批手续，不得私拉乱接电气设备；

② 未经允许，不得在客房、宿舍、娱乐中心等场所使用具有火灾危险的电热器具、高热灯具；

③ 电器产品、灯具的质量必须符合国家标准或者行业标准；

④ 不使用的电器设备应及时切断电源。

4. 用火管理

宾馆饭店应加强用火管理，并采取下列措施：

(1) 严格执行动火审批制度，落实现场监护人和防范措施；

(2) 固定用火场所应有专人负责；

(3) 客房、宿舍、娱乐中心等场所禁止使用蜡烛等明火照明。

5. 安全疏散设施管理

宾馆饭店应落实好下列安全疏散设施管理措施：

(1) 防火门、防火卷帘、疏散指示标志、火灾应急照明、火灾应急广播等设施应设置齐全、完好有效；

(2) 宾馆饭店的楼层内应设辅助疏散设施，房间内应设应急手电筒、防烟面具等逃生器材。

(3) 应在客房、娱乐中心等处的明显位置设置楼层平面和安全疏散方位与路线示意图，在常闭防火门上设有警示文字和符号；

(4) 保持疏散通道、安全出口畅通，禁止占用疏散通道，不应遮挡、覆盖疏散指示标志；

(5) 营业期间禁止将安全出口上锁，禁止在安全出口、疏散通道上安装栅栏等影响疏散和灭火救援的障碍物；

(6) 首层和楼层中的公共疏散门宜设置推闩式外开门或电磁门。

6. 建筑消防设施、器材管理

宾馆饭店应加强建筑消防设施、灭火器材的日常管理，保证建筑消防设施、灭火器材配置齐全，并能正常工作。设有自动消防设施的场所，应建立维护保养制度，确定专职人员维护保养，或委托具有消防设施维护保养能力的中介机构进行消防设施维护保养，并与受委托中介机构签订合同，在合同中确定维护保养内容。维护保养，应当保留记录。

宾馆饭店应根据实际情况与消防设施的特点，制定适合实际的使用标志，指定人员根据消防设施的状态及时调整标志，并进行记录。同时应采取措施确保标志的完好，不应因时间及责任人员的变动导致标志的损毁、迁移和错挂。消防设施所使用的标志分为“使用”、“故障”、“检修”、“停用”四类。

(1) 消防控制室

① 消防控制室应制定消防控制室日常管理制度、值班员职责、接处警操作规程等工作制度，并应当实行每日24小时专人值班制度，确保及时发现并准确处置火灾和故障报警。消防控制室值班人员应当经消防专业培训、考试合格，持证上岗；

② 消防控制室值班人员应当在岗在位，认真记录控制器日运行情况，每日检查火灾报警控制器的自检、消音、复位功能以及主备电源切换功能，并按规定填写记录相关内容；

③ 正常工作状态下，报警联动控制设备应处于自动控制状态；若设置在手动控制状态，应有确保火灾报警探测器报警后，能迅速确认火警并将手动控制转换为自动控制的措施，但严禁将自动喷水灭火系统和联动控制的防火卷帘等防火分隔设施设置在手动控制状态。

(2) 消火栓系统管理

消火栓系统管理应达到下列要求：

① 消火栓不应被遮挡、圈占、埋压；

② 消火栓应有明显标识；

③ 消火栓箱内配器材配置齐全，系统应保持正常工作状态。

(3) 火灾自动报警系统管理

火灾自动报警系统管理应达到下列要求：

① 探测器等报警设备不应被遮挡、拆除；

② 不得擅自关闭系统，维护时应落实安全措施；

③ 应由具备上岗资格的专门人员操作；

④ 定期进行测试和维护；

⑤ 系统应保持正常工作状态。

(4) 自动喷水灭火系统管理

自动喷水灭火系统管理应达到下列要求:

① 洒水喷头不应被遮挡、拆除;

② 报警阀、末端试水装置应有明显标识,并便于操作;

③ 定期进行测试和维护;

④ 系统应保持正常工作状态。

(5) 灭火器管理

对灭火器应加强日常管理和维护,建立维护、管理档案,记明类型、数量、部位、充装记录和维护管理责任人。

灭火器应保持铭牌完整清晰,保险销和铅封完好,应避免日光曝晒和强辐射热等环境影响。灭火器应放置在不影响疏散、便于取用的明显部位,并摆放稳固,不应被挪作他用、埋压或将灭火器箱锁闭。

7. 防火检查

宾馆饭店应对执行消防安全制度和落实消防安全管理措施的情况进行巡查和检查,落实巡查、检查人员,填写巡查、检查记录。检查前,应确定检查人员、部位、内容。检查后,检查人员、被检查部门的负责人应在检查记录上签字,存入单位消防档案。

防火巡查、检查人员应当及时纠正违章行为,妥善处置火灾危险,无法当场处置的,应当立即报告。发现初期火灾应当立即报警并及时扑救。

(1) 在营业期间的防火巡查应当至少每 2 小时一次;住宿顾客退房后、娱乐场所营业结束时应当对客房和营业场所进行检查,消除隐患。

宾馆饭店应根据实际情况,确定防火巡查内容并在宾馆饭店的相关制度中明确,一般应包括以下内容:

① 用火、用电有无违章情况;

② 安全出口、疏散通道是否畅通,安全疏散指示标志、应急照明是否完好;

③ 消防设施正常工作情况,灭火器材、消防安全标志设置和功能状况;

④ 常闭式防火门是否处于关闭状态，防火卷帘门下是否堆放物品影响使用；

⑤ 消防安全重点部位的管理情况；

⑥ 其他消防安全情况。

(2) 宾馆饭店应当至少每月进行一次防火检查，并应根据实际情况，确定防火检查内容且在宾馆饭店的相关制度中明确，一般应包括以下内容：

① 火灾隐患的整改情况以及防范措施的落实情况；

② 安全出口和疏散通道、疏散指示标志、应急照明情况；

③ 消防车通道、消防水源情况；

④ 灭火器材配置及有效情况；

⑤ 用火、用电有无违章情况；

⑥ 重点工种人员及其他员工消防知识掌握情况；

⑦ 消防安全重点部位的管理情况；

⑧ 易燃易爆危险物品和场所防火防爆措施的落实情况以及其他重要物资的防火安全情况；

⑨ 消防控制室值班情况和设施运行、记录情况；

⑩ 防火巡查情况；

⑪ 消防安全标志的设置情况和完好、有效情况；

⑫ 其他需进行防火检查的内容。

8. 消防安全宣传教育和培训

宾馆饭店应当通过张贴图画、广播、闭路电视、知识竞赛、消防宣传板报等多种形式开展适合单位实际的经常性的消防安全宣传教育，做好记录；对新上岗和进入新岗位的员工要进行上岗前的消防安全培训，对全体员工的培训每半年至少组织一次；消防安全培训时应包括以下内容：

(1) 有关消防法规、消防安全制度和保障消防安全的操作规程；

(2) 本单位、本岗位的火灾危险性和防火措施；

(3) 有关消防设施的性能、灭火器材的使用方法；

(4) 报火警、扑救初起火灾以及自救逃生的知识和技能；

(5) 组织、引导顾客和员工疏散的知识和技能。

员工经培训后，应做到懂火灾的危险性和预防火灾措施、懂火灾扑救方法、懂火场逃生方法；并会报火警 119、会使用灭火器材和扑救初起火灾、组织人员疏散。

9. 灭火和应急疏散预案与演练

宾馆饭店应制定灭火和应急疏散预案，并定期演练，以减少火灾危害。

预案的内容主要包括组织机构（指挥员：公安消防队到达之前指挥灭火和应急疏散工作；灭火行动组：按照预案要求，及时到达现场扑救火灾；通信联络组：报告火警，迎接消防车辆，与相关部门联络，传达指挥员命令；疏散引导组：维护火场秩序，引导人员疏散，抢救重要物资；安全防护救护组：救护受伤人员，准备必要的医药用品；其他必要的组织）、报警和接警处置程序（要点：发现火警信息，值班人员应核实、确定火警的真实性。发生火灾，立即向“119”报火警，同时，向宾馆领导和保卫部门负责人报告，发出火灾声响警报）、应急疏散的组织程序和措施（要点：开启火灾应急广播，说明起火部位、疏散路线。组织人员向疏散走道、安全出口部位有序疏散；疏散过程中，应开启自然排烟窗，启动防排烟设施，保护疏散人员安全；情况危急时，可利用逃生器材疏散人员；宾馆职工应采取有效措施及时帮助无自主逃生能力的宾客疏散）、扑救初期火灾的程序和措施（要点：火场指挥员组织人员，利用灭火器材迅速扑救，视火势蔓延的范围，启动灭火设施，协助消防人员做好扑救火灾工作）、通讯联络、安全防护的程序措施（要点：按预定通信联络方式，保证通信联络畅通。准备必要的医药用品，进行必要的救护，并及时通知医护人员救护伤员）、善后处置程序（要点：火灾扑灭后，寻找可能被困人员，保护火灾现场，配合公安消防机构开展调查）。

宾馆饭店应当定期组织白天和夜间演练，属于重点单位的宾馆饭店应当按照灭火和应急疏散预案，至少每半年进行一次；其他单位应当至少每年组织一次演练。演练前应通知宾馆所有人员，防止发生意外混乱；演练结束，应总结问题，做好记录，针对存在的问题，修订预案内容。

（三）相关重点部位的火灾危险性及其管理要求

1. 相关消防安全重点部位的火灾危险性

客房、公寓、写字间(出租客房)是宾馆饭店的重要组成部分,它包括卧室、卫生间、办公室、小型厨房、客房、楼层服务间及小型库房等。客房、公寓的起火原因主要有两类:一是烟头、火柴棒引燃沙发、被褥、窗帘等可燃物,尤其以旅客酒后卧床吸烟引燃床上用品最为常见;二是电热器具引燃可燃物。

餐厅是宾馆饭店人员最为集中的场所,包括大小宴会厅、中西餐厅、咖啡厅、酒吧等。这些场所的可燃装修物多、数量大,且通常连通火灾高风险区的厨房,厅内照明灯具和各种装饰灯具用电量较大,供电线路复杂。有的风味餐厅较多地使用明火,如使用明火炉加热菜肴、点蜡烛烘托气氛等,已有多次火灾事故发生。

厨房主要包括加工间、制作间、备餐间、库房及厨工服务用房等,是火灾的高发部位之一。其火灾的主要原因有:一是电气设备起火。厨房内设有冷冻机、绞肉机、烘箱、洗碗机及抽油烟机等多种厨房机电设备,由于雾气、水汽较大,油烟存积较多,电气设备容易受潮,导致绝缘层老化,极易发生漏电或短路起火。二是燃料泄漏起火。厨房使用的燃油、燃气管线、灶具极可能因燃料泄漏而引发火灾。三是抽油烟设施起火。烹饪中餐的厨房油烟较大,抽油罩和排油烟管道存积大量的油垢,在烹饪过程中可能因操作不当引发火灾。

综上所述,客房、公寓、餐厅及厨房等是宾馆饭店火灾的高发部位,火灾危险性较大,防火十分重要,因此,在日常的消防安全管理中应当将它们作为重点部位加以严格管理。

2. 消防安全重点部位的管理要求

(1) 客房、公寓、写字间

① 客房内所有的装饰、装修材料应符合《建筑内部装修设计防火规范》GB50222 的规定,采用不燃材料或难燃材料,窗帘一类的丝、毛、棉、麻织物应经防火处理;

② 客房内除配置电视机、小功率电热水壶、电吹风等固有电器、允许旅客使用电动剃须刀等日常生活的小型电器外,禁止使用其他电器设备,严禁私自安装使用电器设备,尤其是电热设备;

③ 客房内应设有禁止卧床吸烟的标志、应急疏散指示图及客人

须知等消防安全指南；

④ 对旅客及来访者应明文规定：严禁将易燃易爆物品带入宾馆饭店，凡携带入者，应立即交服务总台妥善保存；

⑤ 客房服务人员应利用进入客房补充客用品、清理客房的机会观察客人是否携带违禁物品，在整理客房时应仔细检查电器设备使用情况，烟缸内未熄灭的烟头不得倒入垃圾袋，客房整理好后应切断客房电源。平时应不断巡查，发现火灾隐患或起火苗头应及时采取果断措施；

⑥ 写字间(出租客房)等办公场所，出租方与相关方应在租赁合同中明确双方的防火责任。

(2) 餐厅

① 检查使用的各类炉具、灶具。服务员熟知各类炉具、灶具的使用方法，卡式便携炉使用的燃料一般为丁烷(CH_4)，其气瓶应在 40 ℃以下环境温度存放，且用完后，应将气瓶从炉中取出，妥善保存，严禁将气瓶搁置在电磁炉上；燃气全部用完后，气瓶方可废弃且应与其他垃圾分开收集。使用酒精炉时，应尽量使用固体酒精燃料，严禁在火焰未熄灭前添加液体酒精。使用小型瓶装液化石油气时，要检查其灶具阀门及供气软管是否漏气，如发现异常，应立即关闭阀门，妥善处置，严禁在餐厅内存放液化石油气空、实瓶；

② 餐厅内燃用蜡烛时，必须把蜡烛固定在不燃材料制作的基座内，并不得靠近可燃物；

③ 餐厅内应在多处放置烟缸、痰盂等，以方便顾客扔烟头和丢放火柴棒。禁止将烟头、火柴棒卷入餐桌台布内；

④ 餐厅内严禁私自乱拉乱接电气线路，功率大于 60 W 的白炽灯、卤钨灯等不应直接安装在可燃装修或可燃构件上，照明器具表面的高温部位靠近可燃物时，应采取可靠的隔热、散热等防火措施；

⑤ 餐厅应根据用餐的人数摆放餐桌，留足安全通道，保持通道及出入口畅通无阻，确保人员安全疏散。

(3) 厨房

① 使用燃气、燃油作燃料时，应采用管道供给方式，并应从室外单独引入，不得穿越客房或其他公共区域；对燃料管道、法兰接头、仪

表、阀门等必须定期检查，以防泄漏；当发现泄漏时，应立即关闭阀门，切断燃料，及时通风，并不得使用任何明火和开闭电源开关；若采用瓶装液化石油气作燃料时，气瓶必须存放在室外专门的储存间，其内不得堆放其他物品，严禁在楼层厨房内存放液化石油气钢瓶；

② 厨房使用的电器设备，不得超负荷运行，并应采取有效措施防止电器设备和电气线路受潮；

③ 油炸食品时，锅内食油不得过量，并应有防止食油溢出着火的防范措施；

④ 排油烟管道除柔性接头可采用难燃材料外，应采用不燃材料；排油烟系统应设有导除静电的接地设施；抽烟罩排烟罩应每日擦洗 1 次，排烟管道应至少每半年由专业公司清洗 1 次；

⑤ 工作结束后，厨房人员应及时关闭所有的燃油燃气阀门，切断气源、火源和电源后方能离开；

⑥ 厨房内除配置常用的灭火器外，还应配置灭火毯等，以方便扑救油锅火灾。

第三节　商场火灾的预防

商场是聚集在一个或相连的几个建筑物内的各种商店所组成的市场及建筑面积较大、品种比较齐全的大商店，是提供人们购买商品最主要的场所，主要包括：销售民用商品的商店或商场；销售多种类、多花色品种（以日用工业制品为主）的百货商店；向顾客开放，可直接挑选商品，按标价付款的超市；供购物、餐饮、娱乐、美容、憩息的步行商业街等。按建筑面积大小，一般将其分为大型（$>$15 000 m^2）、中型（3 000～15 000 m^2）及小型（$<$3 000 m^2）三类。近年来，随着我国社会主义市场经济的深入发展，许多城市都新建或改建了一大批体量大、功能多样、装饰豪华、商品高档的商场，吸引了成千上万的顾客，为繁荣我国市场经济起到了积极的作用。在商场迅速发展的同时，由于防火措施没有得到及时落实，导致一些商场火灾不断发生。如唐山林西百货大楼火灾、郑州天然商厦火灾、北京隆福大厦火灾、沈阳商业城火

灾、吉林中百商厦火灾等，都造成了巨大的经济损失，有的甚至造成了严重的人员伤亡。因此，加强商场的消防安全管理，强化商场的防火意识显得十分重要。

一、商场火灾特点

(1) 竖向蔓延途径多，易形成立体火灾

商场营业厅的建筑面积一般都较大，且大多设有自动扶梯、敞开楼梯、电梯等，尤其是高层建筑内的商场设有各种用途和功能的竖井道，使得商场层层相通，一旦失火且火势到发展阶段时，靠近火源的橱窗玻璃破碎，高温烟气从自动扶梯、敞开楼梯、电梯、外墙窗户口及各种竖井道垂直向上很快蔓延扩大，引燃可燃商品及户外可燃装饰或广告牌等，并加热空调通风等金属管道。而上层火势威胁下层的主要途径有：一是上下层连通部位掉落下来的燃烧物引燃下层商品，二是由于金属管道过热引起下层商品燃烧。这样建筑的上与下、内与外一起燃烧，极易形成立体火灾。

(2) 中庭等共享空间容易造成火灾迅速蔓延，形成大面积火灾

由于经营理念、功能要求、规模大小、空间特点及交通组织的不同，商场的建筑形式也多样复杂。营业面积较大的商场，大多设有中庭等共享空间，而这就进一步增大了商场防火划分区的难度，使得火灾容易蔓延扩大，形成大面积火灾。如沈阳商业城，全国十大商场之一，建筑地上 6 层，地下 2 层，总建筑面积达 69 189 m^2，其中庭 45 m×26 m，1996 年 4 月 2 日发生火灾时，防火卷帘故障，未能有效降落，致使火灾迅速蔓延扩大，27 个防火分区形同虚设。

(3) 可燃商品多，容易造成重大经济损失

商场经营的商品，除极少部分商品的火灾危险性为丁、戊类外，大多是火灾危险性为丙类的可燃物品，还有一些商品，如指甲油、摩丝、发胶和丁烷气(打火机用)等，其火灾危险性均为甲、乙类的易燃易爆物品。开架售货方式又使可燃物品的表面积大大超过任何场所，失火时就大大增加了蔓延的可能性。

商场按规模大小都相应地设有一定面积的仓储。由于商品周转很快，除了供顾客选购的商品陈设在货架、柜台内外，往往在每个柜台的后面还设有小仓库，甚至连疏散通道上都堆积商品，形成了“前店后

库”、“前柜后库”，甚至“以店代库”的格局，一旦失火，会造成严重损失。沈阳商业城的地下二层就是商品库房，火灾当天货存价值达1 180万元，火灾共造成直接经济损失高达5 529.2万元。

(3) 人员密集，疏散难度大，易造成重大伤亡

营业期间的商场顾客云集，挨肩接踵，是我国公共场所中人员密度最大、流动量最大的场所之一。一些大型商场，每天的人流量高达数十万人，高峰时可达5人/m^2左右，超出影剧院、体育馆等公共场所好几倍。在营业期间如果发生火灾，极易造成人员重大伤亡。如1993年2月14日13时15分，唐山市林西百货大楼(三层，总建筑积2 980 m^2)在营业期间因违章电焊引发火灾，造成80人被烧死，54人被烧伤的群死群伤恶性火灾事故。对于地下商场而言，在顾客流量相同的情况下，其人员密度远大于地上商场，加之地下商场的安全出口、疏散通道数量、宽度由于受人防工程的局限又小于地上商场，同时缺乏自然采光和通风，疏散难度大，极易发生挤死踩伤人员的伤亡事故；由于建筑空间相对封闭，有毒烟气会充满整个商场，极易导致人员中毒窒息死亡。

(4) 用火、用电设备多，致灾因素多

商场顶、柱、墙上的照明灯、装饰灯，大多采用埋入方式安装，数量众多，埋下了诸多火灾隐患。商场内和商品橱窗内大量安装广告霓虹灯和灯箱，霓虹灯的变压器具有较大的火灾危险性。商品橱窗和柜台内安装的照明灯具，尤其是各种射灯，其表面温度较高，足以烤燃可燃物。商场经营照明器材和家用电器的经销商，为了测试的需要，还拉接有临时的电源插座，没有空调的商场，夏季还大量使用电风扇降温。有些商场为了方便，还附设有服装加工部，家用电器维修部，钟表、照相机、眼镜等修理部，这些部位常常需要使用电熨斗、电烙铁等加热器具。这些照明、电气设备品种繁多，线路错综复杂，加上每天营业时间长，如果设计、安装、使用不当，极易引起火灾。

(5) 扑救难度极大

商场一般位于繁华商业区，交通拥挤，人流交织，临近建筑多，甚至商场周边搭建阳篷，占用了消防车通道和防火间距；林立的广告牌和各种电缆电线分割占据了登高消防车的扑救作业面，妨碍消防车辆的使用操作。另一方面，由于商场内可燃物多，空间大，一旦发生火

灾，蔓延极快；顾客向外疏散，消防人员逆方向进入扑救、抢救和疏散人员，扑灭火灾都相当困难；加之浓烟和高温，使消防人员侦察火情困难，难以迅速扑灭火灾。

二、商场火灾预防

（一）商场的消防安全技术要求

1. 建筑耐火等级

根据国家有关消防技术规范规定，商场建筑物的耐火等级不应低于二级，确有困难时，可采用三级耐火等级建筑，但不应超过二层，不应采用四级耐火等级的建筑。商场内的吊顶和其他装饰材料，不得使用可燃材料，对原有的建筑中可燃的木构件和耐火极限较低的钢架结构，必须采取防火技术措施，提高其耐火等级。商场内的货架和柜台，应采用金属框架和玻璃板等不燃烧材料组合制成。

2. 消防安全布局及防火分隔

(1) 保证人员通行和安全疏散通道的面积。商场作为公众聚集场所，顾客人流所需的面积目前国内尚无规范明确规定，根据国内实际情况并参考国外经验，货架与人流所占的公共面积比例应为：综合性大型商场或多层商场一般不小于 1∶1.5；较小的商场最低不小于 1∶1。人流所占公共面积，按高峰时间顾客平均流量人均占用面积不小于 0.4 m^2。柜台分组布置时，组与组之间的距离不小于 3 m。

(2) 商场应按《建筑设计防火规范》GB50016 和《高层民用建筑设计防火规范》GB50045 的规定划分防火分区。对于多层建筑地上商店营业厅，当设置在一、二级耐火等级的单层建筑内或多层建筑的首层，且设置有自动喷水灭火系统、排烟设施和火灾自动报警系统并内部装修设计符合现行国家标准《建筑内部装修设计防火规范》GB50222 的有关规定时，其每个防火分区的最大允许建筑面积不应大于 10 000 m^2；设置在除首层以外的其他楼层的地上营业厅，其每个防火分区最大允许建筑面积不应大于 2 500 m^2，地下营业厅不应大于 500 m^2（设有自动灭火系统时，其建筑面积可增加 1 倍）。对于多层建筑的地下商店，当其营业厅不设置在地下三层及三层以下，不经营和储存火灾危险性为甲、乙类储存物品属性的商品，设有防烟与排烟设施并设有火灾自动报警系统和自动灭火系统，且建筑内部装修符合现行国家标准《建筑内部装修设计防火规范》GB50222 的有关规定时，其营业厅每个防火分区的最大允许建筑面积可增加至 2 000 m^2；当多层建筑地下商店总建筑面积大于 20 000 m^2时，应采用不开设门窗洞孔的防火墙分隔，相邻区域确需局部连通时，应选择采取下沉式广场等室外开敞空间、防火隔间、避难走道或防烟楼梯间等措施进行防火分隔。对于高层建筑内的商业厅，当设有火灾自动报警系统和自动灭火系统，且采用不燃烧或难燃烧材料装修时，地上部分防火分区的最大允许建筑面积为 4 000 m^2，地下部分防火分区的最大允许建筑面积为 2 000 m^2。

(3) 附设在单层、多层民用建筑物内的商场市场，应采用耐火极限不低于 3 h 的不燃烧体墙和耐火极限不低于 1 h 的楼板与其他场所隔开。附设在高层民用建筑物内的商场市场，应采用耐火极限不低于 3 h 的不燃烧体墙和耐火极限不低于 1.5 h 的楼板与其他场所隔开。

(4) 商住楼内商场市场的安全出口必须与住宅部分隔开。

(5) 商场营业厅、仓库区不应设置员工集体宿舍。

(6) 商场营业厅和仓库之间应有完全的防火分隔。

(7) 食品加工、家电维修、服装加工宜设置在相对独立的部位并应避开主要安全出口。

(8) 对于电梯间、楼梯间、自动扶梯等连通上下楼层的门洞，应安装相应耐火等级的防火门或防火卷帘进行防火分隔。对于管道井、电缆井等，其井壁上的检查门应安装丙级防火门，且每层楼板处采用不低于楼板耐火极限的不燃烧体或防火封堵材料进行封堵；对于井道与房间、走道等相连通的孔洞以及防排烟、采暖、通风和空调系统的管道穿越隔墙、楼板、防火分区处的缝隙，应采用防火堵料进行封堵。

(9) 油浸电力变压器，不宜设置在地下商场内，如必须设置时，应避开人员密集的部位和出入口，且应采用耐火极限不低于 3 h 的隔墙和 2 h 的楼板与其他部位隔开，墙上的门应采用甲级防火门。

(10) 通风、空调系统的风管穿越防火分区处、空调机房隔墙和楼板处、重要的或火灾危险性大的房间隔墙和楼板处、防火分隔处的变形缝两侧以及垂直风管与每个楼层水平风管交接处的水平管段上，均应设置防火阀，且保证火灾时能自动关闭。

(11) 地下商场不应设在地下三层及三层以下，不应经营和储存火灾危险性为甲、乙类储存物品属性的商品。

(12) 易燃易爆化学物品专业商场应当在安全地带独立建造,严禁设在地下室、半地下室。单体建筑的耐火等级不应低于二级,建筑之间的防火间距不应小于 12 m,与相邻民用建筑之间的防火间距不应小于 25 m,与重要公共建筑之间的防火间距不应小于 50 m。

3. 安全疏散

商场是人员集中的公共场所之一,安全疏散十分重要,必须符合国家有关消防技术规范的要求。

(1) 商场要有足够数量的安全出口,一般不应少于两个;商场的安全出口或疏散出口应分散均匀布置,相邻两个安全出口或疏散出口最近边缘之间的水平距离不应小于 5 m。

(2) 地下、半地下商场的安全出口应独立设置,每个防火分区必须有一个直通室外的安全出口。

(3) 疏散门应向疏散方向开启,不应设置影响顾客人流安全疏散的卷帘门、转门、吊门、侧拉门等。疏散门内外 1.4 m 范围内不应设置踏步。安全出口处不应设置门槛、台阶、屏风等影响疏散的遮挡物。

(4) 疏散楼梯和走道上的阶梯不应采用螺旋楼梯和扇形踏步,疏散走道上不应设置少于 3 个踏步的台阶。

(5) 疏散楼梯的设置:

① 下列商场市场建筑应设置封闭楼梯间:

(a) 超过 2 层的公共建筑;

(b) 建筑面积≥500 m^2,底层地坪与室外出入口高差不大于 10 m 的地下建筑;

(c) 建筑高度不超过 32 m 的二类高层民用建筑或高层民用建筑裙房;

(d) 其他应设置封闭楼梯间的建筑。

② 下列商场市场建筑应设置防烟楼梯间:

(a) 一类高层民用建筑或建筑高度超过 32 m 的二类高层民用建筑;

(b) 底层地坪与室外出入口高差大于 10 m 的地下建筑;

(c) 其他应设置防烟楼梯间的建筑。

注：高层民用建筑的分类按 GB50045 标准确定。

（6）商场营业厅货架、柜台的布置应便于人员安全疏散，通向安全出口的主要疏散通道净宽不应小于 3 m，其他疏散通道净宽不应小于 2 m；每层建筑面积小于 500 m^2 时，通向安全出口的主要疏散走道的宽度不应小于 2 m，其他疏散走道宽度不应小于 1.5 m。首层疏散外门最小净宽不小于 1.4 m。

（7）多层建筑营业厅符合双向疏散条件时，其最大允许的直线距离不宜大于 30 m，且不应大于 35 m（如敞开式外廊建筑的房间），行走距离不应大于 45 m；符合单向疏散条件时，分别不应大于 15 m 和 18 m。高层建筑的营业厅符合双向疏散条件时，其最大允许的直线距离不应大于 30 m，行走距离不应大于 45 m；符合单向疏散条件时，分别不应大于 15 m 和 18 m。

（8）高层民用建筑内商场的封闭楼梯间、防烟楼梯间的门应采用不低于乙级的防火门，多层民用建筑内商场的封闭楼梯间可采用双向弹簧门。

地下、半地下室与地上层不应共用楼梯间，当必须共用楼梯间时，应在首层与地下或半地下层的出入口处，设置耐火极限不低于 2 h 的隔墙和乙级防火门隔开，并应有明显标志。

（9）楼梯间的首层应设置直接对外的出口。楼梯间及其前室内不应附设烧水间、可燃材料储藏室，并不应有影响疏散的凸出物。

4. 建筑内部装修

（1）商场地下营业厅的顶棚、墙面、地面以及售货柜台、固定货架应采用 A 级装修材料，隔断、固定家具、装饰织物应采用不低于 B_1 级的装修材料。

（2）附设在单层、多层建筑内的商场

每层建筑面积 > 3 000 m^2 或总建筑面积 > 9 000 m^2 的商场营业厅级装修材料，其顶棚、地面、隔断应采用 A 级装修材料，墙面、固定家具、窗帘应采用不低于 B_1 级的装修材料。

每层建筑面积 1 000 m^2～3 000 m^2 或总建筑面积 3 000 m^2～9 000 m^2 的商场营业厅，其顶棚采用 A 级装修材料，墙面、地面、隔断、窗帘应采用不低于 B_1 级的装修材料。

其他商场营业厅，其顶棚、墙面、地面应采用不低于 B_1 级的装修材料。

当商场装有自动灭火系统时，除顶棚外，其内部装修材料的燃烧性能等级可降低一级；当同时装有火灾自动报警装置和自动灭火系统时，其顶棚装修材料的燃烧性能等级可降低一级，其他装修材料的燃烧性能等级可不限制。

(3) 附设在高层建筑内的商场

设置在一类高层民用建筑内的商业营业厅，其顶棚应采用 A 级装修材料，窗帘、帷幕及其他装饰材料应不低于 B_1 级。

设置在二类高层民用建筑内的商业营业厅，其顶棚、墙面应采用不低于 B_1 级的装修材料。

除附设在 100 m 以上的超高层建筑内的商场，当同时装有火灾自动报警装置和自动灭火系统时，除顶棚外，其内部装修材料的燃烧性能等级可降低一级。

5. 建筑消防设施

商场的消防设施主要有火灾自动报警系统、室内消火栓系统、自动喷水灭火系统、防排烟系统、火灾应急照明和疏散指示系统、消防控制中心(室)以及防火门、防火卷帘等防火分隔设施的联动控制等。

(1) 火灾自动报警系统

①下列建筑应设置火灾自动报警系统：

(a) 任一层建筑面积＞3 000 m^2 或总建筑面积＞6 000 m^2 的单层、多层商场；

(b) 建筑面积＞500 m^2 的地下商场；

(c) 设在一类高层民用建筑内的商场、设在二类高层民用建筑内且建筑面积＞500 m^2 的商场营业厅。

②火灾报警系统应能准确报警，消防控制中心值班人员要熟悉《消防控制室操作程序》和消防设备的操作，熟练掌握消防控制设备的功能。消防控制设备的功能应符合《火灾自动报警系统设计规范》GB50116 的有关要求。

(2) 室内消火栓和自动喷水灭火系统

①下列商业建筑应设置室内消火栓：

(a) 超过 5 层或体积≥5 000 m³的建筑;

(b) 超过 6 层的,底层设有商业服务网点的住宅;

(c) 高层民用建筑;

(d) 建筑面积>300 m²的地下建筑。

②下列建筑应设置自动喷水灭火系统:

(a) 任一楼层建筑面积>1 500 m²,或总建筑面积>3 000 m²的单层、多层商场;

(b) 建筑面积>500 m²的地下商场;

(c) 设在高层民用建筑及其裙房内的商场和建筑面积>200 m²的可燃物品库房。

③消防主备泵能自动互投,动力配电柜的主备电源能自动切换。室内消火栓泵应能在消火栓箱处和消防控制室远程启动;消火栓系统要满足充实水柱的要求。喷淋泵能够按系统功能要求在消防控制室远程启动和自动启动,自动喷淋系统应有稳压(增压)设施,如屋顶水箱、稳压泵、气压水罐等,系统末端应设放水阀和压力表;自动喷水系统的湿式报警阀及水力警铃位置设置要合理,应保持正常的报警功能。

室内消火栓系统和自动喷水灭火系统的设置应分别符合《建筑设计防火规范》GB50016、《高层民用建筑设计防火规范》GB50045 和《自动喷水灭火系统设计规范》GB50084 等的有关要求。

(3) 防排烟系统

① 下列建筑应设置防排烟系统:

(a) 单层、多层建筑内的商场市场应有良好的自然通风,其开窗面积不应小于地面面积的 2%;每层建筑面积>3 000 m²或总建筑面积>9 000 m²的商场,当开窗面积不能满足要求时应设置机械排烟;

(b) 设在高层民用建筑及其裙房内的商场;

(c) 地下商场。

② 不应设置影响商场自然排烟的货架、柜台、室内外广告牌等。

③ 不超过 6 m 净高的商场应划分 500 m² 的防烟分区,每个防烟分区均应设有排烟口,排烟口距最远点的水平距离不应超过 30 m。

④ 采用自然排烟时,开窗、开口面积应符合相关规范要求,以满

足排烟的需要。采用机械加压送风防烟设施应保证楼梯间压力 40～50 Pa，前室或合用前室 30～25 Pa。采用机械排烟系统，其排烟口平时应处于关闭状态，排烟口应有手动和自动开启装置，当任一排烟口开启时，排烟风机自行启动；在排烟支管上、排烟风机入口处应设有当烟气温度超过 280 ℃时能自动关闭的排烟防火阀。

防排烟系统的设置还应符合《建筑设计防火规范》GB50016、《高层民用建筑设计防火规范》GB50045 及《人民防空工程设计防火规范》GB50098 中的有关要求。

(4) 火灾应急照明

① 商场下列部位应设有火灾应急照明：

(a) 封闭楼梯间、防烟楼梯间及其前室、消防电梯前室或合用前室；

(b) 设有封闭楼梯间或防烟楼梯间的建筑物的疏散走道及其转角处；

(c) 单层、多层建筑内的每层建筑面积＞1 500 m^2 的营业厅、建筑面积＞300 m^2 地下商场市场及高层建筑内的商场营业厅；

(d) 消防控制室、自备发电机房、消防水泵房以及发生火灾仍需坚持工作的其他房间。

② 火灾应急照明的设置应符合下列要求：

(a) 火灾应急照明灯宜设置在墙面或顶棚上，地上建筑的应急照明照明照度不应低于 1.0 Lx，楼梯间内及地下建筑不应低于 5.0 Lx；发生火灾时仍需坚持工作的房间(如消防控制室、消防水泵房、自备发电机房、配电房、防排烟机房等)应保持正常的照度；

(b) 火灾应急照明灯应设玻璃或其他不燃烧材料制作的保护罩；

(c) 火灾应急照明灯可采用蓄电池作备用电源，其连续供电时间不应少于 30 min；

(d) 正常电源断电后，火灾应急照明电源转换时间应不大于 15s。

(5) 疏散指示标志

① 商场营业厅、安全出口或疏散出口的上方、疏散走道及疏散楼梯间及地下商场的疏散走道和主要疏散路线的地面或靠近地面的墙上应设有灯光疏散指示标志。

② 疏散指示标志的设置应符合下列要求：

(a) 疏散指示标志应设置醒目，方向指示标志图形应指向最近的疏散出口或安全出口；

(b) 设置在安全出口或疏散出口上方的疏散指示标志，其下边缘距门的上边缘不宜大于 0.3 m；

(c) 设置在墙面上的疏散指示标志，标志中心线距室内地坪不应大于 1 m(不易安装的部位可安装在上部)，灯光疏散指示标志间距不应大于 20 m(设置在地下建筑内，不应大于 15 m)；袋形走道不应大于 10 m；在走道转角处不应大于 1.0 m；

(d) 设置在地面上的疏散指示标志，宜沿疏散走道或主要疏散路线连续设置，当间断设置时，灯光型疏散指示标志不应大于 5 m；

(e) 灯光疏散指示标志应设玻璃或其他不燃烧材料制作的保护罩；

(f) 灯光疏散指示标志可采用蓄电池作备用电源，其连续供电时间不应少于 30 min。工作电源断电后，应能自动接合备用电源。

(g) 总建筑面积超过 5 000 m^2 的地上商店及总建筑面积超过 500 m^2 的地下、半地下商店，其内疏散走道和主要疏散路线的地面上还应设置能保持视觉连续的灯光疏散指示标志或蓄光疏散指示标志。

(6) 防火门、防火卷帘

常闭式防火门应能保持关闭状态；常开防火门处不应有阻碍防火门关闭的障碍物，在火灾时应能自动释放关闭。防火卷帘门应能自动启动和手动启动，防火卷帘下部不能摆设柜台、堆放货物影响防火卷帘门的降落；设在疏散通道的防火卷帘，应具有在降落时有短时间停滞以及能从两侧自动、手动和机械控制的功能；疏散楼梯间及其前室不应采用卷帘门代替疏散门。

(7) 灭火器

商场内灭火器的配置应符合《建筑灭火器配置设计规范》GB50140 中的有关要求。应根据火灾燃烧物的类别来选择不同类型的灭火器，如扑救 A 类(固体)火灾应选用水型、泡沫、磷酸铵盐干粉灭火器；扑救 B 类(液体)火灾应选用干粉、泡沫、二氧化碳型灭火器，扑救极性溶剂 B 类火灾不得选用化学泡沫灭火器；扑救 C 类(气体)火灾应选用干粉、二氧化

碳型灭火器;扑救带电火灾应选用二氧化碳、干粉型灭火器;

一个灭火器设置点的灭火器不应少于2具,每个设置点的灭火器不宜多于5具。手提式灭火器宜设置在挂钩、托架上或灭火器箱内,其顶部离地面高度应小于1.5 m,底部离地面高度不应小于0.15 m。

(二) 商场的消防安全管理要求

商场是人员最为密集的公共场所之一,人流量大,面积大,可燃物品多,用电设备多,致灾因素多,是消防安全管理的重点单位,因此,消防安全工作是商场安全管理工作的重中之重,应做到常抓不懈,警钟长鸣。

1. 消防安全重点部位管理

商场应当将营业厅、仓库、重要设备用房、消防控制室等容易发生火灾、火灾容易蔓延、人员和物资集中、消防设备用房等部位确定为消防安全重点部位,设置明显的防火标志,并实行严格的管理。

2. 电气防火管理要求

(1) 电器设备应由具有电工资格的人员负责安装和维修,严格执行安全操作规程。

(2) 防爆、防潮、防尘的部位安装电气设备应符合有关安全要求。

(3) 每年应对电气线路和设备进行安全性能检查,必要时应委托专业机构进行电气消防安全检查。

(4) 电气线路敷设、设备安装的防火要求

① 明敷塑料导线应穿管或加线槽保护,吊顶内的导线应穿金属管或难燃 PVC 管保护,导线不应裸露,并应留有1至2处检修孔;

② 配电箱的壳体和底板宜采用不燃材料制作。配电箱不应安装在可燃和易燃的装修材料上;开关、插座应安装在难燃或不燃材料上;照明、电热器等设备的高温部位靠近非不燃材料或导线穿越可燃或易燃的装修材料时,应采用不燃材料保护隔热;

③ 保险丝不应用铜线、铝线代替。

(5) 电气防火管理要求

① 电气线路改造、增加用电负荷应办理审批手续,不得私拉乱接电气设备;

② 营业期间不应进行设备检修、电气焊作业;

③ 未经允许,不得在营业区、仓库区使用具有火灾危险性的电热

器具；

④ 商场应设置单独回路的值班照明，非营业时间应关闭非必要的电器设备及普通照明。

3. 可燃物、火源管理要求

(1) 商场营业厅禁止使用明火；

(2) 商场营业厅禁止吸烟，并设置禁止吸烟标志牌，营业期间禁止明火维修和油漆粉刷作业；

(3) 商场营业厅不应使用甲、乙类清洗剂；

(4) 地下商场禁止经营和储存火灾危险性为甲、乙类的商品，禁止使用液化石油气及闪点<60℃的液体燃料；高层建筑的商场内严禁使用和存放瓶装液化石油气；

(5) 配电设备等电气设备周围不应堆放可燃物；

(6) 商场营业厅局部装修时，装修现场与其他部位应设必要的分隔设施，派专人进行监护；装修施工现场动用电气焊等明火时，应清除周围及焊渣滴落区的可燃物，并设专人监督，禁止在运行中的管道、装有易燃易爆的容器和受力构件上进行焊接和切割。

[案例 3-1] 1996 年 2 月 5 日，重庆群林商场因电焊工电焊时焊渣掉落引燃易燃品引发大火，大火过火面积 1 093 m^2，受灾居民 43 户，受灾群众达 145 人，烧死 5 人，直接经济损失 963 万余元。

4. 安全疏散设施管理要求

(1) 防火门、防火卷帘、疏散指示标志、火灾应急照明、火灾应急广播等设施应设置齐全、完好有效；

(2) 应在明显位置设置安全疏散图示，在常闭防火门上设有警示文字和符号，防火卷帘下应设有禁放标志；

(3) 保持疏散通道、安全出口畅通，柜台、摊位、商品及模特等物品的悬挂或摆放不应占用楼梯间及其前室、电梯前室、疏散通道和安全出口，不应遮挡、覆盖疏散指示标志，妨碍人员安全疏散；营业期间禁止将安全出口上锁，禁止在安全出口、疏散通道上安装固定栅栏等影响疏散的障碍物，禁止在公共区域的外窗上安装金属护栏；

(4) 商场、超市等安全疏散门应采用消防安全推闩门或门禁系统等先进的安全疏散设施。

5. 建筑消防设施、器材管理要求

(1) 商场应加强建筑消防设施、灭火器材的日常管理，保证建筑消防设施、灭火器材配置齐全，并能正常使用。

(2) 设有自动消防设施的场所，应建立维护保养制度，确定专职人员维护保养；自身没有能力维护保养的，应当委托具有消防设施维护保养能力的组织或单位进行消防设施维护保养，并与受委托组织或单位签订合同，在合同中确定维护保养内容并保留记录。

(3) 消防设施所使用的标志分为“使用”、“故障”、“检修”、“停用”四类。单位应根据实际情况与消防设施的特点，制定适合实际的使用标志，指定人员根据消防设施的状态及时调整标志，并进行记录。应采取措施确保标志的完好，不应因时间及责任人员的变动导致标志的损毁、迁移和错挂。

(4) 消防控制室管理要求

① 消防控制室应制定消防控制室日常管理制度、值班员职责、接处警操作规程等工作制度。应当实行每日 24 小时专人值班制度，确保及时发现并正确处置火灾和故障报警。认真记录控制器日运行情况，每日检查火灾报警控制器的自检、消音、复位功能以及主备电源切换功能，并按规定填写记录相关内容。

② 消防控制室值班人员应当经消防专门培训考试合格，持证上岗。

③ 正常工作状态下，报警联动控制设备应处于自动控制状态；若设置在手动控制状态，应有确保火灾报警探测器报警后，能迅速确认火警并将手动控制转换为自动控制的措施；但严禁将自动喷水灭火系统和联动控制的防火卷帘等防火分隔设施设置在手动控制状态。

(5) 灭火器管理要求

加强对灭火器的日常管理和维护，建立维护、管理档案，记明类型、数量、部位、充装记录和维护管理责任人。

灭火器应保持铭牌完整清晰，保险销和铅封完好，应避免日光曝晒、强辐射热等环境影响。灭火器应放置在不影响疏散、便于取用的明显位置，并摆放稳固，不应被挪作他用、埋压或将灭火器箱锁闭。

(6) 消火栓系统管理要求

① 消火栓不应被遮挡、圈占、埋压,并应有明显标识;

② 消火栓箱不应上锁;箱内配器材配置齐全,系统应保持正常工作状态。

(7) 自动喷水灭火系统管理要求

① 洒水喷头不应被遮挡、拆除;报警阀、末端试水装置应有明显标识;

② 定期进行测试和维护,保持正常工作状态。

(8) 火灾自动报警系统管理要求

① 探测器等报警设备不应被遮挡、拆除;

② 不得擅自关闭系统,维护时应落实安全措施;

③ 应由具备上岗资格的专门人员操作;

④ 定期进行测试和维护,保持正常工作状态。

(9) 防排烟系统管理要求

① 自然排烟外窗不应被遮挡;

② 排烟口平时应关闭,其手动开启装置应醒目,方便使用。

(10) 防火卷帘管理要求

① 电动防火卷帘两侧的升、降、停按钮不宜上锁;

② 防火卷帘机械手动装置应便于操作,并应有明显标志;

③ 防火卷帘下方不应堆放物品;

④ 应加强维护保养,保证防火卷帘封闭性能;

⑤ 防火卷帘投影下方两侧应设置黄色警戒线或"防火卷帘下方不得占用"的提示语。

(11) 常闭式防火门管理要求

① 常闭式防火门应设置随手关门的提示语;

② 因日常管理需要设置推闩或门禁系统的防火门应设置开启提示,门禁电磁应定期测试开启的功能。

6. 防火检查要求

商场应对执行消防安全制度和落实消防安全管理措施的情况开展防火巡查和检查,并应确定检查人员、部位、内容。检查后,检查人员、被检查部门的负责人应在检查记录上签字,存入单位消防档案。

(1) 营业期间,防火巡查应至少每 2 小时进行一次. 班组交班前,班组消防安全管理人员应共同进行一次巡查。夜间停止营业期间，值班人员应对火、电源、可燃物品库房等重点部位进行不间断的巡查。

(2) 商场各部门、班组每周应至少组织一次防火检查，商场每月应至少组织一次全面防火检查。

7. 消防宣传教育及灭火、应急疏散预案要求

商场应在春、冬季防火期间和重大节日、活动期间开展有针对性的消防宣传、教育活动。新员工上岗前应进行一次消防安全教育、培训。对全体员工的消防培训应当每年进行一次并做好记录。经培训后，员工应懂得本岗位的火灾危险性、预防火灾措施、火灾扑救方法、火场逃生方法，会报火警 119、会使用灭火器材、会扑救初起火灾、会组织人员疏散。

商场应制定灭火和应急疏散预案，并定期演练，以减少火灾危害。预案内容主要包括组织机构、报警和接警处置程序、应急疏散的组织程序和措施、扑救初期火灾的程序和措施、通讯联络和安全防护的程序措施、善后处置程序。属于重点单位的商场至少每半年进行一次演练；其他单位应当结合本单位实际至少每年组织一次演练。演练结束，应总结问题，做好记录，针对存在的问题，修订预案内容。

8. 厨房管理要求

很多商场为了方便顾客都设有熟食经营部和快餐、小吃店，并附设有厨房，相对于宾馆、饭店而言，其规模虽小，但同样存在着火灾危险性，如使用天然气或液化石油气作燃料，或用电烹饪食物，且食用油的蒸汽、气体仍有燃烧的危险。因此，厨房防火应做到：

(1) 排油烟管道不应暗设，并应设有直通室外的排烟竖井，且排烟竖井要有防回流设施；严禁排油烟水平支管穿越其他店铺、房间和场所。

(2) 排油烟的风管应采用不燃材料制作，柔性接头可采用难燃材料制作。

(3) 排油烟系统应设导静电的接地设施；排油烟罩及烹饪部位应设厨房专用灭火设施，排油烟罩应每天擦洗 1 次，并定期请专业公司进行清洗。

(4) 加强厨房燃油、燃气安全管理，并应在燃油或燃气管道上设紧急事故切断阀门。

(5) 地下室、半地下室的厨房，严禁使用液化石油气。

第四节 集贸市场火灾的预防

集贸市场是指由市场经营管理者经营管理，在一定的时间间隔、一定的地点，周边城乡居民聚集进行农副产品、日用消费品等现货商品交易的固定场所。根据公安部和国家工商行政管理局1994年12月25日联合制定发布的《集贸市场消防安全管理办法》的有关规定，集贸市场系指建筑面积在1 000 m^2以上或摊位在100个以上的室内或者占地面积在1 000 m^2以上或摊位数在200个以上的室外及设在地下建筑内的农副产品市场、日用工业品市场和综合市场，并应在工商行政管理局办理市场登记。城乡集贸市场是社会主义繁荣大市场的重要组成部分。

一、集贸市场火灾特点

1. 商业布局不合理，建筑防火条件差

我国现有的城乡集贸市场按照《建筑设计防火规范》GB50016要求进行规划、设计、建设的室内市场为数不多，其他类型的集贸市场，如棚顶市场、临街市场、地下市场等，由于没有规划或布局不合理，新建时未经公安消防部门审核仓促施工，竣工时又未经公安消防部门验收投入使用，滋生了先天性火灾隐患。如普遍存在着建筑耐火等级低，防火间距不足或被占用，防火分隔缺乏，防火分区过大；安全出口过少，疏散通道过窄，疏散距离过长，防火设施不全，消火栓少，室外消防水源不足；灭火器材配型不对，及商品分布未考虑防火灭火要求、摊位柜台密度过大、间距不足等问题，有的甚至是占用消防通道、居民住宅或公共建筑防火间距的拦街断路的违章市场，严重威胁周边建筑的消防。

2. 可燃商品多，燃烧烟雾大

集贸市场的商品品种繁多，除农贸市场中鲜湿的农副产品外，其他商品如服装、鞋帽、化纤织物、橡胶制品、塑料制品及交电、文具、工艺美术、家具等均为可燃商品，有的商品如油漆、赛璐格制品、气体打火机用的丁烷气瓶（罐）等都是易燃易爆危化品；有的市场还经营烟花爆竹，大多数市场没有设置专用仓库，商品存放混乱，火灾隐患突出，一旦起火，不仅产生大量烟雾，而且还释放出大量有毒气体，给人员生命及财产带来极大危险。

3. 人员密集，疏散困难

集贸市场商品云集，不仅有个体工商户主，还有一些国有、集体商业单位也参与市场竞争，且经营的大多是居民日常生活中吃、穿、用不可缺少的商品，客流量大，特别是在节假日期间，市场的客流量大大超过市场本身的承受能力，起火后的火场浓烟会使能见度大大降低，加之摊位布局密集，通道窄，障碍多，人员疏散非常困难。

4. 用火、用电、用气点多，容易引发火灾

集贸市场内的商店除了日常照明、夏季排风等用电外，广告橱窗内的霓虹灯、商店内的吊灯、壁灯、台灯及节日或展销期间内使用的彩灯、店内人员烧水煮饭用的电热器具，都必须用电；大多数经营者缺乏安全用电常识，乱拉电线，电气设备超负荷运行，电线绝缘层老化。有的店户还使用液化石油气灶具；为数不少的市场设有前店后库、店中有店，甚至集商务洽谈、生活起居为一室，用火、用电、用气点多，量大，加之许多市场用火、用电、用气器具的安装和使用没有统一的规划和管理，店户各行其是，容易导致火灾的发生。

5. 防火管理薄弱环节多

根据《集贸市场消防安全管理办法》的规定，集贸市场的消防安全工作由主办单位负责，工商行政管理机关予以协助。但不少集贸市场由于主办单位消防安全工作不落实，有关行政管理部门配合协调不到位，没有成立市场消防安全管理机构行使消防安全统一管理职能，没有建立健全消防安全管理制度，没有配备专兼职防火人员，常有边营业边施工、违章动火、不会使用灭火器材等现象发生，致使防火巡查、检查工作得不到落实，火灾隐患得不到及时发现和消除，消防安全得不到有效管控。

6. 火灾扑救难度大

集贸市场一般建在商业区或临街布置，周围环境复杂，有的建筑毗连，有的商品柜台或搭建的违章建筑占用了消防通道或防火间距，一旦失火，不仅极易形成"火烧连营"之势，而且消防车辆无法接近火

场,展开有效的灭火行动十分困难。

二、集贸市场火灾预防

(一) 集贸市场消防安全技术要求

集贸市场的新建、扩建,改建工程,其设计、施工必须严格执行国家消防技术规范的规定,充分满足消防安全要求。

1. 耐火等级及市场安全布局

(1) 新建、扩建、改建的室内集贸市场建筑的耐火等级不应低于二级,不宜设置在三级及其以下耐火等级的建筑内,已经设置并投入使用的,应对建筑的承重构件采取防火技术处理措施,以提高其耐火性能。

(2) 半敞开式建筑的集贸市场,其顶棚应当采用不燃或难燃材料。

(3) 室外集贸市场应当留出消防车通道,不得堵塞消防车通道和影响公共消防设施的使用。

(4) 室外集贸市场与甲、乙类火灾危险性的厂房、仓库和易燃、可燃材料堆场要保持 50 m 以上的安全距离;在高压线下两侧 5 m 范围内,不得摆摊设点。

(5) 要按商品的种类和火灾危险性,将集贸市场划分若干区域,区域之间保持相应的安全疏散通道。

(6) 集贸市场主办单位和经营者如需改变建筑布局或使用性质,应当事先报经当地公安消防机构审核批准。

2. 安全疏散

安全疏散设施是火灾情况下疏散人员、抢救物资、进行灭火战斗的重要通道,是建筑物发生火灾后确保人员生命财产安全的有效措施。由于集贸市场人员流动量大、商品多,失火后极易造成群死群伤和重大财产损失,因此,要有合理的安全疏散系统。

(1) 市场的安全出口数量不应少于两个且每个出口不应设门槛。紧靠门口 1.4 m 范围内不应设置踏步台阶。每个安全出口疏散人数不应超过 250 人,当市场容纳的人数超过 2 000 人时,其超出部分按每个出口的平均疏散人数不应超过 400 人,疏散人数可根据人员分布密度来确定。安全出口的宽度可按照 0.65/100 人(一、二级耐火等级)来确定,但最小不应小于 1.4 m。

(2) 市场内的疏散通道宜井字形布置,其主通道的最小宽度不应小

于 1.4 m,次通道不应小于 1.1 m。主通道的端部应紧接安全出口处。

(3) 当集贸市场的上面设有住宅时,住宅的出入口或楼梯应与市场严格分开,住宅部分的疏散楼梯间不应向市场内开设门、窗洞口。

(4) 安全疏散通道、安全出口应设置灯光疏散指示标志与应急照明,并应符合国家相关消防技术规范的要求。

3. 防火分隔设施

防火分隔设施主要有防火门、防火墙、防火卷帘等。这些设施是实现防火分区、防止火势蔓延的重要手段,同时也是人员安全疏散、消防扑救的重要保障。因此集贸市场要配有完善的防火分隔设施。由于集贸市场建筑面积大,普遍存在着耐火等级低、防火间距不足等现象,因此,应按照有关消防技术规范和规定要求,针对商品种类和火灾危险性,划分水平和竖向防火分区。万一起火,防火分区以外的其他部位就成了较为安全的区域,这样既可以在较短的时间内防止火灾蔓延,有利于消防队员将火灾控制在一定的范围内,同时又可以使人员从防火分区安全疏散逃生。

4. 建筑消防设施

建筑消防设施是预防火灾发生和及时扑救火灾的有效措施,其应灵敏、有效、适用、齐全。集贸市场应根据有关消防技术规范要求,选择设置火灾监控报警系统、自动灭火系统、防排烟系统和消防栓系统等设施,并确保完好有效。

5. 内部装修

集贸市场内部装修设计、施工必须符合《建筑内部装修设计防火规范》GB50222 的有关要求。一些集贸市场为了追求经营的规模化及美化效果,装饰装修不断趋于豪华化、复杂化。从近年来全国火灾案例分析不难看出,一些火灾事故主要是因施工过程中随意降低市场内的吊顶和其他建筑构件的耐火性能,使用大量易燃和可燃材料,妨碍固定消防设施的正常使用等所致。因此,集贸市场的内部装修设计应本着安全的理念,妥善处理装饰效果与使用安全之间的矛盾,不得擅自降低装修材料的防火性能而使用可燃材料,装修不得妨碍消防设施、自动报警和灭火设施的使用功能,不得随意变更防火设施的安装位置,不得损坏、拆除各种防火及灭火设施。

（二）集贸市场消防安全管理要求

1. 消防责任与组织管理

集贸市场的消防安全工作由主办单位负责，工商行政管理机关协助，公安消防监督机构实施监督。集贸市场主办单位应当建立消防管理机构；多家合办的应当成立有关单位负责人参加的防火领导机构，统一管理消防安全工作。

（1）集贸市场的法定代表人或主要负责人为该市场的消防安全责任人。其主要职责是：

① 与参与市场经营活动的单位和个人签订《消防安全责任书》；

② 组织开展消防安全教育，制定用火用电等防火管理制度；

③ 组织防火人员开展消防检查，整改火险隐患，制定应急疏散方案；

④ 组建专职、义务消防队，制定灭火预案，开展灭火演练；

⑤ 负责市场内灭火器具等消防器材的配置；

⑥ 组织扑救初期火灾和人员疏散，保护火灾现场。

（2）市场承包、租赁或委托管理、经营时，应在订立的合同中明确各方的消防安全责任，并签定消防安全责任书。消防车通道、涉及公共消防安全的疏散设施和其他建筑消防设施应当由产权单位或委托管理的单位统一管理。

（3）各类集贸市场应当建立志愿消防队。符合下列条件之一的，应当配备专职防火人员：

① 建筑面积 10 000 m^2 以上或者摊位 1 000 个以上的室内集资市场；

② 占地面积 10 000 m^2 以上或者摊位 2 000 个以上的室外集贸市场；

③ 建筑面积 1 000 m^2 以上或者摊位 100 个以上的地下集贸市场。

其他规模的集贸市场，可设兼职防火人员，有条件的可设专职防火人员。

（4）符合下列条件之一的日用工业品市场及综合集贸市场，应当建立不拘形式的专职消防队。一时难于具备条件的，应当采取临时有效应急措施。

① 建筑面积 20 000 m^2 以上或者摊位 2 000 个以上的室内市场；

② 占地面积 20 000 m^2 以上或者摊位 4 000 个以上的室外市场；

③ 建筑面积 2 000 m^2 或者摊位 200 个以上的地下市场

(5) 凡建筑面积在 1 000 m^2 以上且经营可燃商品的集贸市场应确定为消防安全重点单位，予以严格管理，集贸市场内应当实行消防安全值班和巡逻检查制度，市场内的各类人员，应当接受市场主办或合办单位的防火安全管理，各摊位经营人员有接受消防安全教育和培训、参加义务消防组织及扑救火灾的义务。

2. 用火用电管理

集贸市场可能造成火灾的引火源种类繁多，主要包括电器设备、照明线路、明火等。因此，市场的消防安全管理应该把控制引火源作为重要环节来抓。

(1) 加强用火管理

集贸市场内严禁经营、储存易燃易爆危险化学物品；严禁燃放烟花爆竹和焚烧物品；严禁在摊位、堆场、货场吸烟和使用明火；在划定的严禁烟火的部位或区域，应当设置醒目的禁烟火标志；严禁擅自在市场内使用易燃液体、气体炉火，如必须使用时，应采取切实可靠的消防安全措施，并报主管部门批准，做到人走火熄；电焊或切割等动火作业时，应按照《机关、团体、企业、事业单位消防安全管理规定》(公安部令第 61 号)要求，实行动火作业审批制度，并派专人现场负责看护，动火前要清理动火点周围的可燃物，配备必要的灭火器材，作业结束后要及时清理现场，确认无遗留问题，经审批部门同意后方可撤离。

(2) 加强电气线路、用电设备管理

电气线路、设备发生故障，产生热源是集贸市场火灾的重要引火源，因此，要加强对电气线路、设备的安全管理。

一是电气线路、用电设备，必须符合国家有关电气设计、安装规范的要求，如供电线路应穿管保护，管内不允许有导线接头，所有接头应装设接线盒连接等。营业照明用电，应当与动力、消防用电分开设置。电源开关、插座等，应当安装在封闭式的配电箱内。配电箱应采用不燃烧材料制作。经营者使用的电气线路和用电设备，必须统一由主办单位委托具有资格的施工单位和持有合格证的电工负责安装、检查和维修。严禁个人拉设临时线路。

二是电气线路必须定期检查，及时更换绝缘老化变质的线路，严禁超负荷用电，严禁以铜丝代替保险丝或任意加大保险丝的容量，禁止铜、铝线连接等。

三是电气设备要经常维护检查，保持运行正常，避免长时间使用，做到人走电热器具停止使用，下班前必须切断电源，严禁任意改装电气设备等。

四是室外集贸市场不应设置碘钨灯等高温照明灯具。

3. 安全疏散设施管理

集贸市场要根据所经营商品的性质，划分防火分区，并留足安全疏散通道。严禁在楼梯、安全出口和疏散通道上设置摊位、堆放货物；不得妨碍疏散通道、消防设施的使用；营业期间，不得锁闭安全出口和疏散门。

4. 消防设施、器材的配备及管理

集贸市场内的营业厅、办公室、仓库等用房，应当由主办或合办单位按照国家《建筑灭火器配置设计规范》GB50140的规定，负责配备相应的灭火器具。集贸市场建筑物内的固定消防设施的维修和保养，由集贸市场产权单位负责。专职或义务消防队所必需的消防器材装备，由集贸市场主办单位配备。各摊位应当在市场主办或合办单位的组织下，配置相应的灭火器具，并掌握使用方法。公共消防设施、器材，应当布置在明显和便于取用的地点，明确专人管理。任何人不得将公共消火栓圈入摊位内。集贸市场应当配备基本的消防通讯和报警装置，一旦发生火灾能做到及时报警。

5. 消防安全日常管理

(1) 加强消防安全检查

集贸市场要进行经常性防火巡查与定期防火检查，要采取重点部位检查与普遍检查、节假日检查与平时检查相结合的多种形式，注重消防检查实效，提高消防安全检查质量，及时发现、纠正消防违法行为，消除火灾隐患。

(2) 加强消防宣传、培训

集贸市场要充分采用广播、电视、黑板报、知识橱窗及宣传栏等多

种形式广泛宣传消防安全常识和灭火知识，每年至少对全体员工进行1次消防安全培训，每半年至少组织1次由全体员工、业主参与的火灾应急疏散和灭火预案的演练，强化他们的消防安全意识，提高其火场逃生自救能力及灭火技能水平。

第五节 公共娱乐场所火灾的预防

公共娱乐场所是公众聚集场所之一，是第一类人员密集场所。根据《公共娱乐场所消防安全管理规定》(公安部令第39号)和《人员密集场所消防安全管理》GA 654—2006的规定，公共娱乐场所是指具有文化娱乐、健身休闲功能并向公众开放的下列六类室内场所：

(1) 影剧院、录像厅、礼堂等演出、放映场所；

(2) 舞厅、卡拉OK厅等歌舞娱乐场所；

(3) 具有娱乐功能的夜总会、音乐茶座、酒吧和餐饮场所；

(4) 游艺、游乐场所；

(5) 保龄球馆、旱冰场、美容院、桑拿、足浴、棋牌室等娱乐、营业性健身、休闲场所；

(6) 互联网上网服务营业场所。

这些场所的特点是建筑功能复杂多样、社会性强、人员密集，一旦发生火灾，易造成重大人员伤亡和重大财产损失。

一、公共娱乐场所火灾特点

1. 可燃装修多，燃烧猛烈

公共娱乐场所的内部装修大多使用如木质多层板、木质墙裙、纤维板、各种塑料制品、化纤装饰布、化纤地毯、化纤壁毡等可燃材料，室内家具等也多为可燃材料所制，火灾荷载大。有的影剧院、礼堂的屋顶建筑构件是木质或钢结构，舞台幕布和木地板是可燃的；为了满足声学设计的音响效果，观众厅、卡拉OK厅的天花及墙面大多采用可燃材料；歌舞厅、卡拉OK厅、夜总会等场所为了招引顾客，装潢豪华气派，采用大量可燃装修材料。一旦发生火灾，若初期不能有效控制和扑救，燃烧会迅猛发展，火势难以控制。

2. 疏散难，易造成群死群伤

歌舞厅、卡拉OK厅等娱乐场所，不同于影剧院，顾客流量大，随意性大，高峰时期人员密度过大，甚至超过法定的额定人数，加之灯光暗淡，一旦发生火灾，人员拥挤，秩序混乱，如果疏散通道不畅，尤其是利用陈旧建筑改建或扩建的歌舞厅，因受条件限制，疏散通道、安全出口的数量和宽度达不到消防技术规范的要求，给人员疏散带来困难，极易造成人员大量伤亡。如辽宁阜新艺苑歌舞厅，法定核定的人数是140人，1994年11月27日发生大火时，舞厅内人数达300余人，严重超员，结果造成烧死233人，直接经济损失30多万元的特大火灾事故。

3. 用电设备多、着火源多

公共娱乐场所一般采用多种照明灯具和使用多类音响设备，且数量多、功率大，如果使用不当，很易造成局部过载、电线短路等而引发火灾。有的筒灯、射灯、碘钨灯等灯具的表面温度很高，若靠近幕布、布景等可燃物极易引起火灾。由于用电设备多，连接的电气线路也多而复杂，如大多数影剧院、礼堂等观众厅的闷顶内和舞台电气线路纵横交错，如果安装使用不当，容易引发火灾。有的场所在营业时违章动火，往往还使用酒精炉、燃气炉或电炉等种类明火或热源，为顾客提供热饮、小吃，娱乐包厢、演艺厅不禁烟等，如果管理不到位，也会造成火灾。

4. 火灾易造成次生灾害

宾馆、饭店等高层建筑中附设的歌舞厅或位于城市繁华地带的歌舞厅，发生火灾后，若对火势不能迅速控制，往往蔓延发展成高层建筑火灾，甚至会“火烧连营”，生成次生灾难。

5. 扑救难度大

公共娱乐场所可燃物多，火灾负荷大、灭火需水量大，需调集大批的灭火力量。另外，附设在高层建筑中的歌舞厅发生火灾易形成高层建筑火灾，相应地增大了人员疏散、火灾扑救的难度。

分析公共娱乐场所群死群伤的火灾案例，不难发现，引发火灾的主要原因是违章电焊和用火、用电不慎。而引发群死群伤的主要原因有两条：一是安全疏散出口和窗户被铁栅栏、铁门、铝合金门等锁闭，致使发生火灾时逃生无门；二是对从业人员缺乏起码的消防安全培训，致使初起火灾得不到有效的控制和扑救，火灾现场群众得不到疏散引导。

二、公共娱乐场所火灾预防

(一) 公共娱乐场所消防安全技术要求

根据《消防法》和《公共娱乐场所消防安全管理规定》(公安部令第39号)的规定,凡新建、改建、扩建或改变内部装修的公共娱乐场所,其防火设计(包括防火分区、安全疏散、防排烟、消防给水、装修材料、自动灭火系统和火灾自动报警系统等)必须符合国家有关消防技术规范的规定。建设单位应当将防火设计、装修设计文件及图纸送当地公安消防机构进行审核或备案,经审核同意后方可施工;工程竣工后应报当地公安消防机构验收或备案合格;在使用或开业前,应向当地公安消防机构申报,经消防安全检查合格后方可使用或开业。

公共娱乐场所建筑的建筑结构、耐火等级、总平面布局、安全疏散、消防设施设备必须符合国家消防技术规范的具体规定。

1. 建筑耐火等级和消防安全布局

(1) 新建、改建、扩建的公共娱乐场所和变更使用性质作为娱乐场所使用的,应设置在耐火等级不低于二级的建筑物内;已经核准设置在三级耐火等级建筑内的公共娱乐场所,应当符合特定的防火安全要求。

(2) 建筑四周不得搭建违章建筑,不得占用防火间距、消防通道、举高消防车作业场地。

(3) 公共娱乐场所不得设置在文物古建筑和博物馆、图书馆建筑内,不得毗连重要仓库或者危险物品仓库;不得设置在地下二层及二层以下,当设置在地下一层时,地下一层地面与室外出入口地坪的高差不应大于 10 m;不得在居民住宅楼内改建公共娱乐场所;公共娱乐场所与其他建筑相毗连或者附设在其他建筑物内时,应当按照独立的防火分区设置。

(4) 公共娱乐场所在建设时,应与其他建筑物保持一定的防火间距,一般与甲、乙类火灾危险性生产厂房、库房等之间应留有不小于 50 m 的防火间距。

卡拉 OK 厅(含具有卡拉 OK 功能的餐厅)、夜总会、录像厅、放映厅、桑拿浴室(除洗浴部分外)、游艺厅(含电子游艺厅)、网吧等歌舞娱乐放映游艺场所的设置还应当符合《建筑设计防火规范》GB50016 和

《高层民用建筑设计防火规范》GB50045 的规定。

2. 防火分隔

公共娱乐场所的建筑在设计时,应当考虑必要的防火技术措施。

(1) 歌舞厅、录像厅、夜总会、放映厅、卡拉 OK 厅(含具有卡拉 OK 功能的餐厅)、游艺厅(含电子游艺厅)、桑拿浴室(不包括洗浴部分)、网吧等歌舞娱乐游艺场所设置在首层、二层或三层以外的其他楼层时,则一个厅、室的建筑面积不应大于 200 m^2,并应采用耐火极限不低于 2 h 的不燃烧体隔墙和不低于 1 h 的不燃烧体楼板与其他部位隔开,厅、室的疏散门应采用乙级防火门。

(2) 电影放映室应采用耐火极限不低于 1 h 的不燃烧体墙与其他部位隔开;观察孔和放映孔应设阻火闸门。

(3) 影剧院等建筑的舞台与观众厅之间,应采用耐火极限不低于 3.5 h 的不燃烧体隔墙分隔;舞台口上部与观众厅闷顶之间的隔墙,其耐火极限不应低于 1.5 h,隔墙上的门应采用乙级防火门。

(4) 影剧院后台的辅助用房与舞台之间,应当采用耐火极限不低于 1.5 h 的不燃烧体墙隔开;舞台下面的灯光操作室和可燃物储藏室之间,应采用耐火极限不低于 1 h 的不燃烧体与其他部位隔开。

(5) 特等、甲等或超过 1 500 个座位的其他等级的影剧院和超过 2 000 个座位的会堂或礼堂的舞台口,以及与舞台相连的侧台、后台的门窗洞口,应设水幕分隔。

(6) 特等、甲等或超过 1 500 个座位的其他等级的影剧院和超过 2 000 个座位的会堂或礼堂的舞台葡萄架下部,应设雨淋喷水灭火设施。

3. 安全疏散

(1) 公共娱乐场所的安全出口的数目应通过计算确定且不应少于两个;其中每个厅室的疏散门不应少于两个。当厅室建筑面积不超过 50 m^2 且经常停留人数不超过 15 人时,可设 1 个疏散门。

(2) 安全出口或疏散出口应分散布置,相邻两个安全出口或疏散出口最近边缘之间的水平距离不应小于 5 m。

(3) 疏散用门应采用平开门,不应使用推拉门、转门、吊门、卷帘门,公共场所的疏散门应当采用消防安全推闩式外开门、门禁系统等先进的安全疏散设施，门口不得设置门帘、屏风等影响疏散的遮挡物。公共娱乐场所的疏散门不应设置门槛，其宽度不应小于 1.4 m，紧靠门口内外各 1.4 m 范围内不应设置踏步。

(4) 商住楼内的公共娱乐场所与居民住宅的安全出口和疏散楼梯应当分开设置。

(5) 疏散楼梯、走道的净宽应根据《建筑设计防火规范》GB50016 和《高层民用建筑设计防火规范》GB50045 规定的有关疏散宽度指标和实际疏散人数计算确定；设在单层、多层民用建筑内的公共娱乐场所，其楼梯和疏散走道最小净宽不应小于 1.1 m；设在高层民用建筑内的公共娱乐场所，其楼梯最小净宽不应小于 1.2 m。

(6) 场所所在建筑的疏散楼梯应采用室内封闭楼梯间(包括首层扩大封闭楼梯间)、防烟楼梯间或室外疏散楼梯。

① 下列建筑应采用封闭楼梯间：

(a) 二层及二层以上的多层民用建筑；

(b) 建筑高度不超过 32 m 的二类高层民用建筑或高层民用建筑裙房；

(c) 地下层数为二层及二层以下或地下室地面与室外出入口地坪高差不大于 10 m 的地下建筑(室)；

(d) 其他应设置封闭楼梯间的建筑。

② 下列建筑应设置防烟楼梯间：

(a) 一类高层民用建筑或建筑高度超过 32 m 的二类高层民用建筑；

(b) 地下层数为三层及三层以上或地下室地面与室外出入口地坪高差大于10 m的地下建筑(室)；

(c) 封闭楼梯间不具备自然排烟的建筑；

(d) 其他应设置防烟楼梯间的建筑。

③ 封闭楼梯间、室外楼梯、防烟楼梯间的设置应符合《建筑设计防火规范》GB50016、《高层民用建筑设计防火规范》GB50045 和《人民防空工程设计防火规范》GB50098 中的有关要求。

(7) 疏散走道通向封闭楼梯间、防烟楼梯间前室及前室通向楼梯间的门应采用乙级防火门，并应向疏散方向开启。

(8) 地下、半地下室与地上层不应共用楼梯间，当必须共用楼梯间时，应在首层采用耐火极限不低于 2 h 的不燃烧体隔墙和乙级防火门将地下、半地下部分与地上部分的连通部位完全隔开，并应有明显标志。

(9) 楼梯间的首层应设置直接对外的出口。当建筑层数不超过 4 层时，可将直通室外的安全出口设置在离楼梯间小于等于 15 m 处。

(10) 场所建筑的下列部位应设有火灾应急照明：

① 封闭楼梯间、防烟楼梯间及其前室、消防电梯间及其前室或合用前室；

② 疏散走道；

③ 观众厅、建筑面积≥400 m^2 的多功能厅、餐厅、营业厅，建筑面积大于 200 m^2 的演播室；

④ 消防控制室、自备发电机房、消防水泵房以及发生火灾时仍需坚持工作的其他房间；

⑤ 地下室、半地下室中的公共活动房间。

火灾应急照明的设置应符合下列要求：

① 火灾应急照明灯宜设置在墙面或顶棚上，地上部位应急照明的照度不应低于 1.0 Lx，楼梯间内及地下部位不应低于 5.0 Lx；发生火灾时仍需坚持工作的房间（如消防控制室、消防水泵房、自备发电机房、配电房、防排烟机房等）应保持正常的照度；

② 火灾应急照明灯应设玻璃或其他非燃烧材料制作的保护罩；

③ 火灾应急照明灯应具有备用电源，其连续供电时间不应少于 30 min。

④ 正常电源断电后，火灾应急照明电源转换时间应不大于 15 s。

(11) 公共娱乐场所应设置醒目、耐久的安全疏散示意图。歌舞游艺娱乐放映场所室内疏散走道和主要疏散路线的地面上应设置能保持视觉连续的灯光疏散指示标志或蓄光型辅助疏散指示标志。

疏散指示标志的设置应符合下列要求：

① 疏散指示标志的方向指示标志图形应指向最近的疏散出口或安全出口；在两个疏散出口、安全出口之间应设置带双向箭头的诱导标志，疏散通道拐弯处、“T”字型、“＋”字型路口处应增设疏散指示标志；

② 设置在安全出口或疏散出口上方的疏散指示标志，其下边缘

距门的上边缘不宜大于 0.3 m;

③ 设置在墙面上的疏散指示标志,标志中心线距室内地坪不应大于 1 m(不易安装的部位可安装在上部),走道灯光疏散指示标志间距不应大于 20 m(设置在地下建筑内,不应大于 15 m);袋形走道不应大于 10 m;在走道转角处不应大于 1.0 m;

④ 灯光疏散指示标志应设玻璃或其他不燃烧材料制作的保护罩;

⑤ 灯光疏散指示标志可采用蓄电池作备用电源,其连续供电时间不应少于 30 min。工作电源断电后,应能自动切换备用电源。

(f) 歌舞娱乐放映游艺场所及座位数 1 500 个的电影院、剧院,座位数 3 000 个的体育馆、会堂或礼堂,其内疏散走道和主要疏散路线的地面上还应设置能保持视觉连续的灯光疏散指示标志或蓄光疏散指示标志。

(12) 公共娱乐场所的外墙上应在每层设置外窗(含阳台),其间隔不应大于 15 m;每个外窗的面积不应小于 1.5 m^2,且其短边不应小于 0.8 m,窗口下沿距室内地坪不应大于 1.2 m。

4. 建筑内部装修

(1) 建筑内部装修不应遮挡消防设施、疏散指示标志及安全出口,不应减少安全出口、疏散出口和疏散走道的设计所需的净宽度和数量,并且不应妨碍消防设施和疏散走道的正常使用。

(2) 地上建筑的水平疏散走道和安全出口的门厅,其顶棚材料应采用 A 级材料装修,其他部位应采用 B_1 级以上的材料装修。

(3) 消防水泵房、排烟机房、固定灭火系统钢瓶间、配电室、变压器室、通风和空调机房等,其内部所有装修均应采用 A 级材料。

(4) 当歌舞厅、卡拉 OK 厅(含具有卡拉 OK 功能的餐厅)、夜总会、录像厅、放映厅、桑拿浴室、游艺厅、网吧等歌舞娱乐放映游艺场所设置在一、二级耐火等级建筑的四层及四层以上时,室内装修的顶棚材料应采用 A 级材料,其他部位应采用 B_1 级以上的材料装修;当设置在地下一层时,室内装修的顶棚、墙面材料应采用 A 级材料,其他部位应采用 B_1 级以上的材料装修。

(5) 公共娱乐场所建筑地下部分的办公室、客房、公共活动用房等，其顶棚材料应采用 A 级材料装修，其他部位应采用 B_1 级以上的材料装修。

5. 建筑消防设施

(1) 消火栓系统

公共娱乐场所应按照《建筑设计防火规范》GB50016、《高层民用建筑设计防火规范》GB50045 和《人民防空工程设计防火规范》GB50098 的有关要求设置室内外消防用水。

① 室外消火栓布置间距不应大于 120 m，距路边距离不应大于 2 m，距建筑外墙不宜小于 5 m。

② 下列建筑应设置室内消火栓：

(a) 超过 5 层或体积≥5 000 m^3 的建筑；

(b) 特等、甲等剧场、超过 800 个座位的其他等级的剧场、电影院、俱乐部和超过 1 200 个座位的礼堂、体育馆；

(c) 高层民用建筑、面积≥300 m^2 的地下和半地下建筑；

③ 公共娱乐场所建筑宜设置消防软管卷盘。

室内消火栓的布置，一般应布置在舞台、观众厅和电影放映室等重点部位的醒目位置，并便于取用的地方。

(2) 自动喷水灭火系统

下列建筑应设置自动喷水灭火系统：

(a) 设置在地下、半地下或地上四层及四层以上或设置在建筑首层、二层和三层且任一层建筑面积＞300 m^2 的地上公共娱乐场所；

(b) 特等、甲等剧场、超过 1 500 个座位的其他等级的剧院和超过 2 000 个座位的会堂或礼堂；

(c) 设在高层民用建筑及其裙房内的娱乐场所和建筑面积＞200 m^2 的可燃物品库房。

自动喷水灭火系统的设置应符合《自动喷水灭火系统设计规范》GB50084 中的有关要求。

(3) 火灾自动报警系统

① 下列建筑应设置火灾自动报警系统：

(a) 设在地下、半地下或地上四层及四层以上的公共娱乐场所；

(b) 设在高层民用建筑内及其裙房内的娱乐场所。

② 设在高层建筑内的公共娱乐场所宜设置漏电火灾报警系统。

火灾自动报警系统的设置应符合《火灾自动报警系统设计规范》GB50116 中的有关要求。

(4) 防排烟系统

① 下列场所应设置防排烟设施:

(a) 设在高层民用建筑及其裙房内的娱乐场所;

(b) 设置在一、二、三层且房间建筑面积>200 m^{2}或设置在四层及四层以上或地下、半地下的公共娱乐场所;

(c) 长度>20 m 的内走道;

(d) 中庭。

② 不应设置影响娱乐场所自然排烟的室内外广告牌等。

③ 不超过 6 m 净高的娱乐场所应划分面积≤500 m^{2}的防烟分区,每个防烟分区均应设有排烟口,排烟口距最远点的水平距离不应超过 30 m。

防排烟系统的设置应符合《建筑设计防火规范》GB50016、《高层民用建筑设计防火规范》GB50045 和《人民防空工程设计防火规范》GB50098 中的有关要求。

(5) 灭火器

① 公共娱乐场所应配置磷酸铵盐(ABC)干粉灭火器。

② 一个灭火器设置点的灭火器不应少于 2 具,每个设置点的灭火器不应多于 5 具。

③ 手提式灭火器应设置在挂钩、托架上或灭火器箱内,其顶部离地面高度应小于 1.5 m,底部离地面高度不应小于 0. 15 m。

公共娱乐场所内灭火器的配置应符合《建筑灭火器配置设计规范》GB50140 中的有关要求。

设置在综合性建筑内的公共娱乐场所,其消防设施和灭火器材的设置及配备,还应符合消防技术规范对综合性建筑的防火要求。

(二) 公共娱乐场所消防安全管理要求

公共娱乐场所具有火灾荷载大、人员密集、用电设备多等特点,一旦发生火灾,容易造成群死群伤的恶性事故,历来都是消防安全防控的重点。凡建筑面积≥200 m^2 且设置在地上的一至三层公共娱乐场所、设置在地上四层及四层以上的公共娱乐场所和设置在地下的公共娱乐场所都作为消防安全重点单位加以严格管理。

公共娱乐场所开业、使用前，应向当地公安消防机构申报消防安全检查，经消防安全检查合格后，方可开业或者使用。在营业时，不得超过额定人数；禁止带入、存放易燃易爆物品。设在地下、高层建筑内的公共娱乐场所禁止使用液化石油气。场所内严禁设置员工集体宿舍。

1. 消防安全责任

(1) 公共娱乐场所的法定代表人或主要负责人是公共娱乐场所的消防安全责任人，对本单位的消防安全工作全面负责。

(2) 应设置或者确定消防工作的归口管理职能部门，并确定专、兼职消防安全管理人员，负责日常消防管理。

(3) 应当落实逐级消防安全责任制和岗位消防安全责任制，明确逐级和岗位消防安全职责，确定各级、各岗位的消防安全责任人，保障消防安全疏散条件，落实消防安全措施，接受社会监督。

(4) 实施新、改、扩建及装修、维修工程时，公共娱乐场所应与施工单位在订立合同中按照有关规定明确各方对施工现场的消防安全责任。建筑工程施工现场的消防安全由施工单位负责。实行施工总承包的，由总承包单位负责。分包单位向总承包单位负责，服从总承包单位对施工现场的消防安全管理。

(5) 房屋承包、租赁或委托经营、管理时，出租人应提供符合消防安全要求的建筑物，订立的合同中应明确各方的消防安全责任。

(6) 消防车通道、涉及公共消防安全的疏散设施和其他建筑消防设施应由产权单位或委托管理的单位统一管理。两个以上产权单位或产权人合作经营的公共娱乐场所，各产权单位或产权人应明确管理责任，亦可委托统一管理。

承包、承租或者受委托经营的单位或个人应当接受统一管理，自觉履行消防安全职责。

2. 消防安全重点部位

公共娱乐场所应将下列部位确定为消防安全重点部位，张贴明显的防火标志，加强防火巡查、检查频次，及时消除火灾隐患，实行严格

管理：

(1) 容易发生火灾的部位，主要有放映室、音响控制室、舞台、厨房、锅炉房等；

(2) 发生火灾时会严重危及人身和财产安全的部位，主要有观众席、舞池、包厢区等；

(3) 对消防安全有重大影响的部位，主要有消防控制室、配电间、消防水泵房等。

3. 电气防火管理

(1) 电气设备应由具有电工资格的专业人员负责安装和维修，严格执行安全操作规程。应定期对电气线路及设备进行安全检查，有条件的可委托专业机构进行消防安全检测。

(2) 各种发热电器距离周围窗帘、幕布、布景等可燃物不应小于0.5 m。

(3) 日常管理

① 对电气线路和设备应当进行安全性能检查，新增电气线路、设备须办理内部审批手续后方可安装、使用，不得超负荷用电，不得私拉乱接电气线路及用具；

② 消防安全重点部位禁止使用具有火灾危险性的电热器具，确实必须使用时，使用部门应制定安全管理措施，明确责任人并报消防安全管理人批准、备案后，方可使用；

③ 配电柜周围及配电箱下方不得放置可燃物；

④ 保险丝不得使用钢丝、铁丝等其他金属替代。

4. 火源控制

公共娱乐场所应采取下列控制火源的措施：

(1) 严格执行内部动火审批制度，落实动火现场防范措施及监护人。

(2) 固定用火场所应当经过消防安全管理人员审批，存放燃气钢瓶的固定用火部位与其他部位应采取防火分隔措施，并设置自然通风设施。安全制度和操作规程应公布上墙，配备相应的灭火器材。

(3) 公共娱乐场所在营业期间严禁动用明火，严禁进行设备检修、电气焊、油漆粉刷等施工、维修作业。

(4) 公共娱乐场所不宜吸烟，吸烟场所应采取相应的安全措施。

5. 安全疏散设施管理

安全出口、疏散通道、疏散楼梯等安全疏散设施，是火灾时公共娱乐场所内人员疏散逃生的重要途径，应落实防火管理措施：

(1) 防火门、防火卷帘、疏散指示标志、火灾应急照明、火灾应急广播等设施应设置齐全且完好有效；

(2) 场所进出口处、包厢房间内等应在明显位置设置安全疏散图；

(3)常闭式防火门应向疏散方向开启并设有警示文字和符号，因工作需要必须常开的防火门应安装电磁门吸、电子释放器等具备联动关闭功能的装置；

(4) 疏散走道、疏散楼梯、安全出口应保持畅通，禁止占用疏散通道，不应遮挡、覆盖疏散指示标志。公共疏散门不应锁闭，应设置推闩式外开门。非正常出入的、具有安全防范要求的公共疏散门应采用安全逃生门锁；

(5) 禁止将安全出口上锁，禁止在安全出口、疏散通道上安装栅栏等影响疏散的障碍物；疏散通道、疏散楼梯、安全出口处以及房间的外窗不应设置影响安全疏散和应急救援的固定栅栏；

(6) 防火卷帘下方严禁堆放物品，消防电梯前室的防火卷帘应具备两侧手动起闭按钮。

(7) 卡拉 OK 厅及其包房内，应当设置声音或者视像警报，保证在火灾发生初期，将各卡拉 OK 房间的画面、音响消除，播送火灾警报，引导人们安全疏散。

6. 消防设施、器材日常管理

公共娱乐场所应加强建筑消防设施、灭火器材的日常管理，并确定本单位专职人员或委托具有消防设施维护保养能力的组织或单位定期进行维护保养，并保留维保记录，保证建筑消防设施、灭火器材配置齐全、正常工作。公共娱乐场所的公共部位应设置便于管理的、规范的消防安全设施警示、提示标识。

(1) 消防控制室

① 消防控制室应制定消防控制室日常管理制度、值班员职责、接

处警操作规程等工作制度。应当实行每日24小时专人值班制度，确保及时发现并正确处置火灾和故障报警。认真记录控制器日运行情况，每日检查火灾报警控制器的自检、消音、复位功能以及主备电源切换功能，并按规定填写记录相关内容。

② 消防控制室值班人员应当经消防专门培训考试合格，持证上岗。

③ 正常工作状态下，报警联动控制器及相关消防联动设备应处于自动控制状态；若设置在手动控制状态，应有确保火灾报警探测器报警后，能迅速确认火警并将手动控制转换为自动控制的措施；但严禁将自动喷水灭火系统设置在手动控制状态。

(2) 灭火器管理

加强对灭火器的日常管理和维护，建立维护、管理档案，记明类型、数量、使用期限、部位、充装记录和维护管理责任人。存在机械损伤、明显锈蚀、灭火剂泄露、被开启使用过或符合其他维修条件的灭火器应及时进行维修。

灭火器应保持铭牌完整清晰，保险销和铅封完好，压力指示区保持在绿区；应避免日光曝晒和强辐射热等环境影响。灭火器应放置在不影响疏散、便于取用的明显部位，并摆放稳固，不应被挪作他用、埋压或将灭火器箱锁闭。

(3) 消火栓系统管理

消火栓系统管理应符合下列要求：

① 消火栓不应被遮挡、圈占、埋压；

② 消火栓箱应有明显标识；

③ 消火栓箱内配器材配置齐全，系统应保持正常工作状态。

(4) 自动喷水灭火系统管理

自动喷水灭火系统管理应达到下列要求：

① 洒水喷头不应被遮挡、拆除或喷涂；

② 报警阀、末端试水装置应有明显标识，并便于操作；

③ 不得擅自关闭系统，定期进行测试和维护；

④ 系统应保持正常工作状态；

⑤ 面积超过2 000 m^2的大型公共娱乐场所的自动喷水灭火系统

宜安装消防泵自动巡检系统。

（5）火灾自动报警系统管理

火灾自动报警系统管理应达到下列要求：

① 系统应保持正常工作状态；

② 探测器等报警设备不应被遮挡、拆除；

③ 不得擅自关闭系统，维护时应落实安全措施；

④ 应由具备上岗资格的专门人员操作；

⑤ 定期进行测试和维护；

⑥ 公共娱乐场所单独设置火灾报警系统的，其控制器应接入城市集中火灾报警系统。

（6）消防标志标识的管理

消防标志标识的管理应达到下列要求：

① 基材牢固，字迹图案醒目，符合有关标准；

② 消防设施所使用的标志分为“使用”、“故障”、“检修”、“停用”四类；

③ 应根据实际情况，使用符合实际或状态的标志标识；

④ 应根据消防设施、环境状态及时调整、配置消防安全标志标识，并做好记录；

⑤ 应采取措施确保标志标识的完好，不得任意变动导致标志的损毁、迁移和错挂。

7. 防火检查

公共娱乐场所应对执行消防安全制度和落实消防安全管理措施的情况进行防火巡查和检查，落实防火巡查、检查人员，填写巡查、检查记录。检查前，应确定检查人员、部位、内容。检查后，检查人员、被检查部门的负责人应在检查记录上签字，存入单位消防档案。

防火巡查、检查人员应当及时纠正违章行为，妥善处置火灾危险，无法当场处置的，应当立即报告。发现初期火灾应当立即报警并及时扑救。

（1）营业期间，防火巡查应至少每2小时进行一次。班组交班前，营业开始前、结束后，班组消防安全管理人员应共同对营业现场进行一次检查，消除遗留火种。夜间停止营业期间，值班人员应对火、电源、可燃物品库房等重点部位进行不间断的巡查。

(2) 场所每月应至少组织一次全面防火检查。各部门、班组每周应至少组织一次防火检查。

公共娱乐场所还应当按照国家有关标准，明确各类建筑消防设施日常巡查、单项检查、联动检查的内容、方法和频次，并按规定填写相应的记录。

8. 消防宣传教育、培训

公共娱乐场所营业厅的主要通道要设置醒目的安全疏散图示。应结合季节火灾特点和重大节日、重要活动期间的防火要求，开展有针对性的消防宣传、教育活动。设有视频系统的娱乐场所，宜设置程序，在视频系统开启时，自动播放消防宣传资料。

新员工上岗前应当进行过消防安全教育、培训。对全体员工每年进行不少于一次的消防培训。宣传教育、培训情况应做好记录，适时考核，检查效果。员工经培训后，应懂得本岗位的火灾危险性、预防火灾措施、火灾扑救方法、火场逃生方法，会报火警 119、会使用灭火器材、会扑救初起火灾、会组织人员疏散。

9. 灭火和应急疏散预案与演练

公共娱乐场所应制定灭火和应急疏散预案，并定期演练。预案内容包括组织机构(指挥员、灭火行动组、通讯联络组、疏散引导组、安全防护救护组等)、报警和接警处置程序、应急疏散的组织程序、扑救初期火灾的程序、通讯联络、安全防护的程序、善后处置程序。

属于消防安全重点单位的公共娱乐场所应当按照灭火和应急疏散预案，至少每半年进行一次演练；其他单位应当按照灭火和应急方案，至少每年组织一次演练。演练结束，应及时进行总结，做好记录，及时修订预案内容。

第六节　医院火灾的预防

医院是指以向人提供医疗护理服务为主要目的的医疗机构，是集医疗、预防、康复、急救、教学为一体的特殊的公共场所，其服务对象不仅包括患者和伤员，也包括处于特定生理状态的健康人（如孕妇、产妇、新生儿）以及完全健康的人（如来医院进行体格检查或口腔清洁的人）。医院一般分为综合性和专科两大类。综合性医院是指设有大内科、大外科、妇产科、儿科、五官科等至少三科以上的病科，并设有门诊部及 24 小时服务的急诊部和住院部；专科医院则为某一专门的医治对象或防治某一专科疾病而设置。据不完全统计，截至 2007 年底，我国共有医院 19 900 个、卫生院 4 万个、社区卫生服务中心（站）2.4 万个、妇幼保健院（所、站）3 007 个，医院和卫生院床位总数达 327.9 万张，从业人员约 650 万人。

一、医院火灾特点

医院的门诊楼、病房楼属于典型的人员密集场所，相对于其他一般火灾风险的普通场所，医院发生火灾的风险较高，容易造成群死群伤恶性火灾事故。医院的火灾危险性如下：

（1）人员集中，极易造成巨大伤亡

医院内部的建筑多为中廊或内走廊式，且楼层较多，各个部门、科室之间相互连通，出于自身防盗的考虑，大多数医院在有贵重设备和财产的科室里都安装了防盗门，窗户安装防护栏，夜间锁闭病区大门，导致疏散通道不畅通。而医院作为患者集中的场所，病人及陪护人员数量众多，人员高度集中，有些骨折、危重病人行动多有不便。一旦发生火灾，疏散人数多，施救难度大，火势很容易蔓延扩大，消防人员难以及时扑救，极易造成群死群伤的严重后果。

［案例 3-2］ 2005 年 12 月 15 日，吉林省辽源市中心医院发生大火。16 时 10 分许，该医院突然停电。电工在一次电源跳闸、备用电源未自动启动的情况下，强行推闸送电。16 时 30 分许，配电箱发出“砰砰”声，并产生电弧和烟雾，导致配电室发生火灾，在自救无效的情况下，于 16 时 57 分才打电话报警，前后历时近 30 分钟，造成火势迅速发展蔓延。因该单位延误了扑救初起火灾、控制火势的最佳时机，消防队到达现场时，已形成大量人员被困的复杂局面，群死群伤事故已不可避免。这次因电工违章操作、电缆短路引发的大火，造成 40 人死亡、28 人重伤、182 人受伤，火灾直接损失 821.9 万元，是新中国成立以来卫生系统的最大一起火灾。

(2) 化学品种类多,火灾情况复杂

医院的功能复杂,住院部有大量的棉被、床垫等可燃物,手术室、制剂室、药房存放使用的乙醇、甲醇、丙酮、苯、乙醚、松节油等易燃化学试剂,以及锅炉房、消毒锅、高压氧舱液氧罐等压力容器和设备,有时还需使用酒精灯、煤气灯等明火和电炉、烘箱等电热设备,如果管理使用不当,很容易造成火灾爆炸事故,若着火时,会造成严重后果。如氧气瓶在接触碳氢化合物、油脂时会导致自燃,高压氧舱在火灾中不仅造成其内人员死亡,甚至还会发生爆炸导致严重后果。有的物品不仅燃烧速度快,而且能够产生大量的有毒有害烟气,部分危险化学品甚至有爆炸的危险,对病人和医护人员造成伤害。

(3) 病人自救能力差,致死的因素多

医院火灾具有特殊性,病人多,自救能力差,特别是有些骨折病人、动手术的病人和危重病人在输液、输氧情况下,一旦发生火灾,疏散任务重,疏散难度大。一些心脏病、高血压病人遇火灾精神紧张,有可能导致病情加重,甚至猝死。

(4) 医疗设备多,用电负荷大

各类医院在诊断、治疗过程中必须配备使用各种医疗器械和电气设备。当前医院为了接纳更多的病人患者,大型医疗设备与日俱增,不少医院舍得投资几百万购买先进的设备而不愿花费几万元更新陈旧电气线路。同时,因科室调整、原设计用途变更、电力超负荷等出现一些火灾隐患,导致电气线路老化或过载运行,致使电线表面绝缘层破损短路而引发火灾。如吉林省辽源市中心医院火灾就是一起典型的电气线路故障火灾案例。

二、医院火灾预防

(一) 医院的消防安全技术要求

医院具有人员众多(如病人及其陪护人员、探视人员、医护人员等)、人员流量大、医疗设备用电多、危险化学物品使用多等特点,其火灾风险较普通场所高,火灾容易造成群死群伤恶性事故,因此,其防火设计标准较高,日常的防火管理也较严。

医院的总平面布局、建筑耐火等级、建筑平面布局、安全疏散、消防设施必须符合《建筑设计防火规范》GB50016、《高层民用建筑设计防火规范》GB50045 等国家有关消防技术规范的具体规定。

1. 消防安全布局和建筑耐火等级

(1) 合理规划消防通道,病房楼、危险品仓库应相对独立,建筑间及建筑与液氧、液氯储罐等设施之间应保持足够的防火间距,合理确定消防水源的位置。

(2) 液氧储罐不应设在地下室内,当其总容量不超过 3 m^3 时,储罐间可单面贴邻建筑外墙建造,但应采用防火墙隔开。

(3) 建筑耐火等级应采用一、二级,当为三级耐火等级时不应超过三层。病房的建筑构件不得采用可燃夹芯钢板。

(4) 住院部不应设置在三级耐火等级建筑的三层及三层以上或地下、半地下室内。儿科病房宜设置在四层或四层以下。

(5) 燃油(气)锅炉、可燃油油浸电力变压器、充有可燃油的高压电容器和多油开关,应设置在高层建筑外的专用房内。除液化石油气作燃料的锅炉外,当必须附设在建筑物内时,不应设置在病房等人员密集场所的上一层、下一层或贴邻。

(6) 高压氧舱应设置在耐火等级为一、二级的建筑内,并使用防火墙与其他部位分隔,但不应设置在地下室内。供氧房宜布置在主体建筑的墙外,并远离热源、火源和易燃、易爆源。

2. 防火分隔

(1) 多幢设有自动消防设施的建筑,宜集中设置消防控制室;消防控制室应设置在建筑的首层或地下一层,采用耐火极限不低于 2 h 的隔墙和 1.5 h 的楼板与其他部位隔开,并应设置直通室外的安全出口。

(2) 建筑内设置自动灭火系统的设备室、通风、空调机房,应使用耐火极限不低于 2 h 的隔墙和 1.5 h 的楼板与其他部位隔开,其房间门高层建筑应采用甲级防火门,多层应采用乙级防火门。

(3) 防火分区内的病房、产房、手术室、精密贵重医疗设备用房等,均应采用耐火极限不低于 1 h 的非燃烧体与其他部位隔开。

(4) 手术室应使用耐火极限不低于 2 h 的不燃墙体和耐火极限不低于 1 h 的楼板与其他场所隔开,并设置不低于乙级的防火门。

(5) 同层设有两个及两个以上护理单元时,通向公共走道的单元入口处，应设乙级防火门。

(6) 病房楼内设有地下汽车库时，与其他部分应形成完全的防火分隔。

(7) 电梯井应独立设置，井内严禁敷设可燃气体和甲、乙、丙类液体管道；电缆井、管道井等竖向管道井，应分别独立设置，井壁上的检查门应采用丙级防火门，一般应每隔 2 至 3 层在楼板处使用相当于楼板耐火极限的不燃材料做防火分隔。

3. 安全疏散

(1) 医院建筑的安全出口数不应少于两个，底层应设置直通室外的出口。安全出口或疏散出口应分散布置，相邻两个安全出口或疏散出口最近边缘之间的水平距离不应小于 5 m。

(2) 医院建筑内疏散楼梯、走道的净宽根据《建筑设计防火规范》GB50016、《高层民用建筑设计防火规范》GB50045 规定的有关疏散宽度指标和实际疏散人数计算确定。

疏散楼梯、走道的最小净宽：单层、多层医院建筑，其楼梯和走道不应小于 1.1 m；高层、地下医院建筑，其楼梯不应小于 1.3 m，其中主疏散楼梯的宽度不得小于 1.65 m；走道单面布房时不应小于 1.4 m，双面布房时不应小于 1.5 m。首层疏散外门不应小于 1.3 m。

(3) 医院高层建筑内的会议室、多功能厅等人员密集场所，室内任何一点至最近的疏散出口的直线距离不应超过 30 m；其他房间内最远点至房门的直线距离不应超过 15 m。

(4) 医院高层建筑内，位于两个安全出口之间的病房门至最近的外部出口或楼梯间的最大距离应不大于 24 m，其他房间门的最大距离应不大于 30 m；位于袋形走道两侧或顶端的房间至最近的外部出口或楼梯间的最大距离应不大于 12 m，其他房间门的最大距离应不大于 15 m。

医院多层建筑内，位于两个安全出口之间的病房门至最近的外部出口或楼梯间的最大距离，一、二级耐火等级建筑不应大于 35 m，三级耐火等级建筑不应大于 30 m；位于袋形走道两侧或顶端的房间至最近的外部出口或楼梯间的最大距离，一、二级耐火等级建筑不应大于 20 m，三级耐火等级建筑不应大于 15 m。

(5) 病人使用的疏散楼梯至少应有一座为天然采光和自然通风的楼梯。

(6) 多层建筑病房楼、超过5层的其他多层公共建筑、建筑面积≥500 m² 且设置在底层地坪与室外出入口高差不大于10 m的地下建筑的室内疏散楼梯，均应设置封闭楼梯间。

高层医院建筑、建筑面积≥500 m² 且设置在底层地坪与室外出入口高差大于10 m的地下建筑应设置防烟楼梯间。

封闭楼梯间、防烟楼梯间的设置应符合《建筑设计防火规范》GB50016、《高层民用建筑设计防火规范》GB50045和《建筑内部装修设计防火规范》GB50222的要求。

(7) 疏散门应向疏散方向开启，不应采用卷帘门、转门、吊门、侧拉门。疏散楼梯和走道上的阶梯不应采用螺旋楼梯和扇形踏步。

安全出口处不应设置门槛、台阶、屏风等影响疏散的遮挡物。疏散门内外1.4 m范围内不应设置踏步。

(8) 疏散通道、疏散楼梯、安全出口处以及房间的外窗不应设置影响安全疏散和消防应急救援的固定栅栏。

4. 建筑内部装修

(1) 地下病房、医疗用房，其顶棚、墙面应采用符合国家有关标准规定的不燃装修材料，地面、隔断、固定家具、装饰织物可采用符合国家有关标准规定的难燃装修材料。

单层、多层病房楼，顶棚应采用符合国家有关标准规定的不燃装修材料，墙面、隔断、装饰织物应采用符合国家有关标准规定的难燃装修材料，地面、固定家具可采用可燃装修材料。

(2) 高压氧舱内的装饰材料应采用符合国家有关标准规定的不燃材料或难燃材料。

医院建筑内部装修还应符合《建筑内部装修设计防火规范》GB50222和《建筑内部装修防火施工和验收规范》GB50354中的有关要求。

5. 建筑消防设施

(1) 消火栓系统

医院应按照《建筑设计防火规范》GB50016、《高层民用建筑设计防

火规范》GB50045和《人民防空工程设计防火规范》GB50098规范中的有关要求，设置室内外消防用水。

① 室外消火栓布置间距不应大于120 m，距路边距离不应大于2 m，距建筑外墙不宜大于5 m。

② 医院下列建筑应设室内消火栓系统：

(a) 超过五层或体积超过10 000 m^3的建筑；

(b) 体积超过5 000 m^3的门诊楼、病房楼；

(c) 高层医院建筑；

(d) 建筑面积>300 m^2的人防工程。

(2) 自动喷水灭火系统

医院下列建筑应设自动喷水灭火系统：

① 设有空气调节系统的单层、多层建筑；

② 任一楼层建筑面积>1 500 m^2 或总建筑面积>3 000 m^2 的病房楼、门诊楼、手术部；

③ 高层建筑的公共活动用房、走道、办公室、可燃物品库房、自动扶梯底部和垃圾道顶部；

④ 建筑面积>1 000 m^2的人防工程。

自动喷水灭火系统的设置应符合《自动喷水灭火系统设计规范》GB50084中的有关要求。

(3) 火灾自动报警系统

① 高层病房楼的病房、贵重医疗设备室、病历档案室、药品库和办公室及会议室等。

② 多层建筑大于等于200床位的医院门诊楼、病房楼、手术部等。

火灾自动报警系统的设置应符合《火灾自动报警系统设计规范》GB50116中的有关要求。

(4) 火灾应急照明

① 医院建筑的下列部位应设有火灾应急照明：

(a)楼梯间、封闭楼梯间、防烟楼梯间及其前室、消防电梯间及其前室、合用前室；

(b)建筑内的疏散走道；

(c)急(门)诊厅、集中输液室、多功能厅、餐厅等人员密集场所；

(d)建筑面积大于300 m^2的地下室；

(e)消防控制室、自备发电机房、消防水泵房、防排烟机房、配电室和自备发电机房、电话总机房以及发生火灾时仍需坚持工作的其他房间。

② 火灾应急照明的设置应符合下列要求：

(a) 宜设置在墙面或顶棚上，地上建筑的应急照明照度不应低于0.5 lx，地下建筑不应低于5.0 lx，发生火灾时仍需坚持工作的房间应保持正常的照度；

(b) 应设玻璃或其他透明、阻燃材料制作的保护罩；

(c) 除使用正常电源外，应附设另一路电源供电，可采用独立于正常电源的发电机组供电，或采用蓄电池作备用电源，其连续供电时间应不少于30 min，或可选用自带电源型应急灯具；

(d) 正常电源断电后，火灾应急照明电源转换时间应不大于15 s。

(5) 疏散指示标志

① 安全出口或疏散出口的上方、疏散走道均应设置灯光疏散指示标志。

② 疏散指示标志的设置应符合下列要求：

(a) 疏散指示标志的方向指示标志图形应指向最近的疏散出口或安全出口，在两个疏散出口、安全出口之间应按不大于20 m的间距设置带双向箭头的诱导标志，疏散通道拐弯处、"丁"字型、"十"字型路口处应增设疏散指示标志，其间距不应大于1 m；对于袋形走道，不应大于10 m；

(b) 设置在安全出口或疏散出口上方的安全出口标志，其下边缘距门的上边缘距离不宜大于0.3 m；疏散走道两侧墙面上的安全出口，其疏散指示标志应设于走道吊顶下方指向安全出口；

(c) 设置在墙面上的疏散指示标志，标志中心线距室内地坪距离不应大于1 m(该部位难以安装时，可安装在墙面上部)；

(d) 疏散指示标志灯应设玻璃或其他透明、阻燃材料制作的保护罩；

(e)疏散指示标志灯可采用蓄电池作备用电源，其连续供电时间应不少于30 min。工作电源断电后，应能自动接合备用电源。

(6) 灭火器

① 一个灭火器设置点的灭火器不应少于2具,每个设置点的灭火器不应多于5具。

② 手提式灭火器应设置在挂钩、托架上或灭火器箱内,其顶部离地面高度应小于1.5 m,底部离地面高度不应小于0.15 m。

医院建筑灭火器的配置应符合《建筑灭火器配置设计规范》GB50140中的有关要求。

(二) 医院的消防安全管理要求

医院新建、改建、扩建、装修或变更房屋用途时,应当依法向当地公安消防机构申报消防设计审核或备案抽查,经审核合格后方可施工;工程竣工后,应及时向公安消防机构申报消防验收或备案,未经验收或者经验收不合格的,不得投入使用。

1. 消防安全责任

(1) 医院的法定代表人或主要负责人是医院的消防安全责任人,对本单位的消防安全工作全面负责。医院应当建立完善消防安全管理体系,落实逐级消防安全责任制和岗位消防安全责任制,明确逐级和岗位消防安全职责,确定各级、各岗位的消防安全责任人,保障消防安全疏散条件,落实消防安全措施。

(2) 应设置或者确定消防工作的归口管理职能部门,并确定专、兼职消防安全管理人员,负责日常消防管理。

(3) 实施新、改、扩建及装修、维修工程时,医院应与施工单位在订立合同中按照有关规定明确各方对施工现场的消防安全责任。建筑工程施工现场的消防安全由施工单位负责。实行施工总承包的,由总承包单位负责。分包单位向总承包单位负责,服从总承包单位对施工现场的消防安全管理。

2. 消防安全重点部位

下列部位确定为医院的消防安全重点部位:

(1) 容易发生火灾的部位,主要有危险品仓库、理化试验室、中心供氧站、高压氧舱、胶片室、锅炉房、木工间等;

(2) 发生火灾时会严重危及人身和财产安全的部位,主要有病房楼、手术室、宿舍楼、贵重设备工作室、档案室、微机中心、病案室、财会

室、大宗可燃物资仓库等;

(3) 对消防安全有重大影响的部位,主要有消防控制室、配电间、消防水泵房等。

上述重点部位应设置明显的防火标志,标明"消防重点部位"和"防火责任人",落实相应管理规定,实行严格管理。

3. 电气防火管理

(1) 电器设备应由具有电工资格的专业人员负责安装和维修,严格执行安全操作规程。每年应对电气线路和设备进行安全性能检查,必要时应委托专业机构进行电气消防安全检测。

(2) 在要求防爆、防尘、防潮的部位安装电器设备,应符合有关安全技术要求。

(3) 日常管理

① 编制内部用电负荷计划表,新增电气线路、设备须办理内部审批手续后方可安装、使用,不得超负荷用电,不得私拉乱接电气线路及用具;

② 消防安全重点部位禁止使用具有火灾危险性的电热器具,确因医疗、科研、试验需要而必须使用时,使用部门应制定安全管理措施,明确责任人并报消防安全管理人批准、备案后,方可使用;

③ 配电柜周围及配电箱下方不得放置可燃物;

④ 非使用期间应关闭非必要的电器设备;

⑤ 保险丝不得使用钢丝、铝丝等替代。

4. 火源控制

医院应采取下列控制火源的措施:

(1) 严格执行内部动火审批制度,及时落实动火现场防范措施及监护人;

(2) 固定用火场所、设施和大型医疗设备应有专人负责,安全制度和操作规程应公布上墙;

(3) 宿舍内禁止使用蜡烛等明火用具,病房内非医疗区不得使用明火;

(4) 病区、门诊室、药(库)房和变配电室内禁止烧纸,除吸烟室外,不得在任何区域吸烟。

(5) 处理污染的药棉、绷带以及手术后的遗弃物等物品的焚烧炉，必须选择安全地点设置，专人管理，以防引燃周围的可燃物。

5. 易燃易爆危险化学物品管理

在治疗、手术过程中，医院通常会使用乙醇、乙醚等易燃易爆危险化学物品，对此应采取下列措施，加以严格管理：

(1) 严格易燃易爆危险化学品使用审批制度；

(2) 加强易燃易爆化学危险品储存管理，应根据其物理化学特性分类、分区、分室存放，严禁混存，高温季节室内温度应控制在 28 ℃以下，并加强储存场所的通风；

(3) 病房、宿舍及大型医疗设备工作场所禁止带入易燃易爆危险化学品。

6. 安全疏散设施管理

疏散楼梯、安全出口及疏散走道等安全疏散设施是火灾情况下病人、医务工作人员疏散逃生的主要路径，也是消防人员进行灭火救援的通道，因此，医院必须落实有效的防火措施进行管理。

(1) 防火门、防火卷帘、疏散指示标志、火灾应急照明、火灾应急广播等设施应设置齐全完好有效；

(2) 医疗用房(如门诊部、急诊部等)、病房楼应在明显位置设置安全疏散图；

(3) 常闭式防火门应向疏散方向开启并设有警示文字和符号，因工作必须常开的防火门应具备联动关闭功能；

(4) 保持疏散通道、安全出口畅通，禁止占用疏散通道，不应遮挡、覆盖疏散指示标志；

(5) 安全出口禁止上锁，禁止在安全出口、疏散通道上安装栅栏等影响疏散的障碍物；疏散通道、疏散楼梯、安全出口处以及房间的外窗不应设置影响安全疏散和应急救援的固定栅栏；

(6) 保持病房楼、门诊楼的疏散走道、疏散楼梯、安全出口的畅通，不得设置临时病床；公共疏散门不应锁闭，宜设置推闩式外开门；

(7) 防火卷帘下方严禁堆放物品，消防电梯前室的防火卷帘应具备停滞功能。

7. 消防设施、器材日常管理

加强医院建筑消防设施、灭火器材的日常管理，并确定专职人员或委托具有消防设施维护保养资格的组织或单位进行消防设施维护保养，保证建筑消防设施、灭火器材配置齐全、正常工作。

(1) 消防控制室

① 消防控制室应制定消防控制室日常管理制度、值班员职责、接处警操作规程等工作制度。实行每日 24 小时专人值班制度，确保及时发现并准确处置火灾和故障报警。

② 值班人员应当经消防专业培训、考试合格，持证上岗，认真记录控制器日运行情况，每日检查火灾报警控制器的自检、消音、复位功能以及主备电源切换功能，并按规定填写记录相关内容。

③ 正常工作状态下，报警联动控制设备应处于自动控制状态；若设置在手动控制状态，应有确保火灾报警探测器报警后，能迅速确认火警并将手动控制转换为自动控制的措施；但严禁将自动喷水灭火系统和联动控制的防火卷帘等防火分隔设施设置在手动控制状态。

(2) 灭火器管理

① 加强灭火器的日常管理和维护，建立维护、管理档案，记明类型、数量、部位、充装记录和维护管理责任人。

② 保持灭火器铭牌完整清晰，保险销和铅封完好，应避免日光曝晒和强辐射热等环境影响。

③ 灭火器应放置在不影响疏散、便于取用的明显部位，并摆放稳固，不应被挪作他用、埋压或将灭火器箱锁闭。

(3) 消火栓系统管理

消火栓系统管理应符合下列要求：

① 消火栓不应被遮挡、圈占、埋压；

② 消火栓箱应有明显标识；

③ 消火栓箱内配器材配置齐全，系统应保持正常工作状态。

(4) 自动喷水灭火系统管理

自动喷水灭火系统管理应达到下列要求：

① 洒水喷头不应被遮挡、拆除；

② 报警阀、末端试水装置应有明显标识，并便于操作；

③ 定期进行测试和维护；

④ 系统应保持正常工作状态。

(5) 火灾自动报警系统管理

火灾自动报警系统管理应达到下列要求：

① 探测器等报警设备不应被遮挡、拆除；

② 不得擅自关闭系统，维护时应落实安全措施；

③ 应由具备上岗资格的专门人员操作；

④ 定期进行测试和维护；系统应保持正常工作状态

(6) 设施维护标志

不得任意变动导致标志的损毁、迁移和错挂。消防设施所使用的标志分为“使用”、“故障”、“检修”、“停用”四类。

8. 防火检查

医院是消防安全重点单位，应按照《机关、团体、企业、事业单位消防安全管理规定》的要求，对消防安全制度和落实消防安全管理措施的执行情况进行巡查和检查，落实防火巡查、检查人员，填写巡查、检查记录，及时纠正违章行为，妥善处置火灾危险，无法当场处置的，应当立即报告。发现初期火灾应当立即报警并及时扑救。

(1) 每日应当进行防火巡查并填写防火巡查记录，巡查应以病房等消防安全重点部位为重点，病房应当加强夜间巡查。

(2) 每月至少组织一次防火检查，还应根据消防安全要求，开展年度检查、季节性检查、专项检查、突击检查等形式的防火检查。

医院应当按照国家有关标准，明确各类建筑消防设施日常巡查、单项检查、联动检查的内容、方法和频次，并按规定填写相应的记录。

9. 消防安全宣传、培训

医院应当通过张贴图画、广播电视、知识竞赛、培训讲座、宣传板报等多种形式，开展经常性消防安全宣传教育，并做好记录。培训程序、培训内容应考虑不同层次、不同岗位的需求。医院应当利用内部宣传工具宣传安全疏散、逃生自救等防火安全注意事项。不同季节和重大节日、活动前应开展有针对性的消防宣传、教育活动。员工经培训后，应做到懂火灾的危险性、预防火灾措施、火灾扑救方法、火场逃生方法；会报火警 119、会使用灭火器材、会扑救初起火灾、会组织人员疏散。

10. 灭火和应急疏散预案及演练

医院应当根据《消防法》的有关规定，制定灭火和应急疏散预案，并定期演练，以减少火灾危害。预案内容包括组织机构(指挥员、灭火行动组、通讯联络组、疏散引导组、安全防护救护组等)、报警和接警处置程序、应急疏散的组织程序、扑救初期火灾的程序、通讯联络、安全防护的程序、善后处置程序。

属于消防安全重点单位的医院(如病床数大于50张的医院)应当按照灭火和应急疏散预案，至少每半年进行一次演练；其他单位应当按照灭火和应急方案，至少每年组织一次演练。消防演练时，应当设置明显标识并事先告知演练范围内的相关部门科室人员、病人及其家属，防止发生意外混乱。演练结束，应及时进行总结，做好记录，及时修订预案内容。

(三) 相关重点部位的防火要求

1. 手术室

医院的手术室内常用设备有万能手术台、麻醉台、麻醉机、氧气瓶、药物下敷料柜、输液架、吸引器、电凝器和激光刀等，常用的麻醉剂有乙醚、甲氧氟烷、环丙烷、氧化亚氮等，其火灾危险性主要来自于电气设备和使用易燃的麻醉剂。其防火要求主要有：

(1) 良好的通风。手术室内应有良好的通风设备，不得使用循环排风。由于乙醚、乙醇的蒸气密度比空气大，大多沉积于地面，因此，排风口应设置在手术室靠近地板的下部，进风口应设置于手术室靠近顶棚的上部。宜在给病人施行乙醚麻醉的部位，安装吸风管，实施局部吸风，以排除乙醚蒸气。

(2) 控制易燃物。手术室内不得储存可燃、易燃药品；手术中使用的易燃药品，应随用随领，不应储存在其内；手术室内不得使用盆装酒精泡手消毒，如必须使用，则应在与手术室隔开的房间内进行；麻醉设备应完好，应按规程慎重操作，以防止乙醚与空气的混合物大量逸漏；使用过的酒精、乙醚等物应随时封口放入有盖的容器中。

(3) 火源控制。手术室内禁止使用电炉、酒精灯等明火设备；电力系统的电源设备必须绝缘良好，以防短路产生电火花；在有高压氧或使用易燃麻醉剂的过程中，禁止使用电炉或火炉、电凝器、激光刀等，严禁使用酒精灯消毒器械。

(4) 电气防火。由于乙醚等可燃蒸气比空气重，因此，手术室内

的电气开关和插座的安装高度一般距地面不小于 1.5 m;手术室内的非防爆型开关、插头,应在手术麻醉前合上、插好;手术完毕后,必须待乙醚等可燃蒸气散发排净后,方可切断或拔去插头,以防发生爆炸。

(5) 防静电。手术室宜铺设导电性能良好的地板;所有布类及工作人员、病员服装均采用全棉织品。

(6) 应配有二氧化碳灭火器材等。

2. 理化检验和实验室

在进行理化检验和实验操作的过程中,大多会使用到醇、醚、叠氮钠、苦味酸等一些易燃易爆化学试剂及烘箱等通用设备,且主要进行的是实验操作工作,它们的防火主要考虑以下方面:

(1) 平面布局防火要求

① 实验室不宜设置在门诊病人密集区域,也不宜设在医院主要通道口、锅炉房、药库、X 线胶片室等附近。应布置在医院的一侧,门应设在靠近外侧处,以便发生事故时能迅速疏散和实施扑救。

② 实验室内的试剂橱应放在人员进出和实验操作时不易靠近的部位,且应设在实验室的阴凉之处,以免太阳光直射,同时注意自然通风;电烘箱、高速离心机等设备应设放在远离试剂的部位。

③ 必须保持良好通风。应在室内相对两侧设置窗户自然通风,使实验操作时逸出的有毒易燃气体能及时排出,同时,还应采取措施使排出的气体不致流入病房、观察室、候诊室等人员密集的区域。

(2) 化学试剂存放要求

① 实验室使用的乙醚、乙醇、甲醇、丙酮及苯等易燃液体应存放在试剂橱的底层阴凉处,以免试剂瓶破损后渗漏出来的液体与其他试剂发生化学反应;高锰酸钾、重铬酸钾等氧化剂与易燃有机物应分开储存,不得混存;乙醚等见日光产生过氧化物的物质,应避光存放;尚未使用完的乙醚试剂瓶,不应存放在普通冰箱内,以免冰箱启动时产生的电火花引爆乙醚蒸气。

② 叠氮钠等防腐剂属于起爆药品,震动时会有爆炸危险,且有剧毒。包装完好的叠氮钠应放置在黄沙桶内,做到专柜保管,平衡防震,双人双锁。苦味酸有爆炸性,应先配制成溶液后存放,避免触及金属,以免形成爆炸敏感性更高的苦味酸盐。

③ 试剂瓶标签必须齐全清楚，不得存放无标签或标签模糊、脱落的试剂瓶。

④ 试剂瓶库(室)应有专人负责管理，定期检查清理。

(3) 其他防火要求

① 容易分解的试剂或强氧化剂(过氯酸、高锰酸钾、双氧水等)加热时容易爆炸或冲料，应在通风橱内进行操作。

② 实验操作完毕后，应将试剂入橱保存，不得放置在实验台上。

③ 实验室内的电气设备，应规范安装，定期检查，以防漏电、短路、超负荷运行。

④ 烘箱等发热体不应直接放在木台上，与木台之间应有砖块、石棉板等隔热材料衬垫。

3. 病理室

病理室的防火要求与理化检验和实验室大体相同。除此以外，还应做到：

(1) 切片制作过程中所有的烘干工序应在真空烘箱中进行，不宜使用电热烘箱设备，以防易燃液体蒸气与空气形成的爆炸性气体混合物遇明火电热丝引起爆炸。

(2) 每项使用易燃液体的操作都应在实验橱内进行。

(3) 沾有溶剂或石蜡的物品，应集中处理，不得任意乱放或与火源接触。

4. 药品仓库

药品仓库是指医院的附属药品库房。其储存的药品大多是可燃的，有的还储有如乙醚、苯、丙酮、甲醇、双氧水、高锰酸钾等易燃易爆化学品，所以采取有效的防火措施非常重要。

(1) 设置位置

药品库房一般独立设置在医院的一角，不得与门诊部、病房等人员密集场所毗连，不得靠近X线胶片室、手术室、锅炉房等。

(2) 建筑防火

药品库房的耐火等级应为一、二级。若为三级时，则可燃、易燃药品应分别放置在用不燃材料砌成的药品货架上。

地下室可储存片剂、针剂、水剂、油膏等不燃、不易挥发的药品，不

应储存乙醇、乙醚等易燃物品。

(3) 储存要求

① 可燃、易燃的化学药品如乙醇、乙醚、丙酮等与其他不燃药品应分间存放或隔开存放,不得混存,并应符合危险化学品储存的安全技术要求。

② 苦味酸、叠氮钠及硝化甘油片剂、亚硝异戊酸等具有爆炸性的药品,应单独存放,叠氮钠应存放在沙盘内,以防震动起爆。

③ 重铬酸钾、高锰酸钾、双氧水等氧化剂不得与其他药品混存。

④ 存放量大的中草药库房,应定期将中草药摊开,注意防潮,预防集热自燃。

⑤ 库内电气设备的安装、使用应符合防火要求;不得使用 60 W 以上的白炽灯、碘钨灯、高压汞灯和电热器具。灯具 0.5 m 周边范围内及垂直下方不得有可燃物;药库用电应在库外或值班室内设置电源总开关,库内无人时应断开总开关。

5. 药房

药房是医院直接向门诊病人和病房供药的部门,主要有以下防火要求:

(1) 药房宜设置在门诊部或住院部的首层。

(2) 乙醇、乙醚等易燃危险药品应限量存放,一般不得超过一天的用量。

(3) 以高锰酸钾等氧化剂进行配方时,应采用玻璃、瓷质器皿盛放,不得采用纸质包装袋。

(4) 化学性质相互抵触或相互反应的药品,应分开存放;盛放易燃液体的玻璃器皿,应放在专用的药架底层,以免破碎、脱落引发火灾。

(5) 药房内废弃的纸盒、纸屑、说明书等可燃物,应集中放在专用桶篓内,集中按时清除,不应随意乱丢乱放。

(6) 药房内严禁烟火。照明线路、灯具、开关的敷设、安装、使用应符合相关电气防火要求。

6. 高压氧舱

高压氧舱是一种载人的容器医疗设备,是抢救煤气中毒、溺水、缺氧窒息等危急病人的必备设备，治疗压力一般在0.2～0.25 MPa。一旦失火，舱内人员很难撤离，往往造成严重伤亡事故。据相关文献记载，从1923年至1996年的74年间，亚洲、欧洲和北美洲共发生高压氧舱火灾事故有35起，导致77人死亡。我国从1965年到2004年间，共发生26起，死亡63人，重伤9人。因此，高压氧舱的防火应着重注意以下几点：

（1）严禁舱内使用强电。舱内除通讯及信号传感元件外，不得设置任何电器。照明采用舱外方式，光源设置在窗外观察窗部位，同时窗外应配置应急照明系统，严禁舱内采用日光灯或其他普通照明灯具。

（2）严格控制舱内氧浓度。一般不超过23%，严禁超过25%。

（3）尽量减少舱内可燃物。严禁采用易燃、可燃或燃烧时能产生有毒的材料进行内部装饰；舱内的地板应具良好的导电性；不得使用羊毛、化纤被褥、毯子及椅垫等；舱内任何部位均不应沾有油脂。严禁将松节油、活络油、乙醇、樟脑油等易燃物质带入舱内。

（4）严格控制和杜绝一切火源。病人应着统一的全棉质病员服装和拖鞋入舱。严禁穿戴能产生静电的化纤织物和携带手机、手表、玩具等物进舱。严禁将打火机、火柴、油污之物带入舱内。进入舱内的人员应事先经安全教育。

（5）设置灭火设施。大型的医用氧舱，宜设置自动喷水灭火装置和应急呼吸装置；中、小型的，可采用低毒高效的灭火器等。

7. 病房

病房区大多居住的是行动不便病人，如发生火灾，疏散难度大，极易造成重大伤亡事故，因此，病房的防火应做到：

（1）病房疏散通道、疏散楼梯内不得堆放可燃物品及其他杂物，不得加设病床，应保持畅通无阻；走道上为防火分区用的防火门平时如需常开，则发生火灾时应能自动关闭；疏散门应采用向疏散方向开启的平开门，不应采用推拉门、卷帘门、吊门、转门，疏散门不得上锁；疏散走道应设置火灾应急照明、疏散指示标志和火灾应急广播，并保持完好有效。

（2）严禁私拉乱接电线、擅自使用电气设备。病房的电气线路和设备不得擅自改动，严禁使用电炉、液化气炉、煤气炉、电热水壶、酒精炉等非医疗用电器具，以防超负荷运行。

(3) 病房内严禁吸烟及使用明火烘烤衣服，病人及其家属加热食品的炉灶，应设在病房区以外的专门地方，并应有专人管理，不得设在病房内。

(4) 正确使用氧气(瓶)。给病人输氧时应注意氧气瓶的防火安全，输氧操作应由医务人员进行。氧气瓶应固定竖立放置，远离火(热)源，使用时应轻搬轻放，避免碰撞；氧气瓶的开关、压力表、管道应严密不漏气；氧气瓶不得沾有油污，不得用有油污的手或抹布触摸钢瓶，擦拭氧气瓶上的油污，应采用四氯化碳，以免油污与氧气接触引发燃烧；输氧结束后，应关好阀门，撤出病房存放在专用仓库内；集中输氧系统应严密不漏，输氧管道的消毒可选用 0.1% 的洁尔灭消毒液，不得使用酒精等有机溶剂；氧气瓶室不得堆放任何可燃物，并保持清洁。

8. 胶片室

(1) 胶片室应独立设置在阴凉、通风、干燥处，室内温度一般保持在 0～10 ℃，最高不得超过 25 ℃，夏季必须采取降温措施。室内相对湿度应控制在 30%～50% 以内。

(2) 胶片室是专门存放胶片的地方，不得存放其他可燃、易燃物品；除照明用电以外，室内不得安装、使用其他电气设备。

(3) 陈旧的硝酸纤维胶片容易发生霉变分解自燃，应经常检查，其中不必要的，尽量清除处理；必须保存的，应擦拭干净存放在铁箱内，与醋酸纤维胶片室分开存放。

(4) 为防止胶片相互摩擦产生静电，胶片必须装入纸袋存放在专用橱架上分层竖放，不得重叠平放。

(5) 胶片室内严禁吸烟，下班时应切断电源。

第七节　学校火灾的预防

学校是对学生及成人进行文化教育和培训的单位，分为高等院校、中、小学校和幼儿园等，其中有的中、小学校和幼儿园带有寄宿性质。学校既是教书育人的地方，又是人员密集的场所，其教学楼、图书馆、食堂、礼堂和集体宿舍是消防安全重点部位。相关统计资料表明，2000 年至 2003 年的 4 年间，全国学校(含幼儿园)发生火灾 3 700 余起，共造成 44 人死亡、79 人受伤，直接经济损失 2 200 余万元。因此，采取有效措施，加强学校的消防安全工作，进一步强化师生的消防安全意识，彻底消除校园内的消防安全隐患，任务繁重，意义重大。

一、学校火灾特点

1. 火灾事故突发、起火原因复杂

学校的内部单位点多面广，教学设备、物资存储较为分散，生产、生活火源多，用电量大，可燃物种类繁多。从学校发生的火灾来看，有人为的原因，也有自然的因素；从时间上看，火灾大都发生在节假日、工余时间和晚间；从发生的部位上看，大多发生在实验室、仓库、图书馆、学生宿舍及其他人员往来频繁的公共场所等存在隐患的部位及生产、后勤部门及其出租场所，这些部位一旦发生火灾，往往具有突发性。

2. 高层建筑增多，给火灾预防和扑救工作带来巨大困难

学校因受扩招、大办各类成人高等教育等教育产业化的驱动，以及学校之间教学、科研的竞争，各个学校的建设规模都在不同程度上迅速扩大，校园的发展较快，校园内高层建筑增多，形成了火灾难防、难救、人员难于疏散的新特点，有的高层建筑还存在消防设备落后、消防投资不足等弊端，这些都给消防安全管理工作带来了一定难度。

3. 火灾容易造成巨大的财产损失

学校教学、科研、实验仪器设备众多，动植物标本、中外文图书资料多，一旦发生火灾，损失惨重。精密、贵重的仪器设备，往往是国家筹集资金购置的，发生火灾后，其损失很难立即补充，既有较大的有形资产损失，直接影响教学、科研与实验的正常进行，更有无形资产的损失。珍贵的标本、图书资料是一个学校深厚文化积淀的重要标志，须经过几十年、上百年的积累和保存，因火灾造成损失，则不可复得。因

而，这类火灾损失极为惨重，影响极大。

4. 容易造成人员伤亡，社会影响极大

学校是教师和学生高度集中的场所，人口密度大，集中居住的宿舍、公寓多，宿舍、公寓内违章生活用电、用火较多，电气线路私拉乱接现象较为普遍，因用电、用火不慎而发生火灾后，如火势得不到有效控制便会很快蔓延，火烧连营，影响顺利疏散逃生，难免会造成人身伤亡。同时，学校是社会稳定的晴雨表，是各类信息的集散地，一旦发生火灾，会迅速传遍社会，特别是出现人身伤亡，会造成极为严重的社会影响。

5. 人为因素使疏散不畅

上课的教室、开放的图书室、集会的礼堂和休息、住宿的宿舍、公寓都是典型的人员密集之处。大多数学校从防盗及学生日常人身安全出发，采取了加装防盗门、锁闭安全出口等一些有悖于消防安全疏散的措施，仅留一、二个出口用于日常进出；有的大学和寄宿性中、小学校为防止学生夜间外出，采取“封闭式管理”，给宿舍的窗户、出口安装防护栏、栅栏门，学生就寝后锁闭宿舍楼出口，疏散通道不畅进一步加大了火灾危害性。

6. 实验室管理或操作不慎引发火灾爆事故

实验室由于做实验或科研的需要，通常存放、使用必要的易燃易爆甚至有毒的化学物品(或试剂)，这些物品如果在实验过程中由于违反操作规程或管理不慎，都会引起燃烧爆炸事故。事实上，此类事故在实验室时有发生。

除了上述共性问题以外，中、小学校和幼儿园、托儿所尚存在以下火灾危险性：

1. 部分建筑耐火等级低，电气线路陈旧老化

由于种种原因，一些中、小学校和幼儿园、托儿所的建筑耐火等级偏低，有的甚至设置在三级以下耐火等级的建筑中，消防通道不畅，防火间距不足，防火分隔设施和消防设施缺乏，电气线路陈旧老化，消防安全条件先天性不足。随着各类教学电气设备的增加，电气线路超负荷运行，极易引发火灾事故，且火灾蔓延迅速，不易扑救。

2. 幼儿园、托儿所可燃物多，生活用火用电频繁

幼儿园、托儿所的室内装饰和玩具等大多为可燃物，学习、生活中需要驱蚊、取暖、降温、使用家用电气设备(如电视机、电冰箱、电风扇等)，可能因用火、用电不慎引发火灾。2001年6月5日，江西省广播电视艺术幼儿园小(六)班因使用蚊香不当发生的火灾中，因保育员撤离职守，导致该班17名幼儿中的13名幼儿死亡就是一个典型例子。

3. 幼儿应变、保护能力差

幼儿园、托儿所是集中培养教育儿童的主要场所。其特点是孩子年龄小，遇事判断、行动、应变和自我保护、迅速撤离疏散的能力弱，火灾时，几乎是全靠老师、保育员帮助才能逃生，如稍有处置不妥，就会造成严重后果。2006年5月8日，郑州巩义市河洛镇石关村幼儿园21名幼儿正在一间教室上课时，被人泼洒汽油纵火，两名幼儿当场被烧死，另有14名幼儿和1名老师被烧伤，其中8名儿童在医院医治无效死亡。

4. 玩火引发火灾多

小孩正处于心智、身体的发育阶段，心智尚未健全，可能因为好奇心驱使玩火而引发火灾。有关资料统计表明，我国在"十五"期间，因小孩玩火引发的火灾多达5.2万余起，直接致使583人死亡、343人受伤，分别占同期全国火灾起数的7.7%、死亡数的4.8%、受伤数的8.2%。

5. 寄宿性学校的学生宿舍用火用电现象多

寄宿性学校在规定时间统一熄灯后，有的学生仍会点蜡烛看书学习，夏季还普遍点蚊香驱蚊虫，学生使用煤油炉、电炉、电饭煲、电吹风、电热水壶及私拉乱接电线、吸烟等现象还较突出。这些行为倘若管理不善，极可能引发火灾。

二、学校火灾预防

(一) 学校的消防安全技术要求

学校建筑主要包括教学楼、实验楼、图书馆、礼堂、食堂、宿舍楼等，其建筑结构、耐火等级、总平面布局、安全疏散、消防设施设备应当符合《建筑设计防火规范》GB50016、《高层民用建筑设计防火规范》GB50045、《人民防空工程设计防火规范》GB50098、《中小学建筑设计规范》GBJ99和《托儿所、幼儿园建筑设计规范》JGJ39等国家消防技术规范的具体规定。

1. 建筑物的耐火等级和安全布局

(1) 学校建筑应采用一、二级耐火等级的建筑，如采用一、二级耐火等级的建筑有困难时，可采用三级耐火等级的建筑，不应采用四级耐火等级的建筑。

(2) 当采用一、二级耐火等级的建筑时，托儿所、幼儿园的儿童用房不应设在四层及四层以上或地下、半地下建筑内；当采用三级耐火等级的建筑时，托儿所、幼儿园的儿童用房不应设在三层及三层以上或地下、半地下建筑内，最好布置在底层。小学教学楼不应超过四层；中学、中师、幼师教学楼不应超过五层。

(3) 托儿所、幼儿园及儿童游乐厅等儿童活动场所应当独立建造，当必须设置在其他建筑物内时，宜设置独立的出入口。工矿企业所设的托儿所、幼儿园应布置在生活区，远离生产厂房和仓库。

(4) 附设在其他建筑物内的教学用房，应采用耐火极限不低于2 h的不燃烧体墙和耐火极限不低于 1 h 的楼板与其他场所隔开，并宜设置独立的安全出口。

(5) 幼儿园、托儿所内部的厨房、液化石油气瓶储间、杂品库房、烧水间等应与儿童活动场所或用房分开设置；如确需毗邻建筑时，应采用耐火极限不低于 1 h 的不燃烧体墙与其隔开。

2. 安全疏散设施

(1) 学校建筑的安全出口数不应少于两个，但符合下列要求的(托儿所、幼儿园除外)可设一个安全出口：

① 一个房间的面积不超过 60 m²，且人数不超过 50 人时，可设一个门；位于走道尽端的房间内由最远点到房门口的直线距离不超过 14 m，且人数不超过 80 人时，可设一个向外开启、净宽不小于 1.4 m 的门；

② 单层学校建筑，面积不超过 200 m²，且人数不超过 50 人时，可设一个直通室外的安全出口；

③ 层数为二层或三层的学校建筑，当每层最大面积不超过 500 m²，且第二和第三层人数之和不超过 100 人时；

④ 设有不少于两个疏散楼梯的一、二级耐火等级的学校建筑，如

顶层局部升高时，其高出部分的层数不超过两层，每层面积不超过 200 m^2，且人数不超过 50 人时，可设一个楼梯，但应另设一个直通平屋面的安全出口。

(2) 安全出口或疏散出口应分散布置，相邻两个安全出口或疏散出口最近边缘之间的水平距离不应小于 5 m。

(3) 学校建筑内疏散楼梯、走道及疏散门的净宽应根据《建筑设计防火规范》GB50016、《高层民用建筑设计防火规范》GB50045 规定的有关疏散宽度指标和实际疏散人数计算确定。

设置在单层、多层民用建筑内的学校，其楼梯和走道最小净宽不应小于 1.1 m；设置在高层民用建筑内的学校，其楼梯最小净宽不应小于 1.2 m。首层疏散外门最小净宽不应小于 1.4 m。

(4) 设置在单层或多层建筑的学校的房间门至最近安全出口的最大直线距离应符合表 3-1 要求。

表 3-1　直接通向疏散走道的房门至安全出口的最大距离(m)

名　称	位于两个外部出口或楼梯间之间的房间		位于袋形走道两侧或尽端的房间	
	耐火等级		耐火等级	
	一、二级	三级	一、二级	三级
托儿所、幼儿园	25	20	20	15
学校(托儿所、幼儿园除外)	35	30	22	20

注：敞开式外廊的房间门至外部出口或楼梯间的最大距离可按本表规定增加 5 m；设有自动喷水灭火系统的，其安全疏散距离可按本表规定增加 25%；不论采用何种形式的楼梯间，房间内最远一点至房间门的距离，不应超过本表规定的袋形走道两侧或尽端的房间从房门至外部出口或楼梯间的最大距离。

设置在高层建筑内的学校的房间门至最近的外部出口或楼梯间的最大距离应符合表 3-2 的要求。

表 3-2　房间门至最近的外部出口或楼梯间的最大距离(m)

位于两个安全出口之间的房间	位于袋形走道两侧或尽端的房间
30	15

注：房间内最远点至该房间门的直线距离不宜超过 15 m。

(5) 设置合理的疏散楼梯形式

下列学校建筑应设置封闭楼梯间:

① 超过5层的多层教学建筑;

② 建筑面积≥500 m^2,设置在底层地坪与室外出入口高差不大于10 m的地下建筑内;

③ 设置在建筑高度不超过32 m的二类高层民用建筑或高层民用建筑裙房内;

④ 其他应设置封闭楼梯间的建筑。

下列学校建筑应设置防烟楼梯间:

① 设置在一类高层民用建筑或建筑高度超过32 m的二类高层民用建筑内;

② 设置在其他应设置防烟楼梯间的建筑内。

学校建筑的封闭楼梯间、防烟楼梯间的设置应符合《建筑设计防火规范》GB50016、《高层民用建筑设计防火规范》GB50045中的有关要求。

(6) 高层民用建筑封闭楼梯间、防烟楼梯间的门应采用不低于乙级的防火门,多层民用建筑内封闭楼梯间可采用双向弹簧门,托儿所、幼儿园不得设置弹簧门。疏散门应向疏散方向开启,不应采用卷帘门、转门、吊门、侧拉门。

(7) 疏散楼梯和走道上的阶梯不应采用螺旋楼梯和扇形踏步,疏散走道上不应设置少于3个踏步的台阶。安全出口处不应设置门槛、台阶、屏风等影响疏散的遮挡物。疏散门内外1.4 m范围内不应设置踏步。托儿所、幼儿园建筑的疏散通道上不应设台阶。

3. 建筑内部装修

(1) 地下学校建筑

地下学校建筑的公共活动用房,顶棚、墙面应采用A级装修材料,其他部位应采用不低于B_1级的装修材料。

(2) 单层、多层学校建筑

设有中央空调系统的学校建筑的公共用房,顶棚应采用A级装修材料,墙面、地面、隔断应采用B_1级装修材料,固定家具和其他装饰材料可采用B_2级装修材料。

其他学校建筑的公共活动用房，顶棚、墙面应采用 B_1 级装修材料，其他装饰材料可采用 B_2 级装修材料。

(3) 高层学校建筑

设有中央空调系统的学校建筑，顶棚应采用 A 级装修材料，墙面、地面、窗帘、床罩等装修材料应不低于 B_1 级装修材料，其他装修材料可采用 B_2 级装修材料。

建筑高度>50 m 的普通学校，顶棚应采用 A 级装修材料，墙面、隔断、窗帘、床罩以及其他装饰材料应采用不低于 B_1 级装修材料，地面、固定家具及家具包布可采用 B_2 级装修材料。

建筑高度≤50 m 的普通学校建筑，顶棚、墙面等装修材料应采用不低于 B_1 级装修材料，其他装饰材料可采用 B_2 级装修材料。

(4) 幼儿园、托儿所的室内装修材料应采用不燃或难燃材料。

学校建筑内部装修材料燃烧性能等级还应符合《建筑内部装修设计防火规范》GB50222 中的有关要求。

4. 建筑消防设施

根据国家相关消防技术规范的要求及学校建筑的规模和性质，主要的建筑消防设施有室内外消火栓、自动喷水灭火、火灾自动报警、防排烟及应急疏散系统等。

(1) 消火栓

学校应按照《建筑设计防火规范》GB50016、《高层民用建筑设计防火规范》GB50045 规范中的有关要求设置室内外消防用水。

① 室外消火栓布置间距不应大于 120 m，距路边距离不应大于 2 m，距建筑外墙不宜大于 5 m。

② 下列学校建筑应设置室内消火栓：

(a) 超过 5 层或体积≥10 000 m^3 的建筑；

(b) 体积超过 5 000 m^3 的图书馆、书库；

(c) 设置在高层民用建筑内。

(2) 自动喷水灭火系统

下列学校建筑应设自动喷水灭火系统：

(a) 设有空气调节系统；

(b) 设置在建筑面积≥1 000 m^2 的地下建筑内；

(c) 设置在一类高层民用建筑及其裙房内，或设置在二类高层民用建筑内；

(d)藏书量超过 50 万册的图书馆。

自动喷水灭火系统的设置应符合《自动喷水灭火系统设计规范》GB50084 中的有关要求。

(3) 火灾自动报警系统

① 学校建筑的下列部位应设火灾自动报警系统：

(a) 大中型电子计算机房，特殊贵重的仪器、仪表设备室，火灾危险性大的重要实验室，设有气体灭火系统的房间；

(b) 图书、文物珍藏库、每座藏书超过 100 万册的书库，重要的档案、资料库；

(c) 其他场所火灾自动报警系统设置部位应按《建筑设计防火规范》GB50016、《高层民用建筑设计防火规范》GB50045 规定的要求执行。

② 中型幼儿园、寄宿小学建筑等宜设独立式感烟火灾探测器。

火灾自动报警系统的设置应符合《火灾自动报警系统设计规范》GB50116 中的有关要求。

(4) 火灾应急照明

① 学校建筑的下列部位应设有火灾应急照明：

(a) 封闭楼梯间、防烟楼梯间及其前室、消防电梯间及其前室或合用前室；

(b) 设有封闭楼梯间或防烟楼梯间建筑的疏散走道及其转角处；

(c) 疏散出口和安全出口；

(d) 消防控制室、自备发电机房、消防水泵房以及发生火灾时仍需坚持工作的其他房间。

学校建筑设置的火灾应急照明还应符合《建筑设计防火规范》GB50016、《高层民用建筑设计防火规范》GB50045、《人民防空工程设计防火规范》GB50098 规定。

② 火灾应急照明的设置应符合下列要求：

(a) 火灾应急照明灯宜设置在墙面或顶棚上，疏散用的应急照明照度不应低于 0.5 lx，楼梯间内的地面最低水平照度不应低于 5.0 lx，

发生火灾时仍需坚持工作的房间应保持正常的照度;

(b) 火灾应急照明灯应设玻璃或其他不燃烧材料制作的保护罩;

(c) 火灾应急照明灯的电源除正常电源外,应另有一路电源供电,或采用独立于正常电源的柴油发电机组供电,或采用蓄电池作备用电源,其连续供电时间不应少于 30 min,或选用自带电源型应急灯具;

(d) 正常电源断电后,火灾应急照明电源转换时间应不大于 15 s。

(5) 疏散指示标志

① 学校建筑的下列部位应设置灯光疏散指示标志:

(a) 安全出口或疏散出口的上方;

(b) 疏散走道。

② 疏散指示标志的设置应符合下列要求:

(a) 疏散指示标志的方向指示标志图形应指向最近的疏散出口或安全出口;

(b) 设置在安全出口或疏散出口上方的疏散指示标志,其下边缘距门的上边缘不宜大于 0.3 m;

(c) 设置在墙面上的疏散指示标志,标志中心线距室内地坪不应大于 1 m(不易安装的部位可安装在上部),灯光疏散指示标志间距不应大于 20 m(设置在地下建筑内,不应大于 15 m);袋形走道不应大于 10 m;走道转角区不应大于 1 m;

(d) 灯光疏散指示标志应设玻璃或其他不燃烧材料制作的保护罩;

(e) 灯光疏散指示标志可采用蓄电池作备用电源,其连续供电时间不应少于 30 min。工作电源断电后,应能自动接合备用电源。

(6) 气体灭火系统

① 建筑面积不小于 140 m^2 的电子计算机房中的主机房和基本工作间的已记录磁(纸)介质库应设置气体灭火系统;

② 藏书量超过 100 万册的图书馆的特藏库或一级纸绢质文物的陈列室应设置二氧化碳等气体灭火系统。

气体灭火系统的设置应符合《建筑设计防火规范》GB50016、《高层民用建筑设计防火规范》GB50045 中的有关要求。

(7) 灭火器

学校建筑灭火器的配置应符合《建筑灭火器配置设计规范》GB501400 中的有关要求。

① 灭火器的选择应符合场所的使用性质和火灾类别要求:

(a) 扑救 A 类(固体)火灾应选用水型、泡沫、磷酸铵盐干粉、卤代烷型灭火器;

(b) 扑救 B 类(液体)火灾应选用干粉(磷酸铵盐或碳酸铵盐,下同)、泡沫、卤代烷、二氧化碳型灭火器,扑救极性溶剂 B 类火灾不得选用化学泡沫灭火器;

(c) 扑救 C 类(气体)火灾应选用干粉、卤代烷、二氧化碳型灭火器;

(d) 扑救带电火灾应选用卤代烷、二氧化碳、干粉型灭火器;

(e) 扑救 A、B、C 类火灾和带电火灾应选用磷酸铵盐干粉、卤代烷灭火器;

(f) 扑救 D 类(金属)火灾的灭火器材应由设计单位和当地公安消防机构协商解决。

② 一个灭火器设置点的灭火器不应少于 2 具,每个设置点的灭火器不宜多于 5 具。

③ 手提式灭火器宜设置在挂钩、托架上或灭火器箱内,其顶部离地面高度应小于 1.5 m,底部离地面高度不应小于 0.15 m。

学校建筑其他消防设施的设置应符合《建筑设计防火规范》GB50016、《高层民用建筑设计防火规范》GB50045、《人民防空工程设计防火规范》GB50098 等规范的有关要求。

(二) 学校的消防安全管理要求

根据《消防法》的规定,学校为人员密集场所之一,凡是学生住宿床位在 100 张以上的学校、幼儿住宿床(铺)位在 50 张以上的托儿所、幼儿园及按照有关规定应当列入消防安全重点单位的其他学校,均属于消防安全重点单位,应当加以严格管理。

学校的火灾案例表明,学校的火灾危险性主要源于重教学质量,轻消防安全工作,消防安全责任制不落实,防火安全教育不到位,师生消防安全意识淡薄,缺乏逃生自救训练。对安全出口管理、用火用电管理、火灾自动报警和自动灭火设施管理、防火检查等方面的规定和要求不懂、不会，对存在的火灾隐患不能及时发现和察觉。因此，学校的消防安全必须充分予以重视。

凡学校有新建、改建、扩建、内部装修或变更使用性质的工程，应当依法向当地公安消防机构申报消防设计审核或备案抽查，经审核合格后方可施工；工程竣工时，应当向公安消防机构申报消防验收或备案抽查，未经验收或者经验收不合格的，不得投入使用；公众聚集场所在投入使用前应申报消防安全检查，经消防安全检查合格后方可投入使用。

1. 消防安全责任

(1) 学校的法定代表人或主要负责人是学校的消防安全责任人，对本单位的消防安全工作全面负责。学校应当根据需要确定消防安全管理人，消防安全管理人对消防安全责任人负责。未确定消防安全管理人的学校，由消防安全责任人承担消防安全管理职责。消防安全重点单位的学校应当设置或者确定消防工作的归口管理职能部门，并确定专职或者兼职的消防安全管理人员。

(2) 学校应当按照《机关、团体企业、事业单位消防安全管理规定》(公安部令第61号)的规定，落实逐级消防安全责任制和岗位消防安全责任制，明确逐级和岗位消防安全职责，确定各级、各岗位的消防安全责任人。学校与其他单位或个人发生承包、租赁或委托管理关系时，应当明确各方的消防安全责任。

(3) 学校消防安全工作的主要任务是宣传、贯彻国家有关消防安全的法律法规和方针政策，组织实施消防安全教育和其他消防安全工作活动，及时排除消防安全隐患，防止火灾事故发生，确保学校师生人身和公共财产安全。学校应将消防安全工作列入学校目标管理之中，经常检查，定期考评。

(4) 学校对学生负有消防安全教育、管理和保护的责任，应按照学生不同年龄的生理、心理以及教育特点，建立和完善学校消防安全管理制度。

(5) 建筑工程施工现场的消防安全由施工单位负责。实行施工总承包的，由总承包单位负责。分包单位向总承包单位负责，服从总承包单位对施工现场的消防安全管理。对建筑物进行局部改建、扩建

和装修的工程，学校应当与施工单位在订立的合同中明确各方对施工现场的消防安全责任。

(6) 学校举办大型集会、焰火晚会、灯会等活动，具有火灾危险的，主办单位应当制定灭火和应急疏散预案，落实消防安全措施，并向当地公安消防机构申报，经公安消防机构对活动现场进行消防安全检查合格后，方可举办。大型活动期间，学校应明确消防安全责任，对举办活动的现场应加强管理，落实消防安全措施。

2. 消防安全重点部位

学校应将宿舍、图书馆、实验室、计算机房、变配电室、消防控制中心、体育场馆、会堂、易燃易爆危险化学物品库房等容易发生火灾、火灾容易蔓延、人员和物资集中、消防设备用房等部位确定为消防安全重点部位，设置明显的防火标志，并落实责任人实行严格的管理。

3. 电气防火管理

(1) 电器设备应由具有电工资格的人员负责安装和维修，严格执行安全操作规程。每年应对电气线路和设备进行安全性能检查，必要时应委托专业机构进行电气消防安全检测。

(2) 防爆、防潮、防尘的部位安装电气设备应符合有关安全要求。

(3) 电气线路敷设、设备安装应采取下列防火措施：

① 明敷塑料导线应穿管或加线槽保护，吊顶内的导线应穿金属管或 B_1 级 PVC 管保护，导线不应裸露，并应留有 1 至 2 处检修孔；

② 配电箱的壳体和底板宜采用 A 级材料制作。配电箱不应安装在 B_2 级以下(含 B_2 级)的装修材料上；

③ 开关、插座应安装在 B_1 级以上的材料上；

④ 照明、电热器等设备的高温部位靠近非 A 级材料、或导线穿越 B_2 级以下装修材料时，应采用 A 级材料隔热；

⑤ 不应用铜线、铝线代替保险丝。

电气设备的安装和线路的敷设还应符合《建筑电气工程施工质量验收规范》GB50303、《建筑设计防火规范》GB50016、《高层民用建筑设计防火规范》GB50045 及《人民防空工程设计防火规范》GB50098 等规范中的有关要求。

(4) 学校应加强电气防火管理，并采取下列措施：

① 电气线路改造、增加用电负荷应办理审批手续，不得私拉乱接电气设备；

② 未经允许，不得在教室、宿舍、图书馆、计算机房等场所使用电炉等具有火灾危险性的电热器具、高热灯具；

③ 非使用期间应关闭非必要的电器设备；

④ 停送电时，应在确认安全后方可操作。

4. 用火管理

学校应加强用火管理，并采取下列措施：

(1) 严格执行动用明火审批制度；

(2) 动用电气焊作业时，应清除周围及焊渣滴落区的可燃物，并落实现场监护人和防范措施；

(3) 固定用火场所(设施)应落实专人负责；

(4) 教室、宿舍、图书馆等场所禁止使用蜡烛等明火照明。

5. 易燃易爆化学危险物品管理

学校尤其是高等院校在实验或科研中，一般都需要用到一些易燃易爆危险化学物品，应当采取下列措施加以严格管理：

(1) 严格易燃易爆化学危险物品存放、使用审批制度，明确专人负责；

(2) 除实验室等教学需要存放、使用易燃易爆危险化学物品的场所外，教室、宿舍、图书馆、计算机房等场所禁止存放、使用易燃易爆化学危险物品；

(3) 易燃易爆危险化学物品应根据物理化学特性分类存放，严禁混存；

(4) 地下室严禁使用液化石油气，高层建筑严禁使用和存放瓶装液化石油气。

6. 安全疏散设施管理要求

学校的教学楼、图书馆、阅览室、宿舍等处是人员集中场所，火灾时有序的安全疏散很重要，其安全疏散设施应落实下列管理措施：

(1) 防火门、疏散指示标志、火灾应急照明、火灾应急广播等设施应设置齐全、保持完好有效；

(2) 应在明显位置设置安全疏散图示，在常闭防火门上设有警示

文字和符号；

(3) 保持疏散通道、安全出口畅通，禁止占用疏散通道，不应遮挡、覆盖疏散指示标志；

(4) 使用期间禁止将安全出口上锁，禁止在安全出口、疏散通道上安装固定栅栏等影响疏散的障碍物；

(5) 学生住宿房间的外窗不应设置影响安全疏散和施救的固定栅栏等障碍物。

7. 建筑消防设施、灭火器材管理要求

建筑消防设施、灭火器材等是火灾预警、火灾扑救的重要工具，学校应建立建筑消防设施、灭火器材维护保养制度，加强日常管理，保证建筑消防设施、灭火器材完整好用。

设有自动消防设施的场所，应当确定专职人员维护保养；自身没有能力维护保养的，应当委托具有消防设施维护保养能力的组织或单位进行消防设施维护保养，并与受委托组织或单位签订合同，在合同中确定维护保养内容。维护保养，应当保留记录。

(1) 消防控制室

① 消防控制室应制定消防控制室日常管理制度、值班员职责、接处警操作规程等工作制度。消防控制室的设备应当实行每日 24 小时专人值班制度，确保及时发现并准确处置火灾和故障报警。

② 消防控制室值班人员应当经消防专业培训、考试合格，持证上岗，并应当在岗在位，认真记录控制器日常运行情况，每日检查火灾报警控制器的自检、消音、复位功能以及主备电源切换功能，并按规定填写记录相关内容。

③ 正常工作状态下，报警联动控制设备应处于自动控制状态。若设置在手动控制状态，应有确保火灾报警探测器报警后，能迅速确认火警并将手动控制转换为自动控制的措施，但严禁将自动灭火系统和联动控制的防火卷帘等防火分隔设施设置在手动控制状态。

(2) 灭火器管理要求

① 加强灭火日常管理和维护，建立维护、管理档案，记明类型、数量、部位、充装记录和维护管理责任人。

② 灭火器应保持铭牌完整清晰，保险销和铅封完好，应避免日光

曝晒、强辐射热等环境影响。

③ 灭火器应放置在不影响疏散、便于取用的指定部位，并摆放稳固，不应被挪作他用、埋压或将灭火器箱锁闭。

(3) 消火栓系统管理要求

消火栓系统管理应达到下列要求：

① 消火栓不应被遮挡、圈占、埋压；

② 消火栓应有明显标识；

③ 消火栓箱不应上锁；

④ 消火栓箱内配器材应配置齐全，系统应保持正常工作状态。

(4) 自动喷水灭火系统管理要求

自动喷水灭火系统管理应达到下列要求：

① 洒水喷头不应被遮挡、拆除；

② 报警阀、末端试水装置应有明显标识；

③ 定期进行测试和维护；

④ 系统应保持正常工作状态。

(5) 火灾自动报警系统管理要求

火灾自动报警系统管理应达到下列要求：

① 探测器等报警设备不应被遮挡、拆除；

② 不得擅自关闭系统，维护时应落实安全措施；

③ 应由具备上岗资格的专门人员操作；

④ 定期进行测试和维护；

⑤ 系统应保持正常工作状态。

8. 防火巡查和检查

学校应遵照《消防法》和《机关、团体企业、事业单位消防安全管理规定》(公安部令第 61 号)的有关规定，对消防安全制度的执行和消防安全管理措施落实的情况进行巡查和检查，及时纠正违章行为，妥善处置火灾危险。巡查、检查时，要落实防火巡查、检查人员，填写巡查、检查记录并存入单位消防档案。

(1) 防火巡查

属于消防安全重点单位的学校应当进行每日防火巡查，巡查人员及其主管人员应在巡查记录上签字，存入单位消防档案，寄宿制的学校、托儿所、幼儿园应当加强夜间巡查。巡查应以教室、宿舍等消防安全重点部位为重点。

(2) 定期防火检查

学校应当至少每月组织一次全面防火检查，节假日放假、开学前后应当组织一次。

(3) 消防设施功能测试检查

① 学校应明确各类建筑消防设施日常巡查部位，教学期间日常巡查应当每周至少一次，并按规定填写记录。依法开展每日防火巡查的单位和设有电子巡更系统的单位，应将建筑消防设施日常检查部位纳入巡查。

② 学校教学期间建筑消防设施的单项检查应当每月至少一次，开学前一月内必须开展单项检查，并按规定填写记录。

③ 建筑消防设施的联动检查应当每年至少一次，主要对建筑消防设施系统的联动控制功能进行综合检查、评定，并按规定填写记录。设有自动消防系统的学校消防安全重点单位的年度联动检查记录应在每年的 12 月 30 日之前，报当地公安消防机构备案。

建筑消防设施的功能测试检查的内容、方法应当按照国家有关标准要求执行。

9. 消防宣传教育培训

消防安全工作是一项综合性很强的社会工作，因此，除了有完好的消防设施、器材的要求外，对消防安全培训教育宣传要求也很高。学校应加大消防宣传培训教育力度，努力营造浓厚的消防教育氛围，应当将消防知识纳入学生素质教育内容，在有条件的学校开设消防课程，每学期保证一定的课时，通过建立新生入学上消防安全教育课制度、定期举行消防宣传教育培训课和消防安全板报评比、在课外活动时间利用校园广播里播放消防安全知识和逃生知识等多种形式和途径，使学生了解应知应会的消防知识，提高学生预防火灾、扑救火灾及自救逃生的能力。

每年对教职员工、学生至少进行一次消防安全知识培训。新教职员工上岗前、新生入学后应进行一次消防安全培训和教育。经培训后，应懂得火灾的危险性、预防火灾措施、火灾扑救方法、火场逃生方法，并会报火警119、会使用灭火器材、会扑救初起火灾、会组织人员疏散。

学校还应当结合实际，定期组织教职员工和学生参观消防队（站），定期组织开展有针对性的消防宣传教育活动，大力宣传消防安全知识和火灾逃生技能。

10. 灭火和应急疏散预案与演练

为减少火灾危害，提高自防自救能力，学校应按照《消防法》和公安部令第61号的有关规定，制定灭火和应急疏散预案，并定期演练，以使发生火灾时，现场教职员工能够组织引导在场学生的疏散，并按照灭火和应急疏散预案要求履行各自职责。

灭火和应急疏散预案应包括下列主要内容：

组织机构（指挥员：公安消防队到达之前指挥灭火和应急疏散工作，指挥员由学校在场的职务最高者担任；灭火行动组：扑救初起火灾，配合公安消防队采取灭火行动；通讯联络组：报告火警，与相关部门联络，传达指挥员命令；疏散引导组：维护火场秩序，引导人员疏散；安全防护救护组：救护受伤人员，准备必要的医药用品；其他必要的组织）、报警和接警处置程序、应急疏散的组织程序、扑救初起火灾的程序、通讯联络程序要点、安全防护救护程序及善后处置程序。

属于消防安全重点单位的学校应当按照灭火和应急疏散预案，至少每半年进行1次演练。其他学校应当结合实际，参照制定相应的应急预案，至少每半年组织1次演练。演练时，应当设置明显标识并事先告知演练范围内的人员。演练结束，应做好记录，总结经验，根据实际修订预案内容。

（三）重点部位的防火要求

教室、宿舍、食堂、实验室、图书（阅览）室等场所是学校的消防安全重点部位，是防火工作的重点，因此，除按照上述要求做好防火工作外，尚须做到：

1. 教室

（1）普通教室

普通教室除了供教师授课、学生自习以外，时常还进行各种课堂实验和演示教学，需要用火、用电和使用易燃的化学试剂。因此，其防火和安全疏散等不容忽视。

① 作为教室的建筑，如耐火等级低于三级时，层数不应超过一层，建筑面积不应大于600 m^2；

② 教学楼与甲、乙类火灾危险性的厂房、仓库及火灾爆炸危险性较大的独立实验室之间，应保持25 m以上的防火间距；

③ 课堂上实验或演示教学用的危险化学品，应严格控制用量，且演示结束后应立即清出，不得存放在教室内；

④ 疏散楼梯、疏散走道严禁占用、堵塞，安全出口禁止上锁或加装防盗设施，确保通畅；

⑤ 容纳50人以上的教室，其安全出口数量不应少于两个，疏散门应向疏散方向开启，不得设置门槛等。

(2) 电化教室

电化教室的防火重点在演播室、放映室和磁带库等。

① 演播室防火要求

演播室是进行电视录像和播放的地方，其吊顶、墙壁对吸音效果要求较高，而吸音材料通常都具有可燃性，有的还常采用碎布条、锯木及泡沫塑料制品作为填充物，加之地面铺设的地毯、安装的各类灯具等电气设备等，起火因素众多，应采取措施严格防范。

(a)室内装饰材料和吸音材料应采用不燃或难燃材料；

(b) 吊顶内的电线应采取穿金属管、封闭式金属线槽或难燃塑料管等防火保护措施敷设；活动式灯具的电线应采用电缆线，灯尾线靠近灯具30 cm处应采用耐高温线或加套瓷管保护；

(c)照明灯具与可燃物间的距离应大于50 cm，或二者之间使用石棉布等耐火隔热材料隔开；聚光灯、碘钨灯等大功率灯具前的彩光纸必须选用难燃型，同时在其下方应加设金属纱网或石英玻璃、纤维玻璃等进行保护，以防灯管碎裂掉落在可燃物上引起火灾；

(d)室内地毯应采用难燃型，且有导除静电功能。

② 放映室防火要求

电影放映室内有放映机、扩音设备。放映机的灯箱温度较高，如卡片不能及时排除，就会导致影片着火；修接胶带使用的丙酮是易燃品，遇火源极易起火，应采取相应的防火措施。

③ 磁带库防火要求

磁带库一般存放有大量的教学磁带及珍贵教学资料，遇火源极易发生火灾事故，应采取必要的防火措施：

(a)磁带库除为一、二级耐火等级建筑外，还应加强通风和温度控制，以防磁带受潮；

(b)磁带必须存放在金属柜中；

(c)库内的电气线路穿管敷设，灯具应与磁带可燃包装箱盒保持一定的间距。

2. 图书馆、阅览室防火要求

图书馆(室)、阅览室不仅是大量图书、珍贵文献资料的储藏地，也是教师、学生课余查阅及学习之处，人员密集，图书资料几乎都是可燃物，失火后果严重，损失较大，必须采取严格的防火管理措施。

(1) 图书及文献资料储库内的电气线路应按相关电气安全技术要求敷设，不应采用大功率灯具照明；库内应保持通风良好，以防纸质图书资料长期霉变积热而引发火灾。

(2) 图书阅览处应合理放置阅览用桌，留足通道数量和宽度，开放阅览期间，应保持通道和安全出口、疏散畅通无阻，禁止阻塞或锁闭。

(3) 楼层设置安全疏散示意图，保持疏散通道、安全出口的疏散指示标志及火灾应急照明完好有效。

(4) 禁止在图书馆(室)吸烟、焚烧、使用明火。

3. 学生集体宿舍或公寓

严禁在安全出口上加装铁栅栏等防盗设施，学生在宿舍或公寓期间不得将安全出口上锁，楼内不得设置隔断或阻碍物影响原有疏散功能，确保一旦发生火灾，学生能够顺利疏散逃生。

加强对学生宿舍用火、用电管理，严禁学生私自点蜡烛、擅自拉接电线及使用电器设备；宿舍或公寓管理人员要定时进行防火巡查。同时，学生宿舍或公寓应按规定合理配备规定数量、品种的灭火器具，并对消防器材定期检查，定时维修，做到有备无患。

4. 学生食堂、厨房

学生食堂内不得乱拉乱接临时电气线路。食堂应根据设计用餐人数摆放餐桌，留出足够的通道，且通道及出口必须保持畅通。食堂厨房的灶具应选用合格产品，并按相关规定安装；燃油、燃气管道应固定安装敷设，且应设置紧急事故自动切断装置；燃油储罐、燃气调压阀室应与其他建筑保持一定的防火间距，并保持通风良好，燃气调压阀室、燃气灶具放置处应安装可燃气体探测报警设施；灶台上方的排油烟罩宜设置厨房专用的灭火装置，排油烟罩和油烟管道应定期进行清洗，以防油垢陈积而引发火灾。

5. 实验室

(1) 普通实验室

实验室内有较多的电器设备、仪器仪表、危险化学品，以及空调机、电炉、煤油灯、酒精灯、液化气等附属设备。若用火、用电不慎和对危险化学品使用不当，很容易发生火灾。因此，其防火的总要求为：

① 使用的电炉必须放置在安全位置，定点使用，专人管理，周围严禁堆放可燃物，电炉的电源线必须是橡套电缆线；

② 通风管道应为不燃材料，其保温材料应为不燃或难燃材料；

③ 使用的易燃易爆危险化学品，应随用随领，不应在实验现场存放，零星少量备用的危险化学品，应由专人负责，存放在金属柜中；

④ 电烙铁要放在不燃隔热的支架上，周围不要堆放可燃物，用后应立即拔下其电源插头，下班时应切断实验室电源；

⑤ 实验室的用电量不得超过额定负荷。

(2) 化学实验室

化学实验室由于具有的化学物品种类繁多(大多为易燃易爆物品，有的物品能自燃，有的化学性质相互抵触)，实验过程中常需进行蒸馏、回流、萃取、合成、电解等火灾危险性较大的工艺操作，用火、用电也较多等特点，一旦操作失误，极易发生火灾。因此，它的防火还应采取以下措施：

① 化学实验室应为一、二级耐火等级建筑，有可燃蒸气、可燃气体散发的实验室，电气设备应符合防爆要求；

② 建筑面积在 30 m^2 以上的实验室应设有两个安全出口；

③ 易燃易爆化学品总量不超过 5 kg 时，应存放在金属柜内，由专人负责管理，超过 5 kg 时不得存放在实验室内；

④ 禁止使用没有绝缘隔热底垫的电热仪器；

⑤ 在实验过程中使用可燃气体作燃料时，其设备的安装和使用都应符合有关防火安全要求；

⑥ 任何化学物品一经放置于容器后，必须立即贴上标签，有毒物品要集中存放或指定专人保管；

⑦ 实验台范围内，不应放置任何与实验无关的化学物品，尤其是盛有浓酸或易燃易爆的容器；

⑧ 往容器内装灌大量易燃、可燃液体时，应有防静电措施；

⑨ 所用各种气体钢瓶应远离火源，放置在室外阴凉和空气流通的地方，通过管道引入室内，尤其是氢、氧和乙炔气不能混放在一处；

⑩ 实验室内为实验临时拉接的电气线路应符合安全要求，电加热器、电烘箱等设备应做到人走电断，电冰箱内禁止同时存放性质相抵的物品和低闪点易燃液体；

⑪ 阳光能照射到的房间须加装窗帘；室内阳光能照射到的地方，不应放置易挥发的物品。

第八节　地下建筑火灾的预防

地下建筑是建造在岩层或土层中的建筑物或构筑物，是在地下形成的建筑空间。按功能分类，有军用建筑（如射击工事、观察工事、掩蔽工事等）、民用建筑（包括居住建筑、公共建筑）、各种民用防空工程、工业建筑、交通和通信建筑、仓库建筑，以及各种地下公用设施（如地下自来水厂、固体或液体废物处理厂、管线廊道等）。兼具几种功能的大型地下建筑称为地下综合体。地下建筑具有良好的防护性能、较好的热稳定性和密闭性以及经济、社会、环境等多方面的综合效益。它是现代城市高速发展的产物，其作用主要为缓和城市矛盾，改善生活环境，同时也为人类开拓了新的生活领域。我国现行国家标准《建筑设计防火规范》GB50016 规定，房间地平面低于室外地平面的高度超过该房间净高的 1/2 者为地下室；房间地平面低于室外地平面的高度超过该房间净高的 1/3 且不超过 1/2 者为半地下室；地下室和半地下室都属于地下建筑。

一、地下建筑火灾特点

1. 烟气量大,能见度低

地下建筑大多处于封闭状态,密闭性好,通风条件差,由于氧供应不足,空气流通不畅,燃烧往往处于不完全状态,因此,发生火灾时,通常会产生大量的带有不完全燃烧产物一氧化碳气体的烟雾,致使人员呼吸困难,极易使人窒息死亡。同时,由于排烟困难,烟气无法很快排至室外,大量浓烟会沿着倾斜、垂直的梯道很快扩散蔓延,充满整个地下建筑物空间,并向出入口方向翻涌,使能见度大大降低,直接威胁其内部人员和参加抢险救援的人员安全。

2. 安全疏散困难,危险性大

由于地下建筑出入口在火灾时常常也充当排烟口,人群的疏散方向与烟气的流动方向一致,而烟气的扩散速度(水平方向约 1 m/s,垂直方向约 1～3 m/s)比人群的疏散速度要快,致使疏散人员难以逃避高温浓烟的危害,加上人员在疏散时往往会惊慌失措,为了急于逃生,互相拥挤,极易堵塞疏散通道,容易引发群死群伤的火灾事故。另外,许多地下建筑作为商场、电子游玩等公众聚集场所使用,内部布局复杂,场所之间互相贯通,使得人们认不清疏散方向,摸不准安全出口的位置,往往延误了最佳的逃生时间。

3. 灭火救援难度大

地下建筑的出入口较少,内部纵深较大,而且通道弯曲狭长,所以灭火进攻的路径较少,特别是在高温浓烟大量涌出的情况下,救援人员难以直接侦察到地下建筑物中起火点的位置,摸清燃烧的情况,难以进入、接近着火地点,这给现场灭火指挥带来极大的困难;火灾情况下,地下建筑的出入口通常向外冒着高温烈焰和滚滚浓烟,灭火水枪射流往往鞭长莫及或攻击不中火点,在这种情况下的灭火救援往往要经历很长时间才能奏效。

4. 火灾发生几率高,蔓延迅速

地下建筑的采光通风等设备几乎全部依靠电源,故用电量大,而就目前国内市场来看,电线、电缆、电器设备有相当多的一部分属于不合格产品,加上人员流量大,人员多、杂等因素也使随机起火的概率增加,例如吸烟者乱扔烟头曾是引发多起火灾的直接原因。另外地下建筑空间较大,可燃物质较多,商品摆放较密集,加上装修材料大多属易燃可燃材料，容易产生大量的细碎垃圾，在明处一般会被很快消除，而那些在隐蔽角落的垃圾却常常不被人发现注意，一些火灾正是由于这类垃圾燃烧引起的，一旦发生火灾，即会迅速蔓延成大灾。

二、地下建筑火灾预防

（一）地下建筑的消防安全技术要求

1. 建筑防火

（1）地下民用建筑的耐火等级应为一级，不得采用二级及其以下的耐火等级；地下厂房、仓库的耐火等级不应低于二级。

（2）甲、乙类火灾危险性生产场所不应设置在地下或半地下；甲、乙类火灾危险性仓库不应设置在地下或半地下。

（3）地下建筑严禁使用液化石油气和燃点低于60 ℃的易燃液体。

（4）人员密集场所应尽量设置在地下一层，公共娱乐场所严禁设置在地下二层及以下楼层。

（5）变电、发电设施不宜设置在人员较多的场所和出口。

2. 防火分隔

由于地下建筑的特殊性，其防火分区的划分，应比地上建筑要求严格。

（1）设置在地下一、二级耐火等级建筑的丙类、丁类和戊类厂房，其防火分区面积最大分别不应超过500 m^2、1 000 m^2和1 000 m^2；地下民用建筑的防火分区面积最大一般不应超过500 m^2。

（2）营业厅、展览厅设置在地下或半地下时，除不应设置在地下三层及三层以下及不应经营和储存火灾危险性为甲、乙类储存物品属性的商品外，当设置火灾自动报警系统和自动灭火系统时，营业厅每个防火分区的最大允许建筑面积不应大于2 000 m^2；

（3）设置在地下、半地下的商店，当其总建筑面积大于20 000 m^2时，应采用不开设门窗洞口的防火墙分隔。相邻区域确需局部连通时，应选择采取下列措施进行防火分隔：一是采用下沉式广场等室外敞开空间；二是采用防火隔间；三是采用避难走道；四是采用防烟楼梯间，楼梯间与前室的门均应采用甲级防火门。

（4）设置在人防工程的地下影院、礼堂的观众厅，其防火分区最大允许使用面积不应超过1 000 m^2，且当设有自动灭火设备时，其最大允许使用面积也不应增加；娱乐场所应采用耐火极限不低于2 h的隔墙和 1 h 的楼板与其他场所隔开，一个厅、室的建筑面积不应大于 200 m^2，当墙上开门时，应设置不低于乙级的防火门；地下街区的墙应为防火墙，防火墙间的建筑面积不宜大于 500 m^2。

地下建筑内的防火墙，应用混凝土或砖砌筑，其耐火极限不应低于 3 h。防火墙上开设的门，通常要采用甲级防火门，且必须能双向手动开启，且具备自动开闭功能。

3. 安全疏散

（1）地下建筑每个防火分区或一个防火分区的每个楼层，其安全出口的数量应经计算确定，且不应少于两个。但防火分区的建筑面积不大于 50 m^2 且经常停留人数不超过 15 人的地下、半地下建筑（室），可设 1 个安全出口或 1 部疏散楼梯；建筑面积不大于 500 m^2 且使用人数不超过 30 人的地下、半地下建筑（室），其直通室外的金属竖向梯可作为第二安全出口。地下、半地下歌舞娱乐放映游艺场所的安全出口不应少于两个。

（2）为了防止烟、火蹿入楼梯间影响人员的安全疏散和消防人员进入地下建筑扑救火灾，疏散楼梯间的设置必须符合国家防火规范的相关要求：

地下三层及其以上或室内地面与室外出入口地坪高差大于 10 m 的地下、半地下建筑（室）的疏散楼梯应采用防烟楼梯间；其他地下、半地下建筑（室）的疏散楼梯应采用封闭楼梯间。

（3）地下建筑中各房间疏散门的数量应经计算确定，且不应少于两个，该房间相邻两个疏散门最近边缘之间的水平距离不应小于 5 m。但建筑面积不大于 50 m^2 且经常停留人数不超过 15 人的地下、半地下房间，建筑面积不大于 100 m^2 的地下、半地下设备用房，可设置 1 个疏散门。

4. 建筑内部装修

（1）地下民用建筑顶棚的装修材料，应当采用不燃材料（A 级）；墙面装修材料除休息室、办公室等和旅馆、客房及公共活动用房等可采用难燃材料（B_1 级）外，其他均应采用不燃材料（A 级）。

（2）地下民用建筑疏散走道和安全出口的门厅，其顶棚、墙面、地面的装修材料应采用不燃材料（A 级）。

（3）地下商场、展览厅售货柜台、固定货架、展览台等，应采用不燃装修材料（A 级）。

（4）地下丙类厂房的顶棚、墙面、地面的装修材料均应采用不燃材料（A级）；无明火的丁类厂房和戊类厂房除地面可采用难燃材料（B_1级）装修外，其顶棚、墙面均应采用不燃材料（A级）。

地下建筑内其他部位的装修还应符合现行国家标准《建筑内部装修设计防火规范》GB50222的要求。

5. 建筑消防设施

地下建筑的消防设施应根据《建筑设计防火规范》GB50016、《高层民用建筑设计防火规范》GB50045、《人民防空工程设计防火规范》GB50098等规范的有关要求及视其规范大小、使用性质、火灾危险性等综合考虑来设置，主要包括消火栓系统、火灾自动报警系统、自动喷水灭火系统、防烟排烟设施、灯光疏散指示标志和消防应急照明系统以及火灾应急广播等。

灯光疏散指示标志及消防应急照明系统的设置，还应符合现行国家标准《消防安全标志》GB13495和《消防应急照明和疏散指示系统》GB17945的有关规定；同时还应根据现行国家标准《建筑灭火器配置设计规范》GB50140规定，配足符合其火灾类别的灭火器材。

（二）地下建筑的消防安全管理要求

地下建筑的火灾特点及其构造的特殊性，突显了其防火的重要性。因此，应遵循《消防法》和《机关、团体、企业、事业单位消防安全管理规定》（公安部令第61号）的有关要求，采取有效措施严格管理。

1. 消防安全责任

地下建筑的消防安全工作，要坚决贯彻落实“谁主管，谁负责；谁主办，谁负责；谁经营，谁负责”的原则，落实防火安全责任制，把消防安全工作明确到单位的法人代表身上。必须依法建立健全上至负责人、下至每个从业人员的逐级防火安全责任制，并严格贯彻落实。产权单位与有关人员、单位应签订防火安全责任书，明确各自的消防安全职责，并认真加以贯彻执行。

2. 用火用电管理要求

（1）严格执行内部动火审批制度，及时落实动火现场防范措施及监护人，未经批准，不得擅自进行动火作业。

（2）经营性地下场所禁止吸烟。

（3）电器设备应由具有电工资格的专业人员负责安装和维修，严格执行安全操作规程。每年应对电气线路和设备进行安全性能检查，必要时应委托专业机构进行电气消防安全检测。

(4) 不得超负荷用电，不得私拉乱接电气线路及电气设备；保险丝不得使用铜丝、铝丝替代。

3. 安全疏散设施管理要求

安全出口、疏散通道、疏散楼梯等安全疏散设施是火灾时地下建筑唯一的疏散逃生途径，其重要性不言而喻，因此，应采取下列措施加以严格的管理：

(1) 防火门、疏散指示标志、火灾应急照明、火灾应急广播等设施应设置齐全、保持完好有效；

(2) 应在明显位置设置安全疏散图示，在常闭防火门上设有警示文字和符号；

(3) 保持疏散通道、安全出口畅通，禁止占用疏散通道，不应遮挡、覆盖疏散指示标志；

(4) 使用期间禁止将安全出口上锁，禁止在安全出口、疏散通道上安装固定栅栏等影响疏散的障碍物；

4. 建筑消防设施、灭火器材管理要求

经营性地下建筑(如地下商场、旅馆、公共娱乐场所等)的消防设施、灭火器材的管理要求详见本章第二至第六节相关内容。

5. 易燃易爆危险化学品的管理要求

(1) 地下建筑内严禁存放液化石油气钢瓶和使用液化石油气；

(2) 不得经销、存放、使用其他易燃易爆危险化学品。

6. 防火检查要求

地下建筑应按照《消防法》和《机关、团体企业、事业单位消防安全管理规定》(公安部令第61号)的有关规定，对消防安全制度的执行和消防安全管理措施落实的情况进行检查，及时纠正违章行为，消除火灾隐患。

(1) 地下营业性场所在营业期间，应实行防火巡查，每2小时进行一次。营业结束后，值班人员应对火、电源、可燃物品库房等重点部位进行不间断的巡查。

(2) 每月应至少组织一次全面防火检查。节假日放假前应当组织一次地毯式防火检查。

(3) 设有消防设施的地下建筑还应当按照国家有关标准，明确各类建筑消防设施日常巡查、单项检查、联动检查的内容、方法和频次，并按规定填写相应的记录。

7. 消防安全教育培训

根据有关消防法律法规的规定，凡从业人员在上岗之前，应进行岗前消防安全知识的教育培训，经考试合格后方可上岗。对全体员工的培训教育，至少每年要进行 1 次。经过培训，要使从业人员掌握基本的消防常识，以减少消防违法违章行为，杜绝火灾事故的发生。同时，要制定切合地下建筑使用性质的灭火和应急疏散预案，并进行演练，以提高从业人员火灾自防自救的技能。

第九节　居住建筑火灾的预防

居住建筑是指供人们日常居住生活使用的建筑物，包括住宅类居住建筑(如住宅、别墅等)和非住宅类居住建筑(如宿舍、公寓等)。居住建筑是城市建设中比重最大的建筑类型。除了合理安排居住区的群体建筑、公共配套设施、户外环境外，住宅本身的设计一般要考虑以下几点：①保证分户和私密性，使每户住宅独门独户，保障按户分隔的安全和生活的方便，视线、声音的适当隔绝和不为外人所侵扰；②保证安全，建筑构造符合耐火等级，交通疏散符合防火设计要求；③处理好空间的分隔和联系，户内的空间设计，由于家庭人口的组成不同，要有分室和共同团聚的活动空间；④现代住宅应充分满足用户生活的基本要求，设施完备，包括炊事和浴室厕所以及给水排水、燃气、热力、照明、电气和必要的储藏橱柜、搁板等；⑤选择良好的朝向，既保证日照基本要求和良好通风，又要防晒和防风沙侵袭；⑥妥善解决浴室厕所排气、厨房排烟、垃圾处理和公用信报箱等问题。此外，还要考虑分配出租时能适合不同家庭使用需要的灵活性。

目前，现行国家标准《建筑内部装修设计防火规范》GB50222 虽然对居住建筑内部装修用材的燃烧性能没有相关要求，但由于居住者消防安全意识的淡薄，加之居住建筑内部装修设计的防火审核国家没有消防法律法规的强制要求，在这些建筑内存在着大量可燃装修，同时还存在多种着火源(如燃气、各种家用电器等)，一旦失火，就会酿成重大灾害。因此，居住建筑的防火显得非常重要。

一、居住建筑火灾特点

1. 火灾荷载大，引发火灾的因素多

随着国民经济的发展和社会的进步，人们的生活水平不断提高，居民的消费观念逐渐转变，家庭装修的档次也愈来愈高。家庭中本来就存在大量的木质家具和纤维制品，加之装修中使用的木材、纤维制品和高分子材料，使得住宅的火灾荷载很大，一旦发生火灾，就会猛烈燃烧，迅速蔓延。同时，燃烧时伴有大量的浓烟和有毒有害气体产生，大多数火灾中的人员伤亡原因不是高温的烧烤，而是火场上的人员吸入了有毒有害气体而导致死亡。

现代家庭装修大多日益趋向豪华型、舒适型，家庭中各式各样灯具的大量使用、家用电器设备的增添，致使引发火灾的因素增多。比如荧光灯安装在可燃吊顶内，镇流器容易发热并蓄热起火引燃吊顶；射灯表面温度较高，容易引燃燃点低的可燃物品；电熨斗、电火锅、电炒锅、电饭煲、电磁炉等加热电器的使用，也容易引起火灾等等。天然气、液化石油气等易燃易爆燃气体的日益普及，也是诱发火灾的一个重要因素。

2. 夜间发生的火灾损失大

居住建筑是人们生活和休息的地方，是人们休息之余得以安息的“港湾”。在睡眠状态下，人的感觉非常迟钝，所以夜间发生的火灾往往发现得较迟。即使人在睡梦中惊醒，突然面对突如其来的大火，也容易惊慌错乱，采取不当措施，造成次生伤害。加上夜间居住建筑中的人口多，容易演变成有大量人员伤亡和大量财产损失的恶性事件。

3. 高层居住建筑特点使其防火难度增加

高层居住建筑内的楼梯井、电梯井、电缆井等竖井在火灾发生时容易产生的“烟囱效应”，加快了空气流动，助长了火势的发展蔓延；高层住宅建筑中人口密集，疏散通道长，疏散出口少，需要的安全疏散时间比较长；建筑高度高，救援被大火围困的人员比较困难；人员大多是以家庭为单位，没有一个统一的强有力的组织结构，消防安全教育培训、消防演练组织起来比较困难。

二、居住建筑火灾预防

（一）居住建筑的消防安全技术要求

1. 建筑耐火等级和消防安全布局

(1) 一类高层居住建筑的耐火等级应为一级，二类高层居住建筑的耐火等级不应低于二级，裙房的耐火等级不应低于二级；多层居住建筑的耐火等级一般不应低于二级，如为三级、四级，则其建筑层数分别不应超过5层、2层。

(2) 在进行总平面设计时，应合理确定居住建筑的位置、防火间距、消防车道和消防水源等。

居住建筑不宜布置在甲、乙类厂(库)房，甲、乙、丙类液体和可燃气体储罐以及可燃材料堆场附近。

(3) 居住建筑之间的防火间距应符合国家有关防火规范的规定。数座一、二级耐火等级的多层住宅建筑，当建筑物的占地面积总和不大于2500 m^2时，可成组布置，但组内建筑物之间的间距不宜小于4 m。组与组或组与相邻建筑物之间的防火间距应符合国家有关消防技术规范的规定。

(4) 住宅建筑与其他使用功能的建筑合建时，居住部分与非居住部分之间应采用不开设门窗洞口且耐火极限不低于1.5 h的不燃烧体楼板和不低于2 h且无门窗洞口的不燃烧实体隔墙完全分隔，居住部分与非居住部分的安全出口和疏散楼梯应分别独立设置；每间商业服务网点的建筑面积不应大于300 m^2。

(5) 高层住宅建筑的周围应设置环形消防车道。当设置环形车道有困难时，可沿建筑的一个长边设置消防车道，但该长边应为消防车登高操作面。消防车道的净宽度和净空高度均不应小于4 m；消防车道与住宅建筑之间不应设置妨碍消防车操作的架空高压电线、树木、车库出入口等障碍。

(6) 每座高层住宅建筑的底边至少有一个长边或周边长度的1/4且不小于一个长边长度，不应布置进深大于4 m的裙房，该范围内应确定一块或若干块消防车登高操作场地，且两块场地最近边缘的水平距离不宜大于30 m。

(7) 高层住宅建筑与其他使用功能的建筑合建，住宅部分通过裙房屋面疏散且裙房屋面用作消防车登高操作场地时，裙房屋面板的耐火极限不应低于3 h。

2. 安全疏散

(1) 当建筑设置多个安全出口时，安全出口应分散布置，并应符合双向疏散的要求。住宅建筑每个单元每层的安全出口不应少于两个,且两个安全出口之间的距离不应小于5 m。当符合下列条件时,每个单元每层可设置1个安全出口:

① 建筑高度不大于27 m,每个单元任一层的建筑面积小于650 m^2且任一套房的户门至安全出口的距离小于15 m;

② 建筑高度大于27 m、不大于54 m,每个单元任一层的建筑面积小于650 m^2且任一套房的户门至安全出口的距离不大于10 m,每个单元设置一座通向屋顶的疏散楼梯,单元之间的楼梯通过屋顶连通,户门采用乙级防火门;

③ 建筑高度大于54 m的多单元建筑,每个单元任一层的建筑面积小于650 m^2且任一套房的户门至安全出口的距离不大于10 m,每个单元设置一座通向屋顶的疏散楼梯,54 m以上部分每层相邻单元的疏散楼梯通过阳台或凹廊连通,54 m及以下部分的户门采用乙级防火门。

(2) 住宅建筑的安全疏散距离应符合下列规定:

① 直通疏散走道的户门至最近安全出口的距离不应大于表3-3的规定。

表3-3 住宅建筑直通疏散走道的户门至最近安全出口的距离(m)

名称	位于两个安全出口之间的户门			位于袋形走道两侧或尽端的户门		
	耐火等级			耐火等级		
	一、二级	三级	四级	一、二级	三级	四级
单层或多层	40	35	25	22	20	15
高层	40	—	—	20	—	—

注:1. 设置敞开式外廊的建筑,开向该外廊的房间疏散门至安全出口的最大距离可按本表增加5 m。
2. 建筑物内全部设置自动喷水灭火系统时,其安全疏散距离可按本表及表注1的规定增加25%。
3. 直通疏散走道的户门至最近非封闭楼梯间的距离,当房间位于两个楼梯间之间时,应按本表的规定减少5 m;当房间位于袋形走道两侧或尽端时,应按本表的规定减少2 m。
4. 跃廊式住宅户门至最近安全出口的距离,应从户门算起,小楼梯的一段距离可按其1.50倍水平投影计算。

② 楼梯间的首层应设置直通室外的安全出口或在首层采用扩大封闭楼梯间。当层数不超过4层时,可将直通室外的安全出口设置在

离楼梯间不大于 15 m 处;

③ 户内任一点到其直通疏散走道的户门的距离,应为最远房间内任一点到户门的距离,且不应大于表 3-3 中规定的袋形走道两侧或尽端的疏散门至安全出口的最大距离(注:跃层式住宅,户内楼梯的距离可按其梯段总长度的水平投影尺寸计算)。

(3) 住宅建筑的疏散走道、安全出口、疏散楼梯和户门的各自总宽度应经计算确定,且首层疏散外门、疏散走道和疏散楼梯的净宽度不应小于 1.1 m,安全出口和户门的净宽度不应小于 0.9 m。高层住宅建筑疏散走道的净宽度不应小于 1.2 m。

(4) 建筑高度大于 33 m 的住宅建筑,其疏散楼梯间应采用防烟楼梯间。同一楼层或单元的户门不宜直接开向前室,且不应全部开向前室。直接开向前室的户门,应采用乙级防火门。

建筑高度大于 21 m、不大于 33 m 的住宅建筑,其疏散楼梯间应采用封闭楼梯间,当户门为乙级防火门时,可不设置封闭楼梯间。

(5) 当住宅建筑中的疏散楼梯与电梯井相邻布置时,疏散楼梯应采用封闭楼梯间;当户门采用甲级或乙级防火门时,可不设置封闭楼梯间。

直通住宅楼层下部汽车库的电梯,应设置电梯候梯厅并应采用耐火极限不低于 2 h 的隔墙和乙级防火门与汽车库分隔。

(6) 住宅单元的疏散楼梯分散设置有困难时,可采用剪刀楼梯,但应符合下列规定:

① 楼梯间应采用防烟楼梯间;

② 梯段之间应采用耐火极限不低于 1 h 的不燃烧体实体墙分隔;

③ 剪刀楼梯的前室不宜合用,也不宜与消防电梯的前室合用;

④ 剪刀楼梯的前室合用时,合用前室的建筑面积不应小于 6 m^2。与消防电梯的前室合用时,合用前室的建筑面积不应小于 12 m^2,且短边不应小于 2.4 m;

⑤ 两座剪刀楼梯的加压送风系统不应合用。

(7) 住宅建筑的楼梯间宜通至屋顶,通向平屋面的门或窗应向外开启。

(8) 住宅建筑的楼梯间内不应敷设可燃气体管道和设置可燃气

体计量表。当必须设置在住宅建筑的楼梯间内时，应采用金属管和设置切断气源的阀门。

3. 建筑消防设施

(1) 消火栓

居住建筑应按照《建筑设计防火规范》GB50016、《高层民用建筑设计防火规范》GB50045 规范中的有关要求设置室内外消防用水。

① 居住建筑周围应设置室外消火栓系统。居住区人数不超过 500 人且建筑物层数不超过两层的居住区，可不设置室外消火栓系统。

室外消火栓的间距不应大于 120 m，保护半径不应大于 150 m；消火栓应沿建筑物均匀布置，距路边不应大于 2 m，距房屋外墙不宜小于 5 m，并不宜大于 40 m；

② 下列居住建筑应设置室内消火栓系统

(a) 建筑高度大于 24 m 或体积大于 10 000 m^3 的非住宅类居住建筑；

(b) 建筑高度大于 21 m 的住宅建筑。

③ 室内消火栓的设置

(a) 单元式、塔式住宅建筑中的消火栓宜设置在楼梯间的首层和各层楼层休息平台上。干式消火栓竖管应在首层靠出口部位设置便于消防车供水的快速接口和止回阀；

(b) 消防电梯间前室内应设置消火栓；

(c) 室内消火栓应设置在位置明显且易于操作的部位。栓口离地面或操作基面高度宜为 1.1 m，其出水方向宜向下或与设置消火栓的墙面成 90°角；栓口与消火栓箱内边缘的距离不应影响消防水带的连接。

(2) 自动喷水灭火系统

建筑高度大于 27 m 但小于等于 54 m 的住宅建筑的公共部位，建筑高度大于 54 m 的住宅建筑应设置自动喷水灭火系统（注：除住宅建筑外，高层居住建筑应按公共建筑，公寓应按旅馆建筑的要求设置自动喷水灭火系统）。

(3) 火灾自动报警系统

下列居住建筑应设置火灾自动报警系统：

①建筑高度大于 100 m 的住宅建筑，其他高层住宅建筑的公共部

位及电梯机房(注:高层住宅建筑,其套内宜设置家用火灾探测器;高层住宅的公共部分应设置火灾警报装置)。

②任一楼层建筑面积大于 1 500 m^2 或总建筑面积大于 3 000 m^2 的非住宅类建筑。

(4) 防排烟设施

① 居住建筑的下列场所或部位应设置防排烟设施:

(a) 防烟楼梯间及其前室;

(b) 消防电梯间前室或合用前室;

② 建筑高度不大于 100 m 的住宅建筑、建筑高度不大于 50 m 的非住宅类建筑中靠外墙的防烟楼梯间及其前室、消防电梯间前室和合用前室宜采用自然排烟设施进行防烟:

③ 自然排烟的窗口应设置在房间的外墙上方或屋顶上,并应有方便开启的装置。防烟分区内任一点距自然排烟口的水平距离不应大于 30 m。

(5) 火灾应急照明

① 除单、多层住宅建筑外,其他居住建筑的下列部位应设置火灾应急照明:

(a) 封闭楼梯间、防烟楼梯间及其前室、消防电梯间的前室或合用前室和避难层(间);

(b) 疏散出口、安全出口及疏散走道;

(c) 消防控制室、消防水泵房、自备发电机房、配电室、防排烟机房以及发生火灾时仍需正常工作的房间。

② 火灾应急照明的设置应符合下列要求:

(a) 火灾应急照明灯宜设置在出口的顶部、顶棚上或墙面的上部,疏散走道用的应急照明照度不应低于 0.5 lx,楼梯间的应急照明不应低于 5.0 lx,发生火灾时仍需坚持工作的房间应保持正常的照度;

(b) 火灾应急照明灯应设玻璃或其他不燃烧材料制作的保护罩;

(c) 火灾应急照明灯的电源除正常电源外,应另有一路电源供电,或采用独立于正常电源的柴油发电机组供电,或可采用蓄电池作备用电源,其连续供电时间不应少于 30 min,或选用自带电源型应急灯具;

(d) 正常电源断电后,火灾应急照明电源转换时间应不大于 15 s。

(6) 疏散指示标志

① 居住建筑的下列部位应设置灯光疏散指示标志:

(a) 安全出口或疏散出口的上方;

(b) 疏散走道。

② 疏散指示标志的设置应符合下列要求:

(a) 安全出口和疏散门的正上方应采用“安全出口”作为指示标识;

(b) 沿疏散走道设置的灯光疏散指示标志,应设置在疏散走道及其转角处距地面高度 1 m 以下的墙面上,且灯光疏散指示标志间距不应大于 20 m;对于袋形走道,不应大于 10 m;在走道转角区,不应大于 1 m;

(c) 疏散指示标志的方向指示标志图形应指向最近的疏散出口或安全出口;

(d) 灯光疏散指示标志应设玻璃或其他不燃烧材料制作的保护罩;

(e) 灯光疏散指示标志可采用蓄电池作备用电源,其连续供电时间不应少于 30 min。工作电源断电后,应能自动接合备用电源。

消防疏散指示标志和消防应急照明灯具的设置,除应符合《建筑设计防火规范》GB50016、《高层民用建筑设计防火规范》GB50045 规定外,还应符合现行国家标准《消防安全标志》GB13495 和《消防应急照明和疏散指示系统》GB17945 的有关规定。

(7) 灭火器

住宅建筑宜设置灭火器。

4. 建筑内部装修

(1) 多层住宅建筑中,高级住宅的顶棚、墙面及地面的装修材料均可采用难燃材料(B_1级),但不应采用可燃、易燃材料(即 B_2、B_3级);普通住宅除顶棚采用难燃材料装修外,其墙面、地面均可采用可燃材料(B_2级),但不应采用易燃材料(B_3级)。

(2) 高层住宅建筑中,高级住宅除顶棚采用不燃材料(A 级)装修外,其墙面、地面可分别采用难燃(B_1级)和可燃材料(B_2级)进行装修;

普通住宅除地面可采用可燃装修材料外，其顶棚、墙面均应采用难燃材料（B_1级）装修。

居住建筑的内部装修还应符合现行国家标准《建筑内部装修设计防火规范》GB50222的规定。

（二）居住建筑的消防安全管理要求

居住建筑消防工作在社区建设乃至整个城市建设中，有着举足轻重的作用，它与人们的日常生活乃至生命和财产息息相关。居住建筑发生火灾的主要原因：一是家具及家庭可燃装修多；二是家用电器及燃气用具使用使着火源多样化；三是建筑消防设施年久失修，无人问津，完好有效率低；四是居住人员消防安全意识淡化，防范火灾的意识较差。因此，必须采取措施加强居住建筑的消防安全管理，提高其居住人员防灾意识和能力。

1. 健全消防组织，明确消防职责

首先要健全消防组织。街道办事处、社区居民委员会要明确社区消防工作的主要负责人，成立相应的社区消防（防火）安全自治组织，其中业主代表应占一定比例；其次要明确消防安全职责。街道办事处要将社区消防建设工作纳入社会治安综合治理主要内容，制定社区消防工作计划，定期召开社区消防工作会议，研判消防形势，指导社区居委会开展社区消防管理工作，与驻区单位签订防火安全责任状等；社区居民委员会应制定防火公约，定期检查社区内的单位、居民住宅楼和消防通道的安全状况，为辖区老、弱、病、残等弱势群体提供消防安全服务；民政、城建、工商、文化、教育、卫生等部门应根据社区消防建设的内容和要求，履行建设、指导、协调和服务的职责；辖区公安派出所应督促单位、物业管理、居民委员会履行消防安全职责并开展防火检查；公安消防机构要加强社区消防业务指导，督促检查社区公共消防设施建设，对社区内的单位定期监督检查，消除火灾隐患；辖区消防中队要熟悉社区环境，针对性制定灭火和应急疏散预案并实施演练。

2. 建立健全消防安全制度和运行机制

居住建筑群应成立以住宅区物业服务企业为主的消防管理统一组织机构，制定居民防火公约，健全完善用火用电管理制度、定期检查巡查制度、消防设施及消防器材维护保养制度、火灾隐患整改制度和消防安全奖惩制度等各项制度，着力加强消防安全宣传教育，将消防工作落实到具体责任人，实现居民住宅消防安全稳定的工作目标，保障消防法律、法规和各项消防制度落到实处。

3. 加强和完善居民住宅区消防基础设施建设及管理

公共消防设施是居住建筑消防建设重要的物质基础。新建居住小区或旧城改造居住小区，要按照国家现行消防技术规范要求进行规划和建设，消防队（站）、消防通道、消防给水、消防通信等公共消防设施必须与居住小区同步设计、同步建设、同步投入使用。居民住宅区的消防管理统一组织机构应安装消防报警电话，设置消防器材箱，配备小型便携式灭火救援设备，引导居民家庭配备灭火器、安全绳、应急照明器材等自救逃生器材。

为了保证居住建筑火灾扑救的顺利进行，应做好居民住宅区内公共消防设施的维护和管理工作。居民住宅区的消防车通道应保持畅通无阻，严禁占用或搭建其他建、构筑物，私家车辆的停放不应影响消防车辆的通行；严禁圈占、围挡或埋压室外消火栓等公共消防设施，以免妨碍消防人员的灭火救援行动。住宅区内的物业服务企业应对管理区内的共用消防设施进行维护管理

4. 聚合社区民力，整合群防资源

居住建筑消防工作涉及千家万户，面广量大，工作繁重，必须举全社会之力量，综合治理。居民住宅区内的单位及小门店、小作坊、小餐厅、小影视、小网吧、小歌厅、小电子游戏厅、小旅馆等小场所要积极支持配合消防建设，切实履行自身消防安全责任，与社区居委会共同开展各项活动，共同预防火灾的发生；居委会和物业管理单位要借助住宅小区内人员密集这一优势，大力发展志愿消防组织建设，实行火灾联防及消防安全动态化管理，经常性开展消防安全知识教育、培训及防火检查，确保公共消防设施、消防车通、消防器材完好有效。同时，要定期对居民家庭用电、用火、用气进行防火巡查，及时消除火灾隐患。

5. 普及消防知识，提高防灾能力

实践证明，大多数住宅火灾，都是由于居民思想麻痹、缺乏消防科学知识、违章违规所致。消防工作要取得成效必须扩大群众基础，群众广泛参与才能从根本上铲除火灾隐患。在居民住宅区内，可以采取“教育

一个家庭，带动一个小区，影响整个社区”的安全教育模式，开拓多种渠道进行消防安全宣传，以提高居民的消防安全意识。依托社区内的宣传教育栏、黑板报、公益广告牌、图书室等通过设置固定消防警示标识标牌等多种形式进行消防安全常识的宣传；定期组织消防安全知识竞赛、消防游艺活动；充分利用各种媒体如社区广播、有线电视开展社区消防宣传工作。通过宣传教育，引导居民真正做到以下防火要求：

(1) 遵守电器安全使用规定，不超负荷用电，严禁安装不合规格的保险丝、片；

(2) 遵守燃气安全使用规定，经常检查灶具，严禁擅自拆、改、装燃气设施和用具；

(3) 不在阳台上堆放易燃物品和燃放烟花爆竹；

(4) 不将带有火种的杂物倒入垃圾道，严禁在垃圾道口烧垃圾；

(5) 进行室内装修时，必须严格执行有关防火安全规定；

(6) 室内不存放超过 0.5 kg 的汽油、酒精、香蕉水等易燃物品；

(7) 不卧床吸烟；

(8) 保持楼梯、走道和安全出口等部位畅通无阻，不擅自封闭，不堆放物品、存放自行车。

(9) 消防设施、器材不挪作他用，严防损坏、丢失；

(10) 教育儿童不要玩火；

(11) 学习消防常识，掌握简易的灭火方法，发生火灾及时报警，积极扑救；

(12) 发现他人违章用火用电或有损坏消防设施、器材行为，要及时劝阻、制止，并向街道办事处或居民委员会或居民住宅区的消防管理统一组织机构报告。

第十节　交通运输系统火灾的预防

交通运输系统包括公路、铁路、水路及航空运输等运输单位和部门。交通运输是经济发展的基本需要和先决条件，是现代社会的生存基础和文明标志，是社会经济的基础设施和重要纽带及现代工业的先驱和国民经济的先行部门，也是资源配置和宏观调控的重要工具以及国土开发、城市和经济布局形成的重要因素，对促进社会分工、大工业发展和规模经济的形成，巩固国家的政治统一和加强国防建设，扩大国际经贸合作和人员往来发挥着重要作用。改革开放以来，我国的铁路、公路、水运和民航等运输方式均得到较快的发展，而且随着交通运输事业市场化程度的不断提高，各种运输方式之间的市场竞争也已全面展开。随着我国经济建设的飞速发展及与国际间的经济交往日益密切，交通运输系统通过建立立体网络，跨越陆、海、空，已扮演了一个重要的角色，承担了日益繁重的运输任务，成为经济运行和发展的动脉。没有交通运输的长足发展，就不可能有经济的飞跃。因此，做好交通运输的消防安全工作，对国民经济发展、社会文明进步意义重大。

一、交通运输系统的火灾危险及其危害性

（一）交通运输系统的火灾危险性

交通运输系统产生火灾的可能性主要有以下几个方面：

1. 无论是公路运输、铁路运输、水路运输，还是航空运输，其运输工具的动力系统大都使用和贮存大量的燃料，如汽油、煤油和柴油等。这些燃料在使用、贮存过程中，会因各种原因产生跑、冒、滴、漏现象；

2. 无论是火车、汽车、飞机，还是轮船，其本身都设置和装饰有大量的易燃可燃材料，一旦着火，则蔓延迅速；

3. 各种运输工具的动力，必须通过燃料的燃烧来获取。而动力装置的周围大部分布设有电气设备和电气线路，就其本身而言，就有可能成为着火源；

4. 货物运输系统中，大量易燃易爆物品在运输和贮存过程中，还可能受到外来火源或因长时间积压，自身发热，温度升高的威胁；

5. 在检修和维护保养交通工具过程中，会因人们大量使用电焊、油漆等着火源和易燃物品而发生火灾。

此外，交通运输工具在运行过程中，还会因为操作不当、机械故障、旅客吸烟或携带危险化学品等各种因素，引起火灾发生。

（二）交通运输系统火灾的危害性

科学技术的迅猛发展和进步，给现代交通运输工具带来了新的活力和生机。为适应国民经济日益增长的运输需求，交通运输工具日趋大型化、多样化、快速化和复杂化，而且为了增加其豪华与舒适性，客运工具的造价越来越昂贵。在人员、货物流通量大、往返日益频繁，又通常远离城市消防站，消防用水、灭火剂供给都很困难的情况下，一旦发生火灾，必将带来火灾扑救困难和人员或货物疏散的困难，造成人员死伤和重大经济损失及不良的社会影响。

［案例 3-3］ 1994 年一列客车的乘务员在打开空气预热器时，空调机组的通风机没有运转送风，致使空气预热器在缺风状态下持续加热，造成通风管道温度过高，高温使通风管道周围的易燃保温材料着火燃烧，最终报废一辆软卧客车，烧毁旅客财物约 13 万元，合计直接经济损失 193.5 万元。

［案例 3-4］ 2013 年 6 月 7 日傍晚 18 时 20 分许，福建省厦门市湖里区金山街道一辆车号为闽 D-Y7396 的 BRT 公交车，也就是快速公交车在行驶过程中突然起火(见图 3-1)，18 时 45 分，火被扑灭，截至 2013 年 6 月 8 日凌晨 1 点 12 分，大火已造成 47 人死亡、34 人受伤。经公安机关初步认定，这是一起严重刑事案件，确认为犯罪嫌疑人陈水总携带汽油上车实施放火所致。

(a)

(b)

图 3-1 “6・7”厦门公交车火灾现场

［案例 3-5］ 2013 年 6 月 5 日 8 时许，在四川省成都市三环路川陕立交桥进城方向下桥处，一辆 9 路公交汽车突发燃烧，造成乘客中 27 人死亡、74 人受伤(见图 3-2)。事件发生后，公安机关全力以赴，开展了大量的勘查检验、侦查实验和走访调查工作。经过大量艰苦细致的工作，现已认定成都公交车燃烧事件为一起故意放火刑事案件，烧死在车内后部的张云良是故意放火案的犯罪嫌疑人。

(a)

(b)

图 3-2 “6.5”成都公交车火灾现场

客运飞机在飞行途中失火，其灾难性的后果是可想而知的。

[案例 3-6] 1980 年 8 月 19 日，某国的一架客机，起飞后 7 min，机舱内起火，紧急返回机场降落后，因没能立即撕开舱门，致使机内 301 人全部死于火灾产生的有毒有害气体。

[案例 3-7] “大庆 62 号”油轮于 1992 年 1 月 11 日载原油 22 000吨，自大连驶往上海金山石化总厂陈山码头。15 日 12 时卸毕原油后在吴淞锚地锚泊，等候补给。16 日 11 时由供油船补上渣油 200 吨。在 14 时 30 分驶往杨林油污水处理站。为了事先做好洗舱准备，14 时 35 分左右，船方直接使用蒸汽灭火管道向货油舱内施放压力为 6 kg/cm^2 的蒸汽进行蒸舱。在蒸舱过程中，船员发现机舱内蒸汽管道旁通阀右侧的旁通管被蒸汽压力冲穿一个直径约 1.5 cm 的小洞，于是在 14 时 55 分关闭了蒸汽灭火管道的总阀门。在停止供气后，准备修复管道以便继续蒸舱。轮机长严某用一块 7 cm × 7 cm × 0.3 cm 的铁板覆盖在蒸汽管道被冲穿的洞口处，开始进行电焊作业。当焊接至 7 cm 时，严某用剩余焊条清除焊接的熔渣，发现焊接处又烧穿了一个直径 3 cm 左右的小洞，随即换了一根电焊条直接对准小洞焊补。15 时 42 分，油轮正驶经石洞口电厂上游江面时，爆炸起火。火灾造成 4 名船员失踪，4 名船员受伤，直接经济损失超过 1 000 万元。

此起事故的起因是，在用蒸汽灭火管道向货油舱内施放高压蒸汽时，发现蒸汽管道被蒸汽压力冲穿了一个小洞。为了补这个洞口，停止供汽。这时蒸汽管道逐渐冷却，管道内蒸汽消失并处于负压状态。油舱内的蒸汽随着温度下降变成了水分。但货油舱内的油蒸汽，以及蒸舱时蒸发出的油蒸汽与空气混合，形成了爆炸性气体，这混合气体倒流入处于负压状态的蒸汽管道内。当严某在焊接时发觉焊接处又出现一个小孔，于是直接用焊条对准小洞补焊，电焊明火与管道内的爆炸性气体接触，引起燃烧和爆炸。

交通运输系统发生火灾，不仅会造成人员大量伤亡和重大经济损失，给人民生命财产带来极大危害，还会造成不可估量的政治影响和社会影响，使行业甚至国家的声誉毁于一旦。因此，抓好交通运输消防安全工作，也有着极其广泛、重要的政治意义，切不可掉以轻心，疏忽大意。

二、铁路列车火灾的预防

我国是一个内陆性大国，国土辽阔，资源丰富，故铁路运输已成为现代交通运输中一种主要的运输形式，铁路是国民经济的大动脉，倘若一处发生火灾，势必牵连全局，给人民生活及工业生产带来极大影响，因此，做好铁路运输的消防安全工作显得非常重要。

（一）旅客列车火灾预防

铁路旅客列车是目前最适合我国国情的重要公共交通工具。但由于车厢人员密度大、活动空间小，列车处于高速移动状态，一旦发生火灾，人员伤亡大，经济损失大，社会影响大。在当前铁路部分加速向市场化转变的新形势下，如何强化客车消防安全管理，提高客车火灾防御与控制能力，已成为当前铁路运输安全工作的一个重点。

1. 旅客列车火灾特点与危险性

（1）火灾荷载大

一是目前铁路客车特别是旧型客车修造尚缺乏严格定型的消防技术规范，使用易燃材料多。其车体内的壁板、顶板、坐椅、地板等大量使用未经阻燃处理的木板、胶合板或高分子材料，以及毛毡、软木、聚乙烯泡沫等易燃防寒保温衬垫材料，其潜热比同等体量的建筑物约大 8 倍。22 型客车易燃可燃用材在 3 000 kg 以上、综合热值相当于 400 kg 汽油；25 型客车内部主材料完全燃烧能产生 6 600 MJ 热量，并伴生大量毒性燃烧气体。客车运用材质中，硬木材燃点是 280 ℃，软木 250 ℃，聚乙烯 400 ℃。客车起火源中的明火、烟蒂、“三品”（即危险品、易燃易爆品和毒害品）、电火花或电弧、短路高热等点火能量足以引燃上述易燃可燃物品。

二是客车上火源、电源较多。例如，22 型客车安装有燃煤炉、茶水炉等用火设备，配电盘基材及线端结构不能满足消防规范要求，原先敷设的 BX 配线因安全稳定性差虽被要求更换，但车中仍有不少。顶棚过墙处配线未穿管保护，车端地板腐蚀湿润，影响电器绝缘功能。25 型客车有 48 V、220 V、380 V 三种电压的配电线路，以及照明灯具、空调系统、电茶炉、电热水器、电消毒柜等日趋齐备的生活用电设施，由于全列车用电负载、电气接插点的增多，使送配电系统和电气设施、设备的事故概率值也相应提高。所有这些都是客车火灾的内在因素。

[案例 3-8] 1988 年，某次旅客特快列车在车站停留时，餐车上安装的电动加热器的电源线短路起火，致使餐车中破，经济损失达 7.5 万元。

[案例 3-9] 1981 年，某次特快列车因餐车炉灶用的液化石油气漏气，实习炊事员违章作业，在特殊情况下使用明火，引发火灾，餐车被烧毁，损失 13 万多元。

(2) 外来火患多

与客车内在因素同时存在的还有来自外部危及客车消防安全的因素：

一是旅客违法违规携带易燃易爆危险品上车。常见的易燃易爆危险化学品有汽油、酒精、香蕉水、油漆等。这些危险化学品挥发性强，闪点低，遇火源极易发生燃烧；还有雷管、炸药等，遇到高温、碰撞、摩擦或挤压也易发生爆炸燃烧。

[案例 3-10] 1988 年某次列车上，一旅客随身携带的一铁桶3 kg 酚醛油漆发生泄漏，该旅客用几张卫生纸擦掉漏出的油漆，随即将擦过的废纸扔在地板上，油漆桶放在茶几下。该旅客在吸烟时，将尚未熄灭的火柴棒随手扔掉，恰好点燃了沾满油漆的废纸，进而引发大火，直接经济损失 16.3 万元。

据我国哈尔滨铁路局 1999 年、2000 年两年间的统计，列车上查获“三品”涉及 5 类 90 余件。

二是吸烟不慎。烟蒂外部温度为 200～300 ℃，中间温度高达 700 ℃ 以上，特别是旅客隐匿吸烟，在车厢过道连接处乱扔烟头，易点燃垫纸、行包、衣物而造成火灾。

[案例 3-11] 2001 年 1 月,成都铁路局的 361 次列车上,一乘客将烟头掉到卧具上,引起火灾,烧死 3 人、烧毁卧铺车一辆。

[案例 3-12] 1991 年某特快列车运行到津浦线程家庄至兖州间,因乘务员与旅客在乘务室内吸烟,乱扔未熄灭的烟头,引燃室内易燃物质造成火灾,烧毁了硬席客车 2 辆,经济损失达 40 万元。

三是旅客行李打包时带进火种,在列车上引发险情,几乎全国各铁路局管辖区内都曾有发生。

四是不法分子破坏。人员高度集中的客车,有可能成为不法分子利用纵火、爆炸破坏报复社会、制造影响的首选场所之一。

[案例 3-13] 1990 年,某列车运行到成渝线侯家坪至资阳区间,9 号车厢一犯罪分子在餐车和 9 号车厢连接处,引燃身上的爆炸装置,引起的火灾烧毁了餐车和 9 号车厢,经济损失达 44.8 万元。

五是列车乘务员违反防火安全的规章规定作业造成火灾危险。

[案例 3-14] 1997 年佳木斯铁路分局担当乘务的一趟列车,由于库停时乘务员没按规定看护车体,致使几名盲流人员进入车内,在车上弄火引燃热气管下的杂物,列车出库运行时遇风火灾蔓延,燃损 3 节客车。

[案例 3-15] 2010 年 4 月 K18 次列车餐车工作人员没有按要求彻底清除烟囱上的油垢,引发火情,幸被及时扑灭未造成大的损失。

(3) 燃烧蔓延猛

客车的特殊结构和空间形式使客车火灾具有燃烧猛烈、多向蔓延的特点。运行列车起火时有三种蔓延形式:

一是热对流。22 型客车天窗进风口每辆门处,运行中的排气量为 100 m^3/h,供氧充足,列车车风在火场冷热气流交汇中形成"穿堂效应"和"拔风效应",时速 90 km,车窗上沿风力 9 级,如端门双开并有二分之一的车窗开启,过道风力达 7 级,风助火势,火焰将更加猛烈。

二是热传导。过火点高温通过车辆金属部位纵横传导,引燃周边易燃物品。

三是热辐射。这是客车火灾中最直接、最常见的火势扩展方式。火焰随着起火点的扩大和燃烧物的增多而呈几何级数扩张。客车运行中燃烧速率极高,半分钟火焰蹿到顶棚,2 分钟浓烟体量达到

100%，7 分钟车窗玻璃破碎，8 分钟二分之一车厢直接过火，11 分钟至 14 分钟车体全面燃烧，18 分钟全部烧毁，因此往往处置速度不及蔓延速度快。

［案例 3-16］ 2009 年，在郑州铁路局管辖内的一趟运行列车上，一名精神病旅客用打火机将餐车的窗帘点着，在场的乘务职员与旅客随即进行扑救，但顷刻之间餐车顶棚大面积燃烧，经立即停车分离，幸未引燃两端连接车辆，仅二十几分钟整个餐车就全部烧毁。

(4) 火灾施救难

一是灭火器供给不足。客车上按现行《客车维护规程》配置的两具 2 kg ABC 干粉灭火器仅能扑救初起火苗。

二是消防配套设施不全。沿线及车站特别是三等以下车站，通常没有设计、设置扑救运行列车火灾的室外消防给水设施和消防水源、消防车通道，而且提速后线路两侧封闭，平交道口减少，使消防车难以接近起火列车，从而延误灭火战机。

三是灭火效能难以发挥。客车起火部位多为电气隐蔽部位、行李架、坐席下部、配电盘后部、顶棚或端板内层，受使用条件限制，灭火剂难以深达起火点，余火处理较为困难；乘务员力量不足，起火信息、消防器材传递存在现实难度。长途客车宿营车编在列车头部或尾部，如遇列车广播中断，信息传递更为困难，救援力量不能及时赶到。灭火、抢救、疏散活动与旅客自发逃生同步进行，交叉影响，机车、运转与“三乘”联络不便，虽配有对讲机，但频点不同，联系仍很困难，影响了灭火工作的有序进行。

2. 旅客列车防火管理要求

(1) 建立健全防火组织

旅客列车的防火工作由列车长负责，建立由列车长为组长、乘警长、车辆乘务长参加的防火领导组，在组长的统一指挥下，分工负责，依靠全体乘务人员落实列车防火安全措施。

(2) 加强设备、电器的安全管理

① 燃煤锅炉、茶炉。点火前具体检查各阀门位置是否正确，水位表、温度表是否良好，严禁缺水点火，室内不准放杂物，并要保持清洁，及时消除油污；加煤时检查煤内是否有爆炸物；离人加锁；炉灰应用水

浸灭后清除出车外；经常巡视检查；清灰时将灰渣余火彻底熄灭。

②餐车炉灶。检查储藏室是否有易燃易爆物品，烟囱、炉灶、排油烟罩应定期清除油垢及杂物，燃气、燃油罐与炉灶之间的间距不得小于50 cm；列车运行过程中，严禁在餐车炼油，油炸食品和食品过油时油量不得超过容器容积的三分之一；乘务人员不得使用自备的炉具和电热器具。严禁炊事人员操作期间，在火源、气源未关闭的情况下擅离岗位；在液化气瓶漏气时，应将其撤离餐车后检查修理，并对餐车开窗通风，严禁在液化气大量泄漏时点火或操作电器开关，严禁在液化气泄漏时用明火检查漏气部位。

③发电车和车辆电气装置。客车内的电气装置主要包括发电机、蓄电池、车厢配线、车厢照明设备、通风空调设备等。旅客列车出发前和到站后，应对各种电气设备进行安全检查，各种电源配线及裸露在墙板线槽的导线应排列整齐，线头要包扎良好，防止漏电过程中产生火花；各接线端子、接线柱应防止开焊、松动虚接而产生电火花和电弧；各电源保险丝应根据规定配齐，严禁以大代小，以其他金属丝代替保险丝，使电路保险装置失去安全保险作用。列车运行中严格执行技术作业图表，车厢电源和电气设备必须保持状态良好、清洁，发电车和车厢的配电室内严禁存放物品，配电室离人时应锁闭，严格遵守操纵规程，严禁乱拉电线，乱设电气装置。

(3) 整顿客车秩序，严禁“三品”上车

列车在始发和较大站、重点区段站停靠，旅客上车时乘务员要严格制度、方法进行“三品”检查，密切注意旅客随身携带的物品，发现易燃易爆物品时立即没收。列车运行中，应加强车厢安全巡视，通过宣、看、嗅、整、问、查及技术手段，严禁易燃、易爆及其他危险品上车，留意发现、控制有可能制造火灾、爆炸的犯罪嫌疑分子。

(4) 强化日常消防安全管理

一是运行客车必须符合《铁路客车运用维修规程》有关“运用客车出库质量标准”的要求。严格执行联检签认制度，列车始发前，由列车长组织乘警长、车辆乘务长参加，对列车火源、电源和消防器材进行全面检查。检查结束后，对检查发现的问题，要认真填写在“三乘联检”的记录本上，提出整改要求，并签名确认。运行中要重点检查，终到后彻底检查。各车班次要制定处置列车火灾的预案。列车乘务人员要经过消防安全培训合格后持证上岗。

二是在禁止吸烟的车厢内，要提醒旅客不得吸烟。在允许吸烟的车厢，要告诫旅客吸烟时将捻灭的烟头和熄灭的火柴梗放在烟灰盒内，不可随手乱扔，并应在车厢内备齐烟灰盒。要提醒旅客不应躺在睡铺上吸烟。

三是要及时对车内进行检查和清扫，避免如纸张、碎布片等易燃可燃物品堆积在地板上。教育旅客将废弃的物品放在茶几上，并及时给予清除。行李应放在行李架上，不得放在通道上，减少与火种接触的机会，以免发生火灾妨碍乘客有秩序地疏散逃生。

四是广播室内禁止吸烟，严禁放置易燃可燃物品和其他物质；行李车上要注意检查“三品”的带入，并不准闲杂人员搭乘；邮政车上严禁闲杂人员进入，并严禁烟火。

五是利用广播等宣传工具，加强经常性消防安全宣传，提高全体乘员的防火防灾意识。宣传列车的消防安全要求，使得每位旅客能从自我做起，规范自己的行为，提高乘客消防素质。选择一些与乘客有关的典型重大火灾事故案例进行宣传，使每位乘客切实注意消防安全，熟悉一些消防违章行为可能带来的恶果，并注意身边的一事一物。经常组织乘务人员学习消防知识，掌握对客车内用火、用电高设备及灭火器材等方面进行检查、使用的技术性知识和方法，真正做到平时能防火，一旦发生火灾能迅速、妥善、正确处理，将火灾损失减少到最低程度。

此外，乘务人员还应利用感觉器官及早发现可能产生的火灾。譬如通过闻气味是否正常，听电器运转的声响是否有异样，通过皮肤感觉电器等是否发热等手段，觉察火灾的早期征兆，并及时采取有效措施，避免火灾危险。

（二）货运列车火灾的预防

货运列车担负着国民经济发展中大量的物资运输任务。这些物资品种复杂，有人民生活所必需的日用品，有生产所需的材料、能源，还有建筑所用的建筑材料。这些物资中有的是可燃的，更有一些化工生产需要的易燃易爆危险化学物品。在运输过程中，它们可能会遇到诸如各种火源、物资包装破损、运输线上的盗窃破坏及危险化学品长时间积压升温等各种各样的威胁，都有可能引发货运列车火灾，给人民生活和生产、经营造成重大的负面影响，其后果的连锁影响不可估量。

1. 货运列车火灾特点

货运列车火灾发生在运行区间或站区，由于不同车体（棚车、敞车、平板车、罐车等）装载的货物不同（易燃货物、日用百货、危险物品、爆炸物品等），因此火灾的形式也多种多样，但总体上具有以下特点：

(1) 货运列车在运行中发生火灾，燃烧形成快，火势猛烈迅速

货运列车起火后，烟火不仅沿车辆自前向后蔓延，而且未燃尽的带火物飞落在线路两侧或后部车辆上，沿铁路线形成一带状飞火区域。

(2) 初起阶段火势不易被发现

组成货运列车的车辆高低不等，会影响运转车长或司机的视线，通常货物列车火灾的火焰高度发展到 1 m 左右时方可被看到。从发现火焰到停车请求增援需要一段时间，使得燃烧有机会蔓延扩大。

(3) 起火环境复杂，扑救困难

停站货车起火，站区铁路线路较多，停留及来往的车辆多；运行途中失火，缺乏水源和灭火器材，并且使扑救人员缺乏灭火的有利条件。

2. 货运列车火灾成因

货运列车发生火灾事故的原因比较复杂，主要有以下几个方面的原因：

(1) 货物自身的物理化学性质引起火灾

其包括由于运输货物的物理性质和化学性质两个方面。在运输货物的物理性质引起火灾方面具体包括货物的湿度、温度、摩擦、装载等原因，如在装运危险化学品时，违反《危险货物运输规则》或混装不当、或包装不良，运输途中因震动、撞击等导致易燃易爆物品泄漏，遇明火起火，遇湿燃烧物品漏出后受潮起火，酸性物品遇有机物后发生强烈化学反应，自燃物品自燃起火等。

[案例 3-17] 2005 年 12 月 30 日 6 时 50 分，41053 次货运列车在月河车站 3 道停车时，机后 21 位 P623120405 起火，车内装有普通

型"可燃性聚苯乙烯",甩车灭火，车内物品及车厢全部损毁。其火灾就是由于车内装有的"可燃性聚苯乙烯"中的乙醚超标所引起的。

[案例3-18] 上海铁路局鹰潭南站停留的一辆棚车,因车载的双氧水(强氧化剂)渗漏,与车厢木质底板发生化学反应引起火灾,烧毁双氧水45吨,直接经济损失约24.5万元。

[案例3-19] 1994年11月26日,柳州铁路局某车站待编的一辆棚车因烟叶自燃发生火灾,烧毁烟叶1.4万kg,直接经济损失约12.2万元。

(2) 押运人员私自携带火种上岗，违规用火引起火灾

[案例3-20] 2008年5月23日8时55分，70 007次货运列车接近济南铁路局京九线菏泽站时，因押运人员作业中吸烟并乱扔烟头，造成机后23位Nx17k5276561装载的汽车轮胎及平车部分木地板冒烟起火，引发火灾。站内停车后火被扑灭，汽车轮胎橡胶部分全部烧焦，木地板过火面积2 356 m^2。

(3) 扒乘火车人员使用火种引起火灾

由于铁路部门特别是铁路公安部门的清理整顿，扒乘货车的人员已经大大减少，但仍然有个别人员由于各种原因扒乘货运列车，其在扒乘中生火取暖、吸烟等均可能引发火灾事故，甚至出现引起扒乘人员烧伤死亡的情况。

[案例3-21] 某次货运列车运行到京广线向阳桥至东阳渡区间，机车后第3位敞车起火,烧毁车内装载电动机、变压器等机电设备6件,直接经济损失约32万元。火灾原因就是扒乘人员在车内点火。

(4) 因车辆、线路等行车设备和运输货物的物理性质等综合因素引起火灾

[案例3-22] 1990年7月3日14时56分，0201次货运列车行至襄渝线510公里232米至512公里8米处梨子园隧道内发生爆炸火灾事故,造成颠覆脱线17辆，人员伤亡18人，直接经济损失约500万元，中断行车550小时54分。后经勘验是由于油罐超载,孔盖密闭不严,产生油气外溢,形成气团,接触网放电产生电火花而引起爆炸。

(5) 由于暴雨、地震等自然灾害或异常事故导致的行车事故引起火灾

［案例 3-23］ 2008 年 5 月 12 日 14 时 29 分，21043 次货运列车运行至西安铁路局宝成线 K151＋200 处 109 隧道，撞上因地震坍塌的山体巨石停车，机车及机后 1～16 位、25～ 28 位车辆在隧道内脱轨并引起 12 辆油罐车着火。中断宝成线行车 283 小时 32 分钟。

［案例 3-24］ 1987 年，某次货运列车拖着 49 节车厢进入十里山 2 号隧道。当列车第 25 节车厢进入隧道时，列车突然颠覆，油罐车相继爆炸起火，直接经济损失 200 多万元。造成事故的原因是 35 号铁轨与 36 号铁轨双侧连接夹板因长期超负荷使用而同时发生疲劳断裂。

3. 货运列车防火管理要求

(1) 强化货物运输管理，严格按照货物的属性办理运输，防止将危险物品伪装成其他非危险品办理运输手续

货运部门工作人员在办理货物运输过程中，要严格按照托运部门提供的运输单据进行查对，确保运输物资与货票登记的物资一致，防止易燃易爆等危险物资被伪装成普通物资进入运输环节。货运人员还要加强与货物托运单位的沟通，了解货物托运单位的生产情况，掌握托运货物的安全性能。

货车编组应按《车辆编组隔离表》的要求进行，特别是装载易燃易爆物品的车辆，必须严格按照规定进行隔离。编组作业中，对装有易燃易爆化学品的车辆，必须严格执行有关禁止溜放、限速连挂等的规定，且在其停靠位置的线路两端道岔，应扳向不能进入该线的位置并加锁封闭；停留线附近不得有杂草等其他易燃物，严禁明火作业。

(2) 严格货物的装载规定，确保货物在运输中不发生由于摩擦引起的自燃自爆现象

货运人员在把握好运输物资承运关的同时，还要把好装载关，要积极推动地方安全生产监督管理部门按照国家经贸委第 37 号令的规定和《危险货物运输包装通用技术条件》GB12463－90，推行危险货物包装定点生产制，以保证危险货物包装质量，确保运输物资在列车运行中不发生相互摩擦、也不与其他物体发生摩擦等，从而确保在运输中不发生由摩擦引起的自燃自爆事故。

要按所承运的货物性质，选配运输车辆。为保证运输过程的安

全，应根据包装规则“货车使用限制”的规定，选配适合各种货物性质的车辆，如对液态货物，采用不同各类的专用罐车，零星发送的货物，采用有分格、分层零担专用车及集装箱、保险箱装运，对黄麻、油布等物，采用通风好且防潮的车辆等。

(3) 严格装运人员的管理，确保其不携带火种上岗

对于装运人员要加强宣传教育，铁路相关部门要加强盘查，发现装运人员私自携带火种上岗的要立即终止其装运资格，对所在单位要进行适当的经济处罚，甚至终止其承担铁路货运的装运资格。

装运人员必须认真执行监装、监卸责任制，在装卸车前，应向负责搬运的人员说明货物性质、防火要求等，提出搬运、堆码加固的方法，对所搬运的危险物品应说明发生火灾时的应急措施等。装车前，应对车辆进行清扫，不留任何残渣。

(4) 严格清站查车制度，杜绝私自扒乘火车人员

铁路运输部门和铁路公安机关要严格落实清站查车制度，杜绝无关人员扒乘货运列车，从而确保货车的运输安全。各铁路局应在局间分界站对邻局进入的货物列车消防安全情况进行检查。对检查中发现的问题应做好记录，并及时通报邻局。对存有重大火灾隐患的货车应甩车处理。

扒乘人员是造成货车火灾、爆炸事故的重要危险因素。为此，铁路公安机关应依靠沿线党委和当地政府，向沿线群众进行爱路爱车、保货、不准扒乘的宣传教育。对扒乘人员较多的区段，公安机关应组织力量进行清站查车，劝阻堵截，防止扒乘人员进入。同时，还要防范刑事犯罪分子对货运列车进行纵火等犯罪活动。

(5) 加强对暴雨、地震等自然灾害的监测预报工作

气象部门要加强对暴雨、地震等自然灾害的监测预报工作，对于可能发生的自然灾害要及时通知铁路部门做好防范。

(6) 加强特殊天气情况下运输生产的组织指挥

铁路调度和行车组织部门要加强特殊天气下的运输组织预案的编制和演练，确保遇有特殊情况能够及时稳妥地进行处理。

(7) 加强对线路、车辆的检修，确保不因行车设备导致的行车事故而引发火灾

铁路工务部门要加强对线路的巡查和维护，确保线路处于良好状态。车辆部门要加强车辆检修责任制的制定和落实，确保车辆的检修质量。

三、汽车火灾的预防

汽车在公路运输中具有举足轻重的地位。随着我国经济的高速发展,人民生活水平不断提高,汽车已成为物流运输和市民出行的主要交通工具。我国汽车行业近年来快速发展,汽车的保有量迅猛增长,人们在享受汽车带来的经济发展和生活便利之时,却忽视因它而造成的火灾损失和人员伤亡。据统计,在全国每年发生的各类火灾中,车辆火灾的发生次数和造成的财产损失及人员伤亡呈逐年上升之势。因此,预防汽车火灾的发生不可轻视。

（一）汽车火灾的特点及原因

1. 汽车火灾特点

汽车火灾一般具有以下特点：

（1）起火快,燃烧猛

汽车使用和装有大量的汽油、柴油等燃料油和润滑油,它们易挥发、燃点低、点火能量小、遇火即可爆燃；加之车厢、驾驶室及橡胶管、轮胎等多为木材、橡胶、塑料等,均为易燃可燃物品,火灾荷载大,起火后燃烧猛烈；在行驶中,氧量充足,更能促使火势迅猛发展。同时,汽车起火后,常伴有油箱、油管等盛油容器爆炸破裂,引起油品飞溅,形成大面积火灾。

（2）人员、车辆疏散难

车辆发生火灾后,往往因火势猛烈,车内人员惊慌逃命,使车门窗阻塞,甚至不能开启,车内人员很难逃出车外；有时车门被挤压变形,或因车厢倾覆,车门被压在下面打不开,则乘客就更难疏散出来,尤其是公交车辆,载客量大,车辆出口少（一般为 1～2 个）,人流能力有限。另外失火车辆若处于交通要道、城市较繁华地段,则因人流、车流多,着火车辆、人员也极难疏散。

（3）经济损失和人员伤亡大

车辆的价值一般都在数万元以上,大型车辆、客车和进口车辆的价值则更高,有的货车上装载的货物也十分昂贵,一旦发生火灾,将形成立体燃烧或大面积燃烧，则损失巨大。同时车体的橡胶、塑料构件及其所载物品，在燃烧过程中，会产生有毒有害烟气，如果人员不能及时疏散，则易造成严重的人员伤亡。

(4) 发动机部位易起火

汽车发动机部位油路、电路系统和火源、热源相对集中，尤其在行驶途中，故障率较高，着火频率大。

2. 汽车火灾成因

汽车发生火灾，究其原因，大部分是由于车辆燃油系统故障、电气系统故障或违章操作引起。汽车在运输途中发生碰撞、翻车等事故，也往往能引发火灾。另外还有吸烟、使用明火不当等行为引起火灾。具体起火原因有：

(1) 燃油系统故障引起火灾

汽车燃油系统故障引起火灾的原因主要有以下两种：

① 供油系统油箱和管路破裂或管路松动引起漏油而造成火灾。供油系统主要由油泵与化油器(新型汽车将两者改进为电喷器)、油箱和油管等组成。在使用过程中，会因腐蚀、碰撞、振动、老化等原因而出现油箱和管路破裂、管路接头松动、油开关关闭不严等现象，而使燃油漏出。燃油(特别是汽油)挥发积聚后，与空气形成易燃易爆混合性气体，遇明火引起燃烧或爆炸。若此时漏油不止，必将造成火灾事故。

② 输送给发动机汽缸内的混合气体比例失调，使化油器回火引起火灾。供油系统中某个环节(部件)出现故障，使汽油供给量减少，进入化油器的油量不足，化油器工作时，供给发动机汽缸的混合气体过稀，燃烧缓慢，则可延续到进气门开启，这样火焰就可能蹿入进气管道，点燃进气管道内和化油器喉管的混合气，产生化油器回火，引燃附近可燃气体或可燃物而起火。有的驾驶员在汽车燃油系统出现故障时，采用直接供油法给发动机供油，化油器一旦回火即发生火灾。此外，发动机汽缸内的混合气体过浓或汽缸蹿油时，汽油在发动机汽缸内不能充分燃烧，排气管中排出浓烟和火星，并伴有“放炮”响声，若此时地面上有油污或其他易燃可燃物体，就可能引起火灾。如夏收时节，汽车经过晒有稻草的公路时，会因汽车排气管冒出的火星引燃稻草造成火灾。

(2) 电路系统故障引起火灾

汽车的电路设备主要有蓄电池、发电机、点火线路、空调、照明等，主要提供启动发动机和车内照明等。汽车电路系统在正常情况下火灾危险性较小，但会因驾驶员违章操作或电路某处故障引发火灾。其主要原因有：

① 违章操作使蓄电池产生电弧引发火灾。汽车蓄电池电流容量很大，一般都在 180A/h。如果蓄电池线路接点松动或接线绝缘破损老化，则汽车行驶中的颠簸，很容易造成接线与接线、接线与车体之间短路打火，或接点跳动发生短路打火，而引起火灾。

② 发动机断电器故障引起火灾。断电器也称逆流切断器，其工作原理是：当发电机低速运转，电压未达到额定值时，断电器触点断开，发动机不向外供电；当发电机转速增大，电压上升达到逆断电器触点闭合电压时，其触点闭合，发电机向用电设备和蓄电池供电；当发电机转速降低，电压低于蓄电池电压时，蓄电池向发电机反方向放电，断电器的电磁开关触点断开，自动切断发电机与蓄电池之间的电路，以防止蓄电池向发电机反向放电。如果断电器的触点弹簧折断或脱落，或接触不良会使白金触点粘连，失去切断逆向电流的作用，则蓄电池内的电流倒回发电机，引起发电机线圈发热产生高温起火。许多行驶后停放在库房内的汽车发生电气线路烧毁和火灾都是这个原因引起的。

③ 电气线路系统引起火灾。汽车长期运营，车上电气线路（尤其是高压电气线路）和电气设备的绝缘老化快，极易引起漏电、短路，直至发生火灾；车辆行驶震动较大，电气线路与电气设备之间的接头很容易松动，造成接触不良，局部电阻过大产生热能，使导线接点发热起火，或产生电火花而起火；车辆在维修时，维修人员操作不当，人为造成电气线路裸露和电气设备故障，而发生相线短路，瞬间产生高温高热，引起电气线路或电气设备着火。

(3) 车辆撞击引起火灾

车辆使用的燃料一般是汽油、柴油，还有一部分机油等其他的油品。当车辆撞击时，其能量通过金属变形的形式得到释放。有时会直接触及车辆的供油系统造成爆燃起火。车辆撞击时，供油系统出现泄漏，能够使之引起燃烧的除了撞击瞬间产生的撞击火花或静电外，还有撞击时损坏的车辆自身供电线路及各种金属设备造成连电打火。

(4) 车辆机械磨擦起火

车辆的发动机、轴承、制动等系统缺油，机件的表面相互磨擦，产生高温，当接触到可燃物时可导致火灾；车制动片间隙调节过紧或行驶山路时长时间刹车都是引起车辆火灾的原因；轮胎摩擦过热也可能引起火灾，如夏季高温时长时间高速行驶或超载。

(5) 车室内过度装饰引起火灾

现在的车辆内部装饰材料大为增加，其中易燃材料所占的比重又比较大，特别是公交车辆中设置的各类广告牌和私家车主随意对车辆进行的豪华装修，人为地增添各种易燃可燃材料等，增加了车辆的火灾荷载。

(6) 吸烟引起的火灾

吸烟者常在烟头或火柴未熄灭的情况下乱抛乱扔，若烟头接触易燃的坐椅坐垫，或烟头直接掉落在可燃物或可燃装饰材料上，常会发生火灾事故。尤其在车辆行驶中，司乘人员将烟蒂由窗口扔出时，由于风力的作用，烟蒂会吹回到车内或落入车厢货物内部，待车辆停放后，火灾悄然发生。

此外，汽车运输中危险物品自燃，塑料油桶静电积聚而放电，也会引起火灾。

(二) 汽车防火管理要求

汽车火灾的防范应着重从技术上、管理上两个方面采取措施：

1. 改进车体设计，增强车体防火性能

(1) 在制造车辆时，车内用品应采用新型耐火材质，对车上的坐椅及内部装饰物品进行阻燃处理，增强其耐火性能。

(2) 提高车内电气系统耐高温、抗老化性能，增强其绝缘性能；油箱、输油管、发动机等汽油容易泄漏形成爆炸性混合气体的部位，其电气线路应考虑防爆；电线优先选用阻燃型，将易产生电火花的接头进行防爆处理，从整体上提高车辆自身的本质安全性。

(3) 油路系统应选用耐腐蚀、高强度的材质，尽量减少漏油、泄油事故；发生撞车、翻车事故时，最大限度地保证油箱安全，防止汽油泄漏流散，引起火灾。

(4) 大型客车应增设太平门等紧急应急出口，并在车门处设置手动开关，防止气路被烧断后，车门打不开。

(5) 装运易燃易爆化学危险车辆的排气管宜置于车身前端，并装配火星熄灭器，车上不可安置电动打火装置。

(6) 根据各种车辆的特点，设计制造合适的车载灭火器，在车辆设计过程中预留便于司机和乘客取用并存放灭火器的空间，以便迅速取用灭火。也可以考虑在车辆的发动机、油箱等易着火部位设置自动喷射的灭火器。

2. 强化驾乘人员的消防安全意识，严格遵守安全操作规程

(1) 驾驶人员要严格按照安全驾驶技术的要求，出车前仔细检查车辆电路、油路系统，保证无故障，做到不带病行驶；行驶途中发生故障时，要及时排除；行驶途中发生火灾，要积极组织扑救和疏散乘客。

(2) 按照规定布设电气线路。电气线路的每处接头应保持紧固，防止因振动松动、脱落后接触发动机形成“搭铁”，产生电磁火现象。电线的走向要远离发动机高温表面，老化破旧电线要及时更换。要经常检查保险器和保险丝，更换保险丝要按规格型号，不能用铜丝、铁丝代替。破旧漏电的分电器、点火线圈和高压线等要及时更换。发现有电线烧焦的糊臭味时，应迅速拉开电源闸刀或直接拽断电池引线。

(3) 清洗检修发动机机件时，要用金属洗涤剂、碱水或热水等不燃的清洗剂，若用汽油清洗时，必须先将电瓶接线拆掉，切断电源后进行，以防毛刷等清洗工具的金属部分接触电瓶的接线柱时，产生电弧火花，从而引燃汽油。同时，周围严禁火源。

(4) 车辆行驶途中，遇到汽化器出现故障时，绝不能采用“直流供油”的方式维持运行，驾驶室内不得放置汽油桶、汽油，备用的汽油要用金属桶装，并用铁丝或绳索绑牢在栏板上，以防汽油滴洒。

(5) 寒冷冬天，不能用明火烘烤发动机。可采用热水浇淋发动机的办法；炎热的夏季，长途行驶过程中，应多注意轮胎承压和磨擦程度，必要时可采用浇水冷却或用其他方法对轮胎进行降温。

(6) 经常检查紧固油箱和输油管，防止车辆在行驶途中突然松动、脱落或断裂。老化的输油管要及时更换，油箱破漏需要焊补时，必

须将油倒净，再用热碱水反复刷洗后再灌满水。严禁用塑料桶往油箱里加油或往外放油，禁止用打火机等明火照明检查油箱，或边吸烟或边接打手机边加油。要经常检查润滑系统是否缺油，水箱是否缺水。停车后注意检查车上是否遗留烟头，并关闭总电源，锁好车门。当车碰撞翻倒时，驾驶员应立即关掉电源，防止溢流出来的汽油遇电火花而着火。

3. 加强对汽车驾驶人员的管理

按照机动车驾驶证管理和机动车驾驶员操作技能训练与考核管理办法的规定，严格培训、考核发证程序。对从事危险品和客运的驾驶员，应进行专门的道路危险物品安全运输和客运安全行驶方面的特殊培训，熟悉必要的安全驾驶常识，掌握必要的应急处理措施和意外事故现场急救常识。定期进行安全教育，使驾驶人员了解汽车火灾的特点和规律，了解各种可能引起汽车火灾的隐患，掌握灭火器使用常识，小火可自救，大火能控制。客车驾驶员还应掌握在火灾情况下组织人员疏散的本领。

4. 加强客运车辆管理，消除火灾隐患

公交、客运、出租汽车车辆上应设醒目的禁止吸烟标志，禁止随手乱扔烟头和火柴棒、使用打火机等物。严禁司乘人员携带易燃易爆化学危险物品上车，在上车前进行检查，确保人、车的安全。对旅客携带的行李物品，尤其易燃物品要集中有序管理，不要乱堆乱放。

四、飞机火灾的预防

随着航空技术的进步发展，飞机在重量、速度及飞行性能等方面已达到相当先进的水平，成为一种最便捷的现代化交通运输工具，具有快速、安全、可靠、经济、舒适等优点。飞机作为一种科学技术含量高、结构复杂的交通工具，如果在操作中出现微小的疏忽和失误，就可能酿成重大火灾或出现机毁人亡的恶性事故。

[案例 3-25] 2011 年 1 月 1 日，一架从西伯利亚城市苏尔古特飞往莫斯科的客机在跑道上滑行时，一台发动机突然起火燃烧。机场事故救援队伍迅速开始疏散机上乘客，而后飞机油箱发生爆炸。爆炸引起的大火在半个多小时后被扑灭，此次事故共造成 3 人死亡，43 人受伤。

［**案例 3-26**］ 2013 年 7 月 6 日，韩国韩亚航空公司的一架由韩国首尔飞往美国旧金山的 OZ214 航班(波音 777 客机)在美国旧金山国际机场降落时，由于飞机起落架出现异常，机尾着地，一些飞机的零部件脱落，飞机偏离跑道起火燃烧(见图 3-3)。机上共有乘客 307 人，其中中国公民 141 人。此次事故共造成 3 人死亡、180 余人受伤。

(a)

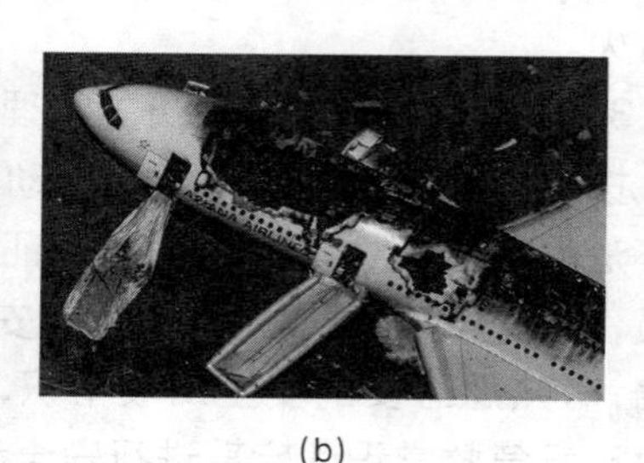

(b)

图 3-3 韩亚航空公司 OZ214 航班坠机事故现场

纵观航空历史，不管是国内还是国外，飞机火灾事故时有发生。如何做好飞机的防火安全工作，保证旅客生命、财产的绝对安全，已成为一个刻不容缓的课题。

(一) 飞机火灾的特点及原因

1. 飞机火灾特点

飞机自身的结构和功能，决定了它是一种具有火灾或爆炸危险性的航空运输工具，具有如下独特的火灾特点：

(1) 火灾突发性强

多数飞机的火灾和爆炸事故在发生之前并无十分明显的征兆，即使有，也往往因来不及采取应对措施或处置不当而无法避免。据统计，飞机在起飞与降落阶段，其失事率占总数的 90%，而这一阶段的事故往往是在瞬间发生和扩大的。

(2) 火势燃烧猛烈

由于飞机自身带有大量燃料油，机内装修装饰材料及旅客携带的行李都是可燃物质，且无论是飞行期间，还是在停留状态都始终处于大气之中，氧气供应充足，故飞机着火的一个显著特性是它们在非常短的时间内可达到致命的强度。如果是燃油起火，则燃烧的速度会更快，往往只需 2～3 min 的时间，火势就能达到猛烈程度，这种情况会对那些直接陷入火灾的人员造成严重威胁，且不利于救援工作。

(3) 人员疏散困难

受飞机空间结构的限制，飞机无法像建筑物那样设置足够的疏散设施，疏散条件相对较差。大多数飞机只有2～4个机舱门，舱门及舱内通道均狭窄，而飞机上旅客众多，人员密度大，从几十人到几百人不等。飞机起火后，乘客容易惊慌失措，争相逃生，会造成通道堵塞，无法疏散。如果火灾发生在起降或飞行过程中，则机上人员几乎无路可逃。

(4) 人员易中毒死亡

飞机舱内部的装修材料大多是聚氯乙烯、聚氨酯等塑料制品以及合成皮革等，一旦着火，这些材料会生成一氧化碳、二氧化碳、氯化氢、氯气、氰化氢、二氧化硫和光气等有毒或窒息性气体，同时放出大量热量，导致乘客缺氧、中毒、高温灼烤，以致造成重大伤亡。

(5) 火灾扑救困难

飞机火灾往往是瞬间发生且蔓延迅速。飞机升空后起火，地面消防力量无法施救，只能靠自身的消防设施进行扑救，这通常只能扑救初期火灾。如果飞机因事故而迫降或坠机，常常可能落在没有通行道路和水源的地方，致使扑救工作难度增大。即使是在机场附近，由于机舱空间小，出口少，通道窄，也会给施救带来极大困难。倘若飞机因碰撞起火，舱门和紧急出口有可能因变形无法打开，则需要进行破拆作业，但由于机身的金属材料坚硬，破拆时间长，又由于飞机的制造材料采用了不少镁合金、钛合金等可燃的轻金属，同时还有大量航空燃油，这些物质着火都不能用水扑救，燃油遇水会爆溅或随水流淌形成流淌火灾，而镁、钛合金着火后，遇水会猛烈燃烧，甚至引起爆炸。

(6) 火灾影响巨大

民航旅客中，常常有的是政治家、科学家、企业家、艺术家等要客，有的旅客还涉及不同的国籍，一旦发生事故，不仅会造成机毁人亡的重大损失，而且在国内外产生巨大影响；更有甚者，在相当长一段时间内，对民众乘机出行的安全感和自信心造成心理上的巨大阴影。

2. 飞机火灾成因

飞机主要是由机身、机翼、尾翼、起落架、发动机、辅助动力装置、驾驶舱、发动吊舱、连接部分的整流罩等结构组成。飞机发生火灾事故的部位常见于发动机、起落架、燃油系统及客舱、货舱等，起火原因受飞机设计、驾驶员操作、地面维修、空中交通管制和气象等各种复杂因素的影响，而且许多事故的诱发通常是综合因素的结果。

（1）发动机故障引起火灾

① 发动机失灵造成突然停车，使高温余热对可燃油蒸气产生威胁。例如燃油中含有过量水分；供油量减少，出现气塞以及汽化器结冰等。驾驶操作不当，会造成发动机损坏，使发动机失灵停车等。

② 发动机冒烟或起火。供油管道漏油或燃油区富油过多，会造成发动机喘振，使发动机冒烟起火或从尾喷口向外喷火。

③ 发动机突然爆炸。如发动机内部机械故障，高速裂解零件飞出或润滑油阻塞，轴承过热等产生突然爆炸。

④ 发动机吊装不牢固。若此，则飞机起飞时发动机被甩出，会造成飞机倾斜插地从而引起火灾或爆炸。

（2）起落架故障引起火灾

① 起落架轮子着火。起落架轮子通常用镁合金制成，一般情况下不燃，但一旦燃烧，则火势异常猛烈。飞机起降时，轮子可能因滑行时过长、起降时突然停车采取紧急刹车产生高温而起火。滑行时，轮子的温度可达 100～400 ℃，而在紧急刹车时，则温度可达 1 000 ℃以上，如此有可能引起镁合金轮子着火或引燃附近的可燃物。

② 液压油着火。现代飞机的起落架是靠液压减震制动的，液压油属可燃液体，液压系统功率大、工作压力高，因此，液压系统工作时，会使液压油品产生高温；此外，起落架减震器密封性能不良，会出现渗油、漏油现象，所有这些，都很容易致使液压油着火或液压系统发生物理性爆炸。

③ 飞机轮胎着火。飞机在起飞和降落时，轮胎与跑道路面发生剧烈摩擦产生的高温可达 160～200 ℃，已经达到或超过了轮胎制品橡胶的自燃点，因此很容易引起轮胎燃烧；特别是起落架故障，轮胎瓦圈不能转动时，橡胶轮胎局部摩擦产生高热更容易发生轮胎爆破或冒烟起火。

④ 轮胎甩落或放炮。飞机起降时，由于某个轮胎装配不牢而被

甩掉或突然出现泄气放炮时，会给整个起落架加重负担。轮胎的爆裂会使支撑失去平衡，造成飞机抖动、摇摆或出现机身擦地、飞机偏离跑道而引起火灾。

⑤ 机械故障。飞机起落架机械故障或制动装置失灵或驾驶操作液压系统时失控，受影响的部件迅速升温，使可燃部件起火。同时造成起落架放不下收不回，使飞机不能正常飞行及安全着陆，如迫降时，机身会出现擦地或受到强烈震动而起火。

(3) 燃油系统引起火灾

飞机在起飞前需要加入几十甚至超过百吨的航空燃油，而这些燃油都是易燃液体，挥发性强，易形成爆炸性混合气体，燃烧迅猛，火焰传播速度快，短时间内能形成大面积。引起燃油系统火灾的原因主要有：

① 燃油泄漏。燃油出现“跑、冒、滴、漏”现象，油蒸气扩散，遇到火源发生火灾或爆炸。

② 油质不纯。燃油中含有水分、金属屑或沉淀物等杂质，会使发动机功率降低或停车；同时还会造成供油系统不畅，特别容易引起油量表、燃油分配阀、油泵和喷嘴等卡阻或失灵，影响发动机的正常工作。

③ 燃油产生静电。燃油在流动中容易产生静电积聚而达到很高的电位。如果加、放、抽燃油时，飞机与加、放、抽燃油的车辆、设备没有可靠牢固的连接，则此过程中很容易产生静电放电引起燃油和飞机着火。

(4) 电气系统引起火灾

飞机的电气系统包括蓄电池、发动机等电源设备，变压器、电缆、电线等供电设备以及仪器仪表、照明灯具、广播音响、电烤箱等用电设备。这些电气线路或设备都有可能由于老化、电绝缘层破损、接触不良造成接触电阻过大、长期超负荷运行等原因引起短路、发热、积热而起火。

(5) 飞机轴承及其他转动摩擦部位升温引起火灾

飞机内部有许多轴承及其他产生摩擦的转动部分，如果它们出现故障或缺少润滑，则就会产生高温引燃附近的可燃物或附着的油垢等，成为初始火源，由此进而引燃其他可燃物品，引发飞机火灾。

(6) 动物引起火灾

如果在飞行过程中，飞鸟撞击飞机，则可能会造成发动机和机轮的损坏。如果飞机内蹿进老鼠，咬坏电线绝缘层，会造成电线短路；咬坏输油管，会造成油品滴漏；咬坏危险化学物品包装，会造成化学物品散落，引起火灾事故。如果飞机在滑行时突然遇到牲畜或其他异物，都有可能使驾驶员心理紧张，出现处置操作失误，从而酿成事故。

(7) 其他方面的原因

由夹带或混装危险货物引起的火灾。托运的货物、行李或乘客随身携带的行李、包裹中夹带易燃、易爆、自燃性危险物品，或同机装有化学性质相抵触的物品时，由于包装不严密或不按规定装卸可能引起火灾或爆炸。

由吸烟不慎或其他带入火种引起的火灾。虽然《中华人民共和国民用航空法》明确规定"旅客严禁在飞机上吸烟"，但个别乘客仍会携带少量火种上机。另外，空勤及地勤人员、机上乘务人员、搬运人员都有可能将烟头或其他火种带入飞机或货舱。一旦管理不善，火种失去控制，就会引发飞机上的可燃物起火。

人为纵火。比如故意放火、恐怖袭击等。

(二) 飞机防火管理要求

一般飞机上设有固定的灭火系统，可以进行自动灭火。但是，为了防止人为因素造成的火灾，还要加强飞机在飞行过程中、在停机坪时、在进行检修时三个方面的消防安全管理。

1. 飞机在飞行过程中的防火

(1) 飞机在空中飞行时，机上空勤人员和乘客一律禁止吸烟。

(2) 飞行人员必须严格遵守飞行条例规定，与其他飞机、建筑物等保持足够的距离并按规定的方向避让，严防发生事件。

(3) 机上的电热器具如电炉、烘箱、电加热器等应严格管理，不用时应立即关闭电源或拔掉插座。严禁飞机在积雨云、浓积云和结冰区域内飞行，以防雷击。

(4) 加强飞行过程中的安全检查，发现异常情况应冷静采取果断措施或及时将出现的问题和处置情况向航行管制员报告。

(5) 在低能见度或出现故障情况下着陆时，飞行人员应通过塔台事先通知消防部门，作好应急救援准备。飞机着陆时，一旦出现起落架故障且无法排除时，可在规定地带进行迫降。迫降前，除留足可供迫降的燃油外，其余燃油应立即倾泄，以减少危险。迫降时，航行管制员应立即通知消防部门赶赴现场，做好灭火准备。

2. 飞机在停机坪时的防火

(1) 飞机在地面时，要控制各种生产生活保障车辆，严防撞机事故发生。除客梯车外，其他车辆与飞机应保持一定的安全距离。电源车、客梯车、装货车、牵引车、清洗车及加油、加水车、食品供给车等，必须按次序靠近飞机，并按规定或指定位置停放。各种勤务车辆进入客机坪的行驶速度，最大不得超过 10 km/h。

(2) 严格管理飞行活动区域，严禁人、畜、车辆进入，以免发生危险。此区域应消除飞鸟集生的环境条件，附近的建、构筑物应安装灯光标志，以防飞机与飞鸟或建、构筑物撞击发生事故。

(3) 禁止旅客班机和载人专机装运易燃、易爆、自燃、强氧化、强腐蚀等化学危险品和压缩气体。空勤人员和旅客不准随机携带烟花爆竹和火柴。货物装运时，装运人员不准吸烟。

(4) 集装箱和零散行李要码放牢固，零散行李与货舱照明灯具应保持不小于 50 cm 的距离。

(5) 飞机起飞前应严格检查，机坪可燃物必须彻底清除。

3. 飞机在进行检修时的防火

(1) 维修燃油箱时，必须在消除燃油箱油气前做好通风、灭火等防范措施。必须拆下飞机上的电瓶，停止发动机工作并挂出标示牌。工作人员应穿棉布质的清洁安全工作服。

(2) 飞机充氧系统充氧前，充氧人员必须洗净手上的油脂，穿专用充氧服，并先接好专用地线。充氧时，严禁易燃物与充氧器具接触，同时严禁飞机加油、通电。充氧结束后，应先关充氧车充氧开关，再关飞机充氧开关，缓慢地放出冲氧管中的余压。充气现场的地面及周围不得有任何易燃物和火源。

(3) 进行大面积喷漆、涂饰作业时，飞机必须做好静电接地，并在工作区附近或舱门入口的梯子处放置灭火器。上飞机作业时，严禁携带火种，不得穿钉鞋、化纤服装，不得随地乱扔易燃物，作业完毕后应及时清理现场。

(4) 清洗飞机燃油喷嘴时，应先检查清洗器设备的减压阀、开关、压力表、过滤器是否完好，设备上的冷气输入管路必须有减压阀。清洗液加入后，要拧紧加液口螺丝。严禁清洗液与明火接触。

(5) 维修电子、电气设备时，所有导线、电缆、防波套、搭铁线、负极线要保持完好，并固定牢靠。破损的导线必须使用性能与其相同、截面可稍大的整根导线更换。各种插头、插座和其他电气接触部位应保持接触良好。禁止在有易燃液体、可燃蒸气的场地分解电子设备。

五、船舶火灾的预防

近年来，随着我国航运业的迅猛发展，各种类型的船舶日益增多，由此引发的船舶火灾事故也日渐增多。船舶火灾给我国航运业造成了重大经济损失和人员伤亡。据国际海事组织的有关统计资料表明，船舶火灾占碰撞、搁浅等海难事故总数的11%，位居第四位，但所造成的损失名列所有海难事故之首。因此，研究和加强对船舶火灾的预防和控制，从而最大限度地减少船舶火灾的发生，具有较强的现实意义。

(一) 船舶火灾的特点及原因

1. 船舶火灾特点

(1) 结构复杂，疏散困难

由于空间局限性，船舶结构设计一般较紧凑复杂。船上设有不同用途的舱室(如船员的工作、生活舱，燃料舱，机器设备间等)和很多透风空筒及楼梯，舱内的通道和楼梯狭窄，都只能容一人通过，而且疏散通道较少，乘员多(如客轮)。一旦发生火灾，油气混合物极易在船舱轰爆，烟雾和火势快速蔓延，乘客或游客极难逃生。

(2) 热传导性强，扑救难度大

现代大中型船舶的船体结构多以钢板制造，热传导性能强，通常起火后3～5 min内，温度可上升500～900 ℃，钢板成为高温载体，易引燃附近的可燃物质，从而使火势扩大。同时，船舶既有高层建筑的高度，又有地下建筑的特点，还有化工火灾的复杂，是集高层、地下、化工、人员密集场所、仓储火灾于一体的火灾类型，防范火灾和灭火都较困难。

(3) 可燃物多，蔓延速度快

船舶舱室内的舱壁、衬板、天花板和镶板等，很多采用胶合板、聚氯乙烯板、聚氨酯泡沫塑料、化学纤维等可燃材料，舱室内的家具、地毯、帘布、床铺等也多为可燃材料制成，尤其是客轮。假如机舱、船楼等部位发生火灾，火势会沿着电缆线、油管线等快速向四周蔓延。

此外，船上储有大量的汽油、柴油、重油及液化天然气、液化石油气等燃油、燃气作为动力燃料及生活燃料（尤其是远洋船舶），发生火灾后更易引起爆炸。

(4) 交通条件受限，处置难度大

船舶发生火灾，可能是在航行中、抛锚地或停靠港口时。若航行中发生火灾，由于远离陆岸，扑救力量无法及时到达实施灭火救援。而当停靠岸边时，由于船舶较高，吃水较浅，消防车辆不易靠近灭火。因此，船舶火灾主要依靠其本身的灭火设施来施救。

2. 船舶火灾原因

调查研究表明，船舶火灾主要有以下几种原因：

(1) 静电火花引起火灾

油船载运的原油和石油产品以及船舶发动机燃料油都是混合物，属易产生静电物质，它们在流动、混合、喷溅、冲击、过滤时既易产生静电荷，又易积蓄静电荷。所以油船在装油、卸油、洗枪、打压枪水等作业过程中极易产生和积蓄静电，发生火灾或爆炸的危险性很大。原油及石油产品在管道内的流速越大，流动的时间越长，产生的静电荷就越多；流经的阀门和弯头越多，流经的过滤网越密，产生的静电荷就越多；喷溅和冲击的速率越大，环境相对湿度越小，产生的静电荷就越多。油品的聚集静电荷的能力还与油品中的杂质、输油管道的材料有关，用乙烯基塑料油管道比金属油管道输油更易产生和聚集静电荷。此外船员穿脱不防静电的衣服时产生的静电放电也足以引燃油品蒸汽。

[案例 3-27] 1997 年 6 月 4 日 14 时 40 分，我国载重 22 300 吨的“大庆 243”号油轮驶抵长江下游龙潭水道南京栖油运锚地，在 2 号锚位过驳作业时爆炸起火，紧接着三艘油驳相继爆炸起火，造成油轮和油驳严重破损，6 人死亡，3 人失踪，直接经济损失达 822 万元，经过

调查认定,爆炸和火灾系在过驳时静电放电导致。

(2) 碰撞、摩擦火花引起火灾

船舶在各项作业过程中,金属部件、工具等之间很容易产生碰撞和摩擦火花,如锚链与船钢板之间的碰撞和摩擦、拖船和驳船之间的碰撞、船与船之间的碰撞、鞋钉与钢板之间的碰撞和摩擦等。若货油轮中的油品蒸汽或泄漏的油品及其油蒸汽遇上这些火花就有发生火灾或爆炸的危险。

[案例 3-28] 1994 年 1 月 2 日,我国"大庆 423"号油轮由南京空载下水航行至高港附近水域时,与上行的"苏鹤"轮发生碰撞,"大庆 423"号轮当即爆炸起火,2 分钟后发生第二次爆炸,舯楼倒塌,艏部灭火管系炸毁,丧失自救能力,造成"大庆 423"号轮报废,"苏鹤"轮严重受损,3 人受伤,直接经济损失达 1 800 万元。

(3) 高温表面引起火灾

船舶发动机排气管的温度高达 500～800 ℃,超过一般油品的自燃点,如用来包扎的绝热层破损,燃料油、润滑油喷到灼热的排气管上,或泄漏的油品蒸汽蔓延到灼热的排气管上均会发生火灾或爆炸事故。

[案例 3-29] 1986 年 6 月 14 日,我国万吨级的"阳泉"轮在青岛港 22 锚地锚泊待卸,二号副机正在工作,第四缸喷油头冷却回油管连接螺帽因运行震松脱落,致使柴油喷到高温排气管上而引起着火。

(4) 焊接等明火引起火灾

如果未按操作规程进行焊接或明火作业,没有排除现场的油品蒸汽,未采取现场保护措施,则焊接产生的电弧和电火花或使用的明火极易引燃现场的可燃物品、油品或油品蒸汽,而引发火灾或爆炸事故。

(5) 电气故障引起火灾

船舶上的电气设备类型、电气设备的安装都有严格的规定,如不该铺设电缆的地方铺设了电缆、该用防爆型灯具的部位安装了普通灯具,往往因漏电、接触不良、短路等原因引起着火或爆炸。

[案例 3-30] 一艘载重 48 000 吨的油轮,货油舱渗油至水舱,再渗至机舱,正好遇机舱内电气设备打火,而引起爆炸,结果造成全船烧毁,烧死 7 人,伤 1 人。

(6) 物质自燃、遇水燃烧和混触起火或爆炸

这类火灾主要由于违章装载、失职或对易燃易爆物品缺乏消防常识所致。船舶在运输自燃性物质(如棉花、麻、鱼粉、煤等)时,如管理不当,能发生自燃火灾。1981年6月19日,停泊在黄浦江的我国"人民9号"货轮由于棉花自燃而导致火灾。船舶运输的遇水燃烧类物质如果受潮、遇水后,有的能自行着火(如钾、钠等),有的遇水后生成大量热,能引燃其他可燃物(如生石灰、漂白粉等),有的遇水能产生易燃易爆的气体(镁粉、碳化钙等),遇火星能发生火灾或爆炸。

(7) 吸烟和烟囱火星引燃

船员和旅客麻痹大意,乱扔燃着的烟头和火柴杆可引起火灾。装卸货物时未注意风向和风速,烟囱和内燃机排气管(应装有火星熄灭器)排烟时火星散落到易燃或可燃的货物里,或落到漂流油品蒸汽的区域里,也有引起火灾的可能性。

(8) 雷击引起火灾

在油船航行中,当雷电闪击甲板上的油气时,也可能起火,若透气管上的钢丝网损坏,火焰可能引入货油舱内导致着火或爆炸。

(二) 船舶防火管理要求

1. 消除或控制火灾危险源

及时清除船上非营运必需的易燃物,对必需的易燃可燃物品实施限制和隔离,使之处于受监控状态。例如,迅速清除船舱垃圾;沾油的抹布和棉纱等应置于有盖金属桶内,并及时清倒;不再使用的包装料、垫舱等易燃物应迅速清除;溢漏的油料和油脂应立即擦干净;电灯和电热器具上不应积灰或覆盖布、纸等;船员不可穿着油浸过的衣服,油污衣服或其他易燃物不可储存在衣柜;船员和旅客住舱内禁止储存易燃品;木料、垫舱物应储存在规定的场所;油漆等不使用时,应立即收回库内;轻质油、溶剂应存放于合适的容器内,并放在规定的位置。

2. 消除和控制火灾点火源

除了消除和控制高温高热源、吸烟或电气火花、机舱火种外,还应及时消除和控制货舱着火源。例如,舱内易燃品一定要与蒸汽管、电灯、热源作防护隔离;货舱内不得有积油或堆放油布、棉纱等;加挂的货舱灯,使用后要立即收回存放好,并盖妥插座;装卸棉、麻、糖等货物

时，应使用防爆灯代替舱灯；注意舱内可能自燃的化学品，并作必要的定期巡查；装卸货油时，应严格遵守有关防火规定；在油轮甲板或油气存在空间，绝对禁止吸烟、穿着易产生静电的化纤衣服和带铁钉的鞋，禁止敲铲作业等。

3. 增强消防知识学习和消防技能演练

良好的防火意识及时刻保持着防火警惕，是有效范船舶火灾发生的重要前提。船员应有计划地定期安排讲授消防知识，张贴消防宣传画报，设置消防安全标志，分析船舶火灾事故案例，吸取其他船只事故教训，通过各种形式的教育、培训来增强消防安全意识，加强火灾防范措施，提高灭火技能，掌握火场疏散逃生方法，使每个船员明白，船舶失火，殃及人命，船舶防火，人人有责。

《SOLAS公约》规定，船舶应每隔30日举行一次消防和弃船演习。为了确保演练质量，提高船员的消防素质，除了完善消防应急计划外，可在演练前进行有重点的讲授并演示，演练后由大副、船长作总结和评价，及时完善消防应急预案内容，纠正不良安全行为。如此循环演练，使船员在火灾险境下处变不惊，并迅速、有效地作出正确的积极反应。高级船员还应该能熟练地操作使用船舶上的大型惰性气体灭火系统等消防设施。

4. 健全消防规章制度，规范船员的安全行为

安全规章的严格执行，是规范和控制消防人为失误的重要保证。船舶公司和船舶应该按“5W1H”原则制定消防规章制度，并予以切实执行、监督和记录。所谓“5W1H”是指：What—做什么事，做到什么程度，达到什么目的；Why—为什么要做；When—什么时候做；Where－什么地点做；Who—由谁来做，谁来承担责任；How—给出具体怎样做的详细程序、须知、方法和指南。即明确消防事项、目的、适用范围、权力和责任、操作细则和职责。各船只应结合本船的具体情况，画出防火巡查路线，注明巡查要点，规定巡查人员和时机。应该激励船员严格遵守船员日常防火防爆须知及明火作业规程等操作规范。

5. 加强船舶消防安全管理

大量的海难事故的统计数据表明，80%的事故与人为因素有关，而在人为因素引起的事故中，绝大多数与管理有关。因此，船舶公司

必须采取切实可行的措施，加强船舶消防安全管理：一是应对涉及船舶火灾预防与控制的重要关系、行为、状态进行强制性管理，实行领导负责制；二是必须对船舶火灾预防与控制进行立法立规，依法按章办事；三是加强船舶火灾预防与控制的规范化管理，规范船舶火灾预防与控制的实体和责任，对船舶火灾预防与控制管理人员应以文件的形式明确其责任权力和相互关系；四是加强船舶火灾预防与控制的标准化管理，汲取闭环管理原理和现代管理科学的精华，使船舶火灾预防与控制具有全面性、系统性、预控性。

六、地铁火灾的预防

地铁具有运量大、速度快、无污染、准时、方便、舒适等交通上的独特诸多优点，目前已成为全球大中型城市人们出行最为便捷、经济及高效的交通工具之一和交通系统的骨干，是城市现代化程度的重要指标，在促进城市繁荣、实现城市经济和社会可持续发展中起着举足轻重的作用。自 1965 年以来，我国相继在北京、天津、香港、上海、广州、深圳和南京等 10 多个城市已经运行或正在修建地铁。由于地铁深埋地下，其建筑结构复杂、出入口少、疏散路线长、电气设备众多、人员高度密集、通风照明差等特点决定了其管理难度和复杂性，故一旦发生火灾，往往会造成重大的人员伤亡和财产损失。因此，研究地铁突发性火灾的成因，掌握地铁火灾的特点及预防措施，对于减少火灾损失、降低影响，具有十分重要的意义。

（一）地铁火灾特点及原因

1. 地铁火灾特点

地铁建筑空间是通过挖掘方法获得的，隧道外围是土壤和岩石，只有内部空间而没有外部空间，仅有与地面连接的通道作为进出口，不像地面建筑有门、窗，可与大气连通。由于地铁隧道上述构造的特殊性，与地面建筑相比，其火灾时的特点主要表现在以下几个方面：

（1）疏散难度大

① 客流量大。例如上海在运的地铁一号线、二号线和明珠线，全长 65 km，日均客流总量为 100 万人次，其中，地铁人民广场站日均客流量为 25 万人次，地铁的满载率和单车运行均居世界第一。发生火灾时，如此大的客流量，组织有序疏散很难，若要确保所有乘客在安全

允许的时间内全部逃生，难度更大。

② 逃生条件差。(a)垂直高度大：商业运营的地铁，一般建在地下 15 m 左右，考虑商业和战备兼顾的地铁，有的则深达 30～70 m 左右，如日本东京都营大江户地铁线，其中六本木车站共七层，深达 42.3 m，光台阶就有 200 多级。发生火灾后，乘客从站台及站厅层仅凭体力往地面逃生，既耗时，又耗力，安全逃生的可靠性不大，就老弱病残者而言，更是凶多吉少。(b)逃生途径少：地铁运营环境的特定性，决定了供乘客安全逃生途径的单一性。除安全疏散通道外，既没有供乘客使用的垂直消防电梯(设计上仅考虑残疾人专用电梯)，也没有紧急避难场所，火灾时，大量乘客同时涌向狭窄的通道及楼梯，其后果可想而知。(c)逃生距离长：就上海地铁人民广场站而言，该站共有 12 个出入口，其中 5 个直通地面，7 个连通地下商场(其中 4 个设有中间防火卷帘)。12 条疏散通道中有 10 条距离在 100 m 以上，最长的达 260 m。一旦突发火灾，乘客被困受害的可能性增大。

③ 允许逃生的时间短。日本消防部门曾针对地铁火灾事故做过实验，车厢起火后，快则 1.5 min，慢则 8 min 就会出现有毒有害气体。2～5 min 内，车厢内烟雾弥漫，无法看清楚逃生出口，相邻的车厢在 5～10 min 内也会出现相同情形。实验证明，允许乘客逃生的时间仅有 5 min 左右。

④ 乘客逃生意识差异大。地铁站台(厅)或列车内突发火灾后形成的险恶环境，对心理素质较好、逃生意识较强的乘客来说，尚能冷静判断，采取自救措施而安全逃生。但对惊慌失措、自救意识较差的乘客而言，从众心理主导行为，争先恐后向出口蜂拥，易被踩、挤、压倒，或因恐惧迷失方向被困直接致伤或致死，导致群死群伤事故。

(2) 氧含量急剧下降，发烟量大

由于隧道空间的相对封闭性，火灾发生时，新鲜空气难以迅速补充，致使空气中氧气含量急剧下降，从而导致人体四肢无力，判断能力低下，易迷失方向甚至晕倒，失去逃生能力而死亡。此外，地铁列车的车座、顶棚及其他装饰材料大多具有可燃性，不完全燃烧时产生的大量一氧化碳(CO)等有毒有害气体，不仅使空间可见度降低，同时增加了疏散人群窒息的可能性。例如人们在韩国大邱地铁火灾事故中发现了一个很奇怪的现象：在站台一张桌子的四周死了很多人。经过专家分析判定是火灾浓郁的烟雾使地铁里漆黑一团，在人们正常的视野高度范围内根本看不见地面，慌乱的人群失去了辨别自身周边情况的能力，于是一张桌子就成了大家逃生路线上的障碍物，以至于很多人始终在围着桌子跑，最终被烟气熏死。

(3) 排烟排热差

地铁发生火灾时产生的烟、热，由于其封闭性，不能像地面建筑那样可通过门窗排至大气中，而是聚集地铁站内无法扩散，如此易使温度骤升，可燃物较早地出现“爆燃”，烟气形成的高温气流则会对人体产生伤害。若对其不及时加以控制或排除，则会四处流窜，短时间内布满整个地下空间，严重威胁现场遇险人员和救援人员的生命。

(4) 火情侦测和扑救困难

地铁火灾的扑救比地上建筑要困难得多。这是因为一是地上建筑发生火灾时，可以直接从产生的火光、烟雾判定火场位置和火势大小，而地铁火灾则无法直观火场，需要时间侦查、分析，才能做出灭火救援方案；二是地铁的出入口有限，且出入口通常是火灾烟、热的排泄口，救援人员不易接近着火点，扑救工作难以展开；三是地下工程对通讯设施的干扰较大，通讯联络障碍亦为救援工作增加了困难。

2. 地铁火灾成因

地铁火灾事故的发生，究其原因，与人的不安全行为、物的不安全状态及管理上的缺陷是密不可分的。

(1) 人的因素

人的因素主要是指地铁乘客、操作人员、管理人员及其他在场人员的不安全行为。主要有：

① 地铁维修施工过程中进行焊接、切割工作，或机械碰撞、摩擦引起的火花都有可能引燃易燃的装修材料而造成火灾；

② 乘客吸烟时溅出火星或随便乱丢烟头或携带易燃、易爆物品；

③ 车辆驾驶人员不遵守操作规程，违章操作；

④ 人为故意纵火或恐怖袭击等其他原因。

(2) 物的因素

物指的是发生火灾事故时所涉及的一切实物。物的因素虽比人的因素要复杂，但其在很大程度上可通过采取防范措施及可量化的指标加以控制：

① 地铁内存在违禁物品和易燃物品。这些物品大多由乘客携带进入，若能在事前查出，则可以避免火灾的发生。

② 地铁工程及车辆材料选用不当。如车站建筑装修材料没有采用阻燃不发烟材料，地铁列车车身和坐椅的可燃材料没有进行防火处理，电缆电线没有采用耐火阻燃且低烟无卤化材料等。

③ 消防设施缺乏或设置不当。如没有设置火灾探测设施，缺乏足够的消防设备，导致对火情反应不灵敏而造成火势发展。

④ 地铁电气设备存在隐患。由于设计缺陷、或电气设备老化或没有定期检修，使其处于不安全状态运行等。

(3) 管理上的缺陷

① 技术上的缺陷。大多体现在因设备设计不合理、检修、维修不及时而存在有安全隐患的硬件设施。

② 劳动组织的不合理。地铁运营部门没有制定完善的安全管理和操作规范，或者操作流程不合理存在安全隐患等。

③ 安全教育和安全技能培训不够。地铁运营部门没有对职工进行系统的安全培训或培训不够，员工有可能由于违章操作而出现意外事故；缺乏对乘客和公众有效的消防安全教育，乘客的防火意识和应对火灾的能力不强，诱发事故出现。

④ 相关管理职能的缺陷。如政府没有成立专门应急救援机构，或相关部门没有制定火灾应急和疏散预案，并加以定期演练，以及对民众的防火安全教育较少等。

(二) 地铁火灾预防

1. 地铁消防安全技术要求

(1) 消防安全布局、建筑耐火等级及防火分隔

① 考虑到地下车站一旦发生火灾事故时灭火的难度，则地下车站站厅的乘客疏散区域、站台层及乘客疏散通道内不得设置商业场所，以利于失火时乘客可以迅速地到达安全区域。与站厅层或地下车站相连开发的地下商业等公共区域的防火设计，应符合我国现行民用建筑设计防火规范的规定。

② 地铁车站管理用房宜集中一端布置。管理用房区应有1个安全出口通向地面，该区内站厅和站台层间的人行楼梯应为封闭楼梯。

③ 地铁的地下工程及出入口、通风亭的耐火等级应为一级。因为地铁的地下工程是人流密集的封闭空间，出入口是安全疏散通道，通风亭是发生火灾时组织通风排烟的咽喉。

④ 地铁与地下及地上商场等地下建筑物相连时，必须采取防火分隔，以阻止火势的扩大蔓延。

⑤ 地下车站站台和站厅乘客疏散区应划为一个防火分区，其他部位的防火分区最大允许使用面积不应大于1 500 m^2，地上车站不应大于2 500 m^2；两个防火分区之间应采用耐火极限为4 h的防火墙和甲级防火门分隔，在防火墙设有观察窗时，应采用C类甲级防火玻璃。

⑥ 行车值班室或车站控制室、变电所、配电室、通信及信号机房、通风和空调机房、消防泵房、灭火剂钢瓶室等重要设备用房，应采用耐火极限不低于3 h的隔墙和耐火极限不低于2 h的楼板与其他部位隔开，隔墙上的门及窗应采用甲级防火门、窗。

⑦ 防火卷帘与建筑构件之间的缝隙以及管道、电缆、风管等穿过防火墙、楼板及防火分隔物时，应采用防火封堵材料将空隙填塞密实。

(2) 安全疏散

① 地下车站防火分区(有人区)安全出口设置，应符合下列规定：

(a) 车站站台和防火分区，其安全出口数量不应少于两个，并应直通室外空间；

(b) 其他防火分区安全出口的数量也不应少于两个，并应有1个直通外部空间。与相邻防火分区连通的防火门可作为第二安全出口，但竖井爬梯出入口和垂直电梯不得作为安全出口；

(c) 与车站相连开发的地下商业等公共场所，通向地面的安全出口应符合《建筑设计防火规范》GB50016的有关规定。

② 站台公共区的任一点，距疏散楼梯口或通道口不得大于50 m；

③ 出口楼梯和疏散通道的宽度，应保证在高峰客流量时发生火灾的情况下，6 min内将一列车乘客和站台上候车的乘客及工作人员全部撤离站台；

④ 地铁出入通道长度不宜大于100 m，如超过时应采取措施满足

人员疏散的消防要求；

⑤ 两条单线区间隧道之间，当隧道连贯长度大于 600 m 时，应设联络通道，并在通道两端设双向开启的甲级防火门。

(3) 建筑内部装修

车站的站台、站厅、出入口楼梯、疏散通道、封闭楼梯间等乘客集散部位，以及各设备、管理用房，其墙、地及顶面的装修材料，以及广告灯箱、坐椅、电话亭和售、检票亭等所用材料，应采用不燃材料，且不得采用石棉、玻璃纤维制品及塑料制品。

(4) 建筑消防设施

① 室内消火栓系统

(a) 地下车站、站台、设备及管理用房区域、人行通道、地下区间隧道，应设室内消火栓，地面或高架车站室内消火栓的设置应符合现行国家标准《建筑设计防火规范》GB50016 的规定；

(b) 地下车站出入口或通风亭的口部等处明显位置，应设水泵接合器，并在 15～40 m 内设置室外消火栓，地面或高架车站水泵接合器的设置应符合现行国家标准《建筑设计防火规范》GB50016 的规定。

② 气体灭火系统

地下车站的车站控制室、通信及信号机房、地下变配电所，应设置气体自动灭火装置，地上运营控制中心气体灭火装置的设置，应按现行建筑设计防火规范的规定执行。

③ 火灾自动报警系统

(a) 地铁车站、区间隧道、控制中心楼、车辆段、停车场、主变电所等，应设置火灾自动报警系统(FAS)。

(b) 车站控制室应能控制地铁消防救灾设备的启、停，并显示运行状态。

④ 防排烟系统

(a) 地下车站及区间隧道，必须设置防烟、排烟与事故通风系统；

(b) 下列场所应设置机械防、排烟设施：

一是地下车站的站厅和站台；

二是地下区间隧道。

(c) 下列场所应设置机械排烟设施：

一是同一个防火分区内的地下车站设备及管理用房的总面积超过 200 m^2 或面积超过 50 m^2 且经常有人停留的单个房间；

二是最远点到地下车站区域的直线距离大于 20 m 的内走道；连续长度大于 60 m 的地下通道和出入口通道。

⑤ 疏散应急照明

下列部位应设置疏散应急照明且连续供电时间不应小于 1 h：

(a) 站厅、站台、自动扶梯、自动人行道及楼梯口；

(b) 疏散通道及安全出口；

(c) 区间隧道。

⑥ 疏散指示标志

下列部位应设置醒目的疏散指示标志：

(a) 站厅、站台、自动扶梯、自动人行道及楼梯口；

(b) 人行疏散通道拐弯处、交叉口及安全出口；沿通道长向每隔不大于 20 m 处，且距地面小于 1 m 处；

(c) 疏散通道和疏散门均应设置灯光疏散指示标志，并设有玻璃或其他不燃材料制作的保护罩；

(d) 站厅、站台 、疏散通道等人员密集部位的地面，宜设保持视觉连续的发光疏散指示标志。

⑦ 灭火器

(a) 一个灭火器设置点的灭火器不应少于 2 具，每个设置点的灭火器不应多于 5 具。

(b) 灭火器设置位置应明显，并配有标志，且易于取用。

地铁站灭火器的配置应符合《建筑灭火器配置设计规范》GB50140 中的有关要求。

2. 地铁消防安全管理要求

地铁工程的新建、改建、扩建、装修工程 ，应当依法向当地公安消防机构申报消防设计审核或备案抽查，经审核合格后方可施工；工程竣工后，应及时向公安消防机构申报消防验收或备案，未经验收或者经验收不合格的，不得投入使用。

(1) 消防安全责任

① 地铁运营公司的法定代表人或主要负责人是消防安全责任

人，对本单位的消防安全工作全面负责。

② 应当建立健全各级消防安全责任制，明确逐级和岗位消防安全职责，确定各级、各岗位的消防安全责任人，保障消防安全疏散条件，落实消防安全措施。

③ 应当设置或者确定消防工作的归口管理职能部门，并确定专、兼职消防安全管理人员，负责日常消防管理。

④实施新、改、扩建及装修、维修工程时，应与施工单位在订立合同中按照有关规定明确各方对施工现场的消防安全责任。

(2) 消防安全重点部位

下列部位确定为地铁运营的消防安全重点部位：

① 地铁车站、区间隧道、控制中心楼、停车场、主变电所等；

② 地下车站的车站控制室、通信及信号机房、设备及管理用房、地下变配电所等特殊用房。

以上重点部位应设置明显的防火标志，标明"消防重点部位"和"防火责任人"，落实相应管理规定，实施严格的消防管理。

(3) 控制易燃可燃物质

① 严禁站内存放易燃易爆化学物品；

② 严禁乘客携带危险化学物品乘车，如发现此情况，应按有关安全管理规定予以收缴，并加以处罚；

③车厢、坐椅、扶手等不应采用可燃材料，应使用阻燃材料；车站站台、墙壁、顶面禁止使用可燃材料，应采用不燃材料；

④ 车站内的售报亭、饮食亭不得采用可燃材料搭建；

⑤ 动火作业时，应当清除周边的可燃物质。

(4) 电气防火管理

① 电器设备应由具有电工资格的人员负责安装和维修，严格执行安全操作规程。

② 每年应对电气线路和设备进行安全性能检查，必要时应委托专业机构进行电气消防安全检查。

③ 防潮的部位安装电气设备应符合有关安全要求。

④ 电气线路敷设、设备安装的防火要求

(a) 明敷塑料导线应穿管或加线槽保护，吊顶内的导线应穿金属

管或难燃 PVC 管保护，导线不应裸露；

(b) 配电箱的壳体和底板宜采用不燃材料制作。配电箱不应安装在可燃和易燃的装修材料上；开关、插座应安装在难燃或不燃材料上；照明、电热器等设备的高温部位靠近可燃材料、或导线穿越可燃或易燃的装修材料时，应采用不燃材料保护隔热；

⑤ 日常管理要求

(a) 计划好内部用电负荷，新增电气线路、设备须办理内部审批手续后方可安装、使用，不得超负荷用电，不得私拉乱接电气线路；

(b) 消防安全重点部位禁止使用具有火灾危险性的电热器具；

(c) 配电柜周围及配电箱下方不得放置可燃物；

(d) 保险丝不得使用铜丝、铝丝替代。

(5) 严格火源管理

地铁站应采取下列措施加强对着火源的控制和管理：

① 电焊、气割等动火维修作业时，应进行申报审批，并落实动火现场监护人及防范措施；

② 固定用火场所应做到存放燃气钢瓶的固定用火部位与其他部位应采取防火分隔措施，并设置自然通风设施。安全操作规程应公布上墙，配备相应的灭火器材；

③ 车站内、地铁列车上等场所严禁吸烟；

④ 地下车站内的餐饮场所禁止使用液化石油气等作燃气，应采用电磁炉等电热器具。

(6) 安全疏散设施管理

安全出口、疏散通道、疏散楼梯等是地铁火灾时人员疏散逃生的重要途径，应对其落实措施，加强管理：

① 防火门、防火卷帘、疏散指示标志、火灾应急照明、火灾应急广播等设施应设置齐全完好有效；

② 车站站厅、站台等处应在明显位置设置消防安全疏散路线图；

③ 常闭式防火门应向疏散方向开启，并设有警示文字和符号，因工作需要必须常开的防火门应安装电磁门吸、电子释放器等具备联动关闭功能的装置；

④ 疏散走道、疏散楼梯、安全出口应保持畅通，禁止占用疏散通

道，不应遮挡、覆盖疏散指示标志。

⑤ 检票口和栏杆及车站内广告牌的设置，不得影响人员的安全疏散。应将零售店和报摊点集中在站厅层两头的安全区域，以保证在站厅中间留出疏散的空间和通道；

⑥ 防火卷帘下方严禁堆放物品；

⑦ 列车上还应设置足够的转动显示条、液晶显示屏，以及广播系统，以备火灾时引导乘客疏散。

(7) 消防设施、器材日常管理要求

① 消防控制室

(a) 消防控制室应制定消防控制室日常管理制度、值班员职责、接处警操作规程等工作制度。应当实行每日 24 小时专人值班制度，确保及时发现并正确处置火灾和故障报警。

(b) 值班人员应当经消防专门培训考试合格，持证上岗。应当在岗在位，认真记录控制器日运行情况，每日检查火灾报警控制器的自检、消音、复位功能以及主备电源切换功能，并按规定填写记录相关内容。

(c) 平时自动消防设备应处于自动控制状态；若设置在手动控制状态，应有确保火灾报警探测器报警后，能迅速确认火警并将手动控制转换为自动控制的措施。

② 灭火器管理

(a) 应建立灭火器日常维护、管理档案，记明类型、数量、使用期限、部位、充装记录和维护管理责任人。有机械损伤、明显锈蚀、灭火剂泄露、被开启使用过或符合其他维修条件的灭火器应及时进行维修。

(b) 灭火器应保持铭牌完整清晰，保险销和铅封完好，压力指示区保持在绿区；应避免日光曝晒和强辐射热等环境影响。灭火器应放置在不影响疏散、便于取用的明显部位，并摆放稳固，不得擅自挪用、埋压或将灭火器箱锁闭。

③ 消火栓系统管理

消火栓系统管理应符合下列要求：

(a) 消火栓不应被遮挡、圈占、埋压；

(b) 消火栓箱应有明显标识;

(c) 消火栓箱内配器材配置齐全,系统应保持正常工作状态。

④ 自动喷水灭火系统管理

自动喷水灭火系统管理应达到下列要求:

(a) 洒水喷头不应被遮挡、拆除或喷涂;

(b) 报警阀、末端试水装置应有明显标识,并便于操作;

(c) 不得擅自关闭系统,定期进行测试和维护。

(d) 系统应保持正常工作状态。

⑤ 火灾自动报警系统管理

火灾自动报警系统管理应达到下列要求:

(a) 系统应保持正常工作状态。

(b) 探测器等报警设备不应被遮挡、拆除;

(c) 不得擅自关闭系统,维护时应落实安全措施;

(d) 应由具备上岗资格的专门人员操作;

(e)定期进行测试和维护。

(8) 防火检查要求

地铁场所属于消防安全重点单位,应按照《机关、团体、企业、事业单位消防安全管理规定》的有关要求,对执行消防安全制度和落实消防安全管理措施的情况开展防火巡查和检查,并将检查记录存入单位消防档案。

① 营业期间,防火巡查应至少每2小时进行一次。主要巡查有无违章用火用电行为、安全出口及疏散通道的畅通情况、消防安全标志的完好情况等。

② 定期防火检查应至少每月组织一次。主要检查火灾隐患的整改情况以及防范措施的落实情况、安全疏散设施的完好有效性、消防安全重点部位的管理情况、消防控制室值班及消防设施运行情况等。

③ 自动消防设施应至少每年进行一次全面的功能测试检查,确保消防设施运行完好有效。

(9) 消防宣传教育、培训

地铁运营公司应当结合单位实际情况,通过知识竞赛、消防宣传

板报等多种形式开展经常性的消防安全宣传教育；对新上岗和轮岗员工，要进行上岗前的消防安全培训，对全体员工的培训每半年至少组织一次，其内容应包括：

(a) 有关消防法规、消防安全制度和消防安全操作规程；

(b) 本单位、本岗位的火灾危险性和防火措施；

(c) 有关消防设施的性能、灭火器材的使用方法；

(d) 报火警、扑救初起火灾以及自救逃生的知识和技能；

(e) 组织、引导顾客和员工疏散的知识和技能。

经培训后，员工应懂得火灾的危险性和火灾的预防措施、懂得火灾扑救方法及火场逃生方法；并会报火警119、会使用灭火器材和扑救初起火灾、会组织人员疏散。

(10) 应急队伍建设和灭火预案演练

加强地铁公司自身灭火抢险救援队伍的建设。灭火抢险救援队伍可以承担扑救地铁早期火灾和及时处置其他灾害事故的抢险救援任务，发挥公安消防队所不能替代的作用。地铁公司应当根据地铁灭火抢险救援特点，建立一支专业队伍，配备特种救援车辆及专用器材设备，并对如何制定灭火方案，采用哪些机动设备进行火场的临时封堵，如何对抢险救援队伍和救援装备调配，以及如何应对各种紧急事件的发生等等直接关系到火场中人民生命财产安全和救援队伍生命安全的问题进行预案设置，开展经常性演练。演练结束，应及时总结问题，做好记录，针对存在的问题，修订预案内容。

第十一节　居民家庭防火常识

随着人民生活水平的提高，越来越多的家庭使用上了煤气、液化石油气及天然气等气体燃料及电热炊具、电视机、电冰箱、洗衣机、空调器、电风扇、电熨斗、吸尘器、电热取暖器之类的家用电器，拥有汽车、摩托车等机动车辆的家庭也日益增多，这些气体燃料、家用电器、机动车辆，给我们的生活带来了极大的方便，带来了快乐，但如果不注意消防安全，反而会酿成火灾，从而造成人员伤亡和财产损失，因此，熟悉、掌握家庭防火知识十分必要。

一、燃气安全使用与防火

（一）液化石油气的安全使用与防火

目前，我国使用的液化石油气，都是石油加工过程中的副产品，其主要成分是含有 C_3、C_4 的碳氢化合物，即为丙烷、丁烷、丙烯、丁烯等。它们在常温下呈气体状态，当不断降温或加压时，就会变成液体状态，这种液体化的石油气，统称为液化石油气(LPG)，俗称为液化气。

液化石油气(LPG)由气态转变成液态，体积缩小了 250 倍，便于运输。液化气具有发热量高、燃烧压力稳定、容易点燃、使用方便等特点，因此，在人们的日常生活中广为应用。但由于其爆炸下限低、燃点低，而且液化气比空气重，泄漏时易沉积在低洼处，不易飘散，浓度高时会形成漂浮的白色云雾，遇烟头、火星及静电火花等明火时即会爆炸燃烧。

家庭中使用的液化石油气设备通常由三大部分组成：一是储气设备，即钢瓶，瓶口处装有作为开关的角阀；二是减压、输气设备，包括减压阀和胶管；三是用气设备，即燃具或称灶具。

1. 液化石油气火灾爆炸的主要原因

一是灶具漏气。如气瓶喷嘴与减压阀连接不实、软管老化开裂、或软管与灶具衔接不牢固、灶具开关阀门不紧或气瓶阀门不严密等，都会造成 LPG 泄漏。

二是残液处理不当。残液是指液化气钢瓶里余下的难以气化的少量液体，其主要为 C_5、C_6 碳氢化合物。残液虽不如液化气那样易气化挥发，但它比汽油的气化挥发性要大，因此，残留液化气不能随意倾倒，否则，遇到明火也会引发火灾爆炸。

三是冬季长期烧气取暖，很容易失去控制而着火。

2. 液化石油气的安全使用与防火

由于 LPG 的爆炸下限较低，漏出的气体与空气混合能形成爆炸性气体，其威力极大，因此，安全使用 LPG 必须要遵守以下规定：

（1）保持良好通风

使用液化石油气及其灶具的厨房应通风良好，不得使用煤炉、煤油炉等其他灶具，以免液化气设备一旦漏气，遇炉火会立即引起燃烧或爆炸。

(2) 正确安装燃气用具

为防止液化气泄漏,在给新换的液化气钢瓶安装减压阀时,首先,要检查气瓶角阀接口的内螺扣是否有损伤,无损伤时才能安装;其次,查看减压阀进气管前端的密封圈是否完好端正,是否老化损坏,若发现丢失、破裂、歪斜或损坏,应立即去液化气站点更换或修理,配好胶圈后再用;第三,安装减压阀时,要将减压阀端平对准角阀,然后按逆时针方向拧紧减压阀手轮,以减压阀不上下左右晃动为准;第四,减压阀与角阀连接好后,应用小毛刷蘸肥皂水涂抹在各连接处,检查是否漏气,确认不漏气后方能点火使用。

(3) 严格遵守操作使用要求

① 正确掌握气瓶开关的使用方法,做到"火等气",即先点火,然后将火源移至灶具燃烧器侧面,再打开气阀。切不可先开气,后点火,这样容易使人烧伤,切忌随意玩弄开关或忘记关闭。

② 点火后不离人。一是要随时注意调节火焰的大小,防止煮沸的汤水溢出淋灭灶火;二是防止风将灶火吹灭;三是防止钢瓶内 LPG 快要用完时,压力小,灶具火焰行动熄灭。这三种情况均会导致 LPG 泄漏。

③ 使用完毕,首先拧紧钢瓶角阀,尔后再关灶具气阀。不允许只关灶具气阀,不关钢瓶角阀。

④ 钢瓶必须远离热源,且与灶具要保持 0.5 m 以上的距离,避免钢瓶受到灶具的烘烤。

⑤ 钢瓶在使用时应直立放置,严禁卧放、倒放或滚、碰、砸、拖等。因为钢瓶卧放时,液体靠近瓶口处,当打开角阀时,液体冲出,流经角阀、减压阀后,迅速气化,大大超过了灶具的负荷,会蹿起高大的火焰,未完全燃烧的气体易发生爆炸。

⑥不得直接对钢瓶加热(如用开水烫等),严禁用火燎烤。

(4) 妥善处置残留液体。

切忌随意倾倒气瓶残留 LPG,也不得倒入下水道、厕所或化粪池、地下阴沟等处。一则 LPG 液体属于易燃易爆物品,易挥发;二则居民使用的下水道、厕所的便池等都是相连通的。如果将残液倒入,残液挥发出的气体将会串至各户，一旦遇明火，将会发生一连串的燃烧爆炸。因此，最安全的办法是将钢瓶送至液化气供应站统一回收至充灌厂进行倒残。

(5) 严禁随意拆动或自行修理液化气灶具设备。如发现钢瓶角阀和调压阀等故障时，必须及时通知气瓶供应站处理，或送燃气灶具维修部进行维修。

(6) 漏气处置方法

一旦发现有漏气现象，应采取措施及时处理。首先应打开门窗通风换气、用笤帚扫地，将泄漏的 LPG 气体尽快散发掉，但不得使用电扇吹；其次检查泄漏部位，若灶具开关或钢瓶角阀未关闭，则应立即关闭；如果连接处松动要重新拧紧，损坏部位要及时修理更换。禁止用明火检漏和引入其他火源，如抽烟、开关电器设备及点蜡烛照明等，这些都极易引起火灾或爆炸。

(7) 灶具着火处置方法

一旦液化气灶具漏气着火，不要急于灭火，应先迅速拧紧钢瓶角阀上的手轮，断绝气源，这是最易行有效的处置方法。倘若反向操作，火灭后，大量仍在外泄液化气遇火源后，则会引起更大的燃烧爆炸。在关闭角阀时，要戴上湿布手套，或用湿围裙、毛巾、抹布包住手臂，以防被火烧伤。关阀断气的速度要快，否则超过 3～5 min，钢瓶角阀内的尼龙垫、橡胶垫圈和用于密封接头的环氧树脂黏合剂就会被高温融化，以致失去阀门的密封作用，使液化气大量外泄，火势更旺。如果不能关闭气源，则应把钢瓶移到屋外空旷的地面上，让它直立燃烧，同时向消防队报警，并尽快通知邻居。

(二) 煤气、天然气的安全使用与防火

煤气的主要成分是氢气(H_2)和一氧化碳(CO)等，其爆炸极限为 4.5%～35.8%，由于煤气成分里含有约 10%的一氧化碳气体，因此，其还易使人发生一氧化碳中毒。

天然气是指动、植物通过生物、化学作用及地质变化作用，在不同地质条件下生成、转移，在一定压力下储集，埋藏在深度不同的地层中的优质可燃气体。它是由多种可燃和不可燃的气体组成的混合气体，以低分子饱和烃类气体为主，并含有少量非烃类气体。在烃类气体中，甲烷(CH_4)占绝大部分，乙烷(C_2H_6)、丙烷(C_3H_8)、丁烷(C_4H_{10})和戊烷(C_5H_{12})含量不多，庚烷以上烷烃含量极少。另外，还含有少量的二氧化碳(CO_2)、一氧化碳(CO)、氮气(N_2)、氢气(H_2)、硫化氢(H_2S)和水蒸气(H_2O)以及少量的惰性气体等非烃类气体。纯天然气的组成以甲烷为主，比空气轻，沸点 −160.49 ℃，难液化，其爆炸极限为 5%～15%。天然气既是清洁、优质的民用、商用和工业绿色能源，又是化工产品的原料气。

以上两种气体遇空气都能形成爆炸性的混合气体，遇火源会发生爆炸燃烧。

1. 煤气、天然气的安全使用与防火

使用煤气、天然气时，应注意下列安全事项：

(1) 点火后不离人，防止火焰意外熄灭而造成煤气、天然气泄漏。

(2) 不用时断气源。使用完煤气、天然气灶一定要将煤气表、天然气表前的管道进气开关和灶具上的旋塞开关统统关闭，防止某个开关、管道或其他部位出现漏气，遇火源发生火灾、爆炸事故或导致煤气中毒。

(3) 不存放可燃物。煤气、天然气灶具旁严禁存放汽油、煤油等易燃液体和木柴、纸盒等可燃物，也不准使用煤炉、煤油炉等有明火的炉具，否则煤气、天然气外泄时，若来不及处置就有引起火灾爆炸危险的可能。

(4) 有的煤气、天然气用户安装了“煤气(天然气)热水器”、“煤气(天然气)取暖器”等设备，使用这些设备的场所应保持良好的通风。禁止将燃气热水器安装在洗浴室等相对密封的房间里，以避免泄漏的燃气不易散发而使人中毒或引起火灾爆炸。使用煤气取暖器时，要根据居室的大小，每隔一定的时间开窗通风换气，以免中毒或窒息。

对使用液化气的热水器也有上述同样的安全要求。

2. 煤气、天然气泄漏的检查和处置

煤气本身含有一定量的杂质，如硫化氢、氨、萘和焦油等。这些杂质具有像臭鸡蛋、汽油等类似的特殊气味，天然气本身具有无色无味和易燃易爆之特性，但为了易于被人们发觉，进而消除漏气，在进入用户前也加入了四氢噻吩臭味添加剂，这些异味能帮助我们觉察到煤气、天然气漏气的征兆。

检查煤气、天然气泄漏时，可用软毛刷或牙刷蘸肥皂水涂抹管道和灶具，凡有气泡泛起的部位便是漏气处。通常容易漏气的部位主要有：

(1) 煤气表、天然气表、管道进气旋塞阀以及煤气管道、天然气管道与灶具的各个接头处。接头松动或其中的填料老化，均有可能发生漏气。

(2) 灶具的开关芯子处，以及开关阀与喷嘴的连接处。如密封不严，也极易漏气。

(3) 管道阀门的阀杆与压母之间的缝隙处，若阀门填料松动，易出现漏气现象。

(4) 连接灶具的胶皮管两端接头处，若松动会造成大量的漏气。胶管年久老化出现裂纹时，在裂纹处也会出现缓慢漏气。

(5) 管道或煤气表、天然气表本身的长久使用，因受煤气或天然气腐蚀会生锈穿孔而造成漏气。

闻到煤气、天然气气味时，千万不可划火柴或使用打火机去寻找漏气点，也不能采取如关(开)电灯、拉(合)电闸、拖拉金属器具、抽烟和点煤油灯、点蜡烛等容易产生火花的行动，而应首先关闭煤气、天然气管道上的进气旋塞阀，断绝气源，在门窗外没有火源的情况下，打开门窗进行通风，以降低室内燃气的浓度，消除爆炸起火威胁，并及时通知燃气公司前来检修。

如果燃气泄漏得很厉害，还应向消防队报警，并迅速告知邻居熄灭火种，人员迅速向安全地方疏散撤离。

3. 天然气灶具与液化石油气灶具不能互换使用

天然气灶具与液化石油气灶具在日常使用中不能互换使用，其原因有以下两点：

(1) 两种燃气的热值不同，天然气的热值为 40 MJ/m^3，液化石油气的热值为 104.654 MJ/m^3。

(2) 两种燃气的燃烧速度、理论空气用量、压力、比重均不同，而设计灶具时却是依据各自的特性来决定灶具各部分尺寸大小的。若液化石油气通过天然气灶具，由于一次空气量不足，点火后液化石油气不能充分燃烧，从而从火孔中喷出长而又无力的黄色火焰，因此，不同气源的灶具不能互换使用。

二、照明灯具及家用电器防火

（一）照明灯具防火

家庭中常用的照明器具主要有白炽灯和日光灯两种，人们对它们比较熟悉，因此容易忽视在使用过程中发生事故酿成火灾的可能性。目前，电灯的作用已由单纯的照明发展至用来美化和装饰室内环境。但此物如“善用之则为福，不善用之则为祸”。自从电灯问世以来，因使用不慎造成的火灾事故不计其数，可以说，电灯与火灾结下了不解之缘。

1. 白炽灯的安全使用与防火

白炽灯是电灯泡的通称，它以热辐射的形式发光，通电后灯泡表面可产生很高的温度（如表 3-4 所示），而家庭中常有的许多可燃物，其燃点都比较低，如纸张约为 130 ℃，布料约为 200 ℃，棉花约为 210 ℃等，如果电灯泡安装使用不慎，很容易引起火灾。

表 3-4　电灯泡功率与其表面温度对照表

电灯泡功率/W	玻璃泡壳温度/℃
15	35～45
25	52～57
40	65～70
60	130～190
75	140～200
100	150～220
150	155～270
200	163～300

实验和火灾实例证明，白炽灯功率越大，电压越高，通电时间越长，其玻璃泡壳的表面温度也就越高。

（1）白炽灯引起火灾的原因

分析多起火灾案例发现，白炽灯引发火灾的原因主要有两个：

一是灯泡直接安装在可燃构件上，没有采取隔热、散热的任何措施，长时间通电后，灯泡产生的热量积蓄不散，引燃可燃构件起火燃烧；

二是灯泡尤其是功率大于60 W的灯泡与纸张、板壁、棉织品等可燃物过近，灯丝发出的高温热量以热传导和热辐射的方式传给可燃物，经过一定时间可燃物便会分解炭化起火。

(2) 白炽灯的安全使用与防火

家庭要防止白炽灯引起火灾，主要应做到以下要求：

① 家庭使用的活动灯要经常检查插头、导线连接处是否牢固，以防长期使用接头松动，造成接触电阻过大而损坏导线绝缘层，或因机械损伤绝缘层造成短路。

② 不要使电灯泡靠近可燃物。按照防火要求，电灯泡与可燃物的距离，必须保持在0.5 m以上，而且距离地面的高度应不低于2 m。不得随意用电线将电灯泡往门头、木柱、板壁、家具等可燃物上拴挂，尤其在炎热的夏季，电灯泡一定要远离蚊帐。在没有采取防火隔热措施的情况下，也不能将电灯泡直接安装在用三合板、钙塑板、纤维板等可燃材料制作的天花板上或顶棚内。

③ 电灯泡下不应搁放可燃物。60 W以上的电灯泡通电时，若局部突然受冷，或溅上水花，或因外壳玻璃自本身的质量问题等，均有可能引起爆裂，带有高温的破碎玻璃片和灯丝一旦掉落在被褥、地毯或沙发等物上，极易引起火灾。尤其是储藏室面积较小，可燃物品存放较多，不能安装使用大功率电灯泡。

④ 灯具上不要使用大功率电灯泡。无论是台灯、落地灯或壁灯等各种现代灯具，其灯罩大多采用容易着火的装饰布、塑料布、纱绸或纸张等制作。如果不加选择地使用大功率电灯泡，久而久之，灯罩就有可能烤着，尔后蔓延酿成火灾。

⑤ 灯丝损坏后灯泡应及时更新，切不可将灯丝对接后再用。因为对接后的灯丝电阻通常大于原灯丝，容易导致电线超过负荷运行而破坏其绝缘性能。

⑥ 禁止随便使用废旧导线安装临时照明灯具，如需要安装临时灯，要采用绝缘导线并远离可燃物。

⑦ 严禁用电灯泡加热取暖，也不得将布或纸做的简易“灯罩”直

接放在电灯泡上。

2. 日光灯的安全使用与防火

日光灯又称荧光灯，其发光原理与白炽灯不同，它是靠灯管内的气体放电激发荧光物质发光。由于日光灯管在使用过程中温度很低，人们普遍认为日光灯是“安全”的照明灯具，不可能引起火灾。其实不然，日光灯并不是火灾的禁区，如 1993 年十大火灾之一的北京隆福大厦火灾，就是由于日光灯使用不慎而引起的。

日光灯引发火灾的罪魁祸首是镇流器。老式的镇流器(非电子)是一个绕在硅钢片铁芯上的电感线圈，其作用有两个：一是在开灯时利用自感作用产生高压而启辉；二是限制开启后流过灯管的电流。它之所以能引发火灾，主要是通电后自身温升过高，使周围的可燃物长时间灼烤后，炭化自燃。

(1) 导致镇流器温升过高的原因

① 长时间连续使用。日光灯点亮后，长时间连续使用，镇流器的“体温”就会逐渐升高，久而久之，镇流器内线圈绝缘漆老化，失去绝缘作用而出现线圈匝间短路，电流增大，使沥青融化后引起火灾。

② 安装部位不正确。某些家庭为了美观起见，常将镇流器安装在不通风的吊顶内，而且直接固定在梁、柱或木板等可燃物上，通电后镇流器发热，也极易引起火灾。

③ 镇流器质量低劣，不符合质量要求。

④ 其他原因。如启辉器内部搭连；供电电压过高；日光灯管与镇流器功率不匹配；镇流器引出线绝缘破损与铁盒搭连等，也会导致镇流器温升过高引起火灾。

(2) 日光灯的安全使用与防火

为了防止日光灯起火，在安装、使用日光灯时应注意下列事项：

① 购买的镇流器应为合格产品，确保高品质；

② 镇流器不能安装在可燃的建筑构件上，如木梁、柱及可燃的天花板、木板等，如须安装，则应采取隔热散热措施；

③ 镇流器的功率和电压必须与灯管的功率、电压相同，并按规定方法接线；

④ 不要长时间连续使用，人离开或外出时要随手关灯；

⑤ 安装时切不可为了消除镇流器发出的噪音，而用布团、棉絮或纸张等可燃物包裹。为了防止镇流器温升过高而使沥青融化流出，应将铁盒底部朝上安装，切不可朝下或竖着安装，也不应安装在不易看见的地方。

⑥ 当听到镇流器发出异常响声、闻到焦味、用手探测感觉到温度过高时，应立即拉开电闸进行检查，千万不可掉以轻心。

(二) 家用电器防火

电视机、录音机、电冰箱、电磁炉、洗衣机、空调器、电风扇、电热杯、电热毯、电熨斗等家用电器和电热器具已成为现代人们日常生活的必需品。这些电器设备如果安装、使用不当，都会引起火灾，因此，必须加以重视。

1. 电子器具的安全使用与防火

(1) 电视机的安全使用与防火

研究电视机火灾爆炸的案例发现，其起火爆炸原因主要是电视机散热不良、电压不稳、未断电源、高压放电和遭受雷击等。因此，要防止电视机火灾，应采取下列措施：

① 正确摆放电视机。一是确保放置在良好的通风散热环境；二是要防止雨水淋浇和灰尘侵入；三是不能放置在有汽油、酒精、油漆和液化气等易燃易爆物品的房间内收看，因为电视机产生的高压放电或火花会引燃这些物品。

② 加装过电压保护器。为防止电压不稳造成电视机起火，可给电视机安装一个“全自动保护器”，以防由于电压过高或过低使电源变压器“体温”升高，破坏线圈绝缘漆而造成短路起火。

③ 控制收视时间。电视机连续收看时间一般不要超过 5～6 h。看完电视应关闭电源开关，随手拔下电源插头，以防变压器继续通电蓄积热量。

④ 雷雨天气不使用外接天线收看电视，以防把雷电流引入室内击毁电视机而起火；室外天线应装接地线。

⑤ 收看电视时发现异常，如荧光屏上图像消失、雪花状的光点闪烁或发出耀眼的炽光等，应立即关机，待修复后再使用，以免故障扩大引起火灾爆炸。

(2) 电冰箱的安全使用与防火

电冰箱的问世和使用,给人们的日常生活带来极大的方便,使人们的生活水平得以大大提高。虽然它内部温度较低,似乎又没着火源,不会起火爆炸,但现实生活中,电冰箱起火爆炸的事故并不少见,据有关资料表明,日本每年发生电冰箱的燃烧爆炸事故有200起之多。在我国也有发生,如1986年3月8日,南京市鼓楼区某家庭电冰箱起火,原因是电冰箱内的接水盘过小,化霜时水滴顺冰箱内壁流淌进入电气开关(即温控、化霜和照明开关),产生漏电打火,引起内壁塑料燃烧。再如1988年7月20日晚,南京某大学教师武某家的电冰箱突然发生爆炸,据分析,是由于冰箱冷藏室内存放的一瓶丁烷气瓶中挥发出丁烷气体,遇到冰箱控制开关产生的电火花而发生爆炸所致。

电冰箱要安放在远离热源的通风干燥处,散热不良或潮湿环境会影响电气绝缘形成短路,引燃周围的可燃物。

那么,怎样采取措施来防止电冰箱起火爆炸呢?

① 家庭在使用电冰箱时,绝对不要存放易燃易爆、易挥发的化学物品(如酒精、乙醚、汽油)、丁烷气瓶及摩丝、发胶等含可燃液体的物品。这些物品即使在瓶口封闭和低温条件下也极易挥发,加上电冰箱的电气控制开关是非防爆型的,温度控制采用的是自控系统,当冰箱内温度低于或高于事先所设定的温度值时,电源便会自动接通或断开。在这瞬间开关内的金属触点上会迸发出电火花,其能量足以引起冰箱内的可燃气体爆炸燃烧。

② 如果冰箱电动机在运转过程中停电或拔下电源插头,未过5 min又送电或插上插头,制冷系统中的制冷剂就处于高温高压的气化状态。在这种情况下,电动机负荷过重,甚至不能启动。此时电动机的启动电流可超出正常值的10倍,因而容易烧毁电动机,使电冰箱发生起火爆炸事故。由于处于高温高压气化状态下的制冷剂在制冷系统中需要经过3~5 min后才能降温降压,所以在电冰箱停止供电后,必须等待5 min后才能再次接通电源。为了避免操作上的烦琐,给电冰箱安装一个家用电冰箱全自动保护器,是既安全又方便的方法。

(3) 空调器的安全使用与防火

空调器是空气调节器的简称,用于调节室内气温。按其功能可分

为两类：一类只能制冷；另一类既能制冷又能制热。空调器的降温原理与电冰箱相似，但换热方式不同，电冰箱是自然对流换热，空调器则是强迫对流换热。空调器虽能给家庭造就舒适的环境，但有的因为设计上存在问题，或零部件质量差，或安装使用不当，也会引起火灾事故。对多起空调器火灾的分析发现，其火灾引发的主要原因有：

① 电容器被击穿引燃空调器

电容器被击穿的主要原因有两个：一是电源电压过高。如果电网电压的波动较大，在用电低潮时，220 V 的电压有时候会超过 250 V，而有些厂家生产的电容器耐电压值不够，处于超负荷工作状态，时间一长就容易被击穿。二是受潮漏电。电容器材质不好，受潮后绝缘性能降低，漏电流增大，导致击穿。由于空调器内的隔板和衬垫材料有的具可燃性，电容器被击穿后冒出的高温火花便会引燃空调器，进而引发火灾。

② 风扇电机被卡导致过热起火

空调器内的离心风机和轴流风机在运转过程中，有的因材质不过关出现轴承磨损或风机破裂故障，使风扇电机被卡不转，这时通过风扇电机的电流迅速增大，在没有热保护装置的情况下，电机线圈可能因过热而起火。

③ 安装或使用不当

家用空调通常使用单相 220 V 的电源，电源插头是单相三线插头，有人误以为使用的是 380 V 的三相电源，结果误接起火；按照空调器用电量要求，应使用耐压大于 15 A 的三线插头，忽视了这一点而随意安装一个 5 A 的三线插头，则导致插头被击穿，引起电源线起火。

④ 密封接线座被击穿

制冷量较大的单相空调器的全封闭压缩机密封接线座常发生被击穿的事故，如制冷量为 23 000 kJ/h 的单相窗式空调器，其工作电流高达 17 A，一旦发生击穿事故，冷冻液便会从全封闭的压缩机机壳内流出，若不及时处理，流到空调器底盘上，遇火源就会起火。

空调器防火的措施主要在于正确安装和使用。首先，要保证电源连接的正确。家用窗式、分体式空调设备通常使用单相 220 V 的电源，千万不能误接到三相电源上，否则就有触电或起火的可能，三线电源插头的一只脚也应保证接地良好；其次，要保证所用的电源线插头的安全额定值不小于规定的要求。电源插头应使用耐压大于 15 A 的三线插头；第三，空调器制热时，不要让窗帘和其他可燃物靠近空调器，防止受热着火。

2. 电动器具的安全使用与防火

(1) 洗衣机的安全使用与防火

洗衣机的普遍使用，给人们家庭日常生活所带来的便利众所周知。但倘若使用不当，也会起火、爆炸，形成灾害，造成恶果，国内外洗衣机发生起火或爆炸的事故也屡见不鲜。

那么，洗衣机发生起火或爆炸的原因有哪些呢？主要有以下两个方面：

一是用汽油、酒精、苯或香蕉水等易燃液体擦洗油污(斑)的衣服，随即放入洗衣机内。这些易燃液体相对密度较小，不溶于水，易于挥发，在洗衣机内与空气混合，形成爆炸性混合气体，遇火源就会爆炸起火；二是如果洗衣机内一次投入洗涤的衣服量过大，或是绳、带、发夹等小物件卡住洗衣机波轮，都会使电机超负荷运转，甚至停止转动。由此电机线圈通过的电流会迅速增大，一段时间后，会造成电机线圈过热，发生短路而起火。

洗衣机在洗衣物时的火种主要来源于三个方面：① 洗衣机的定时器。通常洗衣机的开关和正、反向转动是由定时器来控制的，当定时器的凸轮分别顶开白金触点时，触点闭合处不会产生电火花；② 洗衣机的联锁开关。带脱水桶的洗衣机安装有联锁开关，当脱水桶运转时，倘若用手掀开脱水桶盖，瞬间也会产生电火花；③ 洗衣机的传动皮带。洗衣机底部安装有传送动力的橡胶三角皮带，电机转动时，皮带与皮带轮之间会因快速摩擦而产生静电。上述电火花和静电都是能够引起洗衣机发生起火或爆炸的火种。

综上所述，洗衣机的安全使用与防火，应采取下列措施：

① 凡是刚用汽油、苯、酒精、香蕉水等易燃液体洗刷过的衣物，绝不能马上放入洗衣机洗涤，应先晾晒，待易燃液体挥发完后，才可放入洗衣机，以免易燃液体蒸气遇到洗衣机电路上的微小电气火花，而导致爆炸或起火；

② 一次放入洗衣机内的衣物不能超过该机规定的洗衣重量，并应首先处理好衣物上的绳、带和小物件，防止电机超负荷运转或被卡住停转，导致电机线圈过热，发生短路故障而起火；

③ 常检查洗衣机电源引线的绝缘材料是否完好，若磨损老化，产生裂纹，应及时更换；

④ 常检查洗衣机波轮轴是否漏水，倘若漏水顺着皮带注入电机内部就会造成线圈短路。发现漏水应停止使用，及时修理。

⑤ 机内导线接头接好后，要进行绝缘处置，最好采用胶封。线路、插头应按规定安装，不使用时，应切断电流。

⑥ 洗衣机应放在通风散热良好、清洁防潮的地方，以免黏附灰尘、电气线路受潮。在使用时，也要防止桶内水或洗涤剂泡沫碱水外溢。

⑦ 接通电源后电机不转，仅发出“嗡嗡”声响时，应立即断电，排除故障。电机被卡时，要断电进行检修。

(2) 电风扇的安全使用与防火

家用电风扇的种类较多，有台式电扇、落地电扇、吊扇、排风扇等。电风扇的普及和使用，大大改善了人们的生活条件。电风扇作为一种耐用的家用电器，其火灾危险性比其他家用电器要小，只要使用维护得当，一般是不会发生危险的。但倘若违反安全规定，使用不善，仍有可能引起火灾或触电事故。

电风扇引发火灾和触电事故的原因主要有以下六个方面：

① 电机线圈温升过高。如电风扇主部件是电动机，在运转过程中有时出现故障卡壳、电机线阻短路、电机轴承损坏、缺少润滑剂等，都会造成电机温升过高，电机线圈冒烟起火。

② 电源电压不稳。使用中的电风扇，如果突然遇到电压超过或低于工作电压值时，电机线圈容易因过热被烧毁，同时迸发出火星。

③ 受潮污损。电机线圈一旦进水或受潮，绝缘性能便大大降低，容易产生短路而烧毁；电扇长时间使用，如不及时添加润滑油，转速会大大减小，甚至转不动，从而使线圈过热烧毁。

④ 接头松动、电线老化。电扇各部位的电气元件、电线接头如果连接不紧，会因接触电阻过大而产生高温引起火灾；电线老化会导致

绝缘层破损,容易出现短路打火现象。

⑤ 在危险环境使用。如在存放油漆、酒精、香蕉水、汽油等易燃易爆物品等房间内使用电扇,极可能引起爆炸性混合气体发生爆炸。

⑥ 接地不良。电扇使用过程中,如果接地线接触不良,一旦漏电,往往会导致触电事故发生。

在预防电风扇火灾、触电事故中,应采取以下措施,才能做到防患于未然:

① 严格控制电风扇的使用时间。如电风扇长时间运转时,则中间应关机休息一会;人若离家外出时,必须关闭电风扇;当使用中突然停电时,应立即关掉电风扇,以防无人时突然来电,造成电风扇长时间运转而电机过热起火。

② 每年启用电风扇时,应向电机加油孔中滴注机油,使转动摩擦部位保持润滑,不致产生高温。平时要经常用干净抹布擦电机,除去黏附在外壳上的灰尘。

③ 使用中不使电机进水受潮,不在有易燃易爆物品的场所使用。选择平稳牢固的位置摆放电风扇,防止碰倒损坏风扇叶片和电机。

④ 必须使用三芯插头,保证外壳有良好的接地,防止发生触电事故。

⑤ 电风扇运转时,如出现转速减慢、有焦糊味、冒黑烟和外壳"麻手"等不正常现象时,应立即拔掉电源插头,送电器维修部检查修理。

3. 电热器具的安全使用与防火

电热器具主要有电热工具、取暖器具和电熨斗、电热毯、电炉电饭煲等电热炊具等。它们是靠电流通过导体时产生的热量来实现加热的,因此,电热器具一般功率较大,产生的温度较高,如果使用不当,容易引起火灾。

(1) 电热毯的安全使用与防火

电热毯是一种将电能转换为热能的取暖电器,冬季主要为家庭所用。由于制造电热毯所用的材料是电热丝和普通棉纺织品,在使用过程中,如违反了安全使用要求,忽视了安全使用事项,或因产品低劣等原因,也会导致火灾事故的发生。

因此,要安全使用电热毯,预防其火灾事故的发生,必须做到以下几点：

① 电热毯应选购经过国家质量检验部门检验合格的产品，并注意电热毯额定电压的大小，如果不是 220 V，须经变压器变压后方能使用；

② 敷设直线型电热线的电热毯，不能在沙发床、钢丝床、弹簧床、"席梦思"等伸缩性较大的床上使用；敷设螺旋型电热丝的电热毯，由于抗拉力强，抗折叠性能好，可用于各种床铺；

③ 电热毯必须平铺在床单或薄的褥子下面，绝不可能折叠使用。因为折叠使用时，一是容易增大电热毯的热效应，造成电热毯散热不良，温度升高，烧坏电热线的绝热层而引起燃烧；二是容易造成电热线折断，损坏电热毯；

④ 大多数电热毯接通电源 30 min 后温度就可上升到 38 ℃ 左右，这时应将调温开关拨至低温档，或关掉电热毯，否则温度会继续升高，长时间加热，就有可能使电热毯的外包棉布炭化起火。

⑤ 不得将电热毯铺在有尖锐突起物的物体上使用，也不能直接铺在砂石地面上使用，更不能让小孩在铺有电热毯的床上蹦跳，以免损坏电热线。

⑥ 电热毯在使用和收存过程中，应尽量避免在固定位置处反复折叠打开，以防电热线因过度折叠而断裂，通电时产生火花引起火灾。

⑦ 被尿湿或弄脏的电热毯，不能用手揉搓洗涤，否则会损坏电热线的绝缘层或折断电热线。应采用软毛刷蘸水刷洗，待晾干后方能使用。最好是在电热毯外面罩一层布，脏时只要取下布罩清洗，就显得方便多了。

⑧ 离家外出或停电时，必须拔下电源线插头，以防电热毯开关失灵或来电后酿成意外事故。

⑨ 电热毯的平均使用寿命为 5 年左右。使用中若出现不热或时热时不热、开关失灵、电热线折断等故障，应送到厂家或家用电器维修店检修。修好后的电热毯，最好能通电观察 2～3 h 后再用。

(2) 电熨斗的安全使用与防火

电熨斗是家庭普遍用来熨烫衣物的电热器具，在人们的日常生活中已得以广泛使用。普通型电熨斗的结构比较简单，主要由金属底板、外壳、发热芯子、压铁、手柄和电流引线等组成。一般情况下，电熨斗通电8～12 min 温度就能升达 200 ℃，继续通电则可升至 400～500 ℃。如此高的温度大大超过了棉麻和木材等可燃物质的燃点，如果电熨斗长时间接触或靠近可燃物，则很容易引起火灾。据实验测试，一只 700 W 的电熨斗通电 50 min，其表面温度可达 650 ℃ 左右，如将其平放在 1 cm 厚的木板上，1 min 后木板即开始冒烟；35 min 后木板开始炭化、阴燃；85 min 后木板被烧穿，并随即开始燃烧。换言之，如果将通电的熨斗平放在木质基座上，仅需 1 h 左右便会酿成火灾。

电熨斗引起火灾的主要原因有以下方面：

① 忘拔电源插头。电熨斗在熨烫衣物时突遇停电，在没有拔下电源插头或忘拔电源插头的情况下便离开去做其他事了，其结果(包括来电后)电熨斗长时间通电发热，致使衣物炭化起火。

② 麻痹大意，不懂常识。一是有的人将通电发热的电熨斗直接搁置在木桌台上的砖块或金属板上，热量便经砖块或金属板传至木桌台上，从而引发火灾；二是将刚用完的电熨斗随手放入可燃的盒箱或抽屉之中，忽视了电熨斗的余热，同样会引起火灾。

因此，要安全使用电熨斗，预防电熨斗引起火灾，必须要注意以下安全事项：

① 选购合适的电熨斗。购买电熨斗时要根据家中电度表的容量合理选择，一般 2.5 A 的电度表，应选用 300 W 以下的电熨斗；3 A 的电度表，可选用 500 W 的电熨斗。切不可盲目使用大功率的电熨斗，否则就有可能烧坏电度表或使电源线路过载起火。

② 制作安全保险的熨斗支架。熨烫衣物时，电熨斗时拿时放，容易造成随手乱放的举动。为此，可采用不燃隔热材料制作一个带撑脚的电熨斗支架，使电熨斗离开台面约 0.2 m。熨烫过程中，若间歇性停用时，应将电熨斗搁置在支架上，不能直接放在木板或其他可燃物上。

③ 使用中谨慎操作。熨烫衣物时要掌握好电熨斗的温度，如发现过热应及时拔下电源插头。使用中突然停电时，更应及时拔下插头。一定要养成“人离开，拔插头；暂不用，熨斗竖”的良好习惯。

④ 待放凉后再收藏。电熨斗使用完后，要将其放置在远离可燃物的安全处，待温度降至用手摸不感觉热时，方可将电源引线轻松地

缠绕于手柄处，放到干燥的地方保存，不能立即放在木箱或纸箱内，因为余热也能将可燃物引燃。

(3) 电热水杯(壶)的安全使用与防火

电热水杯(壶)是底部内藏电热丝的电热饮水器具，使用 220 V 的交流电源，电功率一般都在 300 W 以上，接通电源后几分钟就能加热杯(壶)中的液体，常温下 10 min 左右即能煮沸一杯(壶)水。毫无疑义，它给人们生活带来便利，但如使用不慎，也会给人们带来不幸。对电热杯进行的模拟试验表明：一只盛满水的电热杯，从接通电源到引起可燃物燃烧，大约需要 2.5 h；从杯中水被烧干至引起可燃物着火，仅需 29 min 左右。由此可见，电热杯如果使用不当是极有可能引发火灾的。

安全使用电热杯(壶)的方法，概括起来就是要做到“五不能”：

① 接通电源后，要守着，不能去做别的事情。如果使用中突遇停电，一定要及时拔下电源插头。

② 不能让电热杯(壶)中的液体沸腾后溢出，否则容易破坏绝缘，造成短路。一旦插头被弄湿了，要擦干后再使用。

③ 不能将电热杯(壶)浸泡在水中洗刷，以防杯(壶)内安装电热丝的部位进水，使电热杯(壶)绝缘性能下降，引起短路或人身触电事故。

④ 不能给无水的电热杯(壶)直接通电，也不要将手指伸进杯(壶)内试水温，或用手触摸杯(壶)的金属外壳，应先切断电源，谨防漏电造成触电事故。

⑤ 不能任刚使用过的电热杯(壶)“干燥”，应立即往杯(壶)内注入凉水，因为此时杯(壶)内温度还较高，电热余热尚未散发殆尽，否则，长久以往电热杯(壶)会被损坏。

三、寄语家庭防火常识

图 3-4 图示了家庭防火最基本、最常用也是最简单的一些常识，人们在平时的日常生活中，应谨记于心。

(1) 教育孩子不玩火,不玩弄电器设备

(2) 不乱丢烟头,不躺在床上吸烟

(3) 不乱接拉电线,电路熔断器切勿用铜、铁丝代替

(4) 明火照明时不离人,不要用明火照明寻找物品

(5) 炉灶附近不放置可燃易燃物品,炉灰完全熄灭后再倾倒,草垛应远离房屋

(6) 离家或睡觉前要检查用电器具是否断电,燃气阀是否关闭,明火是否熄灭

(7) 利用电器或灶塘取暖、烘烤衣服,要注意安全

(8) 不能随意倾倒液化气残液

(9) 发现燃气泄漏,要迅速关闭气源阀门,打开门窗通风,切勿触动电器开关和使用明火,并迅速通知专业维修部门来处理

(10) 家中不可存放0.5 L的汽油、酒精、香蕉水等易燃易爆物品

(11) 切勿在走廊、楼梯口等处堆放杂物,要保证通道和安全出口的畅通

(12) 不在禁放区及楼道、阳台、柴草垛旁等地燃放烟花爆竹

图 3-4 家庭防火常识寄语

第四章　安全疏散设施与消防安全标志

建筑物内发生火灾后，首要的问题是被困人员如何及时、顺利地到达地面，疏散至安全地带得以逃生。由于各类建筑内部具有特殊的结构和复杂的使用功能，大量火灾实践证明，人员能在火灾中安全疏散逃生是较为困难的，但能从内部进行自救和安全疏散则是避免人员伤亡最有效的途径。这其中安全疏散通道长短、通道路径及通道层高是关键。其次，建筑消防安全疏散设施和消防安全标志也起到相当重要的辅助作用。

第一节　安全疏散设施

安全疏散楼梯、疏散通道等安全疏散设施是火灾条件下，建筑物内部人员在允许的时间内疏散至安全区域或室外的场所，是火灾条件下一条比较安全的救生之路。它一般上通楼顶，下到底层，楼顶可直通野顶平台，底层有直通楼外的出口。疏散楼梯间在各楼层的位置基本一致不变，一般情况下不需要通过换道就可以撤离着火区域。疏散通道上设有明显的逃生指示标志，通道内路面平坦，路线简捷无交叉，安全出口的疏散门通常是向外开启，便于内部人员向外逃生。

一、安全疏散设施概念及种类

安全疏散是指建筑物内发生火灾时，为了减少损失，在火灾初起阶段，建筑内所有人员和物资及时撤离建筑物到达安全地点的过程。从消防安全的角度来看，主要针对人员的疏散，当然，也包括物资的疏散。而安全疏散设施是指建筑物中与安全疏散相关的建筑构造、安全设施。它主要包括安全出口、疏散出口、疏散走道、疏散楼梯、消防电梯、阳台、避难层(间)、屋顶直升机停机坪、大型地下建筑中设置的避难走道等。与安全疏散直接相关的设施主要有防火门、防排烟设施、疏散指示标志、火灾事故照明等;与安全疏散间接相关的设施主要有自动喷水灭火系统、火灾探测、声光报警、事故广播等;特殊情况下的辅助疏散设施有呼吸器具、逃生软梯、逃生绳、逃生袋、逃生缓降器、室外升降机、消防登高车等。我国现行国家标准《建筑设计防火规范》GB50016 明文规定,自动扶梯和普通电梯不应作为安全疏散设施,但现实的研究探讨中有持不同意见者。如现行国家标准《地铁设计规范》GB50157 中规定,采取一定安全措施的自动扶梯是可作为安全疏散设施的,并计入安全出口数量、疏散宽度。普通电梯在火灾早期未受火灾烟气影响的情况下能否用于人员快速疏散,目前在学术界还存在争议。

一般情况下,绝大多数的火灾现场被困人员可以安全地疏散或自救,脱离险境。因此,建筑火灾发生时必须坚定自救意识,不惊慌失措,冷静观察,采取可行的措施进行疏散自救。平时应当针对各种可能发生的火灾事故或突发事件制定建筑火灾人员应急疏散预案,并加强演练,以此来熟悉各种安全疏散设施。

二、安全疏散设施设置要求

安全疏散设施主要包括安全出口、疏散出口、疏散走道、疏散楼梯、消防电梯及其辅助设施,如阳台、避难层(间)、屋顶直升机停机坪、大型地下建筑中设置的避难走道等。我国现行国家防火规范(标准)对其的设置有着严格的要求。

(一) 安全出口及疏散出口

安全出口的定义在不同的现行国家标准中有些微差异:《建筑设计防火规范》GB50016 定义为供人员安全疏散用的楼梯间、室外楼梯的出入口或直通室内外安全区域的出口;《高层民用建筑设计防火规范》GB50045 定义为保证人员安全疏散的楼梯或直通室外地平面的出口;《人民防空工程设计防火规范》GB50098 则定义为通向避难走道、防烟楼梯间和室外的疏散出口。

通常认为建筑物的外门、着火楼层楼梯间的门、直接通向室内避难走道或避难层等安全区域的门、经过走道或楼梯能通向室外安全区域的门等都是安全出口。对于不能直通安全区域或直接通向疏散走道的房间门、厅室门则统称为疏散出口(门),与安全出口有区别,但疏散出口有时也是安全出口。《人民防空工程设计防火规范》GB50098定义疏散出口是用于人员离开某一区域至另一区域的出口。安全出口、疏散出口在日常建筑设计、施工、消防管理中不能一视同仁,混为一谈。

1. 安全出口布置的原则

建筑物内的任一楼层上或任一防火分区中发生火灾时,其中一个或几个安全出口被烟火阻挡,仍要保证有其他出口可供安全疏散和救援使用。为了避免安全出口之间设置的距离太近,造成人员疏散拥堵现象,民用建筑的安全出口在设计时要从人员安全疏散和救援需要出发,遵循"分散布置、双向疏散"的原则进行布置,即建筑物内常有人员停留的任意地点,均应保持有两个方向的疏散路线,使疏散的安全性得到充分的保证。不同疏散方向的出口还可避免烟气的干扰。大量建筑火灾表明,在人员较多的建筑物或房间内如果仅有一个出口,一旦出口在火灾中被烟火封住易造成严重的伤亡事故,因此,通常建筑物内的每个防火分区、一个防火分区的每个楼层至少应设有两个安全出口,且其相邻两个安全出口最近边缘之间的水平距离不应小于5 m,并使人员能够双向疏散,如果两个出口或疏散门布置位置邻近,则发生火灾时实际上只能起到1个出口的作用。

安全出口应易于寻找,并且有明显标志。直通室外的安全出口的上方,应设宽度不小于1 m的防护挑檐,以保证不会经底层出口部位垂直向上卷吸火焰。

2. 安全出口的数量

建筑物的安全出口数量既是对一幢建筑物或建筑物的一个楼层,也是对建筑物内一个防火分区的要求。足够数量的安全出口对保证人员和物资的安全疏散极为重要。火灾案例中常有因出口设计不当或在实际使用中部分出口被封堵,造成人员无法疏散而伤亡惨重的事故。从方便疏散、快速疏散的角度出发，安全出口的数量越多，越有利于人员和物资的疏散，但是，从经济角度和功能布局出发，则不然，安全出口设置的数量越多，也许所花费的经济代价就越大，同时建筑物的功能布局也会受到影响。通常来说，每个防火分区、一个防火分区的每个楼层，其安全出口的数量除经计算确定外，不得少于两个。如医院的门诊楼、病房楼等病人较多、流量较大的医疗场所和疗养院的病房楼或疗养楼、门诊楼等慢性病人场所以及老年人、托儿所、幼儿园等老弱幼小人场所（建筑）不允许设置 1 个安全出口或疏散楼梯。因为病人、产妇和婴幼儿都需要别人护理，他们在安全疏散时的速度和秩序与一般人不同，因此，其疏散条件要求较为严格。此外，设置两部疏散楼梯或两个安全出口也有利于确保他们的安全。但对于人员较少、面积较小的防火分区，以及消防队能从外部进行扑救的范围，由于其失火概率相对较低，疏散与扑救较为便利，故也不完全强调设置两个安全出口。相关现行国家防火规范规定了建筑物可只设置 1 个安全出口的条件。

（1）《建筑设计防火规范》GB50016 规定

对于厂房、仓库等工业建筑而言，凡符合下列情形之一的，可只设置 1 个安全出口：

①甲类厂房，每层建筑面积小于等于 100 m^2，且同一时间的生产人数不超过 5 人；

②乙类厂房，每层建筑面积小于等于 150 m^2，且同一时间的生产人数不超过 10 人；

③丙类厂房，每层建筑面积小于等于 250 m^2，且同一时间的生产人数不超过 20 人；

④丁、戊类厂房，每层建筑面积小于等于 400 m^2，且同一时间的生产人数不超过 30 人；

⑤地下、半地下厂房或厂房的地下室、半地下室，其建筑面积小于等于 50 m^2，经常停留人数不超过 15 人；

⑥地下、半地下厂房或厂房的地下室、半地下室，当有多个防火分区相邻布置，并采用防火墙分隔时，每个防火分区可利用防火墙上通

向相邻防火分区的甲级防火门作为第二安全出口，但每个防火分区必须至少有1个直通室外的安全出口；

⑦ 仓库的占地面积小于等于300 m² 时，可设置1个安全出口。仓库内每个防火分区通向疏散走道、楼梯或室外的出口不宜少于两个，当防火分区的建筑面积小于等于100 m² 时，可设置1个；

⑧地下、半地下仓库或仓库的地下室、半地下室当建筑面积小于等于100 m² 时，可设置1个安全出口。

地下、半地下仓库或仓库的地下室、半地下室当有多个防火分区相邻布置，并采用防火墙分隔时，每个防火分区可利用防火墙上通向相邻防火分区的甲级防火门作为第二安全出口，但每个防火分区必须至少有1个直通室外的安全出口。

对于公共建筑而言，建筑内的每个防火分区、一个防火分区内的每个楼层，当符合下列条件之一时，可设1个安全出口或疏散楼梯：

① 除托儿所、幼儿园外，建筑面积小于等于200 m² 且人数不超过50人的单层公共建筑；

② 除医院、疗养院、老年人建筑及托儿所、幼儿园的儿童用房和儿童游乐厅等儿童活动场所等外，符合表4-1中规定的二、三层公共建筑。

表4-1 公共建筑可设置1个安全出口的条件

耐火等级	最多层数	每层最大建筑面积/m²	人 数
一、二级	3层	500	第二层和第三层的人数之和不超过100人
三级	3层	200	第二层和第三层的人数之和不超过50人
四级	2层	200	第二层人数不超过30人

对于居住建筑，当符合下列条件之一时，可设1个安全出口：

① 居住建筑单元任一层建筑面积小于650 m²，且任一住户的户门至安全出口的距离小于15 m时；

② 通廊式非住宅类居住建筑符合表4-2的规定时。

表 4-2　通廊式非住宅类居住建筑可设置一个安全出口的条件

耐火等级	最多层数	每层最大建筑面积 /m^2	人　数
一、二级	3 层	500	第二层和第三层的人数之和不超过 100 人
三级	3 层	200	第二层和第三层的人数之和不超过 50 人
四级	2 层	200	第二层人数不超过 30 人

(2)《高层民用建筑设计防火规范》GB50045 规定，凡符合下列条件之一的高层民用建筑，可只设 1 个安全出口：

① 十八层及十八层以下，每层不超过 8 户、建筑面积不超过 650 m^2，且设有一座防烟楼梯间和消防电梯的塔式住宅；

② 每个单元设有一座通向屋顶的疏散楼梯，且从第十层起每层相邻单元设有连通阳台或凹廊的单元式住宅；

③ 除地下室外的相邻两个防火分区，当防火墙上有防火门连通，且两个防火分区的建筑面积之和不超过本规范规定的一个防火分区面积的 1.40 倍的公共建筑。

(3)《人民防空工程设计防火规范》GB50098 规定，凡符合下列情况的，可只设一个安全出口：

① 当有两个或两个以上防火分区，相邻防火分区之间的防火墙上设有防火门时，每个防火分区可只设置一个直通室外的安全出口；

② 建筑面积不大于 500 m^2，且室内地坪与室外出入口地面高差不大于 10 m，容纳人数不大于 30 人的防火分区，当设置有竖井，且竖井内有金属梯直通地面时，可只设置一个安全出口或一个与相邻防火分区相通的防火门；

③ 建筑面积不大于 200 m^2，且经常停留人数不大于 3 人的防火分区，可只设置一个通向相邻防火分区的防火门；

不在上述情况的厂房、库房和高层、多层民用建筑、地下建筑的每个防火分区、一个防火分区内的每个楼层，其安全出口的数量应由计算确定，且不应少于两个。

安全出口的总宽度应根据建筑的使用性质、建筑面积按表 4-3 的规定经计算确定(剧院、电影院、礼堂、体育馆等人员密集场所除外)。

(二) 疏散门

疏散门是指包括设置或安装在建筑内各房间直接通向疏散走道疏散出口上的门和安全出口上的门。为了避免在发生火灾时由于人群惊慌、拥挤而压紧内开门扇,使门无法开启,保证人员顺利疏散撤离,对疏散门的开启方向及形式有一定的要求。

1. 疏散门开启方式和形式

为了保证人员的安全疏散和物资的顺利撤离,我国的相关现行国家防火规范对建筑内疏散用门的开启方式及其形式做了如下规定:

(1) 民用建筑和厂房的疏散用门应向疏散方向开启。除甲、乙类生产房间外,人数不超过 60 人的房间且每樘门的平均疏散人数不超过 30 人时,由于这些场所使用人员较少且对环境及门的开启形式又较熟悉,则其门的开启方向可不受限;

(2) 民用建筑及厂房的疏散用门应采用平开门,不应采用推(侧)拉门、卷帘门、吊门、转门;

由于电动门、推(侧)拉门、卷帘门或转门等在人群紧急疏散情况下无法保证安全、迅速疏散,则不允许作为疏散门使用。

(3) 仓库的疏散用门应为向疏散方向开启的平开门,首层靠墙的外侧可设推拉门或卷帘门,但甲、乙类仓库不应采用推(侧)拉门或卷帘门;

考虑到仓库内的人员一般较少且门洞通常都较大,因此规定门设置在墙体外侧时可允许采用推拉门或卷帘门,但不允许设置在仓库墙的内侧,以防止因货物翻倒等原因压住或阻碍而无法开启。对于甲、乙类仓库,因火灾时的火焰温度高、蔓延迅速,甚至会引起爆炸,故不应采用推(侧)拉门或卷帘门。

(4) 人员密集场所平时需要控制人员随意出入的疏散用门,或设有门禁系统的居住建筑外门,应保证火灾时不需使用钥匙等任何工具即能从内部易于打开,并应在显著位置设置标识和使用提示。

公共建筑中一些通常不使用或很少使用的门,可能需要处于锁闭状态,但无论如何,设计时应考虑采取措施使其能从内部方便打开,且在打开后能自行关闭。

2. 疏散门的数量

(1) 公共建筑和通廊式非住宅类居住建筑中各房间疏散门的数量应根据有关现行国家防火规范经计算确定，且不应少于两个，该房间相邻两个疏散门最近边缘之间的水平距离不应小于 5 m。但当符合下列情形之一时，可设 1 个疏散门：

① 房间位于两个安全出口间，且建筑面积≤120 m²，疏散门的净宽度不小于 0.8 m。

② 除托儿所、幼儿园、老年人建筑外，房间位于走道尽端或袋形走道两侧，且由房间内任一点到疏散门的直线距离小于 15 m、其疏散门的净宽不小于 1.4 m。

因为婴幼儿在火灾紧急事故情况下不能自行疏散，老年人因年迈体弱，疏散行动迟缓，需要依靠大人的帮助，而成人每次最多只能背抱两名幼儿或搀扶两个老年人，当房间位于袋形走道两侧时，因只有 1 个疏散门不利于安全疏散，因此，婴幼儿用房、老年人用房不可布置在袋形走道两侧或走道尽端。

③ 歌舞娱乐放映游艺场所内建筑面积≤50 m²的房间；

近几年来，全国歌舞娱乐放映游艺等公共娱乐场所火灾众多，人员和财产损失惨重，因此此类场所每个厅、室设置的疏散门不少于两个。但对于建筑面积较小(50 m²以下)的厅、室，人员数量相对较少，故在设置两个疏散门有困难时也可设置 1 个。

④ 建筑面积≤50 m²，且经常停留人数不超过 15 人的地下、半地下建筑内的房间(包括附设在地下、半地下建筑内的歌舞娱乐放映游艺场所每个厅、室或房间)。

据有关调查资料，一般公共建筑内的地下室、半地下室大多作为车库、泵房等附属房间使用，除半地下室尚可有一端通风、采光外，地下室一般均类似于无窗的厂房，发生火灾时容易充满烟气，给安全疏散和消防扑救等带来很大困难。因此，对地下室、半地下室的防火设计要求要严于地面上的部分。但对于人员较少、建筑面积较小的房间，考虑到失火时的损失较小，故当设置两个疏散门确有难度时可设置 1 个。

(2) 剧院、电影院和礼堂的观众厅，其疏散门的数量应经计算确定，且不应少于两个。每个疏散门的平均疏散人数不应超过 250 人；当容纳人数超过 2 000 人时，其超过 2 000 人的部分，每个疏散门的平均疏散人数不应超过 400 人。

(3) 体育馆的观众厅，其疏散门的数量应经计算确定，且不应少于两个，每个疏散门的平均疏散人数不宜超过 400～700 人。

(三) 疏散走道

建筑物内疏散走道是人员从房间内至房间门，或从房间门至疏散楼梯、外部出口或相邻防火分区的室内通道。在火灾情况下，人员要从建筑功能区向外疏散，首先通过疏散走道，所以，疏散走道是人员疏散撤离的必经之路，通常作为人员疏散的第一安全地带，是救援人员内攻近战的立足点。建筑物疏散走道的设置应能保证疏散路线连续、快捷、便利地通向安全出口，到达室外安全区域。

1. 疏散走道设置要求

(1) 疏散走道要简明直接，尽量避免弯曲，尤其不要往返转折，否则会造成疏散阻力和产生不安全感。

(2) 疏散走道内不应设置阶梯、门槛、门垛、管道，在疏散方向上疏散通道宽度不应变窄，在人体高度内不应有突出的障碍物，以免影响疏散。

(3) 疏散走道与房间隔墙应砌至梁、楼板底部并用不燃材料填实所有空隙。

(4) 疏散走道的墙面、顶棚、地面应为不燃材料装修，吊顶应为耐火极限不低于 0.25 h 的不燃材料。

(5) 疏散走道内应有防排烟措施。多层公共建筑长度超过 20 m 的内走道、其他建筑长度超过 40 m 的疏散走道应设自然排烟设施，不具备自然排烟条件的应设机械排烟设施。一类高层建筑和建筑高度超过 32 m 的二类高层建筑长度超过 20 m 的内走道应设自然排烟或机械排烟设施，长度超过 60 m 的内走道应设机械排烟设施。

(6) 疏散走道内应有疏散指示标志和事故应急照明。疏散走道的地面最低水平照度不应低于 0.5 lx；大型的展览建筑、商业建筑、电影院、剧院，体育馆、会堂或礼堂、歌舞娱乐放映游艺场所应在其内疏散走道和主要疏散路线的地面上增设能保持视觉连续的灯光疏散指示标志或蓄光疏散指示标志。

2. 疏散走道宽度要求

建筑中的疏散走道宽度应经计算确定，一般要求疏散走道净宽不应小于 1.1 m。

(1) 多层建筑人员密集大厅内疏散通道宽度要求

剧院、电影院、礼堂、体育馆等人员密集场所的疏散走道宽度应根据其通过人数和疏散净宽度指标计算确定，并应符合下列规定：观众厅内疏散走道的净宽度应按每 100 人不小于 0.6 m 的净宽度计算，且不应小于 1.0 m；边走道的净宽度不宜小于 0.8 m。在布置疏散走道时，横走道之间的座位排数不宜超过 20 排；纵走道之间的座位数：剧院、电影院、礼堂等，每排不宜超过 2 两个；体育馆，每排不宜超过 26 个；前后排坐椅的排距不小于 0.9 m 时，可增加 1.0 倍，但不得超过 50 个；仅一侧有纵走道时，座位数应减少一半；人员密集的公共场所的室外疏散小巷的净宽度不应小于 3 m，并应直接通向宽敞地带。

学校、商店、办公楼、候车(船)室、民航候机厅、展览厅、歌舞娱乐放映游艺场所等民用建筑中的疏散走道每 100 人净宽度不应小于表 4-3的规定。当这些建筑中的人员密集的厅、室以及歌舞娱乐放映游艺场所设置在地下或半地下时，其疏散走道、安全出口、疏散楼梯以及房间疏散门的各自总宽度，应按其通过人数每 100 人不小于 1.0 m 计算确定。

表 4-3 疏散走道、安全出口、疏散楼梯和房间疏散门每 100 人的净宽度/m

楼层位置	耐火等级		
	一、二级	三级	四级
地上一、二层	0.65	0.75	1.00
地上三层	0.75	1.00	—
地上四层及四层以上各层	1.00	1.25	—
与地面出入口地面的高差不超过 10 m 的地下建筑	0.75	—	—
与地面出入口地面的高差超过 10 m 的地下建筑	1.00	—	—

(2) 人民防空工程疏散走道宽度要求

人民防空工程疏散走道最小净宽应符合表 4-4 的要求：

表 4-4　楼梯和疏散走道的最小净宽

工程名称	安全出口、相邻防火分区之间防火墙上的防火门和楼梯的净宽/m	疏散走道净宽/m	
		单面布置房间	双面布置房间
商场、公共娱乐场所、小型体育场所	1.40	1.50	1.60
医院	1.30	1.40	1.50
旅馆、餐厅	1.00	1.20	1.30
车间	1.00	1.20	1.50
其他民用工程	1.00	1.20	1.40

设有固定座位的电影院、礼堂等的观众厅，其疏散走道、疏散出口等宽度还应符合下列要求：

① 厅内的疏散走道净宽应按通过人数每 100 人不小于 0.80 m 计算，且不宜小于 1.00 m，边走道的净宽不应小于 0.80 m。

② 厅的疏散出口和厅外疏散走道的总宽度，平坡地面应分别按通过人数每 100 人不小于 0.65 m 计算，阶梯地面应分别按通过人数每 100 人不小于 0.80 m 计算；疏散出口和疏散走道的净宽均不应小于 1.40 m。

③ 观众厅座位的布置，横走道之间的排数不宜大于 20 排，纵走道之间每排座位不宜大于 2 两个；当前后排座位的排距不小于 0.9 m 时，每排座位可为 44 个；只一侧有纵走道时，其座位数应减半。

④ 观众厅每个疏散出口的疏散人数平均不应大于 250 人。

(3) 地下街防火分区内疏散走道宽度要求

地下街防火分区内疏散走道的最小净宽应符合下列规定之一：

① 疏散走道最小净宽应为通过人数乘以疏散宽度指标(即疏散走道最小宽度 = 通过人数 × 疏散宽度指标)，疏散宽度指标和通过人数应符合下列规定：

(a) 室内地坪与室外出入口地面高差不大于 10 m 的防火分区，其疏散宽度指标应为每 100 人不小于 0.75 m；室内地坪与室外出入口地面高差大于 10 m 的防火分区，其疏散宽度指标应为每 100 人不小于 1.00 m；

(b) 相邻两个疏散出口之间的疏散走道通过人数，宜为相邻两个疏散出口之间设计容纳人数；袋形走道末端至相邻疏散出口之间的疏散走道通过人数，应为袋形走道末端与相邻疏散出口之间设计容纳人数；

② 疏散走道最小净宽应为疏散走道两端的疏散出口最小净宽之和的较大者。

(4) 高层民用建筑走道疏散宽度要求

① 高层民用建筑内走道的净宽，应按通过人数每 100 人不小于 1.00 m 计算；高层建筑首层疏散外门的总宽度，应按人数最多的一层每 100 人不小于 1.00 m 计算。首层疏散外门和走道的净宽不应小于表 4-5 的规定。

表 4-5 首层疏散外门和走道的净宽

高层建筑	每个外门的净宽 /m	走道净宽 /m	
		单面布房	双面布房
医院	1.30	1.40	1.50
居住建筑	1.10	1.20	1.30
其他	1.20	1.30	1.40

② 高层建筑内设有固定座位的观众厅、会议厅等人员密集场所，其疏散走道、出口等宽度应符合下列规定：

(a) 厅内的疏散走道的净宽应按通过人数每 100 人不小于 0.80 m 计算，且不宜小于 1.00 m；边走道的最小净宽不宜小于 0.80 m。

(b) 厅的疏散出口和厅外疏散走道的总宽度，平坡地面应分别按通过人数每 100 人不小于 0.65 m 计算，阶梯地面应分别按通过人数每 100 人不小于 0.80 m 计算。疏散出口和疏散走道的最小净宽均不应小于 1.40 m。

(c) 疏散出口的门内、门外 1.40 m 范围内不应设踏步，且门必须向外开,并不应设置门槛。

(d) 厅内座位的布置,横走道之间的排数不宜超过 20 排,纵走道之间每排座位不宜超过 2 两个;当前后排座位的排距不小于 0.90 m 时,每排座位可为 44 个;只一侧有纵走道时,其座位数应减半。

(四) 疏散楼梯间

疏散楼梯间是指具有一定的防火、防烟能力,且能作为竖向紧急疏散使用的楼梯间。建筑物中的楼梯间,是建筑物主要的垂直交通空间,是火灾条件下人员竖向安全疏散的主要和重要通道。楼梯间防火和疏散能力的大小,直接影响着人员的生命安全和消防队员的灭火及救灾工作。因此,建筑防火设计时,应根据建筑物的使用性质、高度、层数,正确运用防火规范,选择符合防火要求的疏散楼梯间,为安全疏散创造有利条件。

1. 疏散楼梯间的种类和适用范围

根据防火要求,疏散楼梯间可分为敞开楼梯间、封闭楼梯间、防烟楼梯间、剪刀楼梯及室外楼梯间等五种。

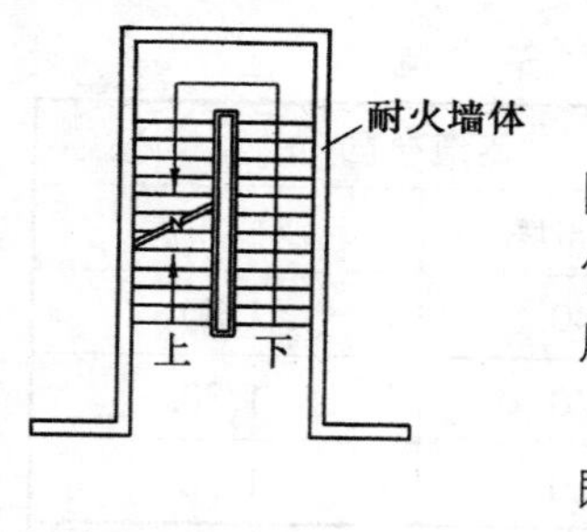

图 4-1 敞开楼梯间示意图

(1) 敞开楼梯间

敞开楼梯间一般指建筑物室内由墙体等围护构件构成的无封闭防烟功能,且与其他使用空间直接相通的楼梯间。如图 4-1 所示。

敞开楼梯间在低层建筑中应用广泛。它既可充分利用天然采光和自然通风,又便于发现,人员疏散快捷,但由于其与走道之间无任何防火分隔措施,故一旦发生火灾就有可能成为烟火蔓延的竖向通道。因此,在高层建筑、地下建筑中不予以采用。

可采用敞开楼梯间的场所:

原则上说,除《高层民用建筑设计防火规范》GB50045、《建筑设计防火规范》GB50016 等规定应设封闭楼梯间、防烟楼梯间的建筑外,其余一般建筑均可采用敞开楼梯间,具体如下:

① 不超过 5 层的低层民用建筑;

② 11层及11层以下的单元式住宅，但开向楼梯间的户门应为乙级防火门，且楼梯在靠外墙，并能直接天然采光和自然通风；

③ 低层库房，丁、戊类低层厂房；

④ 每层工作平台人数不超过2人，且各层工作平台上同时生产人数总和不超过10人的丁、戊类高层厂房。

(2) 封闭楼梯间

封闭楼梯间是指用耐火建筑构配件分隔，能防止烟和热气进入的楼梯间。高层民用建筑、高层厂房（仓库）、人员密集的公共建筑、人员密集的多层丙类厂房中封闭楼梯间的门应为向疏散方向开启的乙级防火门，其他建筑封闭楼梯间的门可采用双向弹簧门，如图4-2所示。

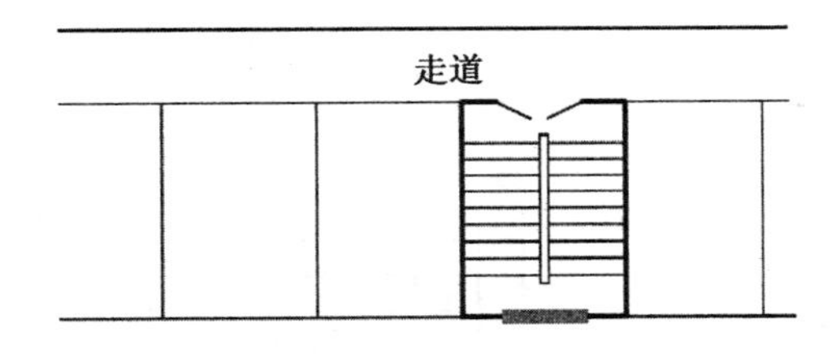

图4-2 封闭楼梯间示意图

应设置封闭楼梯间的场所有：

① 高层厂房、高层库房和甲、乙、丙类多层厂房；

② 高层民用建筑的裙房和除单元式、通廊式住宅外的建筑高度不超过32 m的二类高层民用建筑，11层及11层以下的通廊式住宅，12层以上及18层以下的单元式住宅；多层住宅中的电梯井与疏散楼梯相邻布置时，应设置封闭楼梯间，户门采用乙级防火门时除外；

③ 医院、疗养院的病房楼；

④ 旅馆；

⑤ 超过2层的商店等人员密集的公共建筑；

⑥ 设置有歌舞娱乐放映游艺场所且建筑层数超过2层的建筑；

⑦ 超过5层的其他公共建筑；

⑧ 汽车库、修车库中人员疏散用的室内楼梯；

⑨ 人民防空工程中当地下为两层，且地下第二层的地坪与室外出入口地面高差不大于10 m的电影院与礼堂，使用面积超过500 m^2的医

院和旅馆，及使用面积超过 1 000 m^2 的商场、餐厅、展览厅、公共娱乐场所（如旱冰场、舞厅、电子游艺场等）、小型体育馆等场所。

（3）防烟楼梯间

防烟楼梯间是指在每层楼梯间入口处设有使用面积不小于规定数值的防烟前室（或设专供防烟用的阳台、凹廊等）和防排烟设施并与建筑物内使用空间分隔，且通向前室和楼梯间的门均为乙级防火门的楼梯间。防烟楼梯间的平面布置要求必须经过防烟前室再进入楼梯间。前室不仅要具有可靠的防烟设施，起到防烟作用，而且可作为人群进入楼梯间的缓冲空间。防烟楼梯间的形式主要有：带封闭前室或合用前室的防烟楼梯间、用阳台作敞开前室的防烟楼梯间、用凹廊作敞开前室的防烟楼梯间等，如图 4-3 所示。

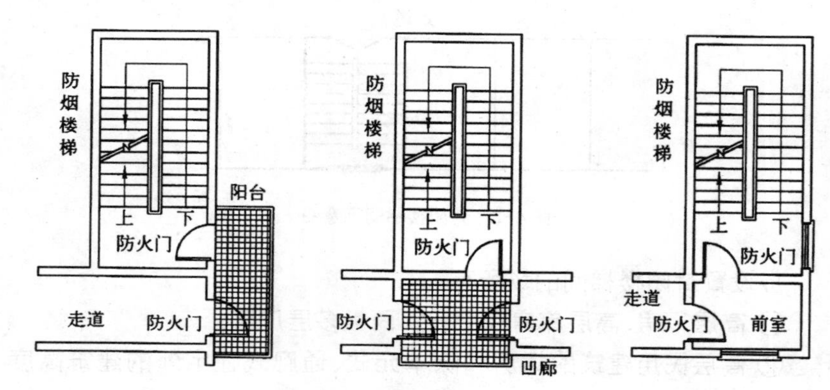

图 4-3 防烟楼梯间示意图

应设置防烟楼梯间的场所有：

① 一类高层民用建筑；

② 除单元式和通廊式住宅外的建筑高度超过 32 m 的二类高层民用建筑及高层塔式住宅；19 层及 19 层以上的单元式住宅；超过 11 层的通廊式住宅；

③ 建筑高度超过 32 m 的高层停车库的室内疏散楼梯；

④ 建筑高度超过 32 m 且任一层人数超过 10 人的高层厂房；

⑤ 人民防空工程中使用层数为 3 层及以上或使用层室内地面与室外出入口地坪高差超过 10 m 的电影院与礼堂，使用面积超过 500

m^2的医院和旅馆，及使用面积超过 1 000 m^2的商场、餐厅、展览厅、公共娱乐场所(如旱冰场、舞厅、电子游艺场等)、小型体育馆等场所；

⑥ 应设封闭楼梯间，但不能天然采光和自然通风，或不具备自然排烟条件的建筑。

(4) 剪刀楼梯

剪刀楼梯又称叠合楼梯或套梯，是在同一楼梯间设置一对相互重叠、又互不相通的两个楼梯，如图 4-4 所示。其楼层之间的梯段一般为单跑直梯段，剪刀楼梯最重要的特点是在同一楼梯间设置了两个楼梯，具有两条垂直方向疏散通道的功能。在平面设计中可利用较为狭小的空间，设计出两个楼梯，楼梯段是完全分隔的。塔式高层建筑是以疏散楼梯为中心，向各个方向组成平面布置为特点的建筑，对于这类建筑，有时要同时满足独立设置两座防烟楼梯间十分困难，现行国家标准《高层民用建筑设计防火规范》GB50045 规定，塔式高层建筑可设置防烟剪刀楼梯间。

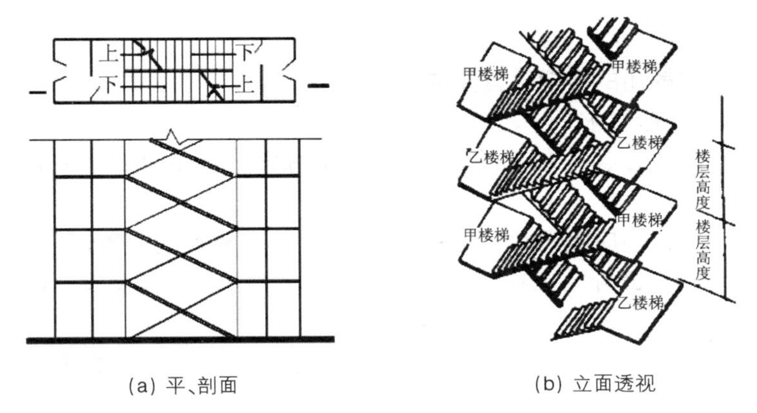

(a) 平、剖面　　(b) 立面透视

图 4-4　剪刀楼梯示意图

(5) 室外疏散楼梯

室外疏散楼梯是指用耐火结构与建筑物分隔、设在墙外的楼梯，如图 4-5 所示。其主要用于应急疏散，可作为辅助防烟楼梯使用，即可供辅助人员应急疏散和消防人员直接从室外进入建筑物到达起火层扑救火灾。当在建筑物内设置疏散楼梯不能满足要求时，可设室外疏散楼梯作为辅助楼梯，其宽度可计入疏散楼梯总宽度中。为便于疏散，室外疏散楼梯宜设在建筑物疏散走道的端部，使其不易受到烟火的威胁。在构造上它比较简单、经济，不占用室内面积。

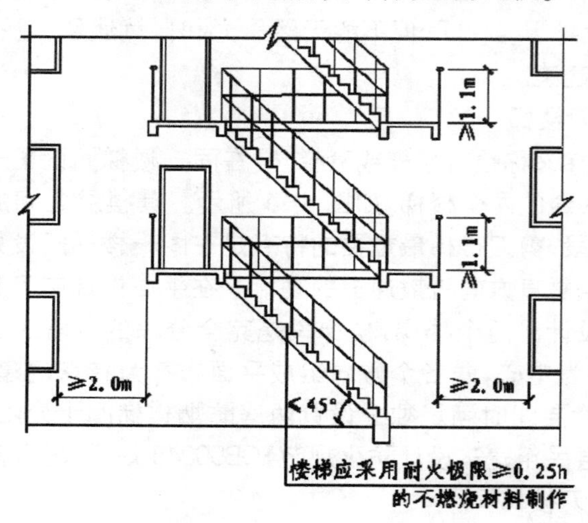

图 4-5　室外楼梯示意图

2. 疏散用的楼梯设置要求

(1) 一般要求

① 疏散楼梯一般布置在标准层或防火分区的两端，便于双向疏散。

② 楼梯间应能天然采光和自然通风，并宜靠外墙设置，便于消防队救援利用；靠外墙设置时，楼梯间的窗口与两侧的门、窗洞口最近边缘之间的水平间距不应小于 1 m。

疏散楼梯间是人员垂直疏散的安全通道，也是消防人员进入火场进行扑救的主要路径，因此，其应保证人员在楼梯间内疏散时能有较好的光线，有条件的情况下应当首选天然采光，人工照明的暗楼梯间，在火灾发生时常会因中断正常供电而变暗，影响疏散速度，不宜采用。另一方面，采用自然通风以排除烟气，可提高楼梯间内的能见度，缩短烟气停留时间，有利于疏散行动，同时楼梯间靠外墙设置，也有利于其直接采光和自然通风。

③ 楼梯间内不应设置烧水间、可燃材料储藏室、垃圾道；不应有影响疏散的凸出物或其他障碍物；不应敷设甲、乙、丙类液体管道；公

共建筑的楼梯间内不应敷设可燃气体管道;居住建筑的楼梯间内不应敷设可燃气体管道和设置可燃气体计量表。当必须设置在住宅建筑的楼梯间内时,应采用金属套管和设置切断气源的阀门等保护措施;

一方面,由于楼梯间放置许多杂物,失火时,火势会很快顺着楼梯向上蔓延扩散,造成严重伤亡的火灾后果;另一方面,附设在楼梯间内的天然气、液化石油气等燃气管道漏气,遇明火即可爆炸起火。因此,为了避免楼梯间内发生火灾或防止火灾通过楼梯间蔓延,楼梯间内不应附设烧水间、可燃材料储藏室、非封闭的电梯井、可燃气体管道及甲、乙、丙类液体管道等。

对于住宅建筑,考虑到其布局和使用功能要求,尤其是近年来为方便管理,采用水表、电表、气表等均出户设置的要求,允许可燃气体管道进入住宅建筑的楼梯间,但为防止管道因意外损伤或部分破坏发生泄漏而引发较大事故,则要求采用金属管套,并在计量表前或管道进入住宅建筑前安装具有自动切断管路和手动操作关闭气源功能的紧急切断阀。同时,燃气管道的布置与安装位置,应尽量避免人员通过楼梯间时与管道发生碰撞。在建筑的楼梯间内不允许敷设可燃气体管道或设置可燃气体计量表。

④ 除与地下室相连和通向避难层的楼梯外,楼梯间竖向设计要保持上下连通,在各层的位置不应改变,首层应有直通室外的出口,以保证人员疏散畅通、快捷、安全。

因为倘若楼梯间位置发生变更,则遇有火灾紧急情况时人员不易找到楼梯,延误疏散时间,造成不应有的伤亡,特别是宾馆、饭店、商业楼等人员密集的公共建筑。

⑤ 地下室、半地下室的楼梯间,在首层应采用耐火极限不低于2 h的隔墙与其他部位隔开,并应直通室外,当必须在隔墙上开门时,应采用不低于乙级的防火门。疏散楼梯及前室除通向走道的防火门以外,不应开设其他房间的门洞。

地下室、半地下室与地上层不应共用楼梯间,当必须共用楼梯间时,在首层应采用耐火极限不低于 2 h 的不燃烧体隔墙和乙级防火门将地下、半地下部分与地上部分的连通部位完全隔开,并应有明显标志,如图 4-6 所示。

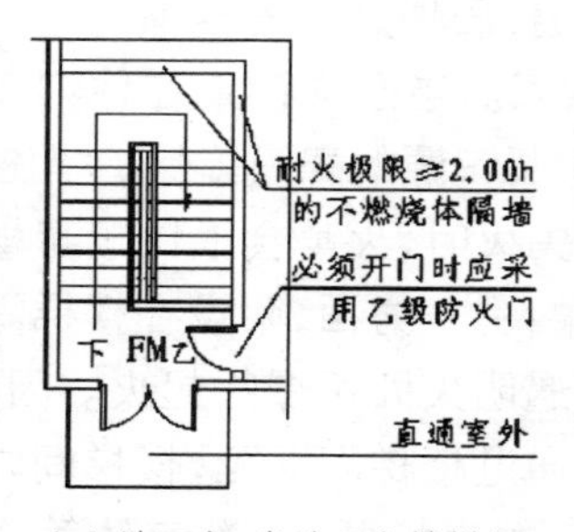

(a) 地下室、半地下室楼梯间

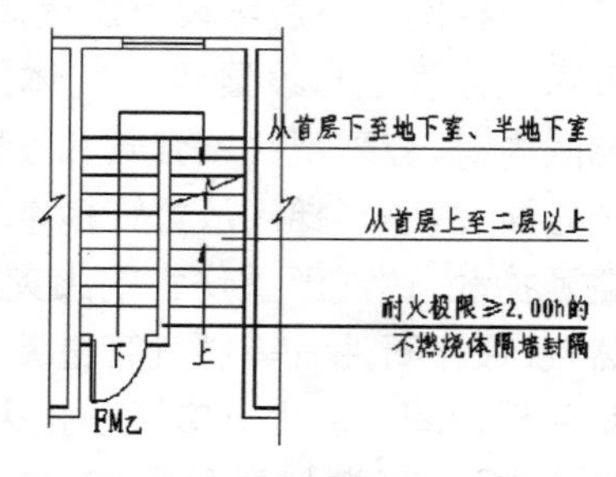

(b) 地下(半地下)室与地上层共用楼梯间

图 4-6 地下室、半地下室楼梯间示意图

地下层与地上层如果没有进行有效的防火分隔,容易造成地下层火灾蔓延到地上建筑,使火势扩大,同时也容易导致地上建筑内的人员在疏散过程中误入地下层,因此 在首层与地下、半地下室楼梯间设有防火分隔设施,既可有效防止疏散人员误入地下、半地下室,又能有效阻挡火势、烟雾的蔓延扩散。

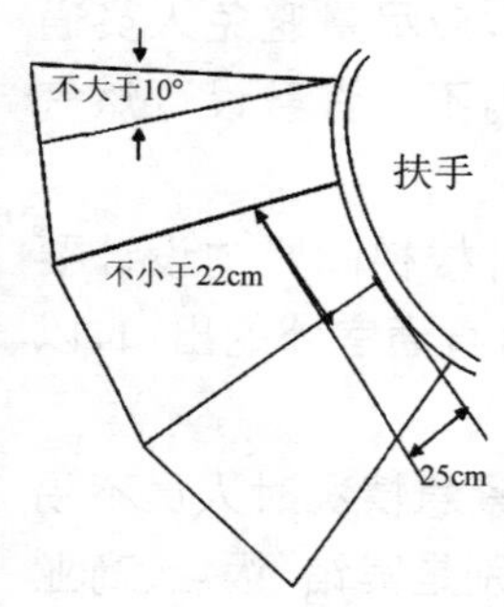

图 4-7 螺旋或扇形踏步楼梯示意图

⑥ 疏散用楼梯和疏散通道上的阶梯不宜采用螺旋楼梯和扇形踏步。当必须采用时,踏步上下两级所形成的平面角度不应大于 10°,且每级离扶手 0. 25 m 处的踏步深度不应小于 0. 22 m, 如图 4-7 所示。

由于螺旋楼梯、弧形楼梯及扇形踏步在内侧坡度陡、扇步深度小,因踏步宽度的变化,很难保证人员疏散时的安全通行,特别是在紧急情况下容易使人发生摔倒,造成拥挤,堵塞通行,因此不应采用。但由于建筑造型的要求必须采用时,则应满足上述要求时,才可作为疏散使用。

⑦ 居住建筑的楼梯间宜通至平屋顶,通向平屋面的门或窗应向外开启。商住楼中住宅的疏散楼梯应独立设置,不得与商业部分合用或相互影响。

商住楼一般上部是住宅,下部是商业场所。由于商业场所火灾危险性较大,如果住宅与商店共用楼梯,一旦下部商店发生火灾,就会直接影响住宅内人员的安全疏散,故商住楼中住宅与商店的楼梯应分开独立设置。

(2) 敞开楼梯间的设置要求

敞开楼梯间除应符合上述疏散楼梯间的一般设置要求外，还应符合下述要求：

① 房间门至最近楼梯间的距离应符合安全疏散距离的要求；

② 当低层建筑的层数不超过 4 层时，楼梯间的首层对外出口可设置在离楼梯间不超过 15 m 处；

③ 楼梯间的内墙上除在同层开设通向公共走道的疏散门外，不应开设其他的房间门窗；其他房间的门也不应开向楼梯间；

④ 公共建筑的疏散楼梯两段之间的水平净距不宜小于 0.15 m，以便消防人员进入失火建筑的楼梯后，能迅速利用两梯段的间隙向上吊挂水带展开救援作业，节省时间和水带，减少水头损失，方便操作。

(3) 封闭楼梯间设置要求

封闭楼梯间除应符合上述疏散楼梯间的一般设置要求外，还应符合下述要求：

① 楼梯间应靠外墙，并应直接天然采光和自然通风。当不能天然采光和自然通风时，应按防烟楼梯间的要求设置；

② 楼梯间的首层可将走道和门厅等包括在楼梯间内，形成扩大的封闭楼梯间，但应采用乙级防火门等措施与其他走道和房间隔开；

③ 除楼梯间的门之外，楼梯间的内墙上不应开设其他门窗洞口；

④ 高层厂房(仓库)、人员密集的公共建筑、人员密集的多层丙类厂房设置封闭楼梯间时，通向楼梯间的门应采用乙级防火门，并应向疏散方向开启；

⑤ 封闭楼梯间的门可采用双向弹簧门或乙级防火门；

⑥ 楼梯间的首层紧接主要出口时，可将走道和门厅等包括在楼梯间内，形成扩大的封闭楼梯间，应采用乙级防火门等防火措施与其他走道和房间隔开。门厅内还应尽量做到内装修的不燃化。

(4) 防烟楼梯间的设置要求

防烟楼梯间除应符合上述疏散楼梯间的一般设置要求外，还应符合下述要求：

① 防烟楼梯在楼梯间入口处应设置防烟前室、开敞式阳台或凹

廊等。防烟前室可与消防电梯间前室合用；

② 前室的使用面积：公共建筑不应小于6 m^2，居住建筑不应小于4.5 m^2；如果是与消防电梯合用的前室，合用前室的使用面积：公共建筑、高层厂房以及高层仓库不应小于 10 m^2，居住建筑不应小于6 m^2；起缓冲疏散人流冲击的作用，对于人民防空工程不应小于10 m^2；

③ 疏散走道通向前室以及前室通向楼梯间的门应采用乙级防火门，并应向人流疏散的方向开启；

④ 当不能采用天然采光和自然通风时，楼梯间应设置防烟或排烟设施，应设置消防应急照明设施；

⑤ 除楼梯间门和前室门外，防烟楼梯间及其前室的内墙上不应开设其他门窗洞口(住宅除外)；

⑥ 楼梯间的首层可将走道和门厅等包括在楼梯间前室内，形成扩大的防烟前室，但应采用乙级防火门等措施与其他走道和房间隔开。

(5) 剪刀楼梯的设置要求

① 剪刀楼梯间的梯段之间应设耐火极限不低于 1 h 的不燃烧体墙分隔。如两梯段之间没有隔墙，则实际这两条通道是处于同一空间内，起不到两条独立疏散通道的作用。

② 剪刀楼梯作为塔式高层建筑的两个独立的疏散通道使用，应是两个互不相通的独立空间。设计中应分别设置前室，并按这个特点来设计加压送风系统，才能保证前室和楼梯间成为无烟区。

③ 塔式住宅剪刀楼梯分设前室确有困难时可设一个前室，但两座楼梯应分别设加压送风系统，户门应为能自行关闭的乙级防火门。

(6) 室外疏散楼梯的技术要求

① 为了防止因楼梯倾斜度过大、楼梯过窄或栏杆扶手过低，保障人员的顺利疏散，室外疏散楼梯净宽度应不小于 0.9 m，楼梯栏杆扶手的高度应不小于 1.1 m，楼梯的倾斜度不应大于45°。

② 楼梯段和平台均应采取不燃材料制作。平台的耐火极限不应低于 1 h，楼梯段的耐火极限不应低于 0.25 h。为了保证楼梯安全使用的可靠性，室外疏散楼梯最好不采用无防火保护的金属梯，应采用钢筋混凝土等不燃烧材料制作，耐火极限不得低于 1.00～1.50 h。

③ 为了防止室内火灾的烟火蹿出烧烤室外疏散楼梯，在距楼梯至少 2 m 范围的墙面上，除开设疏散用的门洞外，不能再开设其他门窗洞口。

④通向室外疏散楼梯的门宜采用乙级防火门，并向室外(即疏散方向)开启，且不应正对梯段；门开启时，不得减少楼梯平台的有效宽度。

(五) 消防电梯

电梯是建筑物竖向联系的最主要交通工具之一，主要应用于具有一定高度的建筑中。消防电梯是指设置在建筑的耐火封闭结构内，具有前室和备用电源，在正常情况下为普通乘客使用，在建筑发生火灾时，其附加的保护、控制和信号等功能能专供消防员使用的电梯。

高层建筑发生火灾时，要求消防队员迅速到达起火部位，扑灭火灾和救援遇险人员。如果消防队员从楼梯登高，往往因体力消耗很大和运送器材而贻误灭火战机，难以有效地进行灭火战斗，而且还要受到疏散人流的冲击。一般工作电梯在发生火灾时常常因为断电和不防烟火功能等而停止使用，因此，设置消防电梯，有利于扑救队员迅速登高，消防电梯前室还是消防队员进行灭火战斗的立足点和救治遇险人员的临时场所。消防电梯平时可兼做工作客梯。在建筑防火设计中，应根据建筑物的重要性、高度、建筑面积、使用性质等情况设置消防电梯。发生火灾时，消防电梯可强制停在首层，其他楼层对其的外部呼唤无效，救援人员只能在消防电梯内部操控其运行状态。紧急情况下，按下首层的消防电梯紧急按钮，也可将消防电梯迅速置于首层供救援人员使用。

1. 消防电梯设置场所

(1) 建筑高度超过 32 m 且设置电梯的高层厂房和高层仓库；

(2) 一类公共建筑；

(3) 高层塔式住宅；

(4) 12 层及 12 层以上的单元式住宅和通廊式住宅；

(5) 高度超过 32 m 的其他二类高层公共建筑。

2. 消防电梯设置要求

(1) 消防电梯应分别设置在不同的防火分区内，且应能每层停靠。

(2) 消防电梯应设置前室。为使消防人员能够在建筑物内上下时不受烟气侵袭，在起火层有一个较为安全的地方放置必要的消防器材，并能顺利地展开火灾扑救行动，则消防电梯间应设有前室，且该前室应具有与防烟楼梯间前室同样的防烟功能。

① 前室的面积：居住建筑不应小于4.5 m^2，公共建筑和工业建筑不应小于6 m^2。与防烟楼梯间合用前室的面积：居住建筑不应小于6 m^2，公共建筑和工业建筑不应小于10 m^2；

② 前室的门应采用乙级防火门，以保证消防电梯前室的安全可靠性；

③ 前室宜靠外墙设置，在首层应设直通室外的出口或经过长度不超过30 m的通道通向室外。

消防电梯靠外墙设置既安全、又便于采用可靠的天然采光和自然排烟防烟方式。消防电梯可视为火灾时相对安全的竖向通道，火灾时，为使消防队员尽快由室外进入消防电梯前室，因此，其在首层应有直通室外的出入口。如果受平面布置的限制，外墙出入口不能靠近消防电梯前室时，可采用受防火保护的通道直通室外，但不应经过任何房间，以保证路线畅通。

(3) 消防电梯的井壁、机房隔墙的耐火极限应不低于2 h，井道顶部要有排烟措施；与相邻的普通电梯井、机房之间，应采用耐火极限不低于2 h不燃烧体隔墙隔开；若在隔墙上开门时，应设甲级防火门；消防电梯的梯井应与其他竖向管井分开单独设置，不得有其他的电气管道、水管、气管或通风管道穿过，也不应在井壁开设孔洞，不得将其他用途的电缆敷设在电梯井内，梯井内严禁敷设可燃气体和甲、乙、丙类液体管道。

实际工程中，为便于维修管理，多台电梯的梯井往往是连通的或设开口相连通，电梯机房也合并使用，这样在发生火灾时，对消防电梯的安全使用不利。因此，为确保消防电梯的安全可靠度，其梯井、机房与其他电梯的梯井、机房之间，应采用具有一定耐火等级的墙体分隔开，必须连通的开口部位也应设防火门。同时也不允许有其他的管道穿越或敷设在其梯井内。

(4) 消防电梯轿厢：

① 为满足供消防队救援和建筑内行动不便者(如病人、残障人员等)的使用需要，电梯轿厢的额定载重不应小于 800 kg，尺寸不应小于 1 350 mm宽×1 400 mm 深，轿厢的净入口宽度不应小于 800 mm。在有预定用途包括疏散的场合，为了运送担架、病床等，可设计有两个出入口的消防电梯，其额定载重量不应小于 1 000 kg，轿厢的尺寸不应小于 1 100 mm 宽×2 100 mm 深。

② 轿厢内应设有专用电话或交互式双向语音通讯的对讲系统，并在首层的消防电梯入口处应设置供消防队员专用的操作按钮，以便消防队员在灭火救援中保持与外界的联系，与消防控制中心直接联络。

③ 消防电梯轿厢顶部应有紧急出口，其尺寸应至少为 0.5 m×0.7 m。

④ 轿厢的内装修应采用不燃烧材料，以利于提高其安全性。

(5) 消防电梯应有备用电源，使之不受火灾时断电的影响。为保证消防电梯在灭火过程中正常运行，其动力与控制电缆、电线、控制面板应有防水、防火措施。

(6) 消防电梯前室门口宜设挡水设施，消防电梯井底应设排水口和排水设施。如果不能直接排到室外，可在井底下部或旁边开设一个不小于2 m^3的水池，用排水量不小于 10 L/s 的水泵将水池的水抽向室外。

(7) 消防电梯从首层到顶层的运行时间不宜超过 60s。

(8) 由于火灾并非经常发生，所以平时消防电梯可与工作电梯兼用，但必须满足消防电梯的要求。另外，在控制系统中要设置转换装置，以便在发生火灾时能迅速改变使用条件。

(9) 消防电梯前室、轿厢内应设火灾事故照明；

(10) 消防电梯前室应该设置消火栓，以便于消防人员尽快使用消火栓扑救火灾并开辟通路。

(11) 为了确保消防员获得对消防电梯的控制不被过度延误，消防电梯应设置一个听觉信号，当门开着的实际停顿时间超过 2 min 时在轿厢内鸣响。在超过 2 min 后，此门将试图以减小的动力关闭，在门完全关闭后听觉信号解除。该听觉信号的声级应能在 35 dB(A)至 6

5 dB(A)之间调整，通常设置在 55 dB(A)，而且该信号还应能与消防电梯的其他听觉信号区分开。

3. 消防电梯设置数量

消防电梯的数量主要根据建筑物楼层的建筑面积、防火分区来确定。现行国家消防技术规范规定：

(1) 每个防火分区至少应设置 1 台；

(2) 当每层建筑面积不大于 1 500 m^2 时，应设置 1 台；

(3) 当大于 1 500 m^2 而不大于 4 500 m^2 时，应设置 2 台；

(4) 当大于 4 500 m^2 时，应置设 3 台。

4. 消防电梯操作要求

消防电梯平时作为普通电梯使用时，操作等同于普通电梯。消防电梯一旦启动消防功能，操作上会有特殊的要求，以满足消防员的特殊需要。操作通常分为两种状态：消防电梯的优先召回(阶段 1)、在消防员控制下消防电梯的使用(阶段 2)。

(1) 阶段 1：消防电梯的优先召回

消防电梯的优先召回可手动或自动进入。一旦进行阶段 1，应确保：

① 所有的层站控制和消防电梯的轿厢内控制均应失效，所有已登记的呼梯均应被取消；

② 开门和紧急报警的按钮应保持有效；

③ 可能受到烟和热影响的轿门反开门装置应失效，以允许门关闭；

④ 消防电梯应脱离同一群组中的所有其他电梯独立运行；

⑤ 到达消防员入口层后，消防电梯应停留在该层，且轿门和层门保持在完全打开位置；

⑥ 消防服务通讯系统应有效；

⑦ 如果进入阶段 1 时消防电梯正处于检修运行、紧急电动运行状态下，听觉信号应鸣响，内部对讲系统应被启动，当消防电梯脱离上述状态时，该信号应被取消；

⑧ 正在离开消防员入口层的消防电梯，应在可以正常停层的最近楼层做一次正常的停止，不开门，然后返回到消防员入口层；

⑨ 在消防电梯开关启动后,井道和机房照明应自动点亮。

(2) 阶段 2:在消防员控制下消防电梯的使用

消防电梯开着门停在消防员入口层以后,消防电梯应完全由轿厢内消防员控制装置所控制,并应确保:

① 如果消防电梯是由一个外部信号触发进入阶段 1 的,在消防电梯开关被操作到消防员服务有效状态前,消防电梯应不能运行。

② 消防电梯应不能同时登记一个以上的轿厢内选层指令。

③ 当轿厢正在运行时,应能登记一个新的轿厢内选层指令,原来的指令应取消,轿厢应在最短的时间内运行到新登记的层站。

④ 一个登记的指令将使消防电梯轿厢运行到所选择的层站后停止,并保持门关闭。

⑤ 如果轿厢停止在一个层站通过持续按压轿厢内“开门”按钮应能控制门打开。如果在门完全打开之前释放轿厢内“开门”按钮,门应自动再关闭。当门完全打开后,应保持在打开状态直到轿厢内控制装置上有一个新的指令被登记。

⑥ 除上述(1)中③ 规定的情况外,轿门反开门装置和开门按钮应与阶段 1 一样保持有效状态。

⑦ 通过操作消防电梯开关从消防员服务状态到普通状态,保持时间不大于 5s,再回到消防员服务状态,则重新进入阶段 1,消防电梯应返回到消防员入口层。本要求不适用于⑧所述轿厢内设有消防电梯开关的情况。

⑧ 如果设置有一个附加的轿厢内消防员钥匙开关,应清楚地标明位置“1”和“0”,该钥匙仅能在处于位置“0”时才能拔出。

钥匙开关应按下列方法操作:

(a) 当消防电梯由消防员入口层的消防电梯开关控制而处于消防员服务状态时,为了使轿厢进入运行状态,该钥匙开关应被转换到位置“1”;

(b) 当消防电梯在其他层而不在消防员入口层,且轿厢内钥匙开关被转换到位置“0”时,应防止轿厢进一步的运行,并保持门在打开状态;

⑨ 已登记的轿厢内指令应清晰地显示在轿厢内控制装置上;

⑩ 在正常或应急电源有效时，应在轿厢内和消防员入口层显示出轿厢的位置；

⑪ 直到已登记下一个轿厢内指令为止，消防电梯应停留在它的目的层站；

⑫ 在阶段 2 期间，规定的消防服务通讯系统应保持有效；

⑬ 当消防员开关被转换到非消防员服务状态时，仅当消防电梯回到消防员入口层时，消防电梯控制系统才应回复到正常服务状态。

（六）消防应急照明和疏散指示系统

消防应急照明和疏散指示系统是为人员疏散、消防作业提供照明和疏散指示的系统，也是安全疏散设施之一。它由各类消防应急灯具、指示标志及相关装置组成。消防应急照明和疏散指示系统应急工作时间不应小于 90 min。

消防应急灯具是为人员疏散、消防作业提供照明和标志的各类灯具。它包括消防应急照明灯具和消防应急指示灯具。消防应急照明灯具是为人员疏散、消防作业提供照明用的消防应急灯具，其中，发光部分为便携式的消防应急照明灯具，也称为疏散用手电筒。消防应急标志灯具是指用图形和（或）文字完成下列功能的消防应急灯具：

（1）指示安全出口、楼层和避难层（间）；

（2）指示疏散方向；

（3）指示灭火器材、消火栓箱、消防电梯、残疾人楼梯位置及其方向；

（4）指示禁止入内的通道、场所及危险品存放处。

建筑物发生火灾时，往往产生大量的高温有毒浓烟，并迅速蔓延，正常电源也会被切断，给人员的安全疏散和物资抢救带来了一定的困难，也不利于消防队员进行灭火和抢救伤员，疏散物资。如果没有火灾事故照明和疏散指示标志，受灾的人们往往因找不到安全出口而发生拥挤、碰撞、摔倒等，尤其是高层建筑、影剧院、礼堂、歌舞厅等人员集中的场所，发生火灾后，极易造成较大的伤亡事故。在疏散通道和人员集中场所设置应急照明及发光疏散指示标志，可以有效地帮助人们在烟雾弥漫的情况下，稳定情绪，及时识别疏散位置和方向，迅速疏散到安全区域，避免造成伤亡事故。因此，在建筑物中合理设置应急照明、疏散指示标志，对人员安全疏散具有重要作用，十分必要。

1. 消防应急照明及疏散指示标志设置部位

(1) 消防应急照明设置部位

除单、多层住宅建筑外，民用建筑、厂房和丙类仓库的下列部位应设置消防应急照明灯具：

① 封闭楼梯间、防烟楼梯间及其前室、消防电梯间及其前室、合用前室、避难层(间)；

② 消防控制室、消防水泵房、自备发电机房、配电室、防排烟机房以及发生火灾时仍需正常工作的房间；

③ 观众厅、展览厅、多功能厅、餐厅、商场营业厅、演播室等人员密集的场所；

④ 地下、半地下建筑(室)中的公共活动房间；

⑤ 公共建筑中的疏散走道；

⑥ 地下汽车库与多层汽车库。

(2) 疏散指示标志设置部位

① 下列部位应设置灯光疏散指示标志：

(a) 公共建筑及其他一类高层民用建筑，高层厂(库)房，甲、乙、丙类厂房应沿疏散走道和在安全出口、人员密集的场所的疏散门正上方；

(b) 人防工程的疏散走道及其交叉口、拐弯处、安全出口；

② 下列建筑或场所应在其疏散走道和主要疏散路线的地面上增设能保持视觉连续的灯光疏散指示标志或蓄光疏散指示标志：

(a) 总建筑面积大于 8 000 m^2 的展览建筑；

(b) 总建筑面积大于 5 000 m^2 的地上商店；

(c) 总建筑面积大于 500 m^2 的地下、半地下商店；

(d) 歌舞娱乐放映游艺场所；

(e) 座位数超过 1 500 个的电影院、剧场，座位数超过 3 000 个的体育馆、会堂或礼堂。

2. 消防应急照明及疏散指示标志设置要求

(1) 消防应急照明灯具应设置在出口的顶部、顶棚上或墙面的上部；备用照明灯具应设置在顶棚上或墙面的上部。

(2) 消防应急照明灯安装在墙上时，不应使照明灯光线正面迎向人员疏散方向。

应急灯具安装后不应对人员正常通行产生影响。消防应急疏散指示标志灯周围应保证无其他遮挡物或其他标志灯(或标志牌)；

(3) 安全出口和疏散门正上方设置的灯光疏散指示标志，应采用"安全出口"作为指示标识。

(4) 沿疏散走道设置的灯光疏散指示标志，应设置在疏散走道及其转角处距地面高度 1 m 以下的墙面上，且灯光疏散指示标志间距不应大于 20 m；对于袋形走道，不应大于 10 m；在走道转角区，不应大于 1 m；设在地面上的疏散指示标志，上面应加盖牢固的不燃烧透明保护板。

(5) 带有疏散方向指示箭头的消防应急疏散指示标志灯在安装时应保证箭头指向与疏散方向一致。

(6) 消防应急灯具在安装时应保证将灯具上的各种状态指示灯处于易被看到的位置，试验按钮(开关)能被人工操作；

(7) 消防应急灯具在安装时，其连接的主电供电方式与控制方式应能保证在火灾应急时，使所有消防应急灯具全部切换到应急状态；

(8) 疏散标志牌应用不燃烧材料制作，否则应在其外面加设玻璃或其他不燃烧透明材料制成的保护罩；应急照明灯和灯光指示标志应在其外面加设玻璃或其他不燃烧透明材料制成的保护罩。

(9) 建筑内疏散照明的照度应符合下列规定：

① 疏散走道的地面最低水平照度不应低于 0.5 lx；

② 人员密集的场所内的地面最低水平照度不应低于 1.0 lx；

③ 楼梯间内的地面最低水平照度不应低于 5.0 lx。

④ 消防控制室、消防水泵房、自备发电机房、配电室、防排烟机房以及发生火灾时仍需正常工作的房间，应设置备用照明并应保证正常照明的照度。

(10) 应急照明和灯光疏散指示标志，采用蓄电池作备用电源，连续供电时间不应少于 30 min；发生火灾时，正常照明电源切断的情况下，应在 5s 内自动切换应急电源。

(11) 蓄光型标志牌应安装在照度不低于 100 lx 的环境内。

3. 智能疏散指示系统

传统消防疏散指示系统以“就近指引”的方式在火灾中引导人员疏散，其逃生路径是根据建筑平面的最近疏散路径确定的，指示方向固定。但是，火灾发生往往不可预料，蔓延趋势也不是一成不变的，有时最近的疏散路径可能是最危险的，将会导致不必要的伤亡。因此，用固定的逃生路径引导人员疏散有时反而可能导致一部分人误入危险区域。传统的应急疏散标志灯在建筑内仅作为单体存在，无法做到及时统一地响应火灾现场的变化，更不能动态地调整逃生方向指示，给现场逃生带来困难。在日常维护和检修上亦存在着严重的滞后现象，不能及时发现产品的问题，孤立的灯具一旦故障，排查发现较为困难，往往给逃生疏散指示带来许多盲区。传统指示灯在浓烟中指示效果也较差。智能疏散指示系统将“就近引导”的方式改变为“安全引导”方式，解决了老一代应急标志灯难以维护检修、无法与报警系统联动，以及在火灾发生时不能调整应急指示方向的问题。该系统内的消防应急灯不再是封闭的、相互独立的单体，疏散路径依据消防报警设备的火警信号、图像监控信号等相关火灾信息确定，疏散引导的行为也不再是固定不变的。系统采用集中监控方式，通过信息技术、计算机技术和自动控制技术对建筑物内的消防安全通道进行实时监控，以达到产品维护、安全疏散智能化的目的，并能在获得消防报警火灾联动信息后，对逃生路径进行自动分析，调整疏散方案，大大减少火灾发生时建筑物内逃生疏散指示盲区，提高建筑物的安全系数。

该系统由集中控制型消防应急灯具(如带语音提示安全出口标志灯，可调向疏散指示标志灯，地面光流指示灯等)、应急照明控制器、应急照明集中电源、应急照明分配装置及相关附件组成，具有突出的网络优势和无限的拓扑结构，可应用于大型商场、集贸市场、展览中心和医院等大空间、大面积或疏散通道复杂的各类建筑和场所中。

(七) 火灾应急广播系统

在宾馆、饭店、办公楼、综合楼、医院、商业建筑、体育场馆、影剧院等建筑中，一般人员都比较集中，发生火灾时影响面很大。为了便于火灾疏散统一指挥，凡场所设有火灾控制中心报警系统时应设置火灾应急广播。在条件许可时，集中报警系统也应设置火灾应急广播。这样一旦发生火灾时，通过应急广播可以及时通报火灾现场情况，并辅以适当的疏散指令，可以使建筑物内部人员的情绪得以稳定，应急疏散得以有序进行。

火灾应急广播系统可与火灾报警系统联动，并按现行国家标准《火灾自动报警系统设计规范》GB50116 的有关规定设置。火灾自动报警系统中一般都带有火灾应急广播功能。

1. 火灾应急广播系统设置要求

火灾应急广播扬声器应设置在走道和大厅等公共场所。扬声器的数量应能保证从本楼层任何部位到最近一个扬声器的步行距离不超过 25 m，走道内最后一个扬声器至走道末端的距离不应大于 12.5 m。

在环境噪声大于 60 dB 的场所设置的扬声器，其播放范围内最远点的播放声压级应高于背景噪声 15 dB。每个扬声器的额定功率不应小于 3 W。客房内设置专用扬声器时，其功率不宜小于 1 W。涉外单位的火灾应急广播应用两种以上的语言。

火灾应急广播与广播音响系统合用时，应遵循如下原则：

(1) 在发生火灾时，应能在消防控制室将火灾疏散层的扬声器和广播音响扩音机强制转入火灾应急广播状态。强制转入的控制切换方式一般有两种：

① 火灾应急广播系统仅利用音响广播系统的扬声器和传输线路，而火灾应急广播系统的扩音机等装置是专用的。在发生火灾时，由消防控制室切换输出线路，使音响广播系统的传输线路和扬声器投入火灾应急广播。

② 火灾应急广播系统完全利用音响广播系统的扩音机、传输线路和扬声器等装置，在消防控制室设置紧急播放盒。紧急播放盒包括话筒放大器和电源、线路输出遥控电键等。在发生火灾时，遥控音响广播系统紧急开启作火灾应急广播。

以上两种强制转入控制切换方式，都应注意使扬声器不管处于关闭或在播放音乐等状态下，都能紧急播放火灾应急广播。特别应注意在设有扬声器开关或音量调节器的系统中的紧急广播方式，应用继电器切换到火灾应急广播线路上。

(2) 在床头控制柜、背景音乐等已装有扬声器的高层建筑物内设

置火灾应急广播时，要求原有音响广播系统应具有火灾应急广播功能，即要求在发生火灾时，不论扬声器当时是处在开还是关的状态，都应能紧急切换到火灾应急广播线路上，以便进行火灾疏散广播。

(3) 合用音响广播装置，如果广播扩音机不是设在消防控制室内，不论采用哪种强制转入控制切换方式，消防控制室都应能显示火灾应急广播扩音机的工作状态。

(4) 应设置火灾应急广播备用扩音机。其容量不应小于火灾时需同时广播范围内火灾应急广播扬声器最大容量总和的 1.5 倍。

2. 疏散警报与应急广播控制程序

建筑物内发生火灾后，及时向着火区发出火灾警报，有秩序地组织人员疏散，是保证人身安全的重要方面。火灾警报装置与应急广播装置的控制程序，原则上按照人员所在位置距火场的远近依顺序发出警报，组织人员有序进行疏散。一般是着火本层和上层的人员危险性较大，单层建筑多个防火分区，着火的防火分区和相邻的防火分区危险性较大。因此，为了避免人为的紧张，造成混乱，影响疏散，则应先在最小范围内发出警报信号进行应急广播，而不应向整个大楼发出火灾警报，开启应急广播。根据《火灾自动报警系统设计规范》GB50116 的有关规定，火灾警报与应急广播的控制程序如下：

(1) 二层及以上的楼房发生火灾，应先接通着火层及其相邻的上下层；

(2) 首层发生火灾，应先接通本层、二层及地下各层；

(3) 地下室发生火灾，应先接通地下各层及首层；

(4) 含多个防火分区的单层建筑，应先接通着火的防火分区及其相邻的防火分区。

根据我国的实际情况，一般工程的火灾警报信号和应急广播的范围都在消防控制室手动操作，只有在自动化程度比较高的场所是按程序自动进行的。以上火灾时人员的顺序疏散规定可作为手动操作或自动控制的程序或方式。

(八) 疏散辅助设施

除了以上所述安全疏散设施以外，火灾紧急状况下，尚有其他一些安全疏散的辅助设施，主要包括阳台、避难层(间)、避难走道及屋顶直升机停机坪等。当然，逃生梯（袋）、逃生绳、逃生缓降器、呼吸器具也属于此类设施。

1. 阳台

阳台作为火灾时的疏散辅助设施，是水平疏散通道的一个特殊的补充部分。当房间的门或走道通向出口的楼梯部分被烟火封堵时，被困人员可能通过阳台进行逃生疏散，再从阳台转移到相邻的房间或楼层等相对安全的区域，同样可以达到脱离火场而逃生的目的。目前，也有些人主张采用建筑连通的阳台或环绕整个建筑的阳台来作为火灾等紧急状态下的逃离险区的辅助疏散设施。但考虑到平时的方便管理和防盗等要求，可以采用紧急状况下能够轻易被击破的薄板或人员容易通过的隔板等措施来进行分隔。

2. 避难层（间）

避难层（间）是超高层建筑中专供火灾发生时人员临时避难用的楼层或房间，应当是人员逃避火灾威胁的安全场所，也是疏散辅助设施的一种。其主要功能是在火灾紧急情况下，因自身因素或火灾造成的客观原因，人员无法进行正常疏散时需暂时停留等待救援，或等待大火被扑火、险情被排除的避难区域，以弥补超高层建筑垂直疏散距离过长、外部救援困难、自身灭火设施能力有限的不足以及为消防队救援赢得时间等，缓解燃眉之急。

（1）避难层（间）设置范围

避难层（间）是超高层建筑疏散体系的一种特殊应急手段。现行国家标准《高层民用建筑设计防火规范》GB50045 规定：建筑高度超过 100 m 的公共建筑应设置避难层（间）。目前，建筑高度超过 100 m 的高层住宅楼虽然没强制性要求设置避难层（间），但建筑防火规范要求单元式住宅每个单元的疏散楼梯均应通至屋顶，屋顶平台作为避难区域。

（2）避难层（间）类型

按其设置方式不同，避难层（间）可分为三种类型：一是敞开式，它不设围护结构，为全敞开式；二是半敞开式，即四周设有防护墙，上部有自然通风的开口；三是封闭式，它周围设有耐火的围护结构，室内设有独立的防排烟设施。

(3) 避难层(间)设置要求

① 避难层(间)的设置,自高层建筑首层至第一个避难层或两个避难层之间,不宜超过 15 层;

② 通向避难层(间)的防烟楼梯应在避难层(间)分隔、同层错位或上下层断开,但人员均必须经避难层(间)方能上下,如图 4-8 所示;

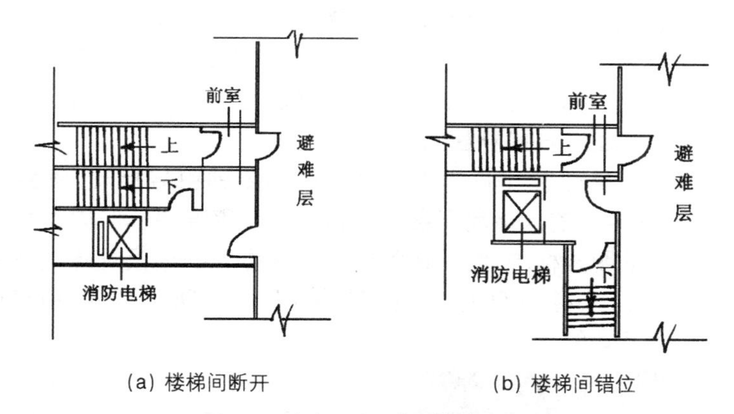

(a) 楼梯间断开　　(b) 楼梯间错位

图 4-8　避难层(间)疏散楼梯示意图

③ 避难层(间)的净面积应能满足设计避难人员避难的要求,并宜按 5 人/m^2 计算;

④ 避难层(间)兼作设备层,但设备管道宜集中布置;设备机组不应裸露设在避难层(间),而应设在各自的设备机房内,避难层(间)与设备机房之间应用耐火极限不低于 3 h 的防火墙进行分隔,与其他房间的隔墙最好是采用防火墙分隔;避难层(间)应用耐火极限不低于 2 h 的楼板与其上、下楼层进行分隔,为保证避难层(间)下部楼层起火时不至于使避难层(间)地面温度过高,在楼板上最好设置隔热层;

⑤ 避难层(间)的门应设在防烟楼梯间内,且应为自行关闭的甲级防火门;设备机房的门不应设在避难层(间)内;

⑥ 避难层(间)应设消防电梯出口,其他普通客梯、货梯均不得在避难层(间)开设出口停靠;

⑦ 避难层(间)应设消防专线电话,并应设有消火栓和消防卷盘;

⑧ 封闭式避难层(间)应设独立的防烟设施,其机械加压送风量

应按避难层(间)净面积每平方米不小于 30 m^3/h 计算;

⑨ 避难层(间)应设有应急广播和应急照明,其供电时间不应小于 1 h,照度不应低于 1.0 lx;

⑩ 在避难层(间)要配置缓降器等逃生自救工具,并固定在窗口附近;按能容纳的人数在合理位置配备防毒呼吸面具;

⑪ 避难层(间) 的装修材料均应采用不燃材料;

⑫ 避难层(间)入口处应设置通用符号"AREA OF REFUCE(避难区域)"作为辨识标志,并同出口标志一样以灯光显示,同时,在每个避难区域的门上还应设置有触觉的标志。

如果进入避难层(间)的入口处没有必要的引导标志,发生火灾时,处于极度紧张的人员就不容易找到,因此,避难层(间)内外均应设有便于识别的明显标志,此外在各楼层明显位置都要设置疏散及避难层(间)的指示图,并表明火灾发生时的人员疏散路径、方向和避难层(间)的位置及功能。

图 4-9　某建筑屋顶直升机停机坪

3. 屋顶直升机停机坪

屋顶直升机停机坪是指设置在建筑物屋顶供直升机在火灾时救援屋顶平台上的避难人员时停靠使用的设施,如图 4-9 所示。真正推动并加速高层建筑屋顶设置直升机坪的,似乎应该"归功"于火灾。高层建筑的出现和发展为现代社会增色不少,但也带来一些问题,火灾就是其中之一。高层建筑火灾的人员安全疏散和火灾扑救是目前建筑火灾最突出的难题,而屋顶直升机停机坪的设置不仅提供了一条火灾时人员应急逃生的通道,而且也为消防队员从顶部进入高层建筑进行火灾救援创造了条件。

(1) 屋顶直升机停机坪设置范围

在国外,有过将在高楼楼顶部躲避火灾的人员,用直升机疏散到安全区域的成功案例,如 20 世纪 70 年代发生的巴西安德拉斯大厦和哥伦比亚航空大楼等火灾,多架次直升机的出动,成功营救了数百个人的生命。直升机在高楼火灾扑救及人员疏散方面成功运用所取得的良好效果，立即引起各国的普遍重视，许多新建高层建筑，特别是超高层建筑开始设置屋顶停机坪，一些国家还以法规形式对其做了明确规定。1982 年，我国第一个高层建筑屋顶停机坪诞生在南京金陵饭店的屋顶，之后国内兴建了多幢设置屋顶机场的超高层建筑。我国现行国家标准《高层民用建筑设计防火规范》GB50045 规定，建筑高度超过 100 m，且标准层建筑面积超过 1 000 m^2 的公共建筑宜设置屋顶直升机停机坪或供直升机救助的设施。

（2）屋顶直升机停机坪设置要求

①设在屋顶平台上的停机坪，距设备机房、电梯机房、水箱间、通讯设施、共用天线等突出物的距离，不应小于 5 m；

②出口不应少于两个，每个出口宽度不宜小于 0.9 m；

③在停机坪的适当位置应设置消火栓；

④停机坪四周应设置航空障碍灯，且应有明显标志(通常用白色"H"符号表示，如图 4-9 所示)，其四周要设边界标志，还需设有灯光标志，并应设置应急照明；

⑤起降区的大小，主要取决于可能接受的最大机种的全长，为了保证直升飞机的安全起降，起降区的长、宽应为最大机种全长的 1.5～2 倍；

⑥屋顶直升机停机坪要设置等待区，等待区要能容纳一定数量的避难人员，在其周围设安全围栏，等待区与疏散楼梯间顶层应有直接联系，出入口不少于两个，以利于人员集结。

4. 避难走道

避难走道是指设置防烟设施且两侧采用实体防火墙分隔，用于人员安全通行至室外出口的疏散走道。它也是一种安全疏散的辅助设施。

（1）避难走道设置范围

随着体量超大、功能复杂的各类地下建筑的涌现，建筑内人员疏散距离过长、安全(疏散)出口数量不足、疏散宽度不够等问题比较突出，为了较好地解决此类问题，我国现行国家标准《建筑设计防火规范》GB50016、《人民防空工程设计防火规范》GB50098 中均引入了避难走道的概念。当人防工程、体量超大的地下工程设置直通室外的安全出口的数量和位置受条件限制有困难时，可设置避难走道，如图4-10所示。

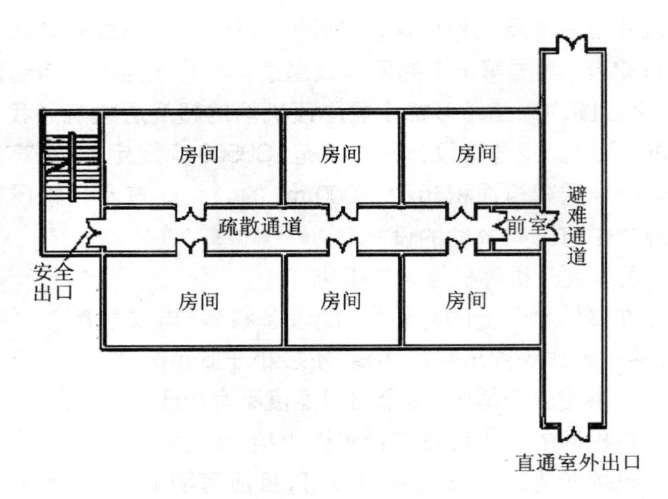

图 4-10　避难走道示意图

在建筑防火中，避难走道通常可以看作室内的相对安全区域，实际工程设计中通常也认为人员到达避难走道即视为已到达安全出口。

(2) 避难走道设置要求

① 走道两侧的墙体应为实体防火墙，楼板的耐火极限不应低于1.5 h；

② 走道直通地面的出口不应少于两个，并应设置在不同方向，出口的疏散人数不限；当避难走道仅与 1 个防火分区相通时，避难走道直通地面的出口可设置 1 个，但该防火分区至少应有 1 个直通室外的安全出口；

③ 通向避难走道的各防火分区人数不等时，避难走道的净宽不应小于设计容纳人数最多的一个防火分区通向避难走道各安全出口最小净宽之和；

④ 避难走道的内部装修应全部采用 A 级装修材料；

⑤ 防火分区至避难走道入口处应设置防烟前室，前室的使用面积不应小于 6 m²，开向前室的门应为甲级防火门；

⑥ 避难走道的前室送风余压值不应小于 25 Pa。前室入口门洞

风速不应小于 1.2 m/s，避难走道前室的机械加压送风系统宜独立设置，当需要共用系统时，应在支风管上设置压差自动调节装置，避难走道的前室送风口应正对前室入口门，且宽度应大于门洞宽度；

⑦ 避难走道应设置消火栓、消防应急照明、应急广播和消防专线电话；

⑧ 地下商店总建筑面积大于 20 000 m^2 设避难走道连通时，该避难走道除满足上述要求外，其两侧的墙应为实体防火墙，且在局部连通处的墙上应分别设置火灾时能自行关闭的常开式甲级防火门；

⑨ 避难走道内不应划分防火分区。

三、安全疏散距离

安全疏散距离是指建筑物内疏散最不利点到外部入口或楼梯的最大允许距离。它直接影响疏散时间和建筑物内人员的生命安全。因此，必须根据建筑的使用性质、功能用途，对不同的建筑物提出具体的要求。

为确保人员安全疏散，同时又能做到合理经济布置疏散出口、安全出口，我国现行的有关防火规范对不同建筑的安全疏散距离进行了严格的规定：

《高层民用建筑设计防火规范》GB50045 规定，高层民用建筑安全疏散距离应符合表 4-6 的规定。

表 4-6 高层民用建筑安全疏散距离

高层建筑		房间门或住宅户门至最近的外部出口或楼梯间的最大距离 /m	
		位于两个安全出口之间的房间	位于袋形走道两侧或尽端的房间
医院	病房部分	24	12
	其他部分	30	15
旅馆、展览楼、教学楼		30	15
其他		40	20

高层建筑内的观众厅、展览厅、多功能厅、餐厅、营业厅和阅览室等，其室内任何一点至最近的疏散出口的直线距离，不宜超过 30 m；其

他房间内最远一点至房门的直线距离不宜超过 15 m。

《建筑设计防火规范》GB50016 规定，多层民用建筑的安全疏散距离应符合下列规定：

(1) 直接通向疏散走道的房间疏散门至最近安全出口的距离应符合表 4-7 的规定；

(2) 直接通向疏散走道的房间疏散门至最近非封闭楼梯间的距离，当房间位于两个楼梯间之间时，应按表 4-7 的规定减少 5 m；当房间位于袋形走道两侧或尽端时，应按表 4-7 的规定减少 2 m；

(3) 楼梯间的首层应设置直通室外的安全出口或在首层采用扩大封闭楼梯间。当层数不超过 4 层时，可将直通室外的安全出口设置在离楼梯间小于等于 15 m 处；

(4) 房间内任一点到该房间直接通向疏散走道的疏散门的距离，不应大于表 4-7 中规定的袋形走道两侧或尽端的疏散门至安全出口的最大距离。

表 4-7　直接通向疏散走道的房间疏散门至最近安全出口的最大距离 /m

名称	位于两个安全出口之间的疏散门			位于袋形走道两侧或尽端的疏散门		
	耐火等级			耐火等级		
	一、二级	三级	四级	一、二级	三级	四级
托儿所、幼儿园	25	20	—	20	15	—
医院、疗养院	35	30	—	20	15	—
学校	35	30	—	22	20	—
其他民用建筑	40	35	25	22	20	15
一、二级耐火等级建筑内的观众厅、展览厅、多功能厅、餐厅、营业厅和阅览室等，其室内任何一点至最近安全出口的直线距离不宜大于 30 m。						

注：① 敞开式外廊建筑的房间疏散门至安全出口的最大距离可按本表增加 5 m；
② 建筑物内全部设置自动喷水灭火系统时，其安全疏散距离可按本表规定增加 25%；
③ 房间内任一点到该房间直接通向疏散走道的疏散门的距离计算：住宅应为最远房间内任一点到户门的距离，跃层式住宅内的户内楼梯的距离可按其梯段总长度的水平投影尺寸计算。

《人民防空工程设计防火规范》GB50098 规定，人民防空工程安全疏散距离应满足下列规定：

(1) 房间内最远点至该房间门的距离不应大于 15 m;

(2) 房间门至最近安全出口或至相邻防火分区之间防火墙上防火门的最大距离:医院应为 24 m,旅馆应为 30 m,其他工程应为 40 m。位于袋形走道两侧或尽端的房间,其最大距离应为上述相应距离的一半。

第二节 消防安全标志

消防安全标志作为国家的一种强制性标志早在 1992 年由国家技术监督局公告执行。它是一种指示性标志,是由带有一定象征意义的图形符号或文字,并配有一定的颜色所组成。在消防安全标志出现的地方,它警示人们应该怎样做,不应该怎样做,人们看到这些标志时,马上就可以确定自己的行为。

一、安全色的涵义

组成消防安全标志的颜色称为安全色,它是表达传递安全信息的颜色,表示禁止、警告、指令、提示等意义。1952 年,国际标准化组织成立了安全色标准技术委员会,专门研究制定了国际统一安全色彩,规定红、蓝、黄、绿为国际通用的安全色。我国现行国家标准《安全色》GB2893—2008 中也规定红、黄、蓝、绿四种颜色作为全国通用的安全色。安全色是表达传递安全信息的颜色,不同色彩对人的心理活动产生不同的影响,同时也使人的生理行为产生不同的反应,目的是使人们能够迅速发现或分辨安全标志,提醒人们注意安全事项,以防事故发生。

在安全色中,红色表示禁止、停止或危险的意思。它在人们心理上产生很强的兴奋感和刺激性,易使人的神经紧张,血压升高,心跳和呼吸加快,从而引起高度警觉。因此,被用于各种警灯、机器、交通工具上的紧急手柄、按钮或禁止人们触动的部位,以及消防车辆、器材和消防警示标志上。

黄色表示警告、注意的意思。它对人眼睛能产生比红色更高的明亮度,注目性、视觉性都非常好,特别能引起人的注意。因此,一般充当警告性的色彩。如行车中线、安全帽、信号灯、信号旗、机器危险部位和坑池周围的警戒线以及体育比赛中对严重犯规的运动员出示的警告牌等均采用黄色。

蓝色表示指令、严肃和必须遵守的规定。它在太阳光直射下，色彩显得鲜明，就如同我们面对一望无际的大海或遥望万里碧空时感到的心旷神怡。一般被用在指引车辆和行人行驶方向的交通标志上。它会使司机在行车时感到精神舒畅，不易疲劳，提高安全效率。

绿色则表示提示、安全状态、通行的意思。它在心理上能使人们联想到大自然的一片翠绿，由此产生舒适、恬静、安全感，因而在安全通道、太平门、行人和车辆通行标志、消防设备和其他安全防护设置等位置被广泛使用。

安全色被广泛应用于消防、工业、交通、铁路、建筑等各种行业。因此，我们在日常生活中，如发现安全色的颜色有污染或有变化、褪色时，须及时清理或更换，以保持其颜色的安全效能。同时，应自觉遵守各种安全色彩的提示，保障自身及他人的安全。

二、消防安全标志及其重要性

1. 消防安全标志的涵义

消防安全标志由安全色、边框、以图像为主要特征的图形符号或文字构成的标志，用以表达与消防有关的安全信息。目前，国家公布涉及的消防安全标志有 28 种之多，分为火灾报警和手动控制装置标志、火灾疏散途径标志、灭火设备标志、具有火灾和爆炸危险的地方或物质标志、方向辅助标志文字辅助标志等六个方面。悬挂消防安全标志是为了能够引起人们对不安全因素的注意，更好地预防事故发生。我国参照国际标准 ISO 6309—1987《消防—安全标志》，于 1992 年制定、1993 年施行了我国的现行国家标准《消防安全标志》GB13495。该标准中规定了与消防有关的安全标志及其标志牌的制作、设置。消防安全标志广泛地应用于需要或者应该设置的一切场所，以向公众表明下列内容的位置和性质：

（1）火灾报警和手动控制装置；

（2）火灾时的疏散途径；

（3）灭火设备；

(4) 具有火灾、爆炸危险的地方或物质。

2. 消防安全标志的重要性

消防安全标志是没有国界、不为文字、语言所障碍的一种世界性标志。它是国家消防监督中很容易与世界接轨的一项工作。消防安全标志的普及和使用，其意义不仅在于它本身，更在于由它所产生的一系列积极的作用。

首先，消防安全标志的普及和使用，有利于提高消防管理规范程度。消防安全标志作为强制性的标志来推行，它本身就是一种规范行为，因此，设置得越广泛，消防管理也就越规范。如果都按照国家的规定、规范设置了，它就成了一种社会现象，大家会逐渐知道“这是为消防而设”，或者“消防需要设置这样的标志”。这样，标志就统一了消防秩序，并进入了生产和生活，以规范人们的消防行为。

其次，消防安全标志的普及和使用，有利于消防文化得以广泛宣传。随着社会的发展和文明程度的提高，人们对“斑马线”、“红绿灯”不断认识和重视，消防安全标志的普遍设置，也将被越来越多的人所重视。消防安全标志作为一种静态的文化，不断向人们进行“不厌其烦”的宣传，与广播、电视、报纸等大众传播工具一样，尽着传播文化的职能。

第三，消防安全标志的普及和使用，有利于减少消防违章行为的发生。人们通过对消防安全标志的使用，会逐渐读懂、理解其含义，一个“禁烟火”的警戒标志，会提醒人们不要抽烟；一个“禁止穿带钉鞋”的警告标志，会促进人们提防可能发生的危险等，使人们在消防安全标志的监督下自觉遵章守纪，逐步养成维护消防安全的良好习惯。

第四，消防安全标志的普及和使用，有利于有效地预防火灾事故的发生，现在大多数火灾都是由于人们的疏忽大意或缺乏消防安全常识造成的，而消防安全标志在这方面给了人们以很好的提示。它告诫人们应该注意的消防安全事项，从而避免发生人们的盲目性和随意性，使不正确的消防安全行为得到及时纠正，火灾事故也得到有效避免。

消防安全标志的普及和使用，具有广泛的实用效果，应当正确认识它的重要作用。

三、消防安全标志类型

消防安全标志按照主题内容与适用范围分为六大类,分别为火灾报警和手动控制装置标志、火灾疏散途径标志、灭火设备标志、具有火灾和爆炸危险的地方或物质标志、方向辅助标志及文字辅助标志等。

(一) 火灾报警和手动控制装置标志

表 4-8 列出了火灾报警和手动控制装置标志的图形、名称和使用说明。

消防手动启动器标志是用以指示火灾报警系统或固定灭火系统的手动启动装置,其形状为正方形,背底为红色,符号为白色。

发声警报器标志是用以指示该手动启动装置是用来发出声响警报器的装置,可以单独使用,也可与手动启动装置标志一起使用,其形状为正方形或长方形,背底为红色,符号为白色。

火警电话标志是用以指示或显示在发生火灾时,专供报警的电话及电话号码,其形状为长方形,背底为红色,符号为白色。

表 4-8　火灾报警和手动控制装置标志

标志	名称	说明
	消防手动启动器 MANUAL ACTIVATING DEVICE	指示火灾报警系统或固定灭火系统等的手动启动器
	发声警报器 FIRE ALARM	可单独用来指示发声警报器,也可与上条标志一起使用,指示该手动启动装置是启动发声警报器的
119	火警电话 FIRE TELEPHONE	指示在发生火灾时,可用来报警的电话及电话号码

(二) 火灾疏散途径标志

表 4-9 列出了火灾疏散途径标志的图形、名称和使用说明。

紧急出口标志是用以指示在遇有突发事件等紧急情况下，可供使用的一切出口。在远离紧急出口的地方，通常与一个箭头标志联用，以指示到达出口的方向，其形状为正方形或长方形，背底为绿色，符号为白色。

滑动开门、推开、拉开等标志置于门上，用以指示门的开启方向，其形状为正方形或长方形，背底为绿色，符号为白色。

击碎板面标志可用于指示以下内容：① 必须击碎玻璃板才能拿到钥匙或拿到开门工具；② 必须击碎玻璃才能报警；③ 必须击开板面才能制造一个出口。

禁止阻塞、禁止锁闭标志用来指示疏散通道、紧急出口、房门等如阻塞或上锁会导致危险，其形状为圆形，背底为白色，符号为黑色，圆圈和斜线为红色。

表 4-9 火灾疏散途径标志

标志	名称	说明
	紧急出口 EXIT	指示在发生火灾等紧急情况下，可使用的一切出口。在远离紧急出口的地方，应与表 4-12 中的疏散通道方向标志联用，以指示到达出口的方向
	滑动开门 SLIDE	指示装有滑动门的紧急出口。箭头指示该门的开启方向

续　表

标志	名称	说明
	推　开 PUSH	本标志置于门上，指示门的开启方向
	拉　开 PULL	本标志置于门上，指示门的开启方向
	击碎板面 BREAK TO OBTAIN ACCESS	指示：a. 必须击碎玻璃板才能拿到钥匙或拿到开门工具；b. 必须击开板面才能制造一个出口
	禁止阻塞 NO OBSTRUCTING	表示阻塞（疏散途径或通向灭火设备的道路等）会导致危险
	禁止锁闭 NO LOCKING	表示紧急出口、房门等禁止锁闭

（三）灭火设备标志

表 4-10 列出了灭火设备标志的图形、名称和使用说明。

灭火设备标志是用来表示灭火设备各自存放或存在的位置，用以告诉人们如果发生火灾，这些灭火设备可供随时取用，其形状为正方形或长方形，背底为红色，符号为白色。

表 4-10 灭火设备标志

标志	名称	说明
	灭火设备 FIRE-FIGHTING EQUIPMENT	指示灭火设备集中存放的位置
	灭火器 FIRE EXTINGUISHER	指示灭火器存放的位置
	消防水带 FIRE HOSE	指示消防水带、软管卷盘或消火栓箱的位置
	地下消火栓 FLUSH FIRE HYDRANT	指示地下消火栓的位置
	地上消火栓 POST FIRE HYDRANT	指示地上消火栓的位置
	消防水泵接合器 SIAMESE CONNECTION	指示消防水泵接合器的位置
	消防梯 FIRE LADDER	指示消防梯的位置

（四）具有火灾和爆炸危险的地方或物质标志

在生产、储存、运输和使用易燃易爆危险化学品的过程或场所中，火灾危险性较大，致燃致爆因素较多，一旦疏于防范而引发火灾爆炸，造成的危害极大。为有效预防和减少易燃易爆危险化学品发生火灾爆炸事故，在易燃易爆危险场所，都应设置各种类型的消防安全标志。表4-11列出了具有火灾和爆炸危险的地方或物质标志的图形、名称和使用说明。

当心火灾类标志的作用主要是警示和告诫。如易燃物质标志用以警告人们有易燃物质存在，要当心火灾；氧化物标志用以警告人们有易氧化的物质存在，要当心因氧化而着火；当心爆炸标志用来警告人们有可燃气体、爆炸物或爆炸性混合气体，要当心爆炸。这类标志形状为正三角形，背底为黄色，符号和三角形边框为黑色。

禁止用水灭火标志用以表示该类物质不能用水灭火，或用水灭火会对灭火者及周围环境产生一定的危害或危险，其形状为圆形，背底为白色，符号为黑色，圆圈和斜线均为红色。

禁止吸烟和禁止烟火标志用来表示吸烟或使用明火会引起火灾爆炸，通常用于吸烟或作用明火能引起火灾、爆炸危险的地方，其形状为圆形，背底为白色，符号为黑色，圆圈和斜线均为红色。

禁止放易燃物标志表示此处严禁存放易燃物质；禁止带火种标志表示此处危险；禁止燃放鞭炮标志表示此地严禁燃放烟花爆竹。其形状、颜色与禁止吸烟、禁止烟火标志相同。

表4-11　具有火灾和爆炸危险的地方或物质标志

标志	名称	说明
	当心火灾——易燃物质 DANGER OF FIRE HIGHLY FLAMMABLE MATERIALS	警告人们有易燃物质，要当心火灾
	当心火灾——氧化物 DANGER OF FIRE OXIDIZING MATERIALS	警告人们有易氧化的物质，要当心因氧化而着火

续 表

标志	名称	说明
	当心爆炸——爆炸性物质 DANGER OF EXPLOSION EXPLOSIVE MATERIALS	警告人们有可燃气体、爆炸物或爆炸性混合气体，要当心爆炸
	禁止用水灭火 NO WATERING TO PUT OUT THE FIRE	表示：a. 该物质不能用水灭火；b. 用水灭火会对灭火者或周围环境产生危险
	禁止吸烟 NO SMOKING	表示吸烟能引起火灾危险
	禁止烟火 NO BURNING	表示吸烟或使用明火能引起火灾或爆炸
	禁止放易燃物 NO FLAMMABLE MATERIALS	表示存放易燃物会引起火灾或爆炸
	禁止带火种 NO MATCHES	表示存放易燃易爆物质，不得携带火种
	禁止燃放鞭炮 NO FIREWORKS	表示燃放鞭炮、焰火能引起火灾或爆炸

（五）方向辅助标志

方向辅助标志通常分为疏散通道方向(即逃生路线方向)标志和灭火设备或报警装置方向标志两类。疏散通道方向标志用以表示到达紧急出口的方向，其形状为正方形或长方形，背底为绿色，符号为白色。灭火设备或报警装置方向标志用来表示灭火设备或报警装置的位置方向一般与消防手动启动器、发声警报器、火警电话以及种类灭火设备的标志联用，其形状也为正方形或长方形，背底为红色，符号为白色。

表4-12列出了方向辅助标志的图形、名称和使用说明。

表4-12 方向辅助标志

标志	名称	说明
	疏散通道方向	与表4-9中的紧急出口标志联用，指示到紧急出口的方向。该标志亦可制成长方形
	灭火设备或报警装置的方向	与表4-8和表4-10中的标志联用，指示灭火设备或报警装置的位置方向。该标志亦可制成长方形

方向辅助标志应该与表4-8～表4-11中的有关标志联用，指示被

联用标志所表示意义的方向。表 4-12 只列出左向和左下向的方向辅助标志。根据实际需要，还可以制作指示其他方向的方向辅助标志（见图 4-11、图 4-13c）。

在标志远离指示物时，必须联用方向辅助标志。如果标志与其指示物很近，人们一眼即可看到标志的指示物，方向辅助标志可以省略。

方向辅助标志与表 4-8～表 4-11 中的图形标志联用时，如系指示左向（包括左下、左上）和下向，则放在图形标志的左方；如系指示右向（包括右下、右上），则放在图形标志的右方（见图 4-11、图 4-13c）。

方向辅助标志的颜色应与联用的图形标志的颜色统一（见图 4-11、图 4-12c）。

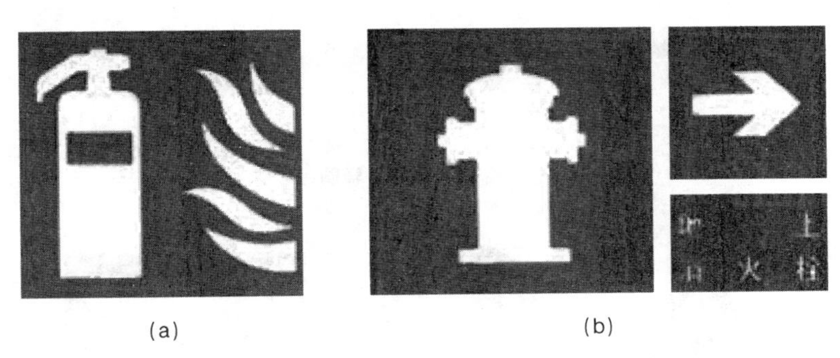

(a)　　(b)

图 4-11　方向辅助标志使用举例

（六）文字辅助标志

将表 4-8～表 4-11 中图形标志的名称用黑体字写出来加上适当的背底色即构成文字辅助标志。

文字辅助标志应该与图形标志或（和）方向辅助标志联用，用以标示文字所示的意义；文字辅助标志的底色应与联用的图形标志统一。

文字辅助标志有横写和竖写两种形式。横写时，其基本形式是矩形边框，可以放在图形标志的下方，也可以放在左方或右方（见图 4-11、图 4-12）；竖写时，则放在标志杆的上部（见图 4-13a、b）。横写的文字辅助标志与三角形标志联用时，字的颜色为黑色，与其他标志联用时，字的颜色为白色（见图 4-11、图 4-12）；竖写在标志杆上的文字辅助标志，字的颜色为黑色（见图 4-13）。

当消防安全标志的联用标志既有方向辅助标志，又有文字辅助标志时，一般将二者同放在图形标志的一侧，文字辅助标志放在方向辅助标志之下(见图 4-11)。当方向辅助标志指示的方向为左下、右下及正下时，则把文字辅助标志放在方向辅助标志之上(见图 4-13c)。当图形标志与其指示物很近、表示意义很明显，人们很容易看懂时，文字辅助标志可以省略。

在机场、涉外饭店等国际旅客较多的地方，可以采用中英文两种文字辅助标志(见图 4-12c)。

图 4-12　横写的文字辅助标志

图 4-13　写在标志杆上的文字辅助标志示意图

从以上消防安全标志中，我们不难看出，消防安全标志的主标志有如下特点：

火灾报警和搬运控制装置标志的底色呈红色；火灾时疏散途径标志的底色呈绿色或红色；具有火灾、爆炸危险的地方和物质的标志底色呈黄色或红色；方向辅助标志的底色呈绿色或红色；消防安全标志杆的颜色与标志本身相一致；制作消防安全标志牌时其衬底色除警告标志用黄色勾边外，其他标志用白色。这种规定，能较好地满足消防安全标志“视认性、识别性、可读性和诱目性”的色彩要求。

四、消防安全标志设置原则和要求

1. 设置原则

根据现行国家标准《消防安全标志设置要求》GB15630 的规定，下列场所或部位应当设置相应的消防安全标志：

(1) 商场(店)、影剧院、娱乐厅、体育馆、医院、饭店、旅馆、高层公寓和候车(船、机)室大厅等人员密集的公共场所的紧急出口、疏散通道处、层间异位的楼梯间(如避难层的楼梯间)、大型公共建筑常用的光电感应自动门或 360°旋转门旁设置的一般平开疏散门，必须相应地设置“紧急出口”标志。在远离紧急出口的地方，应将“紧急出口”标志与“疏散通道方向”标志联合设置，箭头必须指向通往紧急出口的方向。

(2) 紧急出口或疏散通道中的单向门必须在门上设置“推开”标志，在其反面应设置“拉开”标志。

(3) 紧急出口或疏散通道中的门上应设置“禁止锁闭”标志。

(4) 疏散通道或消防车道的醒目处应设置“禁止阻塞”标志。

(5) 滑动门上应设置“滑动开门”标志，标志中的箭头方向必须与门的开启方向一致。

(6) 需要击碎玻璃板才能拿到钥匙或开门工具的地方或疏散中需要打开板面才能制造一个出口的地方，必须设置“击碎板面”标志。

(7) 各类建筑中的隐蔽式消防设备存放地点，应设置相应的“灭火设备”、“灭火器”和“消防水带”等标志；室外消防梯和自行保管的消防梯存放点，应设置“消防梯”标志；远离消防设备存放地点的地方，应将灭火设备标志与方向辅助标志联合设置。

(8) 手动火灾报警按钮和固定灭火系统的手动启动器等装置附近，必须设置“消防手动启动器”标志；在远离装置的地方，应与方向辅助标志联合设置。

(9) 设有火灾报警器或火灾事故广播喇叭的地方，应设置相应的

"发声警报器"标志。

(10) 设有火灾报警电话的地方,应设置"火警电话"标志;对于设有公用电话的地方(如电话亭),也可设置"火警电话"标志。

(11) 设有地下消火栓、消防水泵接合器和不易被看到的地上消火栓等消防器具的地方,应设置"地下消火栓"、"消防水泵接合器"和"地上消火栓"等标志。

(12) 在下列区域应设置相应的"禁止烟火"、"禁止吸烟"、"禁止放易燃物"、"禁止带火种"、"禁止燃放鞭炮"、"当心火灾——易燃物"、"当心火灾——氧化物"和"当心爆炸——爆炸性物质"等标志:

① 具有甲、乙、丙类火灾危险的生产厂区、厂房等的入口处或防火区内;

② 具有甲、乙、丙类火灾危险的仓库的入口处或防火区内;

③ 具有甲、乙、丙类液体储罐、堆场等的防火区内;

④ 可燃、助燃气体储罐或罐区与建筑物、堆场的防火区内;

⑤ 民用建筑中燃油、燃气锅炉房,油浸变压器室,存放、使用化学易燃、易爆物品的商店、作坊、储藏间内及其附近;

⑥ 甲、乙、丙类液体及其他化学危险物品的运输工具上;

⑦ 森林和矿山等防火区内。

(13) 存放遇水爆炸的物质或用水灭火会对周围环境产生危险的地方应设置"禁止用水灭火"标志。

(14) 在旅馆、饭店、商场(店)、影剧院、医院、图书馆、档案馆(室)、候车(船、机)室大厅、车、船、飞机和其他公共场所,有关部门规定禁止吸烟,应设置"禁止吸烟"等标志。

(15) 其他有必要设置消防安全标志的地方。

2. 设置要求

(1) 消防安全标志应设在与消防安全有关的醒目的位置;标志的正面或其邻近不得有妨碍公共视读的障碍物。

(2) 除必须外,消防安全标志一般不应设置在门、窗、架等可移动的物体上,也不应设置在经常被其他物体遮挡的地方。

(3) 设置消防安全标志时,应避免出现标志内容相互矛盾、重复的现象;尽量用最少的标志把必需的信息表达清楚。

(4) 方向辅助标志应设置在公众选择方向的通道处，并接通向目标的最短路线设置。

(5) 设置的消防安全标志，应使大多数观察者的观察角接近90°。

(6) 消防安全标志的尺寸由最大观察距离确定。

(7) 在所有有关照明下，标志的颜色应保持不变。

(8) 疏散标志牌应采用不燃材料制作，否则应在其外面加设玻璃或其他不燃透明材料制成的保护罩；其他用途的标志牌其制作材料的燃烧性能应符合使用场所的防火要求；对室内所用的非疏散标志牌，其制作材料的氧指数不得低于32；消防安全标志牌应无毛刺和孔洞，有触电危险场所的标志牌应当使用绝缘材料制作。

(9) 消防安全标志牌应按国家标准的制作图来制作。难以确定消防安全标志的设置位置，应征求地方公安消防部门的意见。

第五章　火场疏散与逃生自救方法

随着现代经济社会的快速发展，城市化进程不断加快，城市规模迅猛发展，高层、超大型高层建筑日益增多，建筑物的现代化程度不断提高，由此产生的安全隐患也不断增加，重大火灾事故频繁发生，火灾防控压力逐年增大，火灾已成为城市中最为严重的公共灾害之一。在国外，自2004年6月至2005年3月的10个月期间，发生一次性死亡10人以上的火灾至少7起，死亡674人，其中公共聚集场所就占6起。2004年8月1日巴拉圭首都亚松森的一家超市发生大火，造成274人死亡；2004年9月12日美国俄亥俄州首府哥伦布一幢公寓楼发生火灾，造成10人死亡；2004年12月30日阿根廷首都布宜诺斯艾利斯一家歌舞厅发生火灾，造成177人死亡；2005年1月6日孟加拉国首都一家制衣厂发生火灾，造成22人死亡；2005年1月23日伊拉克南部城市纳西里耶总医院发生火灾，造成14人死亡；2005年2月14日伊朗首都德黑兰市一座清真寺发生严重火灾，造成59人死亡；2005年3月7日，多米尼加共和国东部伊圭省一所监狱发生火灾，造成118人死亡。我国近年来也发生了多起造成群死群伤严重后果的公共场所火灾，如：1993年2月14日河北唐山林西百货大楼火灾死亡81人；1994年2月27日阜新艺苑歌舞厅火灾死亡233人；1994年12月8日克拉玛依友谊馆火灾死亡323人；2000年12月25日洛阳市东都商厦特大火灾死亡309人；2004年2月15日吉林中百商厦火灾死亡54人；2005年12月15日辽源市中心医院火灾死亡40人；2008年9月20日晚23时许，深圳龙岗区龙岗街道龙东社区舞王俱乐部特大火灾事故，共造成43人死亡，住院51人；2010年11月15日14时，上海余姚路胶州路一栋高层公寓起火，大火导致58人遇难，70余人受伤。

上述诸多火灾事故表明,预防火灾固然重要,但有时候火灾会防不胜防。因此,发生火灾后,除积极采取灭火行动外,还有一个至关重要的问题就是快速地安全疏散逃生。

第一节 火场安全疏散

在人类居住的地方,由于人们对防火的疏忽大意,难免不发生火灾,而火灾的发生与发展有时是难以预测的。在火灾状况下,当大火威胁着在场人员的生命安全时,保存生命、迅速逃离危险境地也就成为人的第一需要。此时,火场上人员的正确引导、安全疏散成为关键。

一、疏散与逃生的概念

疏散是指火灾时建筑物内的人员从各自不同的位置作出迅速反应,通过专门的设施和路线撤离着火区域,到达室外安全区域的行动。它是一种有序地撤离危险区域的行动,有时会有引导员指挥疏导。建筑物失火后,首要的问题是被困人员应能及时、顺利地到达地面的安全区域。

火灾中人的疏散流动过程一般遵循以下三个规则:

1. 目标规则。即疏散人员可以根据火灾事故状态的变化,克服疏散行动过程中所遇到的各种障碍的约束,及时调整自己的行动目标,不断尝试并努力保持最优的疏散运动方式,向既定的安全目标移动。

2. 约束规则。即人员将不断调整自己的行为决策,以使受到的约束和障碍程度最小,争取在最短的时间内达到当前的安全目标。

3. 运动规则。即疏散人员会根据疏散过程中所接受和反馈的各种信息,不断调整自己的疏散行动目标和疏散运动方式,以最快的疏散速度、在最短的时间内向最终的目标疏散。

图 5-1 为发生火灾时人员疏散的行为过程示意。

逃生即是为了逃脱危险境地,以求保全生命或生存所采取的行为或行动。如某女出租车司机夜间搭载了 3 名暴徒乘客,在车行至一偏僻处突然对司机施以暴行将女司机击倒,为保护自己不再受歹徒的袭击，女司机假装被击晕昏死，以至于歹徒以为其死亡便劫其钱物、车辆扬长而去，待歹徒走后，女司机起身报警才得以脱离危险，死里逃生。再如某一共五层的办公大楼第四层发生火灾，大火和烟雾封住了其内的疏散通道和安全出口，由于被困人员经受不住火场热辐射的灼烤及烟气的熏呛，他采取了夺窗而跳的极端行为。

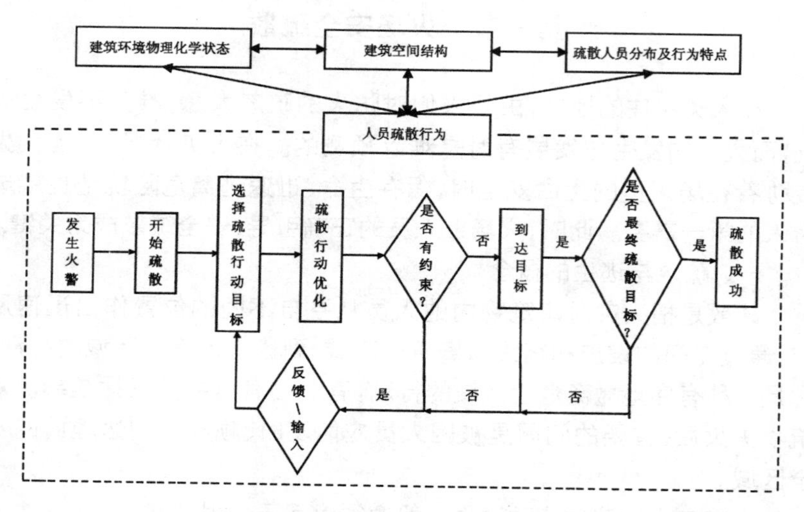

图 5-1　火灾时人员疏散的行为过程

一般而言，疏散是一种有序的、人群流动的行为，目的性、方向性、路线性、秩序性、群体性很强，而不是盲目的、杂乱无章，通常这种行动事先要通过制定疏散预案并多次演练才能在实战中达到预期效果，建筑安全疏散的路线设计通常是根据建筑物的特性设定火灾条件，针对火灾和烟气流动特性的预测及疏散形式的预测，采取一系列符合防火规范的防火措施，进行适当的安全疏散设施的设置和设计，以提供合理的疏散方法和其他安全防护方法，保证人员具有足够的安全度来实现的；而逃生行为则通常具有目的性，但不一定是有序性、方向性，多半是指个体或为数很少的几个人的行为，很少指人群流动的集体行为。有时人员为了逃脱险境，所采取的逃生路线是多种多样的，不是固定不变的。在火灾场景下，通常的疏散也包含着逃生的意味。

二、火灾时人员安全疏散判据

(一) 火灾时人员安全疏散条件

2001 年发生在美国纽约的“9・11”事件,进一步引起了国内外各级政府部门、科研人员、建筑物管理人员、消防人员以及建筑物使用者对于建筑物安全疏散性状的深入讨论。一旦发生火灾等紧急状态或诸如“9・11”这样的重大灾难时,建筑物的安全疏散性状必须保证以下两项基本要求,即:

1. 需保证建筑物内所有人员在可利用的安全疏散时间内,均能撤离到达安全的避难场所;

2. 疏散过程中不会由于长时间的高密度人员滞留和通道堵塞等引起群集事故发生。

为此,所有建筑物都必须满足下列四个保证安全疏散的基本条件:

1. 限制使用严重影响疏散的建筑材料等;

2. 制订妥善的疏散及诱导计划;

3. 保证安全的疏散通道;

4. 保证安全的避难场所。

(二) 火灾时人员安全疏散的判据

建筑物发生火灾后,如果人员能在火灾达到危险状态之前全部疏散到安全区域,便可认为该建筑物的防火安全设计对火灾中的人员疏散是安全的。而人员能否安全疏散主要决定于两个特征时间:一是从起火时刻到火灾对人员安全构成危险的时间,即可用安全疏散时间(ASET);二是从起火时刻到人员疏散至安全区域的时间,即必需安全疏散时间(RSET)。

ASET 大致由可燃物被点燃、火灾被探测到以及火灾发展到如下火灾危险临界条件的时间构成:

1. 当烟气层界面高于人眼特征高度(通常为 112~118 cm)时,上部烟气层的热辐射强度对人体构成危险(一般烟气温度取 180 ℃);

2. 当烟气层界面低于人眼特征高度时,人体直接接触的烟气温度超过 60 ℃;

3. 当烟气层界面低于人眼特征高度时,有害燃烧产物的临界浓度达到对人体构成伤害的危险浓度,典型的是一氧化碳(CO)的浓度达到 0.25%；

4. 减光度达到影响人员行动速度的极限值，参见表 5-1。

表 5-1　适用于小空间和大空间的最低减光度

位置	小空间(5 m)	大空间(10 m)
与可视度等值的减光度/m^{-1}	0.2	0.1

RSET 可由火灾发展与人员疏散的时间线模型(见图 5-2)来推算。

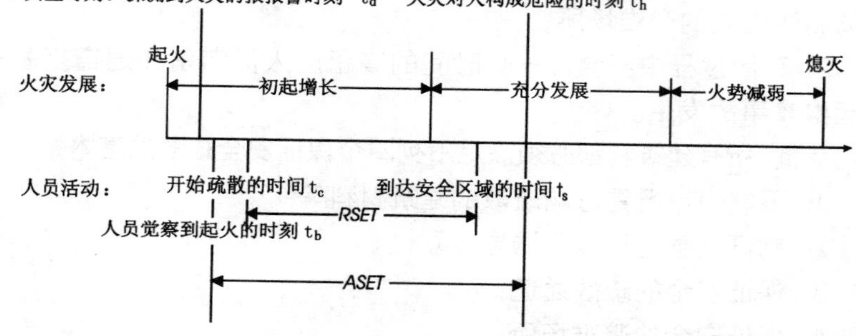

图 5-2　火灾发展与人员疏散的时间线模型

在火灾过程中，探测到火灾并给出报警的时刻和火灾对人构成危险的时刻具有重要意义。在消防安全工程分析中，一般将人员的安全疏散过程大致分为觉察火灾、疏散行动准备(这两个阶段称为疏散行动开始前的人员决策反应过程)、逃生行动、到达安全区域(这两个阶段称为疏散行动开始后的人员疏散流动过程)等阶段。觉察到火灾的时刻可从发出火灾报警信号时刻算起，但前者要略迟于后者。因此，RSET 应包括火灾探测报警时间(t_{alarm})、预动作时间(t_{pre})和人员疏散运动时间(t_{move})：

$$RSET = t_{alarm} + t_{pre} + t_{move} \tag{5-1}$$

设觉察到起火的时刻为 t_b，开始疏散的时刻为 t_c，到达安全区域的时间为 t_s，火灾对人体构成危险的时刻为 t_h，则

$$必需安全疏散时间\ RSET = t_s - t_c \tag{5-2}$$

$$可用安全疏散时间\ ASET = t_h - t_b \tag{5-3}$$

因此，保证人员安全疏散的必要条件应为：

$$ASET > RSET \tag{5-4}$$

火灾安全涉及整个建筑物，因此建筑物内每个可能受到火灾威胁的区域均应满足(5-4)式的要求。

在消防安全工程分析与设计中，必需安全疏散时间(RSET)可通过人员疏散模型模拟计算得到。可用安全疏散时间(ASET)可通过火灾模型得到烟气运动特性来确定，也可根据国内外统计资料及国外经验来规定。我国相关防火规范规定，高层建筑为5～7 min；普通民用建筑，一、二级耐火等级为6 min，三、四级耐火等级为2～4 min；人员密集的公共建筑，一、二级耐火等级为5 min，三级耐火等级为3 min；地铁为6 min。

人员预动作时间(t_{pre})是指从火灾报警系统报警到人员开始疏散的这段时间，不同场所的人员预动作时间是有差别的。有关统计结果表明，火灾时，人员的响应时间与建筑物内所采用的火灾报警系统类型有直接关系。表5-2给出了根据经验总结出的不同用途建筑内采用不同火灾报警系统时的人员预动作时间。

表5-2　不同用途建筑物采用不同火灾报警系统时的人员预动作时间

建筑物用途	建筑物特性	预动作时间/min 报警系统类型		
		W_1	W_2	W_3
办公楼、商业或厂房、学校	建筑内的人员处于清醒状态，熟悉建筑物及报警系统和疏散措施	<1	3	>4
商店、展览馆、博物馆、休闲中心等	建筑内的人员处于清醒状态，不熟悉建筑物、报警系统和疏散措施	<2	3	>6
住宅或寄宿学校	建筑内的人员处于睡眠状态，熟悉建筑物、报警系统和疏散措施	<2	4	>5
旅馆或公寓	建筑内的人员处于睡眠状态，不熟悉建筑物、报警系统和疏散措施	<2	4	>6
医院、疗养院及其他社会公共福利设施	有相当数量的人需要帮助	<3	5	>6

注：W_1 为现场广播，来自闭路电视系统的消防控制室；
W_2 为事先录制好的声音广播系统；
W_3 为采用警铃、警笛或其他类型警报装置的报警系统。

对于人员密集场所及疏散通道中，当烟气层界面低于火灾危险高度时，此时如果还有人员处于烟气中而没有及时疏散，则一般认为整体疏散方案是失败的。因此，根据上述分析，在火灾可利用安全疏散时间内，建筑火灾中要保证人员整体安全疏散的成功时的判断标准应为：

1. 起火房间

(1) 烟气超过人的忍受极限的部分在人眼特征高度之上，人可在烟气层下疏散且热辐射不超过人体的忍耐极限；

(2) 在安全高度以下的有烟区域，烟气的温度、浓度、毒性和减光度等参数不超过人的忍耐极限。

即人眼特征高度以上空间平均温度不大于 180 ℃，人眼特征高度以下空间烟气的温度不超过 60 ℃且减光度小于 $0.1\ m^{-1}$；

2. 非起火房间

(1) 烟气保持在危险临界高度之上，烟气层的热辐射不超过人体的忍耐极限；

(2) 安全出口及出口前室以及疏散楼梯前室，不允许烟气进入。

即烟层高度至少在人眼特征高度以上，烟气温度不大于 180 ℃。

三、影响人员安全疏散的主要因素

1. 烟气层的高度

火灾中的烟气层伴有一定热量、胶质物、固体颗粒及毒性分解物等，是影响人员疏散行动和救援行动的主要障碍。在人员疏散过程中，烟气层只有保持在疏散人群头部以上一定高度，才能使人在疏散时不但不会受到热烟气流热辐射的威胁，而且还避免从烟气中穿过。对于大空间建筑，其定量判据之一是烟气层高度应能在人员疏散过程中满足下列关系：

$$H_S \geqslant H_C = H_P + 0.1H_B \tag{5-5}$$

式中：H_S 为烟气层高度；

H_P 为人员平均高度；

H_B 为建筑物内部高度；

H_C 为危险临界高度。

2. 热辐射

人体对辐射热忍耐的实验结果见表 5-3。根据测试研究数据，人体对烟气层等火灾环境下的热辐射忍耐极限为 2.5 kW/m²，此时的烟气层温度大致在 180～200 ℃。

表 5-3 人体对辐射热的忍耐极限

热辐射强度/kW/m²	<2.5	2.5	10
忍耐时间/s	>300	30	4

3. 热对流

有关实验表明，人体呼吸或接触过热的空气会导致热冲击和皮肤烧伤。空气中的水分含量对这两种危害都有显著影响，见表 5-4。对于大多数建筑环境而言，人体承受 100 ℃环境的热对流仅能维持很短的一段时间。

表 5-4 人体对热气的忍耐极限

温度与湿度	<60 ℃，水分饱和	60 ℃，水分含量<1%	100 ℃，水分含量<1%
忍耐时间/min	>30	12	1

4. 毒性

火灾中的燃烧产物及其浓度因燃烧物的不同而有所区别。各组分的热分解产物生成量及其分布也比较复杂，不同的组分对人体的毒性影响也有较大差异，在消防安全分析预测中很难较为准确地定量描述。因此，在实际工程应用中通常采用一种有效而简化的处理方法：即若烟气中的减光度不大于 0.1 m^{-1}，则视为各种毒性产物的浓度在 30 min 内将不会达到人体的忍受极限。

5. 能见度

通常情况下，火灾中烟气浓度越高则可视度就越低，疏散或逃生时人员确定疏散或逃生途径和作出行动决定所需的时间就会延长。表 5-1 给出了适用于小空间和大空间的最低减光度。大空间内为了确定疏散或逃生方向需要视线更好，看得更远，则要求减光度更低。

6. 人流密度

火灾时，人流密度也是影响人员安全疏散行为和过程的一个至关重要的因素。根据疏散人流密度的不同，人员疏散流动状态可概括为两种状态:离散状态和连续状态。

离散状态,即疏散人流密度较小($\rho<0.5$ 人/m²),个人行为特点占主导作用的流动状态,人与人之间的互相约束和影响较小,疏散人员可以根据自己的状态和火灾物理状态,主动地对自己的疏散行为及其行动路线、行动速度和目标等物理过程进行调整。人员疏散行动呈现很大的随机性和主动性。离散状态常常发生或出现在整个建筑物疏散行动的初始阶段和最后阶段占主导地位,并且将对整个建筑物的安全疏散性状起到一定的制约作用。

连续状态,即约束规则占主导作用($0.5\leqslant\rho<3.8$ 人/m²)的流动状态。因为人流密度较大,人与人之间的间距非常小,疏散人员呈现"群集"的特征。除个别比较有影响力和权威的人士之外,个人的行为特征对整个人员流动状态的影响可以忽略不计,整个疏散行动呈现连续流动状态,群集人员连续不断地向目标出口移动。

若将向目标出口方向连续行进的群集称作群集流,在群集流中取一基准点 E,则向 E 点流入的群集称为集结群集,单位时间集结群集人流中的总人数称为集结群集 F_1。自 E 点流出的群集称为流出群集,单位时间流出群集人流中的总人数可称为流出群集 F_2。当集结群集 F_1 与流出群集 F_2 相等($F_1=F_2$)时,称为定常流,此时流动稳定而不会出现混乱;当集结群集人数大于流出群集人数($F_1>F_2$)时,将有一部分人员在 E 点处滞留,在该点处滞留的人群称为滞留群集(如图 5-3 所示)。

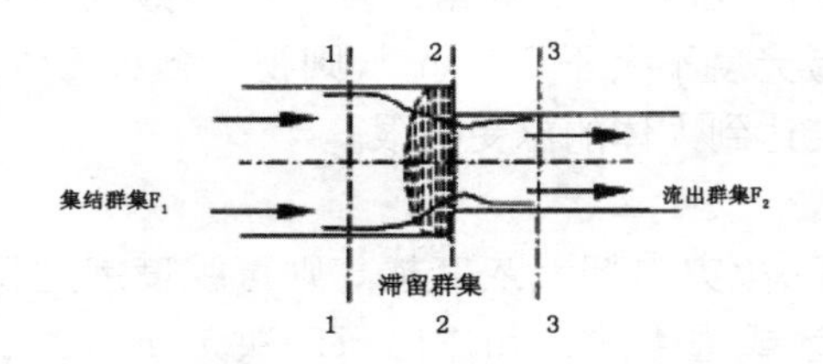

图 5-3　人员群集流动过程

一般地,滞留群集出现在容易造成流动速度突然下降的空间断面收缩处或转向突变处,如出口、楼梯口等处。如果滞留持续时间较长,则滞留人员可能争相夺路而出现混乱。空间断面收缩处,除了正面的人流外，往往有许多人从两侧挤入，阻碍正面流动，使群集密度进一步增加，形成拱形的人群，谁也无法通过。滞留群集和成拱现象会使人员流动速度和出口流动能力下降，造成人员从建筑物空间完成安全疏散所需的行动时间出现迟滞现象，最终导致群集伤害事故的发生。许多重大恶性火灾事故调查案例表明，火灾中之所以造成群死群伤大多是由于火灾时人员疏散、逃生拥挤，堵塞疏散通道或安全出口等之缘故。

四、火场疏散引导方法

近十多年来，我国人员密集场所因发生火灾导致群死群伤的恶性事故接二连三，给人民的生命、生活和财产带来了巨大损失。

[案例 5-1] 2000 年 1 月 9 日，湖南省湘潭市金泉大酒店发生火灾，造成 12 人死亡，12 人受伤，烧毁建筑面积 1 053 m^2，直接财产损失 79 万元。起火原因系 322 号房间 2 号包厢西隔墙上的电源插座板与导线接触不良，在通电负载情况下导致局部接触电阻过大发热引燃导线绝缘层和可燃装饰材料所致。

[案例 5-2] 2005 年 12 月 15 日，吉林省辽源市中心医院发生火灾，造成 37 人死亡，95 人受伤，两名消防官兵受轻伤，烧毁建筑面积 5 714 m^2，直接财产损失 821.9 万元。经现场勘验和调查，认定此起火灾系配电室电缆沟内 2 号部位电线短路所致。

大量火灾案例表明，发生人员群死群伤的一个重要原因就是火灾时现场没有人员进行正确的疏散引导。

（一）火场疏散引导的概念

顾名思义，火场疏散引导是指在场所发生火灾的紧急情况下，场所工作人员正确引导火灾现场人员向安全区域疏散撤离的言语和行为。

当人员密集场所发生火灾后，为了生存活命，火场人员都想尽快离开可怕的火灾险境，且下意识地会首先想到朝着最熟悉的疏散出口方向、最明亮的地方撤离，此时，假如没有现场工作人员的正确疏散引导指挥，由于人员身陷火场的惊恐心理，往往会导致火灾现场一片混沌慌乱的现象，造成安全通道、安全出口的拥挤堵塞，哪怕只是很小的惊慌或刺激，而这种刺激或惊慌通常是为受灾群体中的领头人物所左右的，这时候就需要一个沉着冷静、思维敏捷且富有经验的疏散引导员来充当这个领头人，指挥控制全局，把受灾人员安全地引导疏散至安全地带。

（二）疏散引导的时机

在火场上，何时让人们开始疏散撤离，这要取决于火灾规模大小和起火地点（或部位）的远近等具体情况。原则上讲，发生火灾后，应当立即通知现场人员开始进行撤离行动和疏散引导，但对于商场、市场、影剧院及宾馆饭店、公共娱乐场所等人员高度密集的场所火灾，究竟何时开始疏散合适，则必须综合考虑起火场所或部位、火灾程度、烟气蔓延扩散情况及灭火施救状况等诸多因素，并在短时间内果断做出判定，一般情况下，火场疏散引导时机的判定标准如表 5-5 所示。

表 5-5　火场疏散引导时机判定标准

<table>
<tr><th colspan="2" rowspan="2">火灾状况</th><th colspan="3">着火层</th></tr>
<tr><th>地上二层及以上</th><th>地上一层</th><th>地下层</th></tr>
<tr><td>1</td><td>火灾初期</td><td>疏散着火层及相邻上、下层人员</td><td>疏散着火层、二层及地下各层所有人员</td><td>地上一层及地下各层所有人员</td></tr>
<tr><td>2</td><td>用灭火器不能扑灭或正在用室内消火栓扑救</td><td>疏散着火层及以上楼层人员</td><td colspan="2" rowspan="2">疏散全体人员</td></tr>
<tr><td>3</td><td>用室内消火栓不能扑灭</td><td>疏散着火层及其上、下各层所有人员</td></tr>
</table>

注：不清楚能否灭火的情况即视为不能灭火

火灾现场负责人赋有命令指挥火场实施疏散引导的职责。在疏散引导行动开始的同时，还应积极地组织初起火灾的扑救工作。如果现场工作人员不够时，除非是取用轻便灭火器材即可扑灭的火灾，否则应当优先实施疏散引导撤离行动。

（三）疏散引导的总原则

1. 利用消防控制室火灾应急广播系统按其控制程序发出疏散撤离指令；

广播喊话应沉着镇定，其语速不宜过快；广播内容应简单、通俗及易懂，并应循环反复多放；应说明广播的单位及人员，以提高置信度；应一人广播，并提醒疏散人员不要使用普通电梯。

2. 优先配置着火层及其相邻上、下层疏散引导员，其位置最好在楼梯出入口和通道拐角；

3. 普通电梯进出口前应配置疏导人员，以阻止撤离人员使用电梯；

4. 应选择安全的疏散通道，引导人们到达安全地带；

5. 应及时打开疏散楼层的各楼梯出口；

6. 应首先使用室内外楼梯等既安全且疏散人流量又大的疏散设施进行疏散，如无法使用时，可利用其他方法另行疏散；

7. 如果着火层在地上二层及其以上楼层，应优先疏散着火层及其相邻上、下层人员；

8. 撤离人员较多时，应采用分流疏散方法，以防拥挤混乱，并优先疏散较大危险场所的人员；

9. 当楼梯被烟火封锁不能使用时，或短时间内无法将所有火场人员疏散至安全区域时，应将人员暂时疏散至阳台等相对安全场所，等待消防救援人员的救援；

10. 火灾时，商场等场所不要拘泥于顾客是否付钱，应立即选择疏散撤离；

11. 不要让到达安全区域的人员重返火灾现场；

12. 疏散引导员撤离时，应确认火灾现场已无其他人员，并在撤离时关闭防火门等。

及时正确的疏散引导是火场人员安全逃生的重要环节，也是减少火场人员伤亡的重要举措。每个工作人员只有平时加强消防知识的学习与培训，制定确实可靠的应急疏散预案并经常性演练，才能真正掌握正确的疏散引导方法和技巧，方能在火灾紧急情况下将现场人员安全地撤出危险区域。

第二节　火场逃生自救

公众聚集场所以及高层建筑的日益增多，而消防基础设施建设的相对滞后和广大群众消防安全意识的淡漠，由此造成的火灾隐患日益突出，发生火灾的几率也在不断上升。如下大量的火灾事故案例都证明了这一点。

一、火灾事故案例评析

［案例 5-3］　2010 年 11 月 5 日，位于吉林市珲春街和河南街交汇处的吉林商业大厦发生火灾，造成 19 人死亡，24 人受伤，过火面积约 15 830 m^2，见图 5-4。火灾事故调查组的调查认定吉林“11・5”商业大厦火灾起火原因是大厦一层二区斯舒郎精品店仓库起火点范围内的电气线路短路所致。

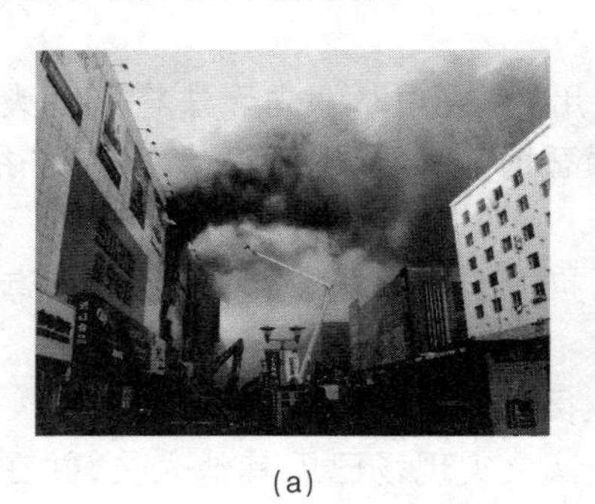

(a)

(b)

图 5-4　“11・5”吉林商业大厦火灾现场

［案例 5-4］　2010 年 11 月 15 日 14 时，上海余姚路与胶州路交叉处一栋高层公寓起火，见图 5-5。大火导致 58 人遇难，70 余人受伤。经事故原因调查组调查认为，是由无证电焊工违章操作引起的，装修工程违法违规、层层多次分包，施工作业现场管理混乱，存在明显抢工期行为，违规使用大量尼龙网、聚氨酯泡沫等易燃材料。4 名犯罪嫌疑人已经被公安机关依法刑事拘留。

(a)

(b)

图 5-5 “11.15”上海教师高层公寓楼火灾现场

［案例 5-5］ 2009 年 4 月 19 日 10 时 20 分左右，南京市山西路 50 层高的中环国际大厦空调外机井着火，见图 5-6。经消防队扑救，11 时 42 分许，明火被完全扑灭。中环国际大厦 1 至 8 层为裙楼，10 至 23 层为办公区域，25 至 50 层为住宅，9、24、40 层为避难层，高 187 m，总建筑面积约 12.4 万 m^2。过火区域为外墙 9 楼至顶层的两个相临空调外机井，燃烧物主要为井壁的保温层，过火面积约 400 m^2。

(a)

(b)

图 5-6 “4.19”南京中环国际大厦火灾现场

消防官兵共从建筑内疏散出被困人员约 400 人，主要包括在裙楼商场中购物的人员、在写字楼办公的人群和在该大厦居住的业主，火灾中无人员伤亡。据公安消防部门调查认定，火灾系江苏泛高井成电器有限公司一员工在给 1806 房间安装空调外机时，焊渣掉落至下方可燃物上而引起。

［案例 5-6］ 2009 年 2 月 9 日 20 时 27 分，北京市朝阳区中央电视台新址 B 标段建筑在建工程顶层发生火灾，见图 5-7。119 指挥中心接到报警后，迅速调派 27 个中队 85 辆车 595 名官兵赶赴现场施救。火灾扑救中，消防部队 7 名指战员被困，其中，红庙消防中队指导员张建勇伤势较重，经医院抢救无效牺牲，年仅 30 岁。

起火建筑为中央电视台新址 B 标段建筑，共 30 层，高 159 m，建筑面积 103 648 m^2，主体结构为钢筋混凝土结构。该建筑于 2005 年 3 月开始施工，2006 年 12 月底完成主体结构。总承包商是北京城建总公司央视工程总承包部，外立面装修施工单位是中山盛兴股份有限公司，外立面装修材料为南北侧为玻璃幕墙，东西立面为钛锌板，外墙保温材料为挤塑板等。经公安消防官兵顽强拼搏，奋力扑救，保住了西侧演播大厅和北外立面，西、南、东侧外墙装修材料过火。火灾未造成主体结构的损坏，火灾系违规燃放烟花爆竹所致。

(a)

(b)

图 5-7 “2.9”中央电视台新大楼北配楼火灾现场

［案例 5-7］ 2008 年 9 月 20 日晚 23 时许，深圳龙岗区龙岗街道龙东社区舞王俱乐部发生一起特大火灾事故，见图 5-8。此起火灾事故共造成 43 人死亡，住院 51 人。据消防部门调查认定起火原因是舞台燃放烟花所致。火灾事故发生约 10 多分钟，消防人员及急救人员赶赴现场全力扑救，公安消防部门共出动近 20 台消防车，大约半小时后将火灾扑灭。

(a)

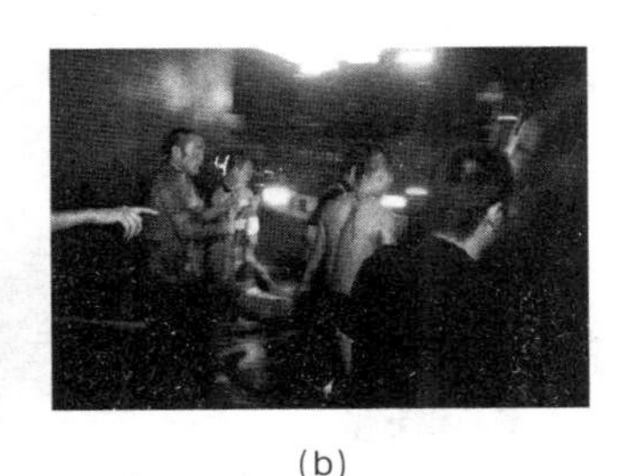

(b)

图 5-8 深圳市舞王俱乐部火灾现场

［案例 5-8］ 2001 年 6 月 5 日零时 15 分，江西省南昌市广播电视局下属的发展中心艺术幼儿园小(六)班寝室因点燃的蚊香引燃从床上掉落的被絮引起火灾，造成 13 名 3～4 岁的儿童死亡、1 人受伤。图 5-9 为火灾事故发生后的现场。

图 5-9 “6.5”南昌市艺术幼儿园火灾后现场

图 5-10 “3.29” 焦作天堂音像俱乐部火灾现场

［案例 5-9］ 2000 年 3 月 29 日 3 时许，河南焦作天堂音像俱乐部突发大火，见图 5-10。74 名无辜的生命葬身火海，2 人烧伤，烧毁建筑 800 m^2 及放像设备、家具等，直接财产损失 20 万元。该建筑面积 1 100 m^2，属砖木双跨“人字梁”结构，三级耐火等级。录像厅南北长

48.85 m，东西宽 13.35 m，面积 652.15 m^2，1996 年由菜市场改造装修而成。其中 16 个卡拉 OK 包间均采用具可燃性的三合板分隔，墙面采用海绵和化纤布料装修，地面铺设化纤地毯，可燃物较多。

经专家现场勘查和调查访问，认定火灾系 15 号包间内的石英管电暖器烤着周围的沙发等易燃材料所致。

[案例 5-10] 2002 年 6 月 16 日凌晨约 2 时 40 分，北京"蓝极速"网吧发生火灾，见图 5-11，造成 25 人死亡、12 人受伤。起火原因仅是两个 13 岁的少年，因与网吧服务员发生纠纷，于是起意报复，遂购买 1.8 升汽油放火所致。

图 5-11 "6.16"北京"蓝极速"网吧火灾现场

图 5-12 "2.2" 哈尔滨市天潭酒店火灾现场

[案例 5-11] 2003 年 2 月 2 日，黑龙江省哈尔滨市天潭酒店因服务员违规使用煤油炉发生火灾，致 33 人死亡、10 人受伤，见图 5-12。

[案例 5-12] 2004 年 2 月 15 日 11 时 20 分，吉林市中百商厦发生特大火灾，见图 5-13。火灾造成 54 人死亡，70 人受伤。经国务院调查组勘察确定，火灾直接原因系中百商厦伟业电器行雇工于洪新于当日 9 时许向 3 号库房送包装纸板时，将嘴上叼着的香烟掉落在仓库中，引燃了地面上的纸屑纸板等可燃物。

[案例 5-13] 2005 年 6 月 27 日凌晨，南京玄武区碑亭巷 195 号娃娃餐厅因厨房操作间顶棚电气线路短路发生火灾，导致 3 人死亡，见图 5-14。

图 5-13 “2.15”吉林市中百商厦火灾现场

图 5-14 “6.27”南京市碑亭巷娃娃餐厅火灾现场

据统计，2010 年，江苏省共发生火灾 5 299 起，因火灾致死 85 人、伤 51 人，直接财产损失 8 229 万元；与上年相比，分别上升 5.2%、1.2%、4.1%、6.7%。近年来，我国每年因火灾死亡的人数大约在 2 000 至 3 000 人，因火灾受伤的人则达 5 000 人左右。

火灾中多数的死亡人员是因不懂疏散逃生知识，选择了错误逃生方法或者错过逃生时机而造成的。

[案例 5-14] 2010 年 11 月 7 日，南京市栖霞区迈皋桥南地园宾馆一室发生火灾。消防人员先后在宾馆内搜救疏散群众 26 人，其中从一房间（与起火房间不在同一直线通道上，相距 10 余米）搜救出的一名昏迷男子，经抢救无效死亡。经调查发现，该名男子在被大火和浓烟围困的情况下，没有采取任何防护措施，用被褥裹着身体躲在床下，向女友发求救短信。如果他具备一般的火灾逃生知识，例如：打开窗户呼吸新鲜空气、站在窗口大声呼救、用湿被褥堵上门的缝隙，都有逃生活命的可能性。

[案例 5-15] 2005 年 6 月 10 日汕头市华南宾馆特大火灾造成 31 人死亡就是因为很多住客缺乏消防常识和逃生技能。一名曾进入现场进行清查的工作人员说：“大火被扑灭后，我们在清查现场时，发现一个房间门是紧闭的，打开一看，房间里的窗户也是紧闭的，没有一点自救迹象。地上却横七竖八地躺着很多女孩，她们都被房间的烟熏死了。”

在我们的人群中，绝大多数人缺少逃生的基本知识和技巧，一些人甚至凭道听途说和主观想象形成了简单而错误的火灾逃生的认识。

[案例 5-16] 1993 年 2 月 14 日，唐山林西百货大楼因违章电焊

发生特大火灾，死 82 人，伤 51 人。这家商场只有三层，营业面积并不大，大火发生在白天，而失火时又并非营业高峰期，可为什么造成如此惨重的伤亡呢？

有关专家们经过分析，认定其中重要的一个原因就是人们的逃生意识差。当时火起于一楼大厅，起初烟火主要由东侧楼梯猛烈向上翻卷，惊慌失措的人们纷纷涌向大楼西侧的楼梯，混乱中，二楼的人往三楼跑，三楼的人往二楼跑，结果人群在二楼三楼之间的楼梯上拥挤不动，当火势延烧、毒气冲上来时，大部分人都站着挤着，先后窒息死亡，最终这里成了一条人员集中死亡带。

类如以上错误逃生的例子还可以列举许多，但貌似不同的种种事实，都在诉说一个道理：火场逃生要有科学的理论作指导，而不是受本能驱动，身处火海之中，只有采取理智、有效的逃生方法，才能在险象环生的死亡深渊上架起生命之桥。

二、火场逃生自救方法

人，最宝贵的是生命。俗话说“天有不测风云，人有旦夕祸福”，人们应该有面对灾害的准备，并应增强自我防范意识。在相同的火灾场景下，同为火灾所困，有的人显得不知所措，生灵涂炭；有的人慌不择路，跳楼丧生或造成终身残疾；也有的人化险为夷，死里逃生。这固然与起火时间、起火地点、火势大小、建筑物内报警、排烟、灭火设施运行状况和周围环境等因素有关，然而还要看被火围困的人员，在灾难降临时是否具备避难或逃生自救的本领和技能。

那么，在火场中如何逃生自救呢？下面归纳和介绍一些方法和应注意的事项。

（一）保持冷静

陷入灾难的人可以分为三类：大约 10% 到 15% 的人能够保持冷静并且动作迅速有效；另有 15% 或者更少的人会哭泣、尖叫、甚至阻碍逃生。剩下占多数的人什么也不干，完全惊呆了，脑子一片空白。

在火灾突然发生的情况下，由于烟气及火的出现、高温的灼烤，场面会发生混乱，多数人因此心理恐慌，这是人最致命的弱点。不同的人在事故中则会表现出不同的反应，一些人处于良好的应激状态下，其大脑运转异常活跃，表现在行为上则是以积极的态度对待眼前的火情，采取果断措施保护自身；也有的人在危境之中会变得意识狭窄，思维混乱，发生感知和记忆上的失误，做出异常举动。如火灾中一些人只知推门而不知拉门，将墙当门猛敲猛击等。

在某市的一幢高层建筑火灾中，部分人员已从着火的楼层下到一层，本已脱离危险，然而，由于一人发现楼道外门打不开，便折身上楼，其他人竟也跟上楼，被烟火逼下后，门不开，又上楼，如此往返折腾，最后大部分人都罹难了，其实只要转身通过一层楼道水平逃向大厅便可脱险。因此保持冷静的头脑对防止惨剧的发生至关重要。

突遇火灾，面对浓烟和烈火，首先要强令自己保持镇静，保持清醒的头脑，不要惊慌失措，快速判明危险地点和安全地点，决定逃生的路线和办法，千万不要盲目地跟从人流相互拥挤，乱冲乱撞。逃生前宁可多用几秒钟的时间考虑一下自己的处境及火势发展情况，再尽快采取正确的脱身措施。

［案例 5-17］ 1994 年 11 月 27 日辽宁阜新市艺苑歌舞厅发生特大火灾，233 人死于非命。某选煤厂工人戴军在舞厅的另一侧，当惊慌夺路的人群挤成一团时，他明白再挤过去只能死路一条，他没有乱跑，看见老板娘打开南面疏散门出去，也随着几步，逃到外面，他只有面部的额头和鼻子受到轻度烧伤。

（二）熟悉环境

熟悉环境就是要了解和熟悉我们经常或临时所处建筑物的消防安全环境。平时要有危机意识，对经常工作或居住的建筑物，哪怕对环境已很熟悉，也不能麻痹大意，在事先都应制订较为详细的火灾逃生计划，对确定的逃生出口（可选择门窗、阳台、安全出口、室内防烟或封闭楼梯室外楼梯等）、路线（应明确每一条逃生路线及逃生后的集合地点）和方法要让家庭、单位所有的人员都熟悉掌握并加以必要的逃生训练和演练。

有时候人的本能并不能拯救他们在灾难中幸存，而成功逃生的关键就是为人们的大脑及时补充进“逃生数据”，只有依靠平时的逃生演练才有可能获得这些“数据”。当我们冷静的时候，大脑一般需要 8～10 秒钟的时间处理一段新信息。压力越大，所花费的时间就越长。当灾难发生时，外界信息涌进大脑的速度和流量明显增大，大脑无法有时也来不及反映，因此只有采取快速行动，此时大脑就依赖于习惯了。

在日本有关部门每年都安排计划，组织全社会的公民分批参加防火、灭火、逃生等方面的系统训练，以提高应付突发事件的能力。

［案例 5-18］ 1985 年 4 月 18 日深夜，哈尔滨市天鹅宾馆发生特大火灾，起火的楼层住着一位日本人。他在 18 日住进 11 层时，进房前先在门口察看了周围的环境，发现北边有亮光，认定那是疏散出口。当天夜里失火后，他出了房门穿过烟雾弥漫的过廊，直往北摸去，打开走廊北端的门，见是一阳台便顺着阳台和两边墙壁间的“U”形条缝滑到 10 层，得以死里逃生。这就是日本客人事先熟悉环境的益处。

在美国，公民的安全意识更加浓厚，每个家庭都制定有火场逃生计划，每年都要举行有全家成员参加的火灾预案演习。

我国的消防法律法规也明确规定，单位应制定灭火和应急疏散预案，并至少每半年进行一次演练(对于消防安全重点单位)或至少每年组织一次演练(对非消防安全重点单位)；单位应当通过多种形式开展经常性的消防安全培训教育。消防安全重点单位对每名员工应当至少每年进行一次消防安全培训，学校、幼儿园应当通过寓教于乐等多种形式进行消防安全常识教育。

一般来说，家庭“火场逃生计划”大致可分为以下四个部分：

1. 提前做好计划

首先，每个家庭都应安装烟感探测器，并保持其处于良好的运行状态。因为感烟探测器能够发现早期火灾，提前报警。许多火灾都发生在深夜人们熟睡时，烟感探测器报警可避免人们在熟睡中走向死亡。消防部门希望每个家庭成员尤其是孩子都要熟悉烟感探测器报警的声音。尽管目前我国的防火规范尚未要求所有居住建筑的每个家庭都安装火灾探测报警设施，但从预防火灾危害、安全疏散逃生的角度来看，提倡每家每户都要安装此类设施。其次，与家庭成员一起确定逃生路线，见图 5-15。再次，让每个家庭成员睡觉时都关严房门。实验表明，如果房门关闭，火灾中需要 10～15 分钟才能将木门烧穿，因此，关闭房门会在紧急关头为家人争取宝贵的逃生时间。最后，制订的逃生计划应尽量做到无论家人在哪个房间、处于哪个位置，都应有至少二个逃生出口：一个是门，另一个可以是窗户或阳台等。

图 5-15 家庭成员确定并熟悉逃生路线

2．设计逃生路线

每个家庭应绘制一张房屋格局平面布置图，制定出两条通向出口的逃生路线，并在图中标明至少两条从每个房间中逃向户外的路径，使每个家人一目了然，并将其张贴在每个房门口、楼梯口、窗户边和大门口。全家每个成员都要参与该图的绘制，并练习火灾时如何开门、开窗。家长们必须教导孩子牢牢记住每个通往室外的出口。图中最好把邻居家的位置或离自家最近的大路的位置标示出来，以便逃出火场的人能及时向其他人呼叫求救。

现代家庭，人们的防盗意识远远超过了防火意识。在人们心目中，防盗门、防盗窗可以把自己的人身和财产安全保护起来。然而火灾中，防盗门、防盗窗并不“安全”，一旦大火或是高温烟气封堵了楼道，就无法通过安装有防盗设施的窗户进行逃生，消防人员也难以通过防盗设施进行救助。因此，在做防盗门、窗时，不要将其全部焊死，可采取预留一个可从内开启的活动小门、窗等方法，做到平时能防盗，火灾时又能提供一条逃生通道的功效。

3．牢记烟气危害

每个家庭成员都应牢记在烟层下疏散逃生的重要性。家长们要教会孩子们一些逃生知识，包括教会孩子们如何避免烟中毒或被火烧

伤。火灾中的烟气和热气都聚集在室内的上层，较新鲜凉爽的空气都在地面附近。因此，如果室内充满烟气，每个家庭成员都应知道赶紧趴下，爬到附近出口逃生。

4. 实地演习

有效的家庭逃生计划需要靠演练来完成，因此，逃生计划的演练非常重要，家庭的每个成员都应参加，见图 5-16。父母必须保证每个孩子都要参与且每年至少要进行两次，如果近期内小孩子自己待在家里的时间较多(如学校放寒、暑假等)的话，也要安排进行一次实地演习。有时这种演习可以在晚上进行，目的就是让孩子们适应黑暗环境，帮助他们克服害怕黑暗的心理。

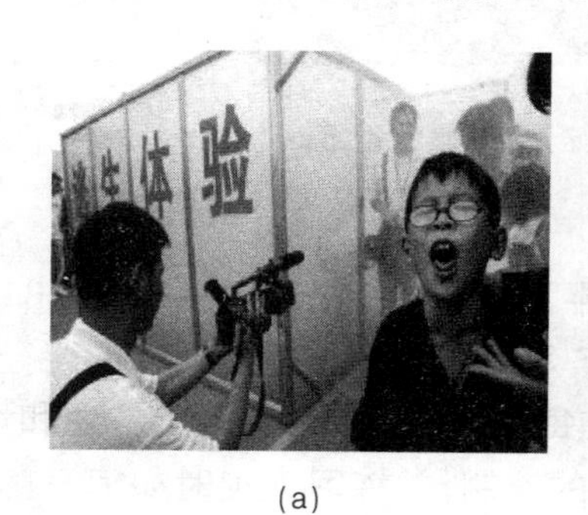

(a)

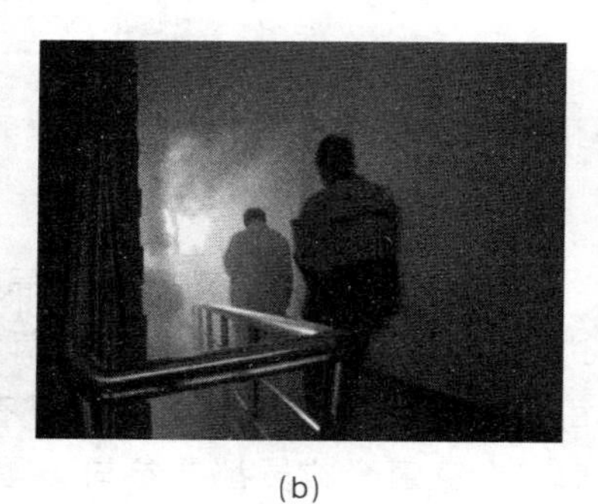

(b)

图 5-16　逃生演练

公众聚集场所要绘制安全疏散示意图，见图 5-17，并张贴在每个房间的明显位置，一旦发生火灾，人员可以按安全疏散示意图的指引路线顺利逃出火场。

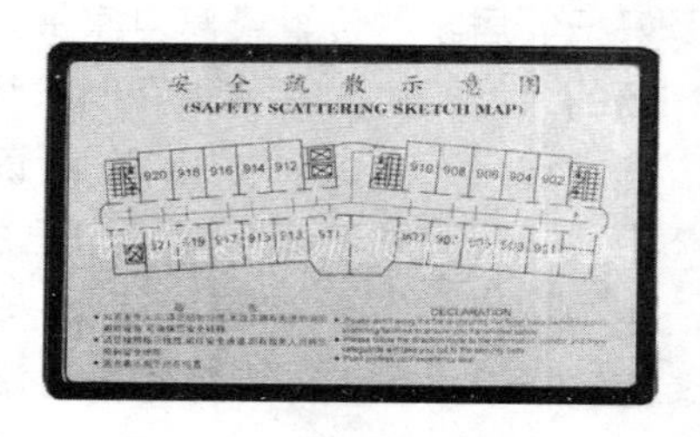

图 5-17　安全疏散示意图

大多数建筑物内部的平面布置、道路出口一般不为人们所熟悉，一旦发生火灾时，人们总是习惯地沿着进来的出入口和楼道进行逃生，当发现此路被封死时，才被迫去寻找其他出入口，殊不知，此时已失去最佳的逃生时间。

[案例 5-19]　2005 年 6 月 10 日汕头市华南宾馆发生特大火灾，造成 31 人死亡。大楼一共有三个出口，除了中间的主楼梯之外，在南

北两头分别还有一个紧急出口，而且这三个出口都能够直接通向楼顶的天台。有些人对内部结构不熟悉，不敢跑出来，或者跑出来找不到疏散通道。得以逃生的人当中，有不少就是因为熟悉环境，迅速跑到天台上暂时避开了浓烟的侵袭，最后得到营救。

因此，当人们出差、旅游或购物等进入陌生或不太熟悉的场所，尤其是商场、市场、宾馆、饭店或影剧院、歌舞厅等公共场所时，都应留心看一看周围环境及灭火器、消火栓、报警器的设置地点，寻找安全疏散楼梯、安全门的位置，并注意查看有无锁闭，熟悉逃生路径，以便临警遇火时能及时疏散、逃脱险境或将初起火灾及时扑灭，或在被困时及时向外报警。这种对环境的熟悉是非常必要的，并非多余。大量的火灾经验教训告诉我们：身处一个陌生环境时，只有养成熟悉环境、了解通道这样的好习惯，做到警钟长鸣，居安思危，才能遇火不惊，临危不乱，有备无患。

（三）迅速撤离

意识到火灾发生的人们习惯于认为火灾严重性并不大，而且会花一些时间去寻求证实火灾的严重程度。在证实火灾发生之后，人们依然要救护自己的同伴、亲友、子女或寻找财物。

但火场逃生是争分夺秒的行动。一旦听到火灾警报或意识到自己被烟火围困，或者生命受到烟火威胁等情况时，千万不要迟疑，要立即放下手中的工作或事务，动作越快越好，设法脱险，见图5-18，切不可为穿衣服或贪恋财物延误逃生良机，要树立时间就是生命、逃生第一的观念，要抓住有利时机就近利用一切可以利用的工具、物品想方设法迅速逃离火灾危险区域，要牢记此时此刻没有什么比生命更宝贵、更重要。

图5-18 火袭时迅速逃生，不可贪恋财物

［案例5-20］ 2010年7月27日，位于南京市鼓楼区北京西路2-2号南京海宁休闲饭庄有限公司四楼宾馆发生火灾。消防救援力量先后从四楼救出5名被困人员，其中从404室（未过火）救出的两名南京大学天文系大三学生，经抢救无效死亡。事后经调查，起火点位于

该楼403室，过火面积约20 m^2，起火原因认定为王某在403室对电动自行车电瓶充电过程中，因电气故障引发火灾。在调查中还发现，两名学生明显缺乏火灾逃生意识，火灾发生后，没有第一时间逃离火灾现场，而是忙于整理、携带个人物品，错过最佳逃生时机，最终造成悲剧发生。

美国消防人员曾作过一次模拟测试：点燃一只废纸篓后，大约2 min火灾感烟探测器报警，约3 min起火房间达到致人死亡温度，同时，楼内充满有毒气体；约4 min楼内走道便被烟火封堵而彻底无法通行。试验结论是：除去未及时发现起火等原因耽误的时间外，真正留给人们逃生的时间仅仅有1～2 min，根本由不得你穿衣和寻找、携带财物，也根本由不得你从容不迫。

1994年辽宁阜新艺苑歌舞厅火灾，造成233人死亡。现场总建筑面积280 m^2，建筑物四壁采用涤纶布和棉面交织布用木条上下两端钉压式装修，大量可燃装饰材料使火灾发展迅速。事故后，经专家在舞厅废墟墙上用同样的装饰布模拟实验证明，布点燃后只需10.9 s即蔓延至棚顶。由此可以得知，包间的墙角装饰被引燃后只需2～3 min火焰就可进入大厅，再需10 s，即可蹿上吊顶。吊顶为三合板，5 min内烟火便能到达对面墙壁的边缘。地面靠墙可燃物及墙面下部装修物被顶上掉落的火花先后引燃，从而形成立体燃烧，进入燃烧猛烈阶段。

在火场上，有时候经常会发生有人为顾及财物等贻误逃生的案例。一般地说，火灾初期，烟少、火小，只要迅速撤离，是能够安全逃生的。已经逃离险境的人员，也要切忌重回险地。

[案例5-21] 1999年11月12日，一场大火将南京火车站候车大楼全部烧毁。在火灾中有1个卖报人死亡，其本来已逃出火场到达室外广场安全区域，但为了拿卖报纸的钱，他重返火场，最终葬身火海。

1993年7月，有关组织在英国南部某大学做了一次事先没有告知的逃生实验。当晚学生们正在教室中自习时，走道里的火灾报警器突然响起。当学生们意识到可能发生火灾后，便蜂拥逃出教室。很快这座共六层的教学楼的主楼梯挤满了逃生的学生。实验者发现，尽管该楼另有其他几部楼梯，但大多数学生还是不自觉地选择了他们平常行走的主楼梯，并且每个学生均提着大大小小的包裹，使本来就拥挤的楼梯显得更为拥堵不堪。包裹里大多装着很沉的书本，且常常被拥堵的人流拉卡拖曳，严重影响了人们的逃生速度，最终几个小时后，学生才完全疏散完毕。幸好这是一次实验，如果是一场真正的火灾，可想而知有多少人要死于非命，丧身火海。由此可见，火灾逃生时最明智的选择是要扔掉一切累赘，轻装逃生。

楼房着火时，应根据火势情况，优先选用最便捷、最安全的通道和疏散设施逃生，如首选更为安全可靠的防烟楼梯、封闭楼梯、室外疏散楼梯、消防电梯等。如果以上通道被烟火封堵，又无其他器材救生时，则可考虑利用建筑的阳台、窗口、屋顶平台、落水管及避雷线等脱险。但应查看落水管、避雷线是否牢固，防止人体攀附后断裂脱落造成伤亡。

［案例 5-22］ 1995 年 1 月 17 日，湖北省某市“皇宫”照相及器材营业部发生大火，有一名被困者就是从楼上顺落水管下落到地面才得以安然无恙的。

火场逃生时不要乘普通电梯。道理很简单：其一，普通电梯的供电系统采用的是普通动力电源，非消防电源，火灾时会随时断电而停止运行卡壳；其二，因烟火高温的作用电梯的金属轿厢壳会变形而使人员被困其内，同时由于电梯井道犹如上下贯通的烟囱般直通各楼层，电梯井道的“烟囱效应”会加剧烟火的蔓延，有毒的烟雾会通过井道从电梯轿厢缝隙进入，直接威胁被困人员的生命。因此，火场上不能乘普通电梯进行逃生，见图 5-19。

图 5-19　火灾时不可乘电梯，应向安全出口方向逃生

［案例 5-23］ 2002 年国外某大学发生火灾，当地消防队员在扑

灭火灾后，从电梯里清理出 3 具中国留学生的尸体。这 3 名留学生就是得知火灾后，想搭乘电梯快速逃生，但因被困于电梯之内，受到烟火的侵袭丧失生命而走向地狱的。

在选择逃生路线时，要注意在打开门窗前，必须先用手背触摸门把手或者窗框（门把手、窗框一般用金属制作，导热快）或门背是否发热。如果感觉门不热，则应小心地站在门背后侧慢慢将门打开少许并迅速通过，然后立即将门关闭；如门已发热，则就不能打开，应选择如窗户、阳台等其他出口进行逃生。

火场逃生时，不要向狭窄的角落退避，如墙角、桌子底下、大衣柜里等。因为这些地方可燃物多，且容易聚集烟气。在无数次清理火灾现场的行动中，常常可以找到死在床下、屋角、阁楼、地窖、柜橱里的遇难者。有一场火灾被扑灭后，发现一小孩失踪，人们在清理火场时竟然在烧坏的电冰箱中发现了他的尸体，他是在慌乱中躲进冰箱内窒息而亡的。

（四）标志引导

发生火灾时，人们在努力保持头脑冷静的基础上，要积极寻找逃生出口，切不要盲目跟随他人乱跑。在现代建筑物内，一般均设有比较明显的安全逃生的标志。如在公共场所的墙壁、顶棚、门顶、走道及其转弯处，都设置有如图 5-20 所示的“紧急出口”、“疏散通道”及逃生方向箭头等疏散指示标识标志，受灾人员看到这些标识标志时，即可按照标志指示的方向寻找到逃生路径，进入安全疏散通道，迅速撤离火场。

地上消火栓	地下消火栓	发生警报器	滑动开门	滑动开门
火警电话	紧急出口	紧急出口	拉开	灭火器
灭火设备	灭火设备方向	灭火设备方向	手动启动器	疏散通道方向
疏散通道方向	水泵接合器	推开	消防水带	消防梯

(a)

(b)

图 5-20 安全疏散指示标志

（五）有序疏散

人员在火场逃生过程中，由于惊恐极易出现拥挤、聚堆、盲目乱跑甚至倾倒、践踏的无序现象，造成疏散通道堵塞因而酿成群死群伤的悲剧。相互拥挤、践踏，既不利于自己逃生，也不利于他人逃生。因此，火场中的人员应采取一种自觉自愿、有组织的救助疏散行为，做到有秩序地快速撤离火场。疏散时最好应有现场指挥或引导员的指引，见图 5-21。

图 5-21 人员应有序撤出火场

在火场人流之中，如果看见前面的人倒下去了，应立即上前帮助扶起，对拥挤的人应及时给予疏导或选择其他疏散方法予以分流，以减轻单一疏散通道的人流压力，竭尽全力保持疏散通道畅通，最大限度地减少人员伤亡。

［案例 5-24］ 2001 年美国东部时间 9 月 11 日上午 8 点 18 分，恐怖分子劫持了美国 4 架民航客机，第一架撞上了美国纽约的世界贸易大厦双子座的北塔，引发了一连串爆炸事故并且起火，十多分钟后，第二架撞击了该大厦南塔，引起了更大的爆炸和焚烧，一小时内，两座摩天大厦相继倒塌，见图 5-22。这是一次人类历史上空前的恐怖袭击

活动，共有 6 000 余人死亡及失踪，其中 60 多人是我们的华人同胞。

(a)

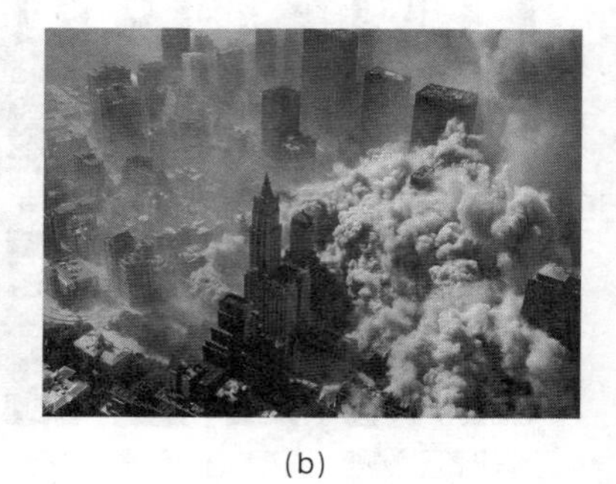

(b)

图 5-22　美国世贸大厦燃烧倒塌现场

最令人难以想象、也可以说是一种奇迹的便是在火灾中，从世贸大楼里逃出来的成千上万的人群里，没有一个人说在逃离过程中大厦内部出现过次序混乱的现象，或发生有人夺路而逃抢别人的生路，或有人被踩伤的事件。在事后清理废墟得到的录音里可知，纽约消防队员中，有人爬到了 7、8 层的高度，那里同样没有惊叫、哭喊或其他任何混乱的声音。一位怀有 7 个月身孕的印度孕妇魏雅斯，自南楼第 78 层安全走到地面，母女均平安无事。事后她说，最令她感动的是，在那样危急的情况下竟没有人互相推挤，或失态地哭喊，大家都沉默地彼此搀扶着一步步往下走。不少逃难中的同伴看到这位身怀有孕的妇女，都停下脚步来帮助她。

互相救助是指处于火灾困境的人员积极帮助他人脱离险境的行为，它彰显了人类舍己救人的崇高美德和道德品质。发生火灾时，早先知晓火灾的人应先叫醒熟睡中的人们，并且尽量大声喊叫或敲门报警，以提醒其他人尽快逃生，不应只顾自己逃生。年轻力壮和有行动能力的人应积极救人、灭火，帮助年老体弱者、妇女和儿童以及受火势威胁最大的人员首先逃离火场，避免混乱现象的发生。要利用喊话、广播通知，引导被火围困人员逃离险境。当疏散通道被烟火封堵时，要积极协助架设梯子、抛绳索、递竹竿等帮助被困人员逃生。有时还应在楼下拉救生网、放置席梦思、棉被、救生气垫等软体物质救助从楼上往下跳的人员。

[案例 5-25]　2005 年 6 月 10 日汕头市华南宾馆特大火灾造成

31 人死亡。服务人员阿美在宾馆二楼 KTV 上班，死里逃生的她向记者介绍："我们住在宾馆的四楼，起火时我们很多姐妹都在房间里睡觉，客房的服务员根本没有通知我们。还是一个在宾馆外面的朋友打电话告诉我宾馆失火的，但当我打开房门时，满楼道里都是烟了。我们很多人都来不及穿衣服就往外逃！"据阿美介绍，当时她们的房间睡着 1 两个女孩，最后逃出 6 个人。宾馆二楼 KTV 上班的女孩共有 100 多名，她们多数都在夜间上班，白天则在宾馆内睡觉。火灾发生时，她们中大多数人都在房间里睡觉。阿美说："如果客房的服务员早给我们打个电话，死的人肯定会少很多！"

（六）注意保护

[案例 5-26]　2000 年 12 月 25 日，河南洛阳东都商厦因工人违章电焊发生火灾。火灾中死亡的 309 人全部是由于吸入有毒有害气体窒息而死的。

[案例 5-27]　2005 年 12 月 25 日晚 11 时左右，广东省中山市坦洲镇檀岛西餐厅酒吧发生火灾，十多分钟后就造成 26 人死亡。该酒吧使用了大量易燃材料装修，且坐垫、墙上吸音棉等都使用海绵，着火之后，这些装修材料散发出大量的一氧化碳等有毒有害气体，导致人员窒息和死亡。

现代建筑，无论是家庭居住还是宾馆饭店、商场市场，人们总喜欢趋于装饰豪华，见图 5-23，但几乎所有装潢材料，诸如塑料壁纸、化纤地毯、聚苯乙烯泡沫板、人造宝丽板等均为易燃可燃物品，而且这些高分子化学装饰材料一旦燃烧，就散发出大量有毒有害气体，并随着浓烟沿走廊蔓延，通过楼梯、电梯井道、垃圾道、电缆竖井等，形成"烟囱效应"，迅速蔓延至楼上各层。

图 5-23　豪华的家庭内饰装修

据有关统计，火灾的死亡者大部分是因吸入有毒有害气体窒息而死。因此，烟雾可以说是火灾的第一杀手，如何防烟是逃生自救的关键。研究表明，烟雾的主要成分是游离碳、干馏物粒子、高沸点物质的凝缩液滴等，火灾中的烟雾不仅妨碍了人们从火灾中逃生的视觉，还会对人的呼吸系统造成损伤。

火灾中会产生大量的氢化氰、硫化氢、一氧化碳、二氧化碳等有毒有害气体。当火灾中一氧化碳含量达到 30 mg/m³、硫化氢的含量达到 20 mg/m³时可使人中毒，氰化氢的含量达到 150 mg/m³时可立即致人死亡。同时，燃烧中产生的热空气被人吸入，会严重灼伤呼吸系统的软组织，也会造成人员窒息死亡。实验表明：一座燃烧中的房子距地面 2 英尺(约 0.61 m)的地方温度为华氏 200 度(约 93.33 ℃)，5 英尺(约 1.5 m)处为华氏 500 度(260 ℃)，而天花板处为华氏 800 度，也就是说接近地面的温度仅是天花板温度的 1/4。研究者指出：在一个关上门窗的房间里，一只枕头燃烧时所发出的烟气量就足以让一个壮汉死于非命——如果他醉酒、沉睡或不知所措的话。但有时烟害并非立即或当场夺取人的生命。

[案例 5-28] 1987 年 3 月 21 日，江阴市勤丰村村民徐建的个体眼镜厂失火。这是一幢车间、仓库、住处混在一起的 3 层“三合一”建筑。人们从烟火中奋力抢救出 6 名“打工妹”，她们没有严重外伤，但一个个神志不清。送到医院后，6 名姑娘中有 5 人因赛璐珞等物燃烧生成的一氧化碳中毒过重而死亡，幸存的一名陈姓姑娘，也成了一个只会用无神双目呆望天花板的废人。

在火场疏散撤离过程中，逃生者多数或许要经过充满浓烟的走廊、楼梯间才能离开危险区域。因此，逃生过程中应采取正确有效的防烟措施和方法。通常的做法有：可把毛巾等物浸湿拧干后，叠起来捂住口鼻来防烟，见图 5-24；无水时，干毛巾也行，或紧急情况下用尿代替水；如果身边没有毛巾，则用餐巾、口罩、帽子、衣服、领带等也可以替代。要多叠几层，将口鼻捂严。穿越烟雾区时，即使感到呼吸困难，也不能将毛巾从口鼻上拿开，否则就有立即中毒的危险。

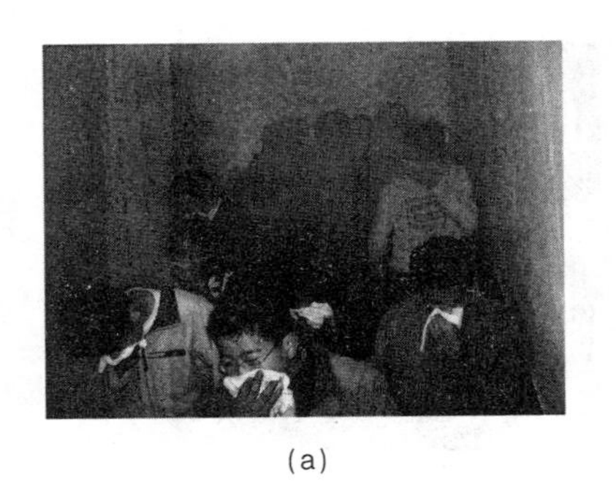
(a)

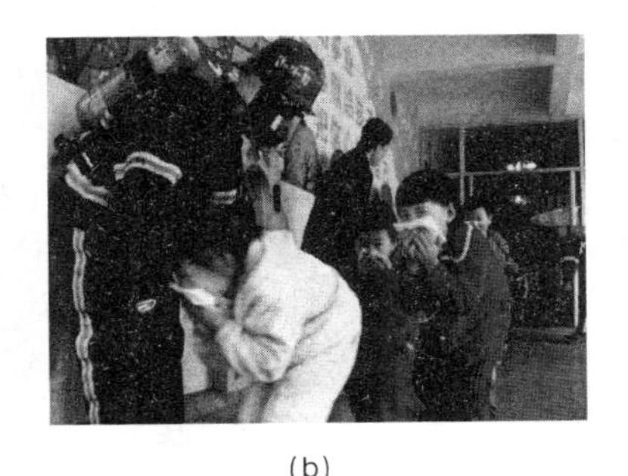
(b)

图 5-24　用毛巾保护逃生

实验表明，一条普通的毛巾如被折叠了 16 层，烟雾消除率可达 90%以上，考虑到实用，一条普通毛巾如被折叠了 8 层，烟雾的消除率也可达到 60%。在这种情况下，人在充满强烈刺激性烟雾的 15 m 长的走廊里缓慢行走，一般没有烟雾强烈刺激性的感觉。同时，湿毛巾在消除烟雾和刺激物质方面比干毛巾更为优越实用，其效果更好。但要注意毛巾过湿会使人的呼吸力增大，造成呼吸困难，因此，毛巾含水量通常应控制在毛巾本身重量的 3 倍以下为宜。

[案例 5-29]　2007 年 3 月 13 日晚 9 时许，广西融安县铁路家属楼一居民房起火，独自一人在家睡觉的 6 岁儿童东东听到噼里啪啦的响声后，从睡梦中惊醒，发现满屋子都是烟雾，同时还闪着阵阵火光，他马上意识到起火了，忙拖起一床毛巾毯跳下床，顾不上找拖鞋，就用毛巾捂住口鼻，朝房门口冲去，并大声哭喊“起火啦、救火”。事后，人们问起东东怎么知道用毛巾捂住鼻子、嘴巴逃生的，东东说：“我在电视上看见过消防演习里面的人就是这样逃生的。”

从浓烟弥漫的通道逃生时，可向头部、身上浇凉水，或用湿衣服、湿棉被、湿床单、湿毛毯等将身体裹好，低姿势行进或匍匐爬行穿过烟雾险境区域，见图 5-25。在火场中，因为受热的烟雾较空气轻，一般离地面约 50 cm 处的空间内仍有残存空气可以利用呼吸，因此，可采低姿势（如匍匐或弯腰）逃生，爬行时应将手心、手肘、膝盖紧靠地面，并沿墙壁边缘逃生，以免迷失方向。火场逃生过程中，要尽可能一路关闭背后的门，以便降低火和浓烟的蹿流蔓延速度。

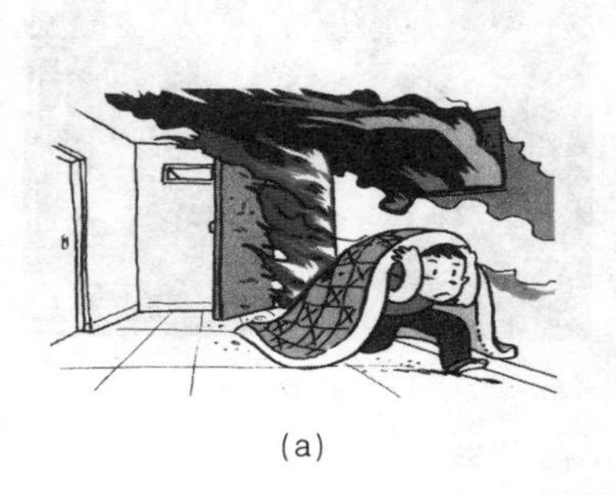

(a)

(b)

图 5-25　贴近地面爬行逃生

如果房内有防毒面罩，则逃生时一定要将其戴在头上，见图 5-26。

如果身上衣服着火，千万不可惊跑或用手拍打，因为奔跑或拍打时会形成风势，加速氧气的补充，促旺火势。应迅速将衣服脱下，如果来不及脱掉衣服应就地翻滚（但注意不应滚动过快），或用厚重衣物覆盖压住灭火苗，见图 5-27。

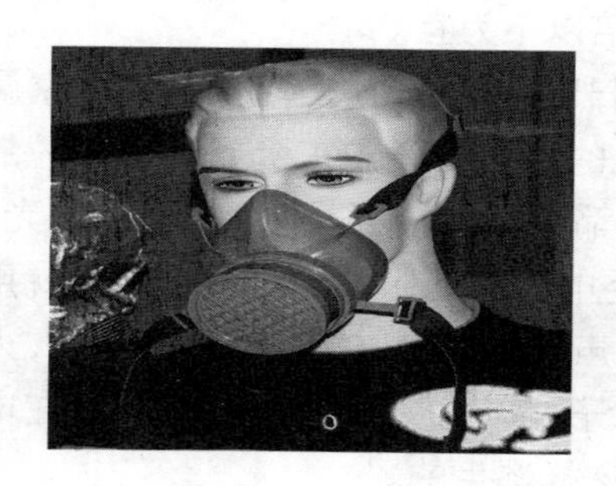

图 5-26　配戴防毒面具逃生

图 5-27　厚重衣物覆盖压灭火苗

如附近有水池、河塘等，可迅速跳入其中。如果人体已被烧伤时，则应注意不要跳入污水中，以防止受伤处感染。

（七）借助器材

在大火中，当安全疏散通道全部被浓烟烈火封堵时，可利用结实的绳子拴在牢固的暖气管道、窗框、床架等其他牢固物体上，然后顺绳索沿墙缓慢下滑到地面或下面的楼层而脱离险境，见图 5-28。如没有绳子也可将窗帘、床单、被褥、衣服等撕成布条，用水浸湿，拧成布绳。

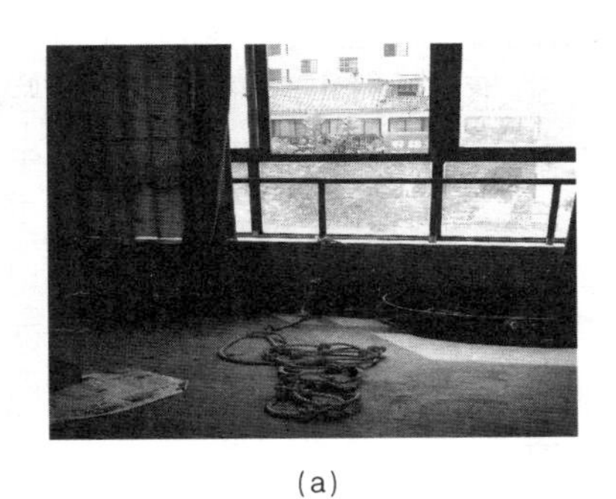
(a)

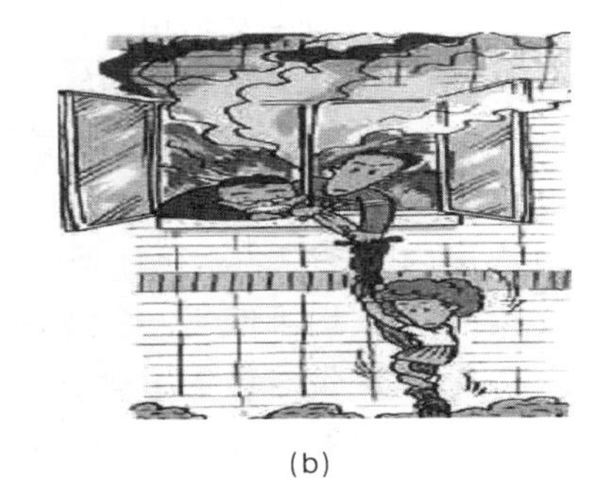
(b)

图 5-28　用绳索下滑逃生

［案例 5-30］　福建厦门集美区涌泉工业园内一制衣厂因车间电路短路造成火灾，大火和浓烟将 16 名员工堵在了三楼办公室中，这些员工却从容不迫地用布接好布条制成布绳捆绑在办公室桌子和空调架上，并将其抛出，垂落到地面，然后一个个顺着布条滑至地面逃过了这场劫难。

［案例 5-31］　2004 年 6 月 9 日北京京民大厦火灾中，当大火和烟雾封住了楼梯而不能从其内疏散撤离时，楼内的人用床单结成布绳而成功逃生自救，见图 5-29。

图 5-29　京民大厦火灾人员逃生现场

一般地，利用绳索逃生时应满足下列要求：

(1) 绳结间长度：每隔 20～25 cm 打个结，以便逃生者握牢绳索；

(2) 绳索长度：不一定非要接到底楼；

(3) 绳索材质：棉麻质地，确保牢固；

(4) 绳索固定点：应牢固，并绑牢；

(5) 防磨损：窗台的着力点垫一块防磨物品；

绳索逃生时应注意的动作要领：手脚借力，手先往下，然后脚再往下。

在发生火灾时，要利用一切可利用的条件逃生，建筑物内或室内备有救生缓降器、逃生滑道的(见图 5-30、图 5-31)，要充分利用这些器具逃离火场。逃生滑道是指使用者靠自重以一定的速度下滑逃生的一种柔性通道。逃生滑道的长度可依据建筑物的高度来设计，适于 60 m 高度内的任何场所及任何建筑物；逃生滑道操作方便，不限使用人数，老弱妇孺均可使用；逃生滑道外部用防火材料制成，逃生时可延缓火舌侵袭；逃生时逃生者看不到地面景物，无恐惧感；逃生滑道占地小，使用时不用电力，操作简便，安全性高。

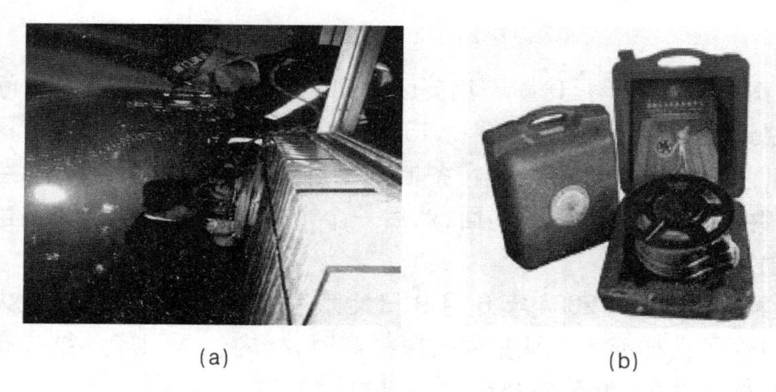

(a) (b)

图 5-30 用救生缓降器逃生

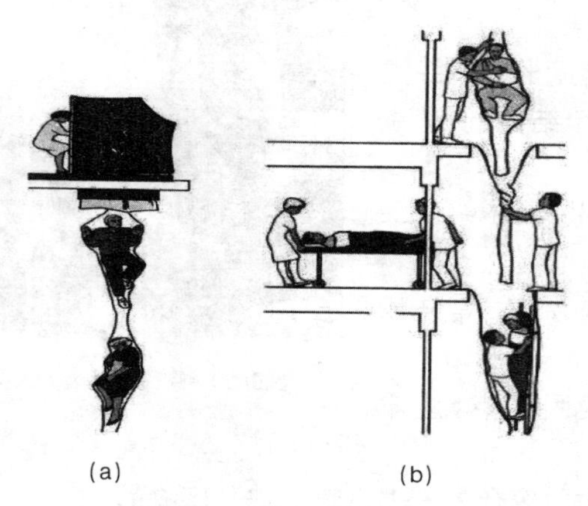

(a) (b)

图 5-31 使用逃生滑道逃生

如无其他救生器材，可考虑利用建筑的阳台、屋顶、落水管等脱险。可通过窗户或阳台逃向相邻建筑物或寻找没着火的房间。

[案例 5-32] 2004 年 7 月 28 日，浙江平阳辉煌皮革有限公司发生火灾，死亡 18 人、重伤 12 人。当时在三楼上班的黄清清，在浓烟逼来，无处逃生的情况下，做出了一个正确的决定，她看到窗口有根塑料管，手抓着塑料管滑了下来，除了脚被划伤，身上并没有烧伤。

(八) 慎重跳楼

跳楼是造成火场人员死亡的又一重要原因。无论怎么说，较高楼层跳楼求生，都是一种风险极大，不可轻取的逃生选择。但当人们被高温烟气步步紧逼，实在无计可施，无路可走时，跳楼也就必然成为挑战死亡的生命豪赌。

在开始发现火灾时，人们会立即做出第一反应。这时的反应大多还是比较理智的分析与判断。但是，当按选择的路线逃生失败，发现事先的判断失误而逃生之路又被大火封死、且火势愈来愈大、烟雾愈来愈浓时，人们就很容易失去理智。此时万万不可盲目采取跳楼等冒险行为，以避免未入火海而摔下地狱。

[案例 5-33] 美国“9·11”世贸大厦火灾，出现部分跳楼逃生者，但却无一生还，见图 5-32。

如果被烟火围困在三层以上的楼房内，千万不要急于跳楼。三、四层的楼高或更高处，因为距地面太高，在没有任何保护手段的情况下往下跳，人死亡的风险性是相当大的。只要有一线生机，就不要冒险跳楼。

图 5-32 美国世贸大厦火灾跳楼现场

[案例 5-34] 2008 年 11 月 14 日早晨，上海商学院徐汇校区宿舍楼 602 寝室内起火，因寝室内烟火过大，陈睿和张燕苹等 4 名女生被逼到阳台上，后分别从阳台跳下逃生，4 人均当场死亡。

[案例 5-35] 1985 年 4 月 18 日夜，哈尔滨市当时最高、最豪华的 15 层高楼天鹅饭店，因美国旅客安德里克酒后卧床吸烟引燃被褥而发生火灾，重伤 7 人，其中外宾 4 人；死亡 10 人中，外宾 6 人，这 10

名死者，有 9 人是跳楼摔死的。当时，他们都住在起火层 11 楼。起火后，楼梯通道已被烟火封锁，房间也侵入了大量浓烟，9 名旅客慌乱中来不及思索，就从窗口跳出，落下的垂直高度约 28 米，如此之高，生望渺茫。

而被逼到窗外的还有 9 名中外旅客，他们同样是受不了高温浓烟的侵袭，但他们却没有仓皇地选择跳楼，而是从窗子爬到窗外，手攀窗台，脚踩突出墙面仅 10 cm 的窗沿，壁虎般地贴在墙上，而此时此刻，他们头顶上的窗口还在向外喷吐着浓烟，但他们始终没有松手，没有跳楼，一直坚持到消防队员冲进火海，强行攻入房间的时候。这些被浓烟逼到窗外但坚持到最后一刻的人，终于拣回了生命。

［案例 5-36］ 2004 年 5 月 18 日，南京市栖霞区的红马酒楼火灾造成 4 人死亡。1 人在跳楼时当场摔死，2 人从楼上跳下性命垂危，后送往医院抢救无效死亡。另有 4 人及时跑上了五楼的平台，被消防队员用云梯救下。

身处火灾烟气中的人，精神上往往陷于极端恐怖和接近崩溃，惊慌的心理下极易不顾一切地采取如跳楼逃生的伤害性行为。应该注意的是：只有消防队员准备好救生气垫并指挥跳楼时或楼层不高（一般 4 层以下），非跳楼即烧死的情况下，才可考虑采取跳楼的方法。即使已没有任何退路，若生命还未受到严重威胁，也要冷静地等待消防人员的救援。如果被火困在楼房的二、三层等较低楼层，若无条件采取其他自救方法或短时间内得不到救助就有生命危险时，在此种万不得已的情况下，才可以跳楼逃生。跳楼虽可求生，但会对身体造成一定的伤害，所以要慎之又慎。

跳楼求生的风险极大，要讲究方法和技巧。在跳楼之前，应先向楼下地面扔一些棉被、枕头、床垫、大衣等柔软物品，以便身体“软着陆”，减少受伤的可能性；然后再手扒窗台或阳台，身体自然下垂，以尽量降低垂直距离，头朝上脚向下，自然向下滑行，双脚落地跳下，以缩小跳落高度，并使双脚首先着落在柔软物上。如有可能，要尽量抱些棉被、沙发垫等松软物品或打开大雨伞跳下，以减缓冲击力。如果可能的话，还应注意选择有水池、软雨篷、草地等地方跳。落地前要双手抱紧头部身体弯曲卷成一团，以减少伤害，见图 5-33。

(a)

(b)

图 5-33 跳楼逃生方法与技巧

（九）暂时避难

在无路可逃的情况下，应积极寻找避难处所，如到阳台、楼顶等等待救援，或选择火势、烟雾难以蔓延的房间暂时避难。当实在无法逃离时便应退回室内，设法营造一个临时避难间暂避。

［案例 5-37］ 1994 年 12 月 8 日，新疆克拉玛依友谊馆发生火灾，大厅断电，疏散逃生过程无组织、无秩序，局势混乱，人员拥挤，造成 325 人葬身火海。有一位 10 岁的小男孩看到舞台上方的纱幕布起火后，立即拉起比自己小 4 个月的表妹跑往通道，钻进厕所，结果大难不死。当事后人们问起他时，他说看过电视里的消防知识竞赛，火灾发生时厕所里没有易燃物，火势无法蔓延因而就相对安全。

如果烟味很浓，房门已经烫手，说明大火已经封门，再不能开门逃生。正确的办法应是关紧房间临近火势的门窗，打开背火方向的门窗，但不要打碎玻璃，当窗外有烟进来时，要赶紧把窗子关上。将门窗缝隙或其他孔洞用湿毛巾、床单等堵住或挂上湿棉被、湿毛毯、湿麻袋等难燃物品，防止烟火入侵，并不断地向迎火的门窗及遮挡物上洒水降温，同时要淋湿房间内的一切可燃物，如图 5-34 所示，也可以把淋湿的棉被、毛毯等披在身上。如烟已进入室内，要用湿毛巾等捂住口鼻。

［案例 5-38］ 1983 年 4 月 17 日，黑龙江哈尔滨市道里区发生一起罕见的特大火灾，持续 11 小时，延烧 5 条街，烧死烧伤几十人，

图 5-34　用湿毛巾等封堵门缝

其中一户人家 5 口人上楼抢救财产，被火围困室内，全部遇难。过火处的居民楼大多化为瓦砾废墟，但其中有一户人家幸免于难。当时他们发现烟火封住楼梯，但没有坐以待毙，而是立即行动起来。先是紧闭门窗，防止烟气蹿入，然后把被褥、棉衣等物洒上水，蒙在木门上，随后便不断往上泼水，最后把鱼缸里的水都用上了，结果大门始终未被高温烟火引燃烧穿，顶住了烟火的进攻。时至夜间火势减弱时，他们打开手电筒向楼外呼救，被消防队员救出，最终保住了性命和家产。

[案例 5-39]　1997 年 1 月 29 日，湖南长沙市燕山酒家发生火灾，39 人死亡。火灾中一些旅客凭借自己掌握的消防常识，战胜了死亡的威胁。住在燕山酒家 518 房的张家界永定区某派出所的王大平、盛勇两人发现起火后想冲出房间，却发现烟火早已将通道封死，马上返回房间内，将门关好，并用水打湿被子，堵住了房门，防止了烟火的侵入，然后在窗口鸣枪发出求救信号。

避难间或避难场所是为了救生而开辟的临时性避难的地方，因火场情况不断发展，瞬息万变，避难场所也不可能永远绝对安全。因此，不要在有可能疏散逃生的条件下不疏散逃生而创造避难间避难，从而失去逃生的时机。避难间应选择在有水源及能便于与外界联系的房间。一方面，水源能降温、灭火、消烟，利于避难人员生存；另一方面又能与外界联系及时获救。

在被烟火围困时，被困人员应积极主动与外界联系，呼救待援，见图 5-35。

(a)

(b)

图 5-35 火场被困时主动呼救待援

如房间有电话、对讲机、手机等通讯工具，要利用其及时报警，如图 5-36 所示。如没有这些通讯设备，则白天可用各色的旗帜或衣物摇晃，或向外投掷物品，夜间可摇晃点着的打火机、划火柴、打手电向外报警示意。

1. 发现火灾迅速拨打火警电话119。报警时要讲清详细地址、起火部位、着火物质、火势大小、报警人姓名及电话号码，并派人到路口迎候消防车。

图 5-36 利用电话等通讯工具报火警

在因烟气窒息失去自救能力时，应努力爬滚到墙边或门边躲避。一是便于消防人员寻找、营救，因为消防人员进入室内通常都是沿着墙壁摸索前进的；二是也可防止房屋塌落时掉落物体砸伤自己。

（十）生还者忠告

［忠告 1］ 鲁正直——西安某招待所火灾中死里逃生者。他谈到："起火时楼内乱成一锅粥，我开门一看，走道里楼梯口到处是红烟，就赶紧关上房门。这时只有少量烟雾从门缝里渗进来。同住一个房间的其他人主张跳楼，我不让跳。因为过去我亲眼见过一个供销社着火，火不大却把一些人胆子吓破了，有人抓住床单当降落伞跳楼，当场就摔死几个。隔壁房间的李习敏从 4 楼窗口就跳了下去，幸亏被一楼遮阳棚挡了一下，没丢命，可他从额角到脑后头皮撕裂，事后缝了十几针。楼梯被烟封，跳楼又行不通，怎么办？真是天无绝人之路，猛地我灵机一动，让同伴们赶紧动手，将床单、被罩等都撕成宽布条结结实实系成一条由窗口到达地面的长绳，准备拉着绳子滑落，刚准备好，消防

车到了，于是我们就守在房内不到万不得已决不从窗户出去，结果不一会火就灭了，烟也慢慢小了下来。事后我们看到楼面上竟搭着几十条这种长长短短、花花绿绿的绳子，它们使 140 多名旅客安然脱险。”

[忠告2] 2007 年 2 月 4 日 1 时 40 分，浙江省台州市黄岩区一家商铺发生火灾，17 人遇难。36 岁的范非夫妇，没有受到任何烫伤。初中毕业的范非说，儿时他无意中从一本小人书上看到的一句宣传语，最后救了他的命。“家里起火不要怕，大人小孩顺地爬”。当他明白他们已陷入一场可怕的火灾中时，烈火和浓烟到处都是，已无任何退路。他先是在底下吸了口气，“蹲下来，才有空气。”范非说。然后憋着一口气，拽了老婆疯狂地往楼梯口跑，大概 10 多秒钟后，到了烟比较淡的地方，又继续吸了口气，就这样，憋一口气跑一段，直到街上。

[忠告3] 1999 年 12 月 26 日 3 时许，长春市夏威夷大酒店地下一层的洗浴中心发生火灾，造成 20 人死亡。25 日 21 时从鞍山到长春出差的高先生一行 5 人在洗浴中心沐浴、过夜。沉睡中听见有人大喊：“着火了！”。高先生醒后，第一个动作是唤醒其余 4 位同伴。他看了看手表，指针指在 4 时 02 分。此时他们休息的大厅没有火也没有烟。同伴们醒后，大家一起冲向更衣室，每个人以最快的速度穿上衣服，刚想穿上鞋时，浓烟已扑进了更衣室，随即室内一片黑暗，灯灭了。四十多岁的高先生此时分外冷静，他抓住同伴们说：“快往浴室里跑。”更衣室和浴室仅一门之隔，他们跑了进去。浴室里面没有火，但也进了不少烟。几乎同时，一名女服务员捧着一支蜡烛跟了进来。跑进浴室的共有 9 人。大家关紧了浴室的门，开始了有序的自救，即快速把浴巾用水浸湿，堵在门缝上，然后找来一根圆珠笔，用笔尖一点一点地把缝隙塞严实。两个人“留守”，不停地用水冲淋门，其余人寻找出口。地板被掏了个洞，天花板也被撬开了，终于发现有一个排气扇的通风口。大家相互搀扶着爬进天花板，可是被焊得牢牢的排气扇所阻，费尽九牛二虎之力也没能拆卸下来。这时大家大汗淋漓，感觉到呼吸不畅。高先生忙提醒：“少说话，慢呼吸。”烟越来越浓了，高先生一直没有停止用手机四处求救，他先后拨打电话 119、120、110 和市长公开电话，告知情况和方位。一直坚守在门口向门冲水的小伙子被浓烟逼得无法忍受，不得不退了回来。大部分人躲进了浴室中最里侧的蒸汽浴

房，因为它的门是耐高温玻璃钢制作，较之另一间桑拿浴房的木门密封性强，但是大家仍没有忘记，继续用浸湿的浴巾塞紧门缝。这时已是凌晨5时30分。大家相互鼓励着、等待着。6时10分，消防队员冲进来，把他们背了出去，9个人大多已神志恍惚，但是他们都活了下来。高先生说，以后去一些陌生的公共场所，一定有必要先察看一下疏散的路径，当发生险情时，一不能慌，二不要乱，要想办法自救，坚持到最后一刻就是胜利。这是劫后余生的人们总结的经验。

在同一起火灾中逃生的刘姓电工说，带一个手电筒真是太重要了，以后不管去任何地方，他都不会忘记带上它。在日本宾馆的每个房间里，都备有一个手电筒，旅客一旦碰上火灾、地震等灾难，可以用此照明逃生。

俗话说得好，“知术者生，乏术者亡”，“只有绝望的人，没有绝望的处境。”在火灾危险情况下能否安全自救，固然与起火时间、火势大小、建筑物结构形式、建筑物内有无消防设施等因素有关，但还要看被大火围困的人员在灾难到来之时有没有选择正确的自救逃生方法。“水火无情”，许多人由于缺乏在火灾中积极逃生自救的知识而被火魔夺去了生命，一些人也因丧失理智的行动加速了死亡。反之，只要具有冷静的头脑和火场自救逃生的科学知识，生命就能够得到安全保障。

三、火场逃生误区

在突发其来的火灾面前，有的人往往表现出不知所措，常常不假思索就采取逃生行动甚至是错误的行动。下面介绍一些在火灾逃生过程中经常出现的错误行为，防微杜渐，以示警示。

1. 手一捂，冲出门

火场逃生时，许多人尤其是年轻人通常会采取这种错误行为。其错误性表现在两点：一是手并非是良好的烟雾过滤器，不能过滤掉有毒有害烟气。平时在遇到难闻的气味或沙尘天气时，甚至人们常常情不自禁地用手捂住口鼻，以防气味或沙尘侵入，其实作用或效果并不十分明显，有点自欺欺人、自我安慰之意。因此，火险状态下应采取正确的防烟措施，如用湿毛巾等物捂住口鼻。二是在烟火面前，人的生命非常脆弱。俗话说“水火无情”，亲临烟火时切忌低估其危害性。多数年轻人缺乏消防常识及火灾经验，认为自己身强力壮，动作敏捷，不采取任何防护措施冲出烟火区域也不会有很大危险。但诸多火灾案例表明，人在烟火中奔跑二、三步就会吸烟晕倒，为数不少的人跟“生”就差一步之遥，可这一步就是生与死的分界线。因此，千万不要低估烟火的危害而高估自己的能力。

2. 抢时间，乘电梯

面临火灾，人们的第一反应应是争分夺秒地迅速离开火场。但许多人首先会想到搭乘普通电梯逃生，因为电梯迅速快捷，省时省力。其实这完全是一种错误行为，其理由有六：

(1) 电梯的动力是电源，而火灾时所采取的紧急措施之一是切断电源，即使电源照常，电梯的供电系统也极易出现故障而使电梯卡壳停运，处于上下不能的困境，其内人员无法逃生、无法自救，极易受烟熏火烤而伤亡。

(2) 电梯井道好似一个高耸庞大的烟囱，其“烟囱效应”的强大抽拔力会使烟火迅速蔓延扩散整个楼层，使电梯轿厢变形，行进受阻。

(3) 电梯轿厢在井道内的运动，使空气受到挤压而产生气流压强变化，且空气流动越快，产生的负压就越大，从而火势就越大。因此，火灾中行驶的普通电梯自身难保，切忌乘坐。

(4) 电梯轿厢内的装修材料有的具有可燃性，热烟火的烘烤不仅会使轿厢金属外壳变形，而且会引起内部装饰燃烧炭化，对逃生人员构成危险。

(5) 一般电梯停靠某处时，其余楼层的电梯门都是联动关闭，外界难以实施灭火救援。即便强行打开，恰好又为火灾补充了新鲜空气，拓展了烟火蔓延扩散的渠道。

(6) 电梯运载能力有限，一般一部普通客梯承载能力在800～1 000 kg (约10～13人)。公共场所人员密集，一旦失火时惊慌的人群涌入其内更易造成混乱，因而会耽误安全逃生的最佳时机。

3. 寻亲友，共同逃

遭遇火灾时，有些人会想着在自己逃生之前先去寻找自己的家人、孩子及亲朋好友一起逃生，其实这也是一种不可取的错误行为。倘若亲友在眼前，则可携同一起逃生；倘若亲友不在近处，则不必到处寻找，因为这会浪费珍贵的逃生时间，结果谁也逃不出火魔爪牙。明智的选择是各自逃生，待到安全区域时再行寻找，或请求救援人员帮助寻找营救。

4. 不变通，走原路

火场上另一种错误的逃生行为就是沿进入建筑物内的路线、出入口逃离火灾危险区域。这是因为人们身处一个陌生境地，没有养成一个首先熟悉建筑内部布局及安全疏散路径、出口的良好习惯所致。一旦失火，人们就下意识地沿着进入时的出入口和通道进行逃生，只有当该条路径被烟火封堵时，才被迫寻找其他逃生路径，然而此时火灾已经扩散蔓延，人们难以逃离脱身。因此，每当人们进入陌生环境时，首先要了解、熟悉周围环境、安全通道及安全出口，做到防患于未然。

5. 不自信，盲跟从

盲目跟随是火场被困人员从众心理反应的一种具体行为。处于火险中的人们由于惊慌失措往往会失去正常的思维判断能力，总认为他人的判断是正确的，因而第一反应会本能地盲目跟从他人奔跑逃命。该行为还通常表现为跳楼、跳窗、躲藏于卫生间、角落等现象，而不是积极主动寻找出路。因此，只有平时强化消防知识的学习和消防技能的训练，树立自信心，方能临危或处危不乱不惊。

6. 向光亮，盼希望

一般而言，光、亮意味着生存的希望，它能为逃生者指明方向，避免瞎摸乱撞而更便于逃生。但在火场上，会因失火而切断电源或因短路、跳闸等造成电路故障而失去照明，或许有光亮之处恰是火魔逞强之地。因此，黑暗之下，只有按照疏散指标引导的方向逃向太平门、疏散楼梯间及疏散通道才是正确可取的办法。

7. 急跳楼，行捷径

火场中，当发现选择的逃生路径错误或已被大火烟雾围堵，且火势越来越大、烟雾越来越浓时，人们往往很容易失去理智而选择跳楼等不明智之举。其实，与其要采取这种冒险行为，还不如稳定情绪，冷静思考，另谋生路，或采取防护措施，固守待援。只要有一线生机，切忌盲目跳楼求生。

第三节　典型火灾逃生方法

火灾发生时，其发展瞬息万变，情况错综复杂，且不同场所的建筑类型、建筑结构、火灾荷载、使用性质及建筑内人员的组成等都存在着相当大的差异。因此，火场逃生的方法、技巧也不是千篇一律、一成不变的。不同类型建筑的逃生原则和方法虽然有共同之处，但它们仍有各自的特性，下面介绍几种典型建筑火灾的逃生方法。

一、高层建筑火灾逃生方法

我国有关建筑设计防火规范规定，高层建筑是指建筑高度超过 24 m 且二层及二层以上的公共建筑或是指 10 层及 10 层以上的住宅建筑。高层建筑具有建筑高、层数多、建筑形式多样、功能复杂、设备繁多、各种竖井众多、火灾荷载大及人员密集等特点，以至于火灾时烟火蔓延途径多，扩散速度快，火灾扑救难，极易造成人员伤亡。由于高层建筑火灾时垂直疏散距离长，因此，要在短时间内逃脱火灾险境，人员必须要具有良好的心理素质及快速分析判断火情的能力，冷静、理智地作出决策，利用一切可利用的条件，选择合理的逃生路线和方法，争分夺秒地逃离火场。

1. 利用建筑物内的疏散设施逃生

利用建筑物内已有的疏散逃生设施进行逃生，是争取逃生时间、提高逃生效率的最佳方法。

(1) 优先选用防烟楼梯、封闭楼梯、室外楼梯、普通楼梯及观光楼梯进行逃生。

高层建筑中设置的防烟楼梯、封闭楼梯及其楼梯间的乙级防火门，具有耐火及阻止烟火进入的功能，且防烟楼梯间及其前室设有能阻止烟气进入的正压送风设施。有关火灾案例证明，火灾时只要进入防烟楼梯间或封闭楼梯间，人员就可以相对安全地撤离火灾险地，换言之，高层建筑中的防烟楼梯间、封闭楼梯间是火灾时最安全的逃生设施。

(2) 利用消防电梯进行逃生，因为其采用的动力电源为消防电源，火灾时不会被切断，而普通电梯或观光电梯采用的是普通动力电源，火灾时是要切断的，因此，火灾时千万不能搭乘。

(3) 利用建筑物的阳台、有外窗的通廊、避难层进行逃生。

(4) 利用室内配置的缓降器、救生袋、安全绳及高层救生滑道等救生器材逃生。

(5) 利用墙边的落水管进行逃生。

(6) 利用房间内的床单、窗帘等织物拧成能够承受自身重量的布绳索，系在窗户、阳台等的固定构件上，沿绳索下滑到地面或较低的其他楼层进行逃生。

2. 不同部位、不同条件下的人员逃生

当高层建筑的某一部位发生火灾时，应当注意收听消防控制中心播放的应急广播通知，它将会告知你着火的楼层、安全疏散的路线、方法和注意事项，不要一听到火警就惊慌失措，失去理智，盲目行动。

(1) 如果身处着火层之下，则可优先选择防烟楼梯、封闭楼梯、普通楼梯及室内疏散走道等，按照疏散指示标志指示的方向向楼下逃生，直至室外安全地点。

(2) 如果身处着火层之上，且楼梯、通道没有烟火时，可选择向楼下快速逃生；如烟火已封锁楼梯、通道，则应尽快向楼上逃生，并选择相对安全的场所如楼顶平台、避难层等待救援。

(3) 如果身处着火层时，则快速选择通道、楼梯逃生；如果楼梯或房门已被大火封堵，不能顺利疏散时，则应退避房内，关闭房门，另寻其他逃生路径，如通过阳台、室外走廊转移到相邻未起火的房间再行逃生；或尽量靠近沿街窗口、阳台等易于被人发现的地方，向救援人员发出求救信号，如大声呼喊、挥动手中的衣服、毛巾或向下抛掷小物品，或打开手电、打火机等求救，以便让救援人员及时发现并实行施救。

(4) 如果在充满烟雾的房间和走廊内逃生时，则不要直立行走，最好弯腰使头部尽量接近地面，或采取匍匐前行姿势，并做好防烟保护，如配戴防毒面具，或用毛巾、口罩或其他可利用的东西做成简易防毒面具。因为热烟气向上升，离地面较近处烟雾相对较淡，空气相对新鲜，因此呼吸时可少吸烟气。

(5) 如果遇到浓烟暂时无法躲避时,切忌躲藏在床下、壁橱或衣柜及阁楼、边角之处。一是这些地方不易被人发现寻找;二是这些地方也是烟气聚集之处。

(6) 如果是晚上听到火警,首先赶快滑到床边,爬行至门口,用手背触摸房门,如果房门变热,则不能贸然开门,否则烟火会冲进室内,如果不热,说明火势可能还不大,则通过正常途径逃离是可能的,此时应带上钥匙打开房门离开,但一定要随手关好身后的门,以防止火势蔓延扩散。如果在通道上或楼梯间遇到了浓烟,则要立即停止前行,千万不能试图从浓烟里冲出来,应退守房间,并采取主动积极的防火自救措施,如关闭房门和窗户,用湿潮的织物堵塞门窗缝隙,防止烟火的侵入。

(7) 如果身处较低楼层(3 层以下)且火势危及生命又无其他方法自救时,只有将室内席梦思、棉被等软物抛至楼下时,才可采取跳楼行为。

3. 自救、互救逃生

(1) 利用建筑物内各楼层的灭火器材灭火自救。在火灾初期,充分利用消防器材将火消灭在萌芽阶段,可以避免酿成大火。从这个意义上讲,灭火也是一种积极的逃生方法。因此,火灾初期一定要沉着冷静,不可惊慌无措,延误灭火良机。

(2) 相互帮助,共同逃生。对老、弱、病、残、儿童及孕妇或不熟悉环境的人要引导疏散,帮助其一起逃生。

二、商场、市场火灾逃生方法

向社会供应生产、生活所需要的各类商品的公共交易场所称之为商场或市场,如百货大楼、商业大楼、购物中心、贸易大楼及室内超级市场等。商场、市场内商品大多为易燃可燃物,且摆放比较密集。现代商场市场功能多元化、结构复杂化、商品齐全化、装修豪华化,这些虽然最大化地满足了顾客的需求,但也增加了商场、市场的火灾荷载及火灾危险性,加之其内人流密集,火灾时人员疏散较为困难,甚至发生烟气中毒而造成群死群伤的恶性事故。商场市场火灾虽然有别于其他火灾,但逃生方法也有其自身的特点。那么,商场、市场火灾逃生应当注意什么呢?

1. 熟悉安全出口和疏散楼梯位置

进入商场市场购物时，首先要做的事情应是熟悉并确认安全出口和疏散楼梯的位置，不要把注意力首先集中到琳琅满目的商品上，而应环顾周围环境，寻找疏散楼梯、疏散通道及疏散出口位置，并牢记。如果商场市场较大，一时找不到安全出口及疏散楼梯时，应当询问商场市场内的工作人员。这样相当于为火灾时成功逃生准备了一堂预备课。

2. 积极利用疏散设施逃生

建筑物内的疏散设施主要包括防烟楼梯、封闭楼梯、室外楼梯、疏散通道及消防电梯等，在建设商场市场时，这些设施都按照建筑设计防火规范的相关要求进行了设置，具有相应的防火隔烟功能。在初期火灾时，它们都是良好的安全逃生途径。进入商场、市场后，如果你已熟悉并确认了它们的位置，那么火灾时就会很容易找到就近的安全疏散口，从而为安全逃生赢得了宝贵的时间。如果你没有提前熟悉并确认之，那么千万不要惊慌，应积极地按照疏散指示标志指示的方向逃生，直至寻找到安全疏散出口。

3. 秩序井然地疏散逃生

惊慌是火灾逃生时的一个可怕而又不可取的行为，是火场逃生时的障碍。由于商场市场是人员密集场所，惊慌只会引起其他人员的更加惊慌，造成逃生现场的一片混乱，进而导致拥挤、摔倒、踩踏，使疏散通道、安全出口严重堵塞，人员死伤。因此，无论火灾多么严峻，都应当保持沉着冷静，一定要做到有序撤出。在楼梯等候疏散时切忌你推我挤，争先恐后，以免后面的人把前面的人挤倒，而其他的人顺势而倒，形成“多米纳骨牌”效应，倒下一大片。

4. 自制救生器材逃生

商场市场中商品种类繁多、高度集中，火场逃生时可利用的物资相对较多，如衣服、毛巾、口罩等织物浸湿后可以用来防烟，绳索、床单、布匹、窗帘及五金柜台的各种机用皮带、消防水带、电缆线等可制成逃生工具，各种劳保用品，如安全帽、摩托车头盔、工作服等可用来避免烧伤或坠落物的砸伤。

5. 充分利用各种建筑附属设施逃生

火灾时，还可充分利用建筑物外的落水管、房屋内外的突出部分和各种门、窗及建筑物的避雷网(线)等附属设施进行逃生,或转移到安全楼层、安全区域再行寻找机会逃生。这种方法仅是一种辅助逃生方法,利用时既要大胆,又要细心,尤其是老、弱、病、残及妇、幼者要慎用,切不可盲目行事。

6. 切记注意防烟

商场市场火灾时,由于其内商品大多为可燃物,火灾蔓延快,生成的烟量大,因此,人员在逃生时一定要采取防烟措施,并尽量采取低行姿势,以免烟气进入呼吸道。在逃生时,如果烟浓且感到呼吸困难时,可贴近墙边爬行。倘若在楼梯道内,则可采取头朝上、脚向下、脸贴近楼梯两台阶之间的直角处的姿势向下爬,如此可呼吸到较为新鲜的空气,有助于安全逃生。

7. 寻求避难场所

在确实无路可逃的情况下,应积极寻求如室外阳台、楼顶平台等避难处等待救援;选择火势、烟雾难以蔓延到的房间关好门窗,堵塞缝隙,或利用房内水源将门窗和各种可燃物浇湿,以阻止或减缓火势、烟雾的蔓延。不管是白天还是晚上,被困者都应大声疾呼,不间断地发出各种呼救信号,以引起救援人员的注意,脱离险境。

8. 禁用普通电梯

火灾现场疏散时,万万不能乘坐普通电梯或自动扶梯,而应从疏散楼道进行逃生。因为火灾时会切断电源而使普通电梯停运,同时火灾产生的高热会使普通电梯系统出现异常。

9. 切忌重返火场

逃离火场的人员千万应记住,不要因为贪恋财物或寻找亲朋好友而重返火场,而应告诉消防救援人员,请求帮助寻找救援。

10. 发现火情应立即报警

在大商场市场购物时,如果发现如电线打火、垃圾筒冒烟等异常情况,应立即通知附近工作人员,并立刻报火警,不要因延误报警而使小火形成大灾,造成更大的损失。

三、公共娱乐场所火灾逃生方法

公共娱乐场所一般是指歌舞娱乐游艺场所等。近年来,国内外公共娱乐场所发生火灾的案例数不胜数,其火灾共同特点是易造成人员

群死群伤。

［案例5-40］ 2002年7月20日，秘鲁首都利马乌托邦夜总会发生火灾，造成30人死亡、100人受伤。当天下午3时许，夜总会表演口喷火焰时，男演员将燃烧物喷到空中，燃烧物将夜总会的窗帘、天花板点燃，台下观众不明真相，以为这是表演中的一部分。火灾蔓延后，许多观众还在不停地叫喊“不要跑”。当火灾引燃观众席并释放大量浓烟时，拥挤的人群才出现惊乱，开始狂乱逃跑，致使不少人员被踩死踩伤。

［案例5-41］ 9月20日晚，广东深圳市龙岗区龙东社区舞王俱乐部发生火灾，造成43人烟熏中毒死亡，65人受伤。火灾现场调查判定火灾着火部位在三楼舞王俱乐部舞台，起火原因为演员在舞台使用自制烟花道具枪时引燃天花上的吸音海绵等易燃有毒材料并迅猛燃烧，在30 s内产生大量有毒浓烟并迅速扩散蔓延。当晚进入舞王俱乐部消费的人员约有400人，火灾发生时，该俱乐部工作人员曾想用灭火器扑灭火灾，但由于舞王俱乐部三楼空间密闭，有毒烟雾迅速扩散蔓延至各个角落，大量人员因无法及时疏散，导致惨剧发生，如图5-37。

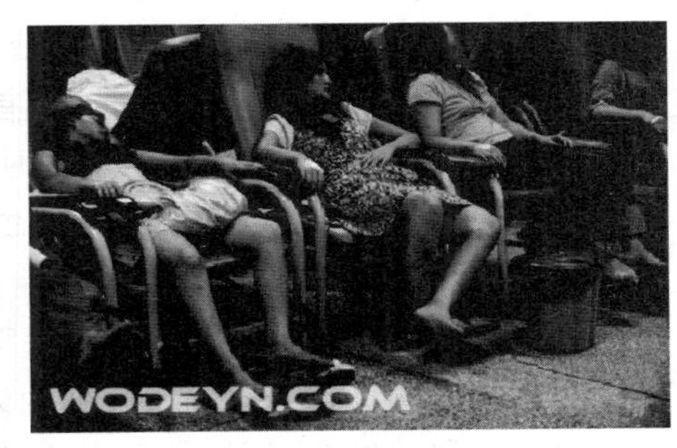

图5-37 深圳舞王俱乐部火灾后现场

现代的歌舞厅、卡拉OK厅等娱乐场所一般都不是“独门独户”，大多设置在综合建筑内，人员密集，歌台舞榭，装修豪华，为了满足功能的需要，有时技术先进的像个“迷宫”，通道弯曲多变，一旦失火，人员难以脱身。因此，掌握其火灾逃生方法非常重要。

1. 保持冷静，明辨出口

歌舞厅、卡拉OK厅等场所一般都在晚上营业，并且顾客进出随意性大、密度高，加上灯光暗淡，火灾时容易造成人员拥挤混乱、摔伤踩伤。因此，火灾时一定要保持冷静，不可惊恐。进入时，要养成事先查看安全出口位置、是否通畅的良好习惯，如发现有锁闭情况，应立即告知工作人员要打开并说明理由。失火时,应明辨安全出口方向,并采取避难措施,这样才能掌握火灾逃生的主动权。

2. 寻找多种途径逃生

发生火灾时,应冷静判断自己所处的位置,并确定最佳的逃生路线。首先应想到通过安全出口迅速逃生。如果看到大多数人都同时涌向一个出口,则不能盲目跟从,应另辟蹊径,从其他出口逃生。即使众多人员都涌向同一出口,也应当在场所引导员的疏导下有序疏散。

在疏散楼梯或安全出口被烟火封堵实无逃生之路时,对于设置在3层以下的娱乐场所,可用手抓住阳台、窗台往下滑,且让双脚首先着地;设置在高层建筑中的娱乐场所,则首先选择屋顶平台、阳台逃生或选择落水管、窗户逃生。从窗户逃生时,必须选用窗帘等自制逃生自救安全滑绳,绝不可急于跳楼,以免发生不必要的人员伤亡。

3. 寻找避难场所

公共娱乐场所发生火灾时,如果逃生通道被大火和浓烟封堵,又一时找不到辅助救生设施时,被困人员只有暂时逃向火势较轻、烟雾较淡处寻找或创建避难间,向窗外发出求救信号,等待救援人员营救。

4. 防止烟雾中毒

歌舞娱乐场所的内装修大多采用了易燃可燃材料,有的甚至是高分子有机材料,燃烧时会产生大量的烟雾和有毒气体。因此,逃生时不要到处乱跑,应避免大声喊叫,以免烟雾进入口腔,应采用水(一时找不到水时可用饮料)打湿身边的衣服、毛巾等物捂住口鼻并采取低姿势行走或匍匐爬行,以减少烟气对人体的危害。

5. 听从引导员的疏导

我国《公共娱乐场所消防安全管理规定》明文规定,公共娱乐场所的"全体员工都应当熟知必要的消防安全知识,会报火警,会使用灭火器材,会组织人员疏散"。因此,火灾逃生人员一定要听从场所工作人员的疏散引导,有条不紊地撤离火场,切不可推拉拥挤,堵塞出口,造成伤亡。

四、影剧院、礼堂火灾逃生方法

影剧院、礼堂也是人员密集场所,其主体建筑一般由舞台、观众

厅、放映厅三大部分组成，属于大空间、大跨度建筑，内部各部位大多相互连通，电气、音响设备众多，且幕布、坐椅、吸音材料多具可燃性，一旦失火，烟气会迅速弥漫整个室内空间，火势迅猛发展，极易造成群死群伤，1994 年 12 月 8 日夺取 325 条生命的新疆克拉玛依友谊馆火灾就是一个典型例子。下面是该类场所火灾逃生的方法和应注意的事项。

1. 选择安全出口逃生

影剧院、礼堂一般都设有较为宽敞的消防疏散通道，并设置有门灯、壁灯、脚灯及火灾事故应急照明等设备，标有"太平门"、"紧急出口"、"安全出口"及"疏散出口"等疏散指示标志。火灾时，应按照这些疏散指示标志所指示的方向，迅速选择人流量较小的疏散通道撤出逃生。

(1) 注意对你座位附近的安全出口、疏散走道进行检查，主要查看出口是否上锁，通道是否堵塞、畅通，因为有的影剧院、礼堂为了便于管理会把部分出口锁闭。

(2) 当舞台发生火灾时，火灾蔓延的主要方向是观众厅，此时人员疏散不能选择舞台两侧出口，因为舞台上幕布等可燃物集中，电气设备多，且舞台两侧的出口也较小，不利于逃生，最佳方法是尽量向放映厅方向疏散，等待时机逃生。

(3) 当观众厅失火时，火灾蔓延的主要方向是舞台，其次是放映厅。火场逃生人员可利用舞台、放映厅和观众厅各个出口迅速疏散，总的原则是优先选用远离火源或与烟火蔓延方向相反的出口。

(4) 当放映厅失火时，此时的火势对观众厅的威胁不大，逃生人员可从舞台、观众厅的各个出口进行疏散。

2. 逃生时应注意

(1) 要听从工作人员的疏散指挥，切勿惊慌、互相拥挤、乱跑乱撞，堵塞疏散通道，影响疏散速度；

(2) 逃生时应尽可能贴近承重墙或承重构件部位行走，以防坠落物击伤；

(3) 烟雾大时，应尽量弯腰或匍匐前进，并采取防烟措施。

五、住宅火灾逃生方法

据统计，在我国平均每年大约有 1 600 余人死于家庭住宅火灾，而美国平均每年则有 500 多人。因此，除了时刻注意做好家庭火灾预防之外，还应熟悉并掌握科学的家庭住宅火灾逃生方法。

（一）住宅火灾逃生的总体要求

现代家庭住宅有高层和多层住宅之分，其火灾时的逃生方法有如下几种：

1. 事先编制家庭逃生计划，绘制住宅火灾疏散逃生路线图，并明确标出每个房间的逃生出口（至少两个：一个是门，另一个是窗户或阳台等）；

2. 在紧急情况下，确保门、窗都能快速打开；

3. 充分利用阳台进行有效逃生，当窗户和阳台装有安全护栏时，应在护栏上留下一个逃生口；

4. 家住二层及二层以上时，应在房间内准备好火灾逃生用的手电筒、绳子等；

5. 住宅各层及室内每个房间应安装感烟探测报警器，且能每月检查一次，保证其运行状态良好；

6. 睡觉时尽量将房门关严，以便火灾时尽量推迟烟雾进入房间的时间；建议将房门钥匙放在床头等熟悉且容易拿取的地方，以便火灾时容易找到并开门逃生；

7. 火灾时在开门之前，首先用手背贴门试试是否发热，如发热，则切忌开门，而应利用窗户或阳台逃生；

8. 当室内充满烟气时，则用毛巾、衣服或其他织物浸湿后捂住口鼻防烟，并低行走向出口；如被烟火所困室内，则应靠窗户口或在阳台挥舞手中色彩鲜艳的床单、毛巾或手电筒等物品疾声呼叫，等待救援；

9. 当烟火封锁了房门时，应用毛毯、床单等物将门缝堵死，并泼浇冷水；

10. 充分利用室内一切可利用的东西逃生，如用床单、布匹等自制的逃生绳索等；

11. 逃生时不要乘坐普通电梯；

12. 要正确判明火灾形势，切忌盲目采取行动；

13. 逃生、报警、呼救要结合进行，切勿只顾自己逃生而不顾他人死活；

14. 一旦撤出火场逃到安全区域，谨记不要重返火场取拿钱财或寻找亲人等。

利用门窗进行火场逃生时，应注意的前提是：室内火势并不大，没有蔓延至整个家庭角落，且被困人员熟悉燃烧区内的通道。具体方法是：将被褥、浴巾及衣服等用水淋湿披裹在身上，低身冲出火场区；或用绳索（或用床单、窗帘做成的布绳）一端系于室内固定构件牢固处，另一端系于人体的两腋和腹部，沿窗或阳台下至地面或下层窗口、阳台等，然后从其他通道疏散逃生。

利用阳台逃生时，应从相邻单元的互通阳台（有的高层单元式住宅从第七层开始每层相邻单元有互通阳台）进行，可拆除阳台间的分隔物，从阳台进入另一单元的疏散通道或楼梯；当无连通阳台而相邻两阳台距离较近时，可将室内的床板、门板或宽木板置于两阳台之间搭桥通过。

除了以上讲述的方法外，还可视情采取以下方法：

1. 利用时间差逃生

一般住宅建筑的耐火等级为一、二级，其承重墙体的耐火极限在2.5～3.0 h，只要不是建筑整体受火烧烤，局部火势一般在短时间内难以使其倒塌。利用时间差逃生的具体方法是：人员先疏散至离火势较远的房间，再将室内被子、床单等浸湿，然后采取利用门窗逃生的方法进行逃生。

2. 利用空间逃生

其具体做法是：将室内的可燃物清除干净，同时清除与此室相连的室内其他部位的可燃物，清除明火对门窗的威胁，然后紧闭与燃烧区相连通的门窗，以防烟气的进入，等待明火熄灭或消防救援人员的救援。此法仅适用于室内空间较大而火灾区域不大的情况。

（二）家庭火灾逃生计划的制订与演练

在国外如美国、日本、澳大利亚等非常重视火灾时家庭逃生计划的制订和演练，他们认为各种火场逃生方法具有一定的普遍性，熟悉家庭火灾逃生方法的人同样知晓其他建筑火灾的逃生方法和技能，这样可以大大降低火灾时的死亡率。那么，家庭火灾逃生计划怎样制订呢？

一个较完整的家庭火灾逃生计划内容应包括如下七个方面：

(1) 提前做好火灾逃生计划；

(2) 设计逃生路线；

(3) 牢记烟气危害；

(4) 确定一个安全的集合地点；

(5) 如何帮助特需照顾的家庭成员；

(6) 火灾逃生计划的演练；

(7) 从建筑物中安全逃生。

其中(1)、(2)、(3)及(6)四个方面的内容在第二节中已作过介绍，这里就不再赘述。

关于“确定一个安全的集合地点”，即在制定家庭火灾逃生计划时，应确定一个较为安全、固定、容易找到且全家庭人员都知道的室外地点，火灾逃生后，全家人都应在此地集中，以免家人逃出火场后相互寻找，同时也可避免家人重返火场寻找，重新带来危险。

关于“如何帮助特需照顾的家庭成员”，也就是说在制订火灾逃生计划时，应当充分考虑到家庭中如老、弱、病、残、幼等需要特别照顾的人的特殊情况，研究讨论共同逃生的办法，最好将责任分摊到家中年青力壮的人身上，使其在火灾险境中知道自己应做什么。要教会小孩熟练开、关门窗或从梯子安全上下，千万不要藏身于衣柜或床底，或在大人逃出之前，先用绳子将小孩滑到地面。

关于“从建筑物中安全逃生”指的是火灾逃生时的安全注意事项，即不要盲目跳楼；逃离高层住宅时，切忌乘坐普通电梯；应尽量为每个房间准备一根救生绳，或父母应指导小孩利用窗户附近的柱子、落水管及屋顶等进行逃生或等待救援；应带领全家人员熟悉建筑的每个部位和设施(如防烟及封闭式楼梯间、安全疏散指示标志、安全出口标志、灭火器材、室内消火栓、火灾报警等设施)，特别是每个安全出口，这样在建筑的一个出口被烟火封挡后，家人才可以凭借记忆寻找其他出口逃生。

如果夜间发生家庭火灾，建议可采取如图5-38所示的方法和步骤进行逃生。

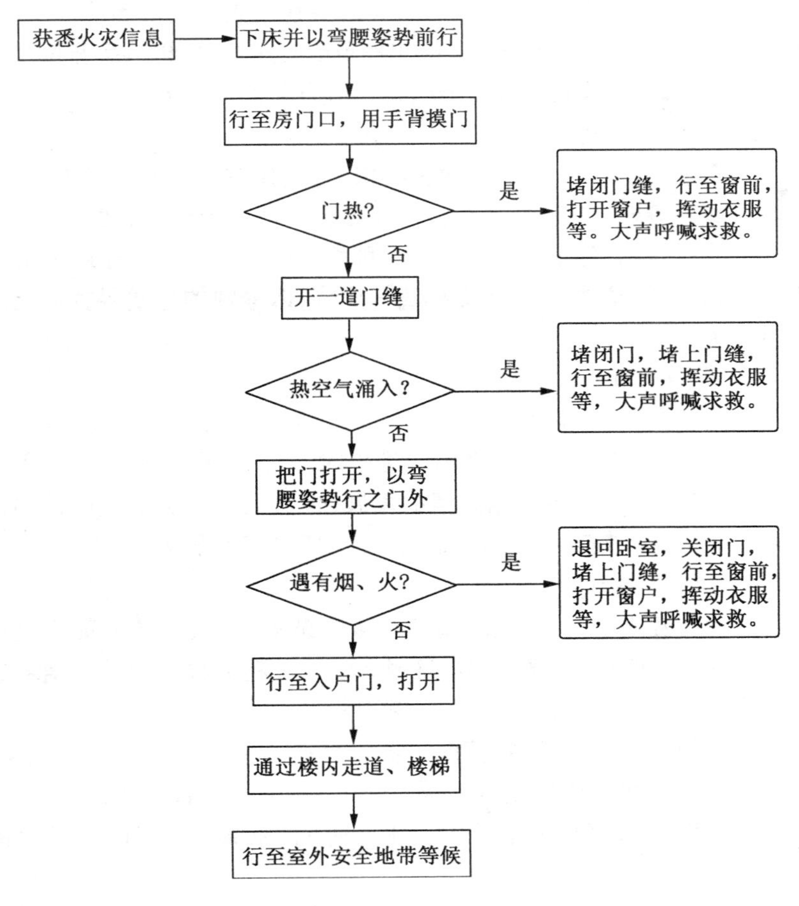

图5-38 夜间家庭火灾疏散逃生流程

六、大型体育场馆火灾逃生方法

大型体育场馆属于人员密集场所，其内部结构与其他人员密集场所有所不同，其共享空间特大、功能齐全、电气设备复杂，故火灾危险性大。因此，观看演出或比赛的观众必须掌握必要的火灾逃生方法和技能。大型体育场馆火灾的逃生应注意以下几点：

1. 谨记出入口

大型体育场馆内结构多样，功能复杂，由于某种原因观众不经常来此，对其内部环境不一定熟悉，火灾时容易迷失方向。因此，观众在进入体育馆时，应记牢进出口，并在找到自己座位后，再熟悉座位附近的其他出入口，这样在火灾时能根据大体方向找到安全出口。

2. 冷静勿惊慌

体育馆观众众多，看台多数呈阶梯形式，如在火灾时惊慌失措、你推我挤或狂呼乱叫，不但会引起现场更多人员的惊恐，造成踩死踏伤意外事故，影响有序疏散，而且还有可能吸入有毒烟气，导致中毒伤亡。因此，一旦发生火灾，应立刻离开座位，以最快的方式寻找最近的出口逃生。

3. 跟随不盲从

火灾状况下，人们惊恐之中可能会向同一个出口蜂拥而至，造成出口拥堵不堪。因此，在选择出口逃生时，应先大致判断一下大多数人逃向的出口，然后再根据火情的发展、火势的大小及烟气蔓延的方向来正确选择人数较少的出口进行逃生，切忌盲目跟从。

4. 轻松不放松

观看比赛或演出，观众的情绪是较复杂的，但大多数情况下是在轻松愉快、全神贯注中度过的。这时人们往往精力集中地关注精彩的比赛或演出，而会忽略身边一些异常现象。

[案例 5-42] 1985 年英国的英格兰德福体育场发生一起火灾，当时在场的许多观众知道发生火灾了，但还坐着观看球赛，等意识到非逃生不可之时，已经错过最佳逃生时间，结果酿成 56 人死亡的惨剧。

因此，在欣赏比赛或演出的同时，千万不可忘记消防安全问题。倘若发现有不明烟火，应马上逃生，切不可置若罔闻，视若无睹。

5. 逃出不重返

体育火灾较为特殊，其内人员高度密集，紧急逃生比较困难，重返火场者要逆人流而行，这样会妨碍他人的正常疏散，使原本拥挤的通道、出口更加拥挤不堪；另一方面，重返者很可能还没返至火场，就被烟火吞食了。因此，如发现亲朋好友尚未逃出，明智的做法就是及时告知消防救援人员，请其帮助营救，切忌不顾自身安全逃出火场后再重返，这是从无数火灾案例总结出的经验教训。

七、地下商场火灾逃生方法

现代地下商场虽然消防设施设置比较齐全，但由于其结构复杂，出入口较少，通道狭窄，周围相对封闭，且多数商品具有可燃性，火灾时短时间内会形成大量浓烟和高温热气的集聚，缩短火灾轰燃的时间，加之通风条件差，空气不易对流，产生的大量浓烟和有毒气体易导致疏散能见度下降，人员窒息、中毒。因此，地下商场火灾时的人员逃生显得比地上建筑尤为重要。

地下商场火灾时的逃生应注意以下事项：

1. 首先应观察其内部主要结构和设施总体布局，熟悉并牢记疏散通道、安全出口及消防设施、器材位置；

2. 火灾时，地下商场工作或管理人员应做如下操作：

首先，关闭空调系统，停止向地下商场送风，以免火势通过空调送风设施蔓延扩大；其次，开启排烟设备，迅速排出火灾时产生的烟雾，以提高火场能见度，降低火场温度。

3. 立刻向附近的安全出口逃生，逃到地面安全地带，或避难间、防烟间或其他安全区域，绝对不能停滞观望，延误逃生良机。

4. 应按照疏散指示标志引导的方向有序撤离，切勿你推我攘，蜂拥而逃，阻塞通道和出口，造成摔伤，要听从地下商场工作人员的疏导指挥。

5. 当出口被烟火堵塞而被困人员又因不熟悉环境寻找不到出口，因烟雾看不清疏散指示标志时，则可选择顺沿烟雾流动蔓延方向快速逃生(因烟雾流动扩散方向通常是出口或通风口所在处)，并采取低姿及防烟措施贴墙行走。

6. 逃生万般无法之时，则应创造临时避难设施，尽量拖延生存时间，拨打 119 电话报警，等待消防救援人员的救援。

八、交通工具火灾逃生方法

1. 地铁火灾逃生方法

地铁和地下商场均属于地下建筑，火灾逃生时有其共性，但由于建筑结构的不同，也有其独特的逃生方法。

地铁火灾逃生时应注意以下事项：

(1) 地铁火灾大致有三种情况：一是列车停靠在站台；二是列车刚离开或将进入站台；三是列车在两站之间的隧道中。不管是哪种情况发生，乘客一定要保持冷静，不可随意拉门或砸窗跳车。要倾听列车广播的指导，听从地铁工作人员的疏导指挥，迅速有序地朝着指定的方向撤离。

(2) 当停靠在站台的列车起火时，应立即打开所有的车厢门，及时向站台疏散乘客，并在工作人员的组织下向地面疏散，与此同时应携带灭火器组织灭火。

(3) 当行驶中的列车发生火灾时，要从火势规模和火灾地点两方面进行考量。当列车内部装饰、电气设备和乘客行李发生火灾时，这种火灾容易被人发现，如果在报火警的同时能够采取有效的措施(如利用车载灭火器进行灭火等)，很有可能将火势控制在较小规模并保障乘客的安全。一般而言，地铁区间隧道长约 1～2 km 左右，行车时间约 1～3 min，这种情况下应尽快向前方站台行进，停靠站台后再组织疏散。反之，如果火势较大，烟火已经威胁到乘客的安全，则应立即在隧道内部停车，及时组织人员疏散。以上两种情况下，均应优先疏散老、弱、妇、幼等弱势群体。

(4) 当列车在两站之间的隧道区间失火且火势较大时，应立即停车，打开车厢门，乘客应按照工作人员指定的方向进行疏散。如果车厢门无法打开，乘客可向列车头、尾两端疏散，从两端的安全门下车；若列车车厢间无法贯通，车厢门又卡死，乘客可利用车门附近的红色紧急开关打开车厢门进行疏散；如果是列车中间部位着火，必须分别向前、后两个站台进行疏散。疏散方向原则上要避开火源，兼顾疏散距离，尽量背着烟火蔓延扩散方向疏散逃生。疏散过程中，应避免沿轨道进行疏散，可优先考虑使用侧向疏散平台，因疏散平台的宽度不小于 0.6 m，可保证乘客快速离开车厢。如果是长距离的区间隧道，根据《地铁设计规范》，每隔 600 m 设有联络通道，应充分利用联络通道，将乘客转移至临近的区间隧道，避开浓烟，保证人员安全。

(5) 当列车电源被切断或发生故障时，应迅速寻找手动应急开门装置(一般位于车厢车门的上方，具体操作方法：打开玻璃罩，拉下红色手柄，拉开车门），用手动方式打开车门，再行有序疏散撤离。

［案例 5-43］ 2003 年 2 月，韩国大邱市地铁中央路站发生火灾，着火的是一组载有 400 人左右的六节列车。4 min 后，另一组同样的列车，从与起火列车相对方向驶入中央路站。这组列车的驾驶人员因害怕烟雾进入车厢而没有及时打开车门疏散乘客，等到火势扩大后再想打开车门时，电源已被切断，无法打开车门，使得乘客被关在黑暗的车厢内。有些乘客找到了应急开门装置得以逃生，但多数车门都未被打开。着火列车的车厢门均打开，几乎所有乘客均逃出，而死亡者中的绝大多数是后进站的乘客。由此可见，遇地铁火灾时，只要沉着冷静、机智勇敢，就有可能生还。

2. 公共汽车火灾逃生方法

公共汽车是一种短程且较为经济的大众交通工具，其载客量大，至今仍作为城市交通的命脉。但其空间狭小密闭，人员密集，如果使用维护不当，其油路及电路老化会导致自燃，其特点为车厢内的可燃装饰材料及油漆等会使火势蔓延迅猛，人员疏散困难。

［案例 5-44］ 2010 年 7 月 4 日 23 时 15 分，无锡市雪丰钢铁有限公司一辆车号为苏 B－38671 的太湖牌大客车（职工接送车）行驶至快速内环通道惠山隧道中段时发生火灾。无锡市 119 接警台接到报警后立即调派两个中队 35 名消防官兵到场扑救。火灾于 7 月 5 日 1 时 26 分扑救结束，当场死亡 24 人。该隧道南北全长 1 555 m，双向各三车道，水泥路面，起火车辆头北尾南停靠于距隧道南入口 754 m 的右侧车道内。经现场勘查和验证，起火原因为该公司职工董某因不满社会现状，发泄私愤，将随身携带的一塑料瓶汽油点燃所致。

那么，公共汽车发生火灾时应怎样逃生呢？

（1）当发现车辆有异常声响和气味等时，驾驶员应立即熄火，将车停靠在避风处检查火点，注意不要贸然打开机盖，以防止空气进入助燃，并及时报警。

（2）车辆失火时，车门是乘客首选的逃生通道。乘客应以手动方式拉紧紧急制动阀打开车门；若车门无法打开或车厢内过于拥挤时，则车顶的天窗及车身两侧的车窗也是重要的逃生通道，破窗逃生是最简捷的方式。现在公交车辆上都配有救生锤，乘客只要将锤尖对准车玻璃拐角或其上沿以下 20 cm 处猛击，则玻璃会从被敲击处向四周如蜘蛛网状开裂，此时，再用脚把玻璃踹开，人就可以逃生了。

(3) 除了救生锤，高跟鞋、腰带扣和车上的灭火器也是方便有效的砸窗工具。

(4) 由于车上使用了复合材料，这些材料燃烧后会产生大量有毒浓烟，仅吸入一口就可以导致昏迷。所以，乘客逃生时，最好用随身携带的水或饮料将身体淋湿，并用湿布捂住口鼻，以防吸入烟气。

(5) 在逃生过程中，切忌恐慌拥挤，这样不利于逃生，容易发生踩踏事故，造成人员伤亡；同时要注意向上风方向(浓烟相反的方向)逃离，不能随意乱跑，切忌返回车内取东西，因为烟雾中有大量毒气，吸入一口就可能致命。

(6) 自燃车辆一般是停靠在路边，所以在逃生同时，要注意道路来往车辆，以免造成其他事故发生。

(7) 如果火势较小，可以采取车载灭火器扑灭火灾；如果火灾无法控制，要立即拨打 119 报警，并迅速有序逃生。

(8) 火灾时，要特别冷静果断，首先应考虑到救人和报警，并视着火的具体部位确定逃生和扑救方法。如着火部位是公共汽车的发动机，则驾驶员应停车并开启所有车门，让乘客从车门迅速下车，然后再组织扑救；如果着火部位在汽车中间，则驾驶员应停车并开启车门，乘客应迅速从两侧车门下车，再扑救；如果车上线路被烧坏，车门不能开启，则乘客可从就近的窗户下车。

(9) 如果火焰封住了车门，人多不易从车窗下去，可用衣物蒙住头从车门处冲出去。

(10) 当驾驶员和乘车人员衣服被火烧着时，千万不要奔跑，以免火势变大。此时应迅速果断地采取措施：如时间允许，可以迅速脱下，用脚将火踩灭；否则，可就地打滚或由其他人帮助用衣物覆盖火苗以灭火。

3. 火车火灾逃生方法

客用火车尤其是高速列车是目前载客量最大、长距离出行最方便最快速的公共交通工具。一列火车由于车身较长，加之车厢内装材料成分复杂，旅客行李大多为可燃，着火时不但易产生有毒气体，甚至会形成一条长长的火龙，严重威胁旅客生命。乘坐的火车一旦发生火灾，旅客应掌握以下逃生方法：

(1) 镇定不慌乱，乘客应在火势较小时及时扑救的同时，立即向乘务员或其他工作人员报告，以便其根据火情采取应急措施。注意不要盲目奔跑乱挤或开门、窗跳车，因为从高速行驶的列车上跳下不但会造成摔死摔伤现象，而且高速风势会助长火势的蔓延扩散。

(2) 如一时寻找不到乘务人员，则可先就近拿取灭火器材进行灭火，或迅速跑至两车厢连接处或车门后侧拉动紧急制动阀，使列车尽快停止运行。

(3) 如果火势较小，不要急于开启车厢门窗，以免空气进入加速燃烧，应利用车上的灭火器材灭火，同时有序地从人行过道向相邻车厢或车外疏散。

(4) 如果火势较大，则应待列车停稳后，打开车门、车窗或用尖铁锤等坚硬物品击碎车窗玻璃进行逃生。

(5) 倘若火势将威胁相邻车厢，应立即采取脱离车厢挂钩措施。如果起火部位在列车前部，则应先停车，摘除起火车厢与后部车厢的挂钩后再行至安全地带；如果起火部位位于列车中部，则在摘除起火车厢与后部车厢挂钩后继续行进一段距离后停下，再摘除起火车厢，然后行驶至安全地带停车灭火。

(6) 疏散时应注意防烟，并尽量背离火势蔓延方向，因行驶列车中的火势会顺风向列车后部扩散。

4. 客船火灾逃生方法

客船是在水面上行驶的载人交通工具，其火灾有别于陆地，因此，其火灾逃生方法也有独到之处，不能盲目从众乱跑，更不能一味地等待他人的救援，应主动利用客船内部设施进行自救，以免耽误逃生时间。

(1) 登船后，应首先熟悉救生设施如救生衣、救生圈、救生艇(筏)存放的具体位置，寻找客船内部设施如内外楼梯、舷梯、逃生孔、缆绳等，熟悉通往船甲板的各个通道及出入口，以便火灾时能寻找到最近的路径快速撤离。

(2) 航行中客船前部楼层起火尚未蔓延扩大时，应积极采取紧急

停靠、自行搁浅等措施，使船体保持稳定，以避免火势向后蔓延扩散。与此同时，人员应迅速向主甲板、露天甲板疏散，然后再借助救生器材逃生。

(3) 如航行中船机舱起火时，舱内人员应迅速从尾舱通向甲板的出入孔洞逃生；乘客应在工作人员引导下向船前部、尾部及露天甲板疏散；如火势使人员在船上无法躲避时，则可利用救生梯、救生绳等撤至救生船，或穿救生衣或戴救生圈跳入水中逃生。

(4) 如果船内走道遭遇烟火封闭，则尚未逃生的乘客应关严房门，使用床单、衣被等封堵门缝，延长烟气侵入时间，赢得逃生时间。相邻房间的乘客应及时关闭内走道的房门，迅速向左右船舷的舱门方向疏散；如烟火封锁了通向露天的楼道，着火层以上的乘客应尽快撤至楼顶层，然后再利用缆绳、软滑梯等救生器材向下逃生。

第六章　建筑火灾逃生避难器材

身处火灾现场的被困人员，虽然生命危在旦夕，但不到万般无奈的最后一刻，谁也不会采取极端行为或放弃自己宝贵的生命，必然竭尽所能设法逃生、自救和互救。火灾中，人们通常会通过所熟悉的疏散走道、疏散楼梯进行逃生，但当疏散走道、疏散楼梯被大火、烟雾封堵时，必然会寻找或通过逃生器材与设施来进行逃生。因此，建筑火灾逃生避难器材与设施也成了火灾危难之际人员逃生的重要辅助工具。

第一节　建筑火灾逃生避难器材综述

建筑火灾逃生避难器材，如逃生缓降器、逃生梯、逃生滑道等，是指在发生建筑火灾的情况下，遇险人员逃离火场时所使用的辅助逃生器材。通常分为绳索类、滑道类、梯类、呼吸类四种。

绳索类逃生避难器材有逃生绳、逃生缓降器等。逃生绳是指供使用者手握滑降逃生的纤维绳索；而逃生缓降器是一种使用者靠自重以一定的速度自动下降并能往复使用的逃生器材。

滑道类逃生避难器材主要有逃生滑道。逃生滑道是使用者靠自重以一定的速度下滑逃生的一种柔性通道。

梯类逃生避难器材又分为固定式逃生梯和悬挂式逃生梯两种。固定式逃生梯是与建筑物固定连接，使用者靠自重以一定的速度自动下降并能循环使用的一种金属梯；悬挂式逃生梯是指展开后悬挂在建筑物外墙上供使用者自行攀爬逃生的一种软梯。

呼吸类逃生避难器材分为消防过滤式自救呼吸器和化学氧自救呼吸器，见图 6-1 所示。消防过滤式自救呼吸器能有效防护火灾时产生的一氧化碳（CO）、氰化氢（HCN）、有毒烟雾对人体的伤害，起阻燃隔热作用，为人们从浓烟毒气中逃生提供了机会；化学氧消防自救呼吸器是一种使人的呼吸器官同大气环境隔绝，并利用化学生氧剂产生氧气，供人在发生火灾时缺氧情况下逃生用的呼吸器。发生火灾时，以人员逃生为目的、以碱金属超氧化物为生氧剂且一次性使用的隔绝式呼吸器，由防护头罩、面罩、药罐、充气管、贮气袋组成，连接牢固可靠，一经打开密封便即能使用，没有多余的附加动作，产品有效期通常为 4 年。消防过滤式自救呼吸器、化学氧消防自救呼吸器应放置在室内明显且便于取用的位置。

(a) 过滤式

(b) 化学氧

图 6-1　消防自救呼吸器

为了保证遇险人员逃生时的安全，各类逃生避难器材对使用楼层或高度都有一定的限制，见表 6-1。必要的情况下也可以分段联用。

表 6-1　逃生避难器材使用楼层或高度

器材名称	固定式逃生梯	逃生滑道	逃生缓降器	悬挂式逃生梯	应急逃生器	逃生绳	过滤式自救呼吸器	化学氧自救呼吸器
配备楼层或高度	≤60 m	≤60 m	≤30 m	≤15 m	≤15 m	≤6 m	地上建筑	地上及地下公共建筑

绳索类、滑道类、梯类等逃生避难器材适用于人员密集的公共建筑的二层及二层以上楼层，呼吸类逃生避难器材适用于人员密集的公共建筑的二层及二层以上楼层和地下公共建筑。

逃生缓降器、逃生梯、逃生滑道、应急逃生器、逃生绳应当安装在建筑物袋形走道尽头或室内的窗边、阳台、凹廊以及公共走道、屋顶平台等处。在室外安装时，应有防雨、防晒措施。逃生缓降器、逃生梯、应急逃生器、逃生绳供人员逃生的开口高度不能低于在 1. 5 m，宽度应在 0.5 m 以上，开口下沿距所在楼层地面高度应在 lm 以上。逃生滑道入口圈、固定式逃生梯应安装在建筑物的墙体、地面及结构坚固的部分，而逃生缓降器、应急逃生器、逃生绳应当安装连接栓、支架和墙体连接的固定方式。逃生避难器材在其安装、放置的位置应有明显标志，并配有灯光或荧光指示标志。为了确保安全可靠性，逃生避难器材在下列情况下必须报废：

(1) 金属件出现严重腐蚀或变形；

(2) 达到器材使用年限时。

报废的逃生避难器材应进行破坏性解体处理，以防继续使用带来危险。

第二节 常用的逃生避难器材

逃生避难器材是一种专供火场上被困人员自救逃生或消防人员营救受难人员脱险用的有效器具。逃生避难器材品种较多，主要有逃生绳、逃生缓降器、逃生软梯、逃生袋、逃生网、逃生气垫等。各种逃生器具的适用范围、结构、技术性能及使用操作方法都不尽相同。平时学习、了解一些火场逃生设备的使用方法，有利于人们在遭遇火灾险境时利用其快速逃生脱险。随着科学技术的不断进步及新材料大量涌现，更为科学、实用、高效、安全的逃生避难器材新产品也进一步被研发。

一、逃生绳

逃生绳主要采用有一定强度且耐火、耐水的麻类纤维制作而成，

图 6-2 逃生绳

见图 6-2 所示。随着科技的进步,也逐渐采用聚丙烯、聚乙烯、聚氯乙烯等化学合成纤维材料来制作,其强度、韧性也随之提升。逃生绳主要用于消防员救人及被火困人员的自救逃生。如果遭遇大火,建筑物内已烟雾弥漫,疏散通道又被烟火封锁,而身旁恰好备有逃生绳的话,那么,被困人员就可以顺绳逃生自救。

掌握逃生绳的操作方法非常重要,一方面可以在消防队员尚未到达火场时用于自救,另一方面也可以为后面尚未逃出火场的人员赢得宝贵的生存机会。逃生绳的具体使用操作方法是:将绳的一端结扣固定在牢固的物体上,将安全吊带置于腋下,并将余绳顺着窗口抛向楼下,双手紧紧握住绳索上的橡胶件,将身体移至建筑物外,并保持身体平衡后,双腿弯曲,同时蹬踏墙面,紧握橡胶件的双手通过改变方向和握力控制下滑速度。此过程应视建筑物高矮,重复此动作,切不可一滑到底,接近地面时,双腿微弯,脚尖着地,松开绳索并迅速撤离。使用时特别注意不要超过绳索荷载。

为防止发霉,平时应将逃生绳放在干燥通风的地方,但切勿长时间曝晒,以免绳索老化变脆,影响安全使用。当检查发现绳索有 2 股以上开裂时,应立即停止使用。逃生绳不能接触酸、碱物质或堆放于尖锐物体上,以防止被腐蚀或磨损,存放时应打理成盘,并露出绳索头、尾。

二、逃生缓降器

逃生缓降器是一种可供人员沿(顺)绳缓慢下降、凭借人体自身下降的重力启动、依靠下滑时产生的摩擦阻力或调速器自动调整控制下降速度,使人获得缓速降落的救生装置。它由安全钩、安全带、缓降绳索、调速器、金属连接件及绳索卷盘等组成,见图 6-3 所示。部件外表光滑、无锈蚀、斑点、毛刺并进行防锈处理,绳索端头采用保护物包扎,各部件连接可靠,无变形、损伤等异常现象。作为逃生设备,可使用专用安装器具将其装在建筑物的顶层、阳台和窗口等预置部位,也可随机安装在火场增援的举高消防车上,以营救建筑高层内的受困人员。

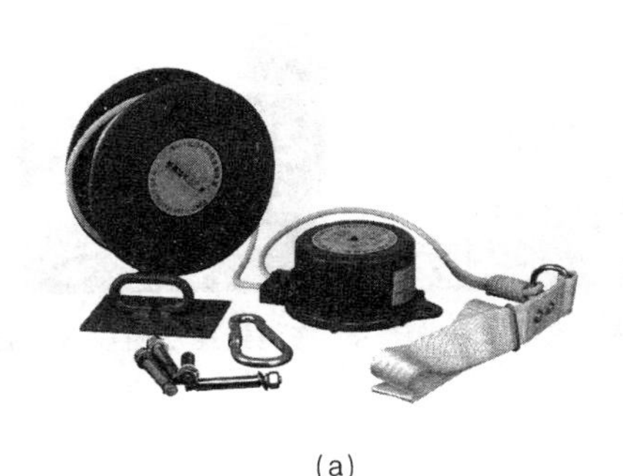

(a)

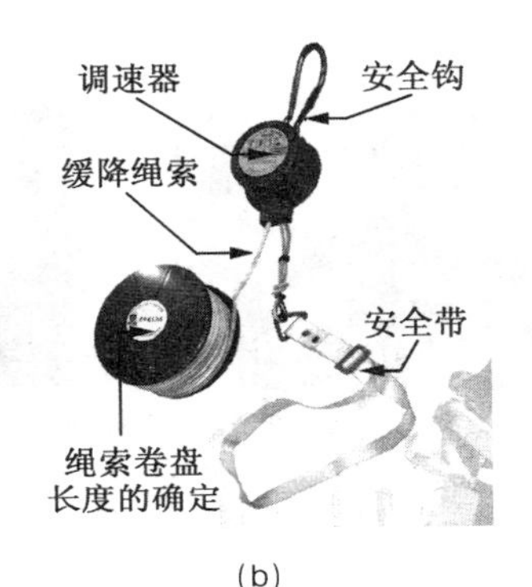

(b)

图 6-3 逃生缓降器

逃生缓降器按型式通常分为两类:一是往复式缓降器。其速度控制器是固定的,绳索可上下往复使用。营救工作中,使用频率较快,人员逃生的数量和机会可大大增加。二是自救式缓降器。其安全吊绳是固定的,速度控制器随逃生人员从上而下滑移,不能往复使用,下滑速度必须由人操控,一般控制在 0.16～1.5 m/s 之间,控制方式可由地面或高处的人员协助控制,也可由下滑者本人来控制。

逃生缓降器的具体使用操作方法(见图 6-4 所示)如下:

1. 取出缓降器,把安全钩挂于预先安装好的固定架上或任何稳固的支撑物上。

2. 将绳索卷盘投向楼外地面以放开绳索。

3. 将安全带套于腋下,拉紧滑动扣至合适位置。

4. 从窗口或平台,面向墙壁跳落。

5. 落地后,迅速松开滑动扣,脱下安全带,离开现场。

6. 特殊情况,可抱、背一名儿童面向墙壁跳落。

7. 该器械可以上下往复连续交替使用,能在短时间内及时营救多个人的生命。

8. 只抓本身下降的绳索,勿抓另一根绳索。

缓降器使用示意图

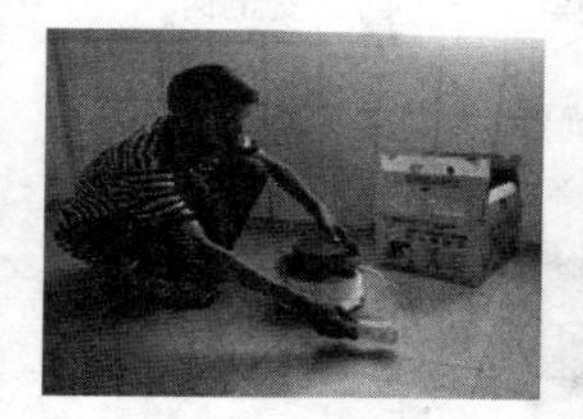

1. 打开贮存器箱取出缓降器。

2. 把安全钩挂在预先安装好的固定架上或任何稳固的支承物上。

3. 将绳索盘从窗口或平台投向楼外地面

(a)

(b)

图 6-4　逃生缓降器使用方法示意图

逃生缓降器是火灾时可以从高处紧急不间断且能轮换交替自救逃生的避难器，其结构简单、易操作，且场地设置条件不苛刻，具有体积小、重量轻、安全系数大、承重能力强、操作灵活、动静自如、携带方便等优点，不存在因人员误操作、零部件损坏等原因导致的快速坠落的可能性。它具有单人自救、多人他救、多次重复使用的功能，而且设置时间短，疏散人员快，是高层建筑避难救生的重要辅助方法，目前，我国国内经检验合格的救生缓降器最高使用高度为 30 m。

三、逃生软梯

逃生软梯是一种用于营救和撤离被困人员的移动式救生设备，见图 6-5。它由钩体和梯体两大部分组成，一般长度为 15 m，宽度为 0.35 m，重量小于 15 kg，荷载可达 1 000 kg，同时可根据建筑物的不同高度，选择是否加挂副梯。

被困人员在火场逃生中使用逃生软梯时，一定要将软梯前端的安全挂钩挂在不能移动的牢固物体上，然后将梯体向外抛出垂放，使之形成一条垂直的逃生通道，是楼房火灾中人员逃生和营救的简易且有效的工具。人员在逃生时，切记保持镇静，抓紧梯身横杠，尽量使梯身垂直平稳，避免踏空。

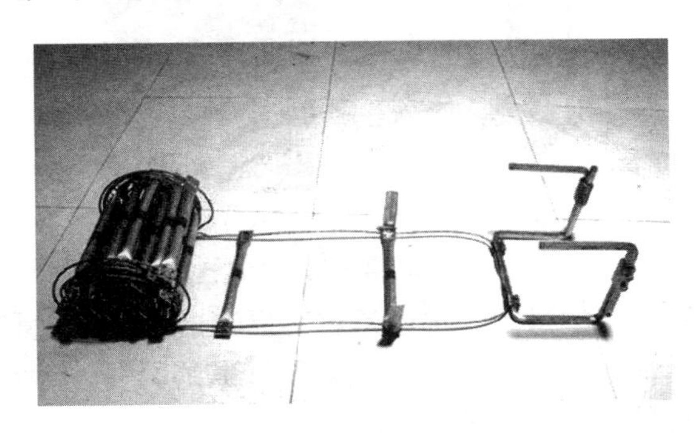

图 6-5　逃生软梯

四、柔性逃生滑道

柔性逃生滑道是一种能使多人按顺序地从高处在其内部缓慢滑降的逃生用具。滑道采用摩擦限速原理，达到缓降的目的。

柔性逃生滑道的限速方式一般分为三类：一是采用粗的橡胶环进行分段限速；二是采用布置紧密的细橡胶绳圈全程限速；三是采用高分子弹性纤维制成且弹性良好的布套进行全程紧密包裹来限速。

柔性滑道在结构上分为三层：在内外两层布管之间有个防护减速层，该层由支撑带、粗的橡胶环和圆铁环组成，其中圆铁环按照一定的间隔设置，保证逃生者在布管内不会因为风大而撞上墙壁及周围突出物，并且保证逃生管下部不打结；橡胶环呈喇叭形，上大下小，既保证人员顺利通过，又能起到将下降速度控制在安全范围内的作用；四条支撑带能够承受 1 200 kg 的荷载，以保证多人同时安全逃生使用。内层布管经过抗静电处理，为导滑层，外层为防火层，由阻燃纤维材质或玻璃纤维制成，详见图 6-6。逃生滑道使用简单，无需培训，老、弱、病、残、孕、小孩均可使用，能够实现人员集体快速逃生的目的。但其缺点为橡胶容易老化，弹性受环境温度影响较大。

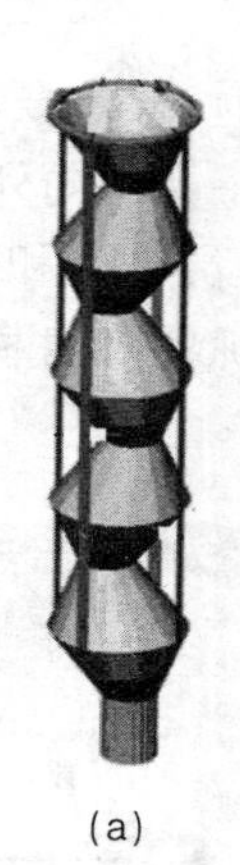

(a)

(b)

图 6-6　柔性逃生滑道

需要特别注意的是柔性逃生滑道容易造成人员碰撞和踩踏，逃生者衣服上的装饰物、金属物，也可能划伤滑道的内衬，下滑过程中逃生者的身体尤其是四肢容易被擦伤。

五、消防救生气垫

消防救生气垫是一种接救从高处下跳人员的充气软垫，见图 6-7。消防救生气垫内一般都配有压缩空气充气装置，不使用时可以折叠保存。消防救生气垫有普通型和气柱型两种，普通型气垫采用风机向整个气垫内鼓风充气，使其充满空气；气柱型气垫采用铝合金内胆纤维全缠绕复合气瓶向气垫内的气柱充气，气柱内充满空气后支撑起整个气垫，以达到承接自由落下人员的目的。充气后的救生气垫就像一个很大很厚的海绵垫。当逃生者从高楼跳落到气垫上时，救生气垫能大大减缓人从高处落地时的惯性冲击力，使逃生者不受伤害。主要在消防部队紧急救援且无其他任何可替代的救援方法时所使用。消防救生气垫限定最大救援高度一般不超过 16 m。

(a) 普通型

(b) 气柱型

图 6-7　消防救生气垫

消防救生气垫承接面面料一般要求具有一定的耐火性，其氧指数应不小于26。从气源向消防救生气垫内充气开始至消防救生气垫达到施救状态的时间（充气时间）和两次施救中消防救生气垫的恢复时间（补气时间）见表6-2。

表6-2 消防救生气垫充、补气时间

消防救生气垫类型	充气时间/s	补气时间/s
普通型	60	30
气柱型	30	20

消防救生气垫应按照其限定救援高度正确使用，其使用期不应超过2年，若发现异常应提前报废。其使用方法见图6-8所示。

图6-8 消防救生气垫使用方法

六、链式逃生器

链式火灾逃生器是一种轻型群体逃生器，它主要由承载链和多个减速器组成。根据火场的特殊情况，链式逃生器的承载链可采用常规及非常规两类方式固定，其减速器通常集中或分散存放在各楼层，使用时需将减速器挂在逃生者穿戴的安全带上，并与楼层上放下的承载链连接，减速器将以0.8～1.0 m/s的速率将逃生者送至地面，即可实现逃生，见图6-9所示，整个逃生自救过程无需操控，老、弱、病、残、妇、幼均可使用。其承载能力大，具有较强的耐火耐高温能力，减速器具有下降速度稳定的优点，每套装置可供多人同时逃生。

链式逃生器配有回收绳供逃生者抓握，提供双重保障。同时，该绳也可用于将下滑至地面的减速器回收至楼上再次使用，还可用于将集中的减速器分发给其他楼层逃生者使用。与其他缓降器相比，软轨链式逃生器承载链安装快捷，承载能力大，同时逃生人数多，下降速率稳定，不同人员的自重对其下降速度影响小，短时间内逃生人数多，不同楼层的使用者都可使用同一条承载链逃生，抗恶劣环境的能力强，在高温、污水浸泡等状况下，依然可以正常使用。软轨链条预装在建筑物顶部，正常状态下链条可以被收起，发生火灾时链条可以与火灾报警系统联动自动放下，不会影响建筑外立面美观。从技术原理和减速方式上讲，该装置仍属于缓降器的种类。虽然该逃生器结构设计新颖，能够解决低层建筑物内人员的逃生问题，但不适用于较高楼层的建筑。

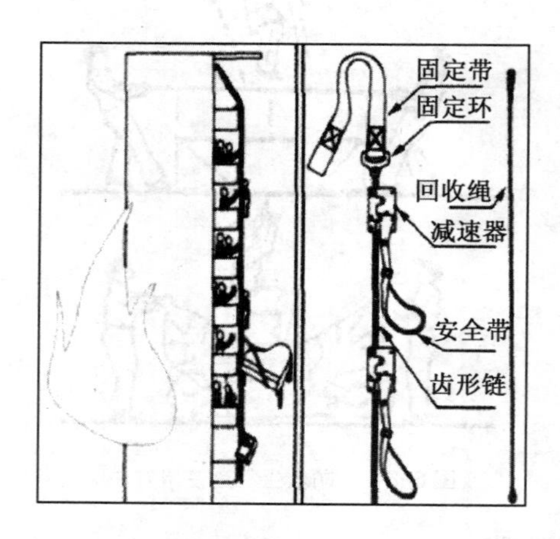

图6-9 链式逃生器

七、消防过滤式自救呼吸器

图 6-10 消防过滤式自救呼吸器图

消防过滤式自救呼吸器是一种保护人体呼吸器官不受外界有毒气体伤害的专用呼吸器，由头罩和滤毒罐（采用多种优质滤毒剂）组成，见图 6-10 所示。它利用滤毒罐内的药剂、滤烟元件，将火场空气中的一氧化碳、氰氢酸、浓烟、毒雾等有毒气体过滤掉，使之变为较为清洁的空气，供逃生者呼吸用。呼吸器头罩由阻燃材料制成，能在短时间内经受住 800 ℃ 高温，具有大眼窗，在逃生时能清晰看清路线，是宾馆、办公楼、商场、银行、医院、邮电、电力、公共娱乐场所和住宅必备的个人逃生装备。

消防过滤式自救呼吸器使用方法（见图 6-11）如下：

(1) 当发生火灾时，立即沿包装盒开启标志方向打开盒盖，撕开包装袋取出呼吸装置。

(2) 沿着提醒带绳拔掉前后两个红色的密封塞。

(3) 将呼吸器套入头部，拉紧头带，迅速逃离火场。

1.打开盒盖,取出真空包装袋

2.撕开真空包装袋,拔掉前后两个罐塞

3.戴上头罩,拉紧头带

4.选择路径,果断逃生

图 6-11 消防过滤式自救呼吸器使用示意图

第三节 逃生及救人设施

一、救生滑杆

救生滑杆是用无缝钢管焊接而制成，一般安装在建筑物上。救生

滑杆应与建筑物墙壁保持一定的距离，以防止逃生人员在下滑过程中被墙壁擦伤，救生滑杆的直径不宜过粗，也不应太细，通常选用与手握相适配的尺寸。为了减小逃生人员下滑到地面的冲击力，可在地面上铺垫一层较厚的黄沙，也可采用垫海绵垫或厚棉絮、被服等措施。

图 6-12　救生滑杆

救生滑杆的使用方法：使用救生滑杆时，应充分利用双手（或臂）、双脚（或腿）的力量，紧贴于滑杆。在下滑过程中，速度不宜过快，双手（或臂）一定要握（夹）稳（或紧）滑杆，双脚（或腿）协助双手（或臂）控制下滑的速度，以免逃生人员围绕滑杆转圈下滑。切忌脱手或单手操作，快到地面时，要减缓下滑速度，保持平稳着地，见图 6-12。两人及其以上人员逃生时，要安排好下滑的先后次序，前、后两人应保持一定的间距，并在地面上有人组织接应和疏散，以防出现一窝蜂的现象。

二、救生滑台

救生滑台由滑板、侧板和扶手三部分组成，其结构形状酷似儿童乐园时的滑梯，主要是供老人、儿童、病人等在火灾状态下或其他紧急事故状态中使用，见图 6-13。当人员需要逃生时，坐在或躺在滑台上，就可以以滑代步，自动滑落到地面。

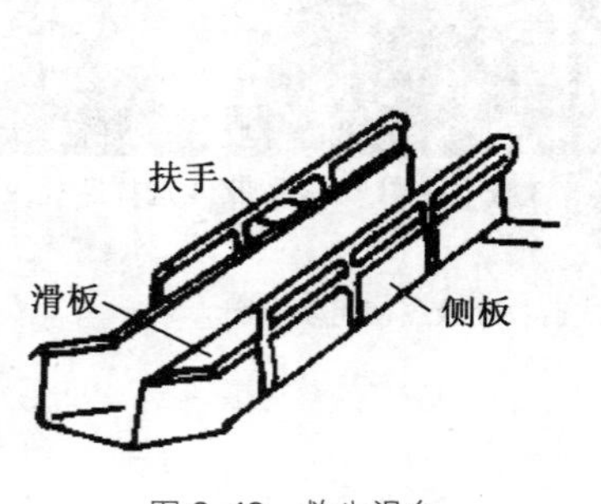

图 6-13　救生滑台

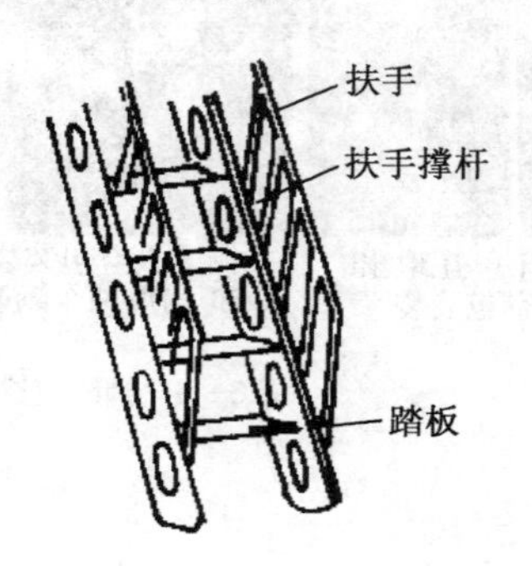

图 6-14　救生舷梯

救生滑台的规格应从实际需要考虑，高低宽窄应能满足人员的逃生要求。

三、救生舷梯

救生舷梯由踏板、扶手和扶手撑杆组成，见图 6-14。主要适用于地下室等地下建筑的救生。为了便于逃生人员使用救生舷梯应与墙壁保持一定间距，一般为 15～20 cm。在火灾事故或其他紧急事故状态中，可将救生舷梯事先固定或临时移动到便于被困人员逃离现场的门、窗等通道口处。通道出口应派人组织疏散，不得让无关人员顺舷梯进入其内。

第七章　初起火灾的处置

火灾从古到今，从高楼大厦到地下建筑，在大江南北毁坏了无数个家园、工厂、学校等，吞食了无数条生命，刻骨铭心的血的教训使我们清醒地认识到“天有不测风云，人有旦夕祸福”。在人们的生活、工作中谁也预料不到何时会发生火灾，但谁都有可能随时随地遇到火灾。然而，遇到火灾后，如何能有效地控制火灾发展、如何能有效迅速地消灭火灾及如何能在火灾中自救逃生，关键在于人们是否熟练掌握了火灾安全逃生的本领和技能以及火灾尤其是初起火灾的扑救方法等。

第一节　初起火灾处置的重要意义

人们的生产、生活离不开火。但是火如果使用不当或者管理不好，就会发生火灾，严重威胁人们的生活。“消防”的涵义一是指火灾的预防，二是指火灾的扑救。因此，只有学习一些基本的消防常识，掌握火灾扑救的基本方法和技巧，才能真正提高扑灭初起火灾的能力，才能有效地控制并消灭火灾。

一、初起火灾及其处置的概念

第一章相关内容中已经谈到，建筑火灾的发生与发展一般分为初起阶段、发展阶段、猛烈阶段、减弱阶段和熄灭阶段四个阶段。那么，初起火灾则指的是发生在初起阶段的火灾。此时的火灾还局限于起火部位或起火空间内燃烧，燃烧范围小，烟气流动速度缓慢，火焰热辐射量少，虽然周围的物品开始受热，但火焰并没有突破墙板、顶棚等建筑构件，火势还没有发展蔓延到其他场所，温度上升还不快。火灾初起阶段是灭火的最有利时机，如果能在火灾初起阶段及时发现并控制火势，火灾损失就会大大降低。

初起火灾处置是指发生火灾时，为把火灾对人、财、物的危害降低到最低所采取的扑救、报警、疏散及逃生等一系列的活动或行动。无数火灾案例的调查已表明，火灾发现迟、报警晚以及没有及时引导疏散、初起火灾扑救失败，以至于小火酿大灾是造成人员群死群伤的主要原因。因此，及时发现并组织有效的初起火灾扑救是非常重要的。

二、初起火灾处置的重要意义

1. 火灾在初起阶段最容易扑灭

火灾通常都有一个从小到大、逐步发展、直到熄灭的过程。一般固体可燃物燃烧时，在 10～15 min 内，火源的面积不大，烟和气体对流的速度比较缓慢，火焰不高，燃烧放出的辐射热能较低，火势向周围发展蔓延的速度比较慢。可燃液体以及可燃气体燃烧速度很快，火灾的阶段性不太明显。因此，火灾处于初起阶段尤其是固体物质火灾的初起阶段，是扑救的最好时机。只要发现及时，用很少的人力和灭火器材就能将其扑灭。

2. 可使人员伤亡及财物损失降到最低程度

在扑救初起火灾的同时，及时发出报警信息，尽早地组织人员及物资疏散，使人员迅速撤离火灾险境，可以大大地减少火灾对人、物的危害，将火灾损失降到最低。以下两个火灾案例就是因为初起火灾处置不当造成惨案的有力见证。

［案例 7-1］ 坐落于美国拉斯维加斯大道中心的米高梅旅馆投资一亿美元，于 1973 年建成，同年 12 月营业。该旅馆大楼为 26 层，占地面积 3 000 m^2，客房 2 076 套，拥有 4 600 m^2 的大赌场和 1 200 个座位的剧场，有可供 11 000 人同时就餐的 80 个餐厅以及百货商场等。旅馆设施豪华、装饰精致，是一个富丽堂皇的现代化旅馆，见图 7-1。

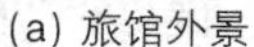

(a) 旅馆外景

(b) 旅馆内景

图 7-1　美国米高梅旅馆

1980 年 11 月 21 日上午 7 时 10 分左右，“戴丽”餐厅（与一楼赌场邻接）发生火灾，使用水枪扑救，未能成功。由于餐厅内有大量可燃塑料、纸制品和装饰品等，火势迅速蔓延，不久餐厅变成火海。因未设置防火分隔，火势很快发展到邻接的赌场。7 时 25 分，整个赌场也变成火海。大量易燃装饰物、胶合板、泡沫塑料坐垫等在燃烧中放出有毒烟气。着火后，旅馆内空调系统没有关闭，烟气通过空调管道到处扩散，火和烟气通过楼梯井、电梯井和各种竖向孔洞及缝隙向上蔓延，在很短时间内，烟雾充满了整个旅馆大楼。

发生火灾时，旅馆内有 5 000 余人。由于没有报警，客房没有及时发现火灾。许多人闻到焦臭味、见到浓烟或听到敲门声、玻璃破碎声和直升飞机声后才知道旅馆发生了火灾。一部分人员被及时疏散出大楼，另一部分人员被困在楼内，许多人穿着睡衣，带着财物涌向楼顶，等待直升飞机营救。有些旅客因楼梯间门反锁，进入死胡同而丧命。

消防队 7 时 15 分接警后，调集了 500 余名消防队员投入灭火和营救，经两个多小时扑救，才将大火扑灭。由于楼内人员多，疏散营救工作用了 4 个多小时。

清理火场时发现，遇难者大部分是因烟气中毒而窒息死亡。84 名死者中有 64 人死于旅馆的上部楼层，其中大部分死于 21～25 层的楼面上；64 人中有 29 人死于房间内，21 人死于走廊或电梯厅，5 人死于电梯内，9 人死于楼梯间。

此次火灾造成 4 600 m² 的大赌场室内装饰、用具和“戴丽”餐厅以及许多公共房间的装饰、家具等财物大部分被烧毁，死亡 84 人，受伤

679 人。火灾是由吊顶上部空间的电线短路引起，发现之前已隐燃了数小时。

［案例 7-2］ 2005 年 12 月 15 日 16 时 30 分，吉林省辽源市中心医院住院楼发生火灾，过火面积达 5 714 m^2。这次大火造成 40 人死亡、28 人重伤、182 人受伤，火灾直接损失 821.921 4 万元，是新中国成立以来卫生系统的最大一起火灾，见图 7-2。

12 月 15 日 16 时 10 分许，吉林省辽源市中心医院突然停电。电工在一次电源跳闸、备用电源未自动启动的情况下，强行推闸送电。16 时 30 分许，配电箱发出“砰砰”声，并产生电弧和烟雾，导致配电室发生火灾，在自救无效的情况下，于 16 时 57 分才打电话报警，前后历时近 30 分钟，造成了火势的迅速发展蔓延。因该单位延误了扑救初起火灾、控制火势的最佳时机，消防队到达现场时，已形成大量人员被困的复杂局面，群死群伤事故已经不可避免。

图 7-2　辽源市中心医院住院楼火灾现场

第二节　灭火基本原理

根据物质燃烧原理，灭火的基本原理就是为了破坏燃烧必须具备的基本条件和燃烧的反应过程所采取的一些措施。

一、冷却

冷却原理，是根据可燃物质发生燃烧时必须达到一定温度这个条件，将灭火剂直接喷洒在燃烧着的物体上，使可燃物的温度降低至燃点以下，从而使燃烧停止。用水扑救火灾，其主要作用就是冷却灭火，对于房屋、家具、木材、纸张等可燃物，都可以用水来冷却灭火。另外，二氧化碳冷却效果也很好，二氧化碳灭火器喷出 -78 ℃的雪花状固体二氧化碳，在迅速汽化时吸取大量的热，从而降低燃烧区的温度使燃烧停止。

在火场上，除用冷却法直接灭火外，还经常使用水冷却尚未燃烧的可燃物质，防止其达到燃点而着火；还可以用水冷却建筑构件、生产装置或容器等，以防止其受热后变形或爆炸。

二、隔离

隔离原理，是根据可燃物发生燃烧必须具备可燃物质这个条件，将燃烧物质与附近的可燃物隔离或疏散开来，从而使燃烧停止。这种灭火的原理和方法也常见于火灾的扑救之中，它适用于扑救各种固体、液体和气体火灾。

采取隔离灭火的具体措施很多，例如，将火源附近的可燃、易燃、易爆和助燃物质从燃烧区转移到安全地点；关闭阀门，阻止可燃气体、液体注入燃烧区；排除生产装置、容器内的可燃气体或液体；阻拦流散的易燃、可燃液体或扩散的可燃气体；拆除与火源毗连的易燃建筑，造成阻止火势蔓延的空间地带；用水流封闭的方法扑救油(气)井喷火灾。

三、窒息

窒息原理，是根据可燃物质发生燃烧需要足够的空气这个条件，采取适当措施来防止空气流入燃烧区，或用惰性气体稀释空气中的氧气含量，使燃烧物质缺乏或断绝氧气而熄灭。这种灭火的原理和方法，适用于扑救封闭式空间和生产设备装置及容器内的火灾。

在火场上，运用窒息灭火原理来扑救火灾时，可以采用石棉被(布)、湿棉被、湿麻袋、湿帆布、砂土及泡沫等不燃或难燃材料覆盖燃烧物或封闭孔洞；用水蒸气、惰性气体(如二氧化碳、氮气等)充入燃烧区域内；利用建筑物上原有的门、窗以及生产储运设备上的部件，封闭燃烧区，阻止新鲜空气流入。此外，在无法采取其他扑救方法而条件又允许的情况下,可采取用水淹没(灌注)的方法进行扑救。

采取窒息方法灭火,必须注意以下几点:

1. 燃烧部位较小时,容易堵塞封闭,在燃烧区域内没有氧化剂时,才可用此法;

2. 在采取水淹没或灌注方法灭火时,必须考虑到火场物质被水浸泡后不至于产生不良后果(如燃烧物质遇水反应使燃烧更趋猛烈);

3. 采取窒息原理灭火后,必须在确认火已熄灭后,方可打开孔洞进行检查,严防因过早打开封闭房间或生产装置,而使新鲜空气流入,造成复燃或爆炸;

4. 采用惰性气体灭火时,一定要保证充入燃烧区域内惰性气体的数量充足,以迅速降低空气中的氧含量,达到窒息灭火的目的。

四、抑制

抑制原理,就是使灭火剂喷入燃烧区参与燃烧的链式反应,使燃烧过程中产生的自由基消失,形成稳定分子或低活性的自由基团,终止链式反应,从而使燃烧停止。采用这种原理灭火最为快速、效果最好,其灭火剂主要有干粉和卤代烷系列灭火剂等。灭火时,一定要将足够数量的灭火剂准确地喷射在燃烧区内,使灭火剂参与中断燃烧反应,否则,将起不到抑制燃烧反应的作用达不到灭火的目的。同时还要采取必要的冷却降温措施,防止复燃。

在火场上,采用哪种灭火原理和方法,应根据燃烧物质的性质、燃烧特点和火场具体情况以及消防技术装备和灭火器材的性能来选择。有些火场,往往需要同时使用几种灭火方法,这就要注意掌握时机,搞好协同配合,充分发挥各种灭火剂的效能。

第三节 火灾报警

《中华人民共和国消防法》第四十四条明确规定:“任何人发现火灾都应当立即报警。任何单位、个人都应当无偿为报警提供便利,不得阻拦报警。严禁谎报火警。”法律赋予义务,任何人都责无旁贷。那么,为什么要立即报火警,怎样正确地报火警呢?

一、立即报火警的重要性

经验告诉我们，在起火后的十几分钟内，能否将火扑灭，不造成大火，这是个关键时刻。把握住灭火的关键时刻主要有两条：一是利用现场灭火器材及时扑救；二是同时报火警，以便调来足够的力量，尽早地控制和扑灭火灾。不管火势大小，只要发现起火，都应及时报警，甚至是自己以为有足够的力量扑灭火灾的，也应当向公安消防部门报警。火势的发展往往是难以预料的，如扑救方法不当、对起火物质的性质不了解、灭火器材的效用所限等种种原因，都有可能控制不住火势而酿成大火，若此刻才想起报警，由于错过火灾的初起阶段，就是消防队到场扑救，也必然费力费时，火扑灭了，也会造成一定损失。有时由于火势已发展到了猛烈阶段，大势已去，消防队到场也只能控制火势不使之蔓延扩大，但损失和其危害已成定局。

[案例 7-3] 2005 年 6 月 10 日 11 时 40 分左右，广东省汕头市潮南区峡山街道华南宾馆突发大火。死亡人数为 31 人，该宾馆的老板姓杜，人称阿龙，是普宁人，火灾发生后就不见踪影了。

据多名幸存的华南宾馆员工透露："刚开始时，只是看见烟，我们都去救火了。后来，火大起来。我们就救不了了。"华南宾馆的一名厨师说："当时我正在厨房里为客人准备午饭，后来听见老板在外面喊"二楼着火了，大家快去救火啊！"该厨师反映这名被称为"阿龙"的老板，发现着火却没有报警，但参与了救火，可后来就不见他的踪影了。

阿美是华南宾馆二楼 KTV 包房上班的四川女孩。死里逃生的她介绍："我们住在宾馆的四楼。起火时我们很多姐妹都在房间里睡觉，客房的服务员根本没有通知我们。"

所以说"报警早，损失小"，就是这个道理。在发生火灾后，及早报火警是及时扑灭火灾的前提，这是起火之后首要的重要行动之一，它对于迅速扑救火灾、减少火灾危害、减少火灾损失具有非常重要的作用。

二、不及时报火警的原因

起火后不及时报火警而酿成火灾恶性后果的案例不胜枚举。究其原因有：不会报火警；存在侥幸心理，以为自己能灭火；错误地认为消防队扑救火灾要收费；单位发生火灾怕影响评先进、评奖金，怕消防队来影响不好，怕公安消防部门处罚和追究责任；甚至有的单位做出不成文的规定，报火警必须要经过单位领导同意。

三、报火警的方法

(一) 受报火警的对象

发生火灾后，应立即向以下部门和人员发送火灾警报和信息：

1. 公安消防队

公安消防队是灭火的主要力量，即使失火单位有专职消防队，也应向公安消防队报警，绝不可等个人或单位扑救不了再向公安消防队报警，以免延误灭火最佳时机。

2. 受火灾威胁的人员

向受火灾威胁的人员报警，以便他(她)们迅速做好疏散准备，尽快疏散撤离。

3. 火场周围人员

向火场周围人员报警，除让他(她)们及早知晓火情、尽快撤离火场外，一方面可使他(她)们利用各自的通讯工具向"119"火警台报警，另一方面可及早阻止其他人员进入火场。

4. 本单位及附近单位专职、志愿消防队

很多单位都有专职消防队，并配置了消防车等消防装备。单位一旦有火情，尽快向其报警，以便争取时间投入灭火战斗。

(二) 火灾报警方法及内容

1. 拨打"119"火警电话

"119"火警电话是我国火灾报警的专用电话号码，它设置在我国每个城市公安消防指挥中心的火警受理平台，具有优先通话的功能。发现起火后，要首选拨打"119"电话报警。在使用电话报警时，由于电话种类的不同，则电话报警的方法也不尽相同，通常有以下四种情况：

(1) "119"专用报警电话：一种直通公安消防指挥中心的电话。

(2) 设有总机的分机电话报警：往往在报警前加拨号码或另有本单位的报警电话号码。

(3) 移动通讯电话报警：不要加拨区号，直拨"119"即可。

(4) 住宅、公用电话报警：直拨"119"火警电话即可。

报警人在报火警时应告知以下内容：

(1) 报警人的姓名、住址、工作单位、联系电话；

（2）是火灾还是要求救助；

（3）说清起火地点、名称和准确的地理位置，如所处的区（县）、街道、胡同、门牌号码或乡村地址，如果讲不清楚门牌号，也要说清楚在哪个区，所在建筑附近有哪些标志性的建筑物；大型企业要讲清分厂、车间或部门；高层建筑要讲清着火的楼层。总之，要说得明确、具体。

（4）火灾现场基本情况，如起火时间、起火部位、着火物质、火势大小、有无人员受困、有无贵重物品、有无爆炸和毒气泄漏、周围有何明显标志、消防车从何地驶入最方便等。

报警人报警完毕后，应亲自或派人到路口接应消防车。

2. 大声呼喊报警

当发现起火后，在拨打“119”电话向公安消防队报警的同时，要大声疾呼，向将受火灾威胁的人员和火场周围的人员报警，以便他（她）们及早地疏散撤离，见图7-3。

(a)

(b)

图7-3 大声呼喊报警

3. 使用手动报警设备报警

当建筑物内设有火灾自动报警系统时，可利用该系统设置在墙壁上的火灾手动报警按钮设备（见图7-4）进行火灾报警，以便能及早地通知建筑的消防控制中心发出火灾警报。

图7-4 火灾报警按钮

4. 使用有线广播报警

建筑物消防控制中心的火灾控制设

备一般都设有火灾应急广播系统，当消防控制中心确认火灾并实施报警的情况下，应立即启用应急广播将涉及火灾扑救和人员疏散等有关行动方案和内容，通知专职(或志愿)消防队、消防安全管理人及相关人员，并反复播放。

5. 使用敲锣等方法报警

农村或通讯不发达等地区可以采用敲锣打鼓的方式来向周围人员报火警。这种方式自古以来，一直沿用至今。

四、谎报火警违法

在不少地方都发现有个别人打电话谎报火警。有的人是抱着试探心理，看报警后消防车辆是否到来；有的人报火警开玩笑；有的甚至是为报复对自己有成见的人，用报火警方法搞恶作剧故意捉弄对方。

《中华人民共和国消防法》第四十四条规定：严禁谎报火警 。谎报火警属于违法行为。在我国，每个城市或地区的消防力量资源是有限的，如因假报或谎报火警而出动消防车辆，必然会削弱正常的消防值勤力量。倘若正值此时某单位真的发生火灾，就会影响正常的出警和扑救，以致造成不应有的损失。按照《中华人民共和国治安管理处罚法》第二条规定，谎报火警是扰乱公共秩序，妨害公共安全的行为，视其情节严重程度受拘留并罚款处罚。

第四节　初起火灾扑救原则和要求

初起火灾的扑救，通常指的是在发生火灾以后，专职消防队尚未到达火场以前，对刚发生的火灾事故所采取的处理措施。通常建筑物火灾，在火灾初始阶段，如能及时发现、及时行动大多都能将其扑灭。一般初起火灾能被扑灭的范围大体可限定在室内的吊顶、隔断及其他物资被燃烧之前。无论是公安消防队员、专职消防人员，还是志愿消防人员，或是一般居民群众，扑救初起火灾的基本对策与原则是一致的。

一、初起火灾扑救原则

(一) 救人第一

救人第一的原则，是指火场上如果有人受到火势威胁，企、事业单位专职(或志愿)消防队员的首要任务就是把被除火围困的人员抢救出来。运用这一原则时,要根据火势情况和人员受火势威胁的程度而定。救人与救火同时进行,以救火保证救人工作的展开,但绝不能因为救火而贻误救人时机。在灭火力量较强时,人未救出之前,灭火是为了打开救人通道或减弱火势对人员威胁程度,从而更好地为救人脱险、及时扑灭火灾创造条件。在具体施救时遵循"就近优先、危险优先、弱者优先"的基本要求。

(二) 先控制,后消灭

先控制,后消灭的原则,是指对于不可能立即扑灭的火灾,要首先控制火势的继续蔓延扩大,在具备了扑灭火灾的条件时,再展开全面进攻,一举消灭火灾。例如,燃气管道着火后,要迅速关闭阀门,断绝气源,堵塞漏洞,防止气体扩散,同时保护受火威胁的其他设施;当建筑物一端起火向另一端蔓延时,应从中间适当部位加以控制;建筑物的中间着火时,应从两侧控制,以下风方向为主;发生楼层火灾时,应从上向下控制,以上层为主;对密闭条件较好的室内火灾,在未做好灭火准备之前,必须关闭门窗,以减缓火势蔓延。志愿消防队灭火时,应根据火灾情况和本身力量灵活运用这一原则。对于能扑灭的火灾,要抓住战机,就地取材,速战速决;如火势较大,灭火力量相对薄弱,或因其他原因不能立即扑灭时,就要把主要力量放在控制火势发展或防止爆炸、泄露等危险情况发生上,为防止火势扩大、彻底扑灭火灾创造有利条件。

先控制,后消灭在灭火过程中是紧密相连不能截然分开的。特别是对于扑救初起火灾来说,控制火势发展与消灭火灾二者没有根本的界限,几乎是同时进行的,应该根据火势情况与本身力量灵活运用。

(三) 先重点,后一般

先重点,后一般的原则,是指在扑救初起火灾时,要全面了解和分析火场具体情况,区分重点和一般。很多时候,在火场上,重点与一般是相对的,一般来说,要分清以下情况:

1. 人与物相比,救人是重点;

2. 贵重物资与一般物资相比,保护和抢救贵重物资是重点;

3. 火势蔓延猛烈的地带与其他地带相比,控制火势蔓延猛烈的地带是重点；

4. 有爆炸、毒害、倒塌危险的区域与没有这些危险的区域相比，处置有危险的区域是重点；

5. 火场上的下风方向与其他方向相比，下风方向是重点；

6. 易燃、可燃物资集中的区域与这类物品较少的区域相比较，这类物品集中的区域是重点；

7. 要害部位与其他部位相比较，要害部位是火场上的重点。

（四）快速准确，协调作战

快速准确的原则，是指在火灾初起越迅速、准确地靠近着火点及早灭火，就越有利于抢在火灾蔓延扩大之前控制火势，消灭火灾。协调作战的原则，是指参与扑救火灾的所有组织、个人之间在扑救初起火灾的过程中相互协作，步调一致，参与者之间密切配合的行动。

二、初起火灾扑救要求

一旦遇到火灾，无论是何种类型的火灾，首先要求的事情有三件：一是及早通知他人；二是尽快灭火；三是尽早逃生。

（一）及早通知他人

也就是说，发现火情后，无论火情大小，都要尽快通知其他人，尽量不要一个人或一家人来灭火，因为火灾的突发性、多变性会导致火势随时扩大蔓延。及早地通知他人，不仅可以及早地唤醒别人的警觉，及时采取应对措施，而且还可以寻求他人的帮助，更加有利于及早将火扑灭。

（二）尽快灭火

日本消防专家的研究表明，初起火灾扑救能否成功，关键就在着火后的 3 min 内。因为着火初期 3 min 内，烟淡火弱，火也只在地面等横向蔓延，或在火蔓延至窗帘、隔断等纵向表面之前，扑救人员不易受烟、火的困扰，只要勇敢、沉着，不畏惧，一般都能将火扑灭。

灭初起火灾时，要有效利用室内消火栓、灭火器、消防水桶等消防设施与器材：

1. 离火灾现场最近的人员，应根据火灾种类正确有效地利用附近灭火器等设备与器材进行灭火，且尽可能多地集中在火源附近连续使用；

2. 在使用灭火器具进行灭火的同时，要利用最近的室内消火栓进行初起火灾的扑救；

3. 灭火时，要考虑水枪的有效射程，尽可能靠近火源，压低姿势，向燃烧着的物体喷射。

除利用灭火器和水进行灭火外，还可灵活运用身边的其他物品，如坐垫、褥垫、浸湿的衣服、扫帚等拍打火苗，用毛巾、毛毯盖火等灭火。

[案例 7-4] 2002 年 8 月 26 日晚，江苏省宿迁市实验小学一名四年级小学生放暑假独自一人在家，正赶上停电，为了躺在床上看书，他点燃了一支蜡烛。不一会看着书进入了梦乡，蜡烛燃尽，引燃了凉席，将他烤醒。遇火他没有惊慌，而是迅速跑进洗手间，拿出擦地板用的湿毛巾，往火苗上一盖，将火扑灭。这名年仅 10 岁的小孩成功处置初起火灾的本领得益于江苏省公安消防总队向小学生们赠阅的《小学消防课本》。

(三) 尽早逃生

当火已蔓延到吊顶、隔断或窗帘时，意味着火势已发展扩大，此时的你必须立即沿着疏散指示标志指引的方向尽快撤离，否则就会有生命危险。因为此时此刻火势的发展已到了非专业消防队不能扑救的地步，灭初起火灾的任务已经结束。

第五节　初起火灾扑救方法

发生在初始阶段的火灾，火势尚小，如果能够及时正确地采取扑救措施，完全可以将火消灭在萌芽状态，避免造成无法挽回的人员伤亡和财产损失。

一、用室内消火栓灭火

几乎每幢建筑物在消防设计时都设置有室内消火栓系统，当初起火灾大致不能用附近的手提式灭火器进行扑救时，此时就应考虑或寻找附近的室内消火栓来灭火。

通常，室内消火栓的使用方法如下：打开室内消火栓箱箱门；按下栓箱内的消防泵启动按钮，启动消防泵；拉出并铺好消防水带，接上消防水枪，不要弯折、缠绕；将消火栓阀门向左旋转打开至最大位置；将消防水带拉直至着火的附近出水灭火。

二、用灭火器灭火

发生火灾时，可利用附近轻便式灭火器进行灭火。只要灭火及时、方法正确，一般都可以将火扑灭。在用灭火器灭火时，不是将灭火药剂喷在正在燃烧的火焰上，而是要瞄准火源的根部。由于灭火器的种类规格不同，灭火喷射时间也不尽相同，一般只有 10～40 s 左右。因此，开始灭火时就要瞄准方向，不要被向上燃烧的火焰和烟气所迷惑，而应对准燃烧物，用灭火器扫射。

手提式干粉、清水（或水成膜）泡沫及二氧化碳灭火器的使用方法要点如下：手提灭火器；拔出保险栓；握住喷嘴压把（或手柄）；用力下压压把；对准着火物直接喷射。使用时应注意：不要被烟雾所迷惑，应尽量靠近燃烧物 5 m 以内喷射；室外要站在上风侧方向；干粉灭火器使用时应先摇晃灭火器筒体数次，以使筒内干粉松动便于喷出；二氧化碳灭火器可按住压把反复喷射（点射）。常用干粉灭火器使用方法见图 7-5。

(a)右手握着压把，左手托着灭火器底部，轻轻地取下灭火器

(b) 右手提着灭火器到现场

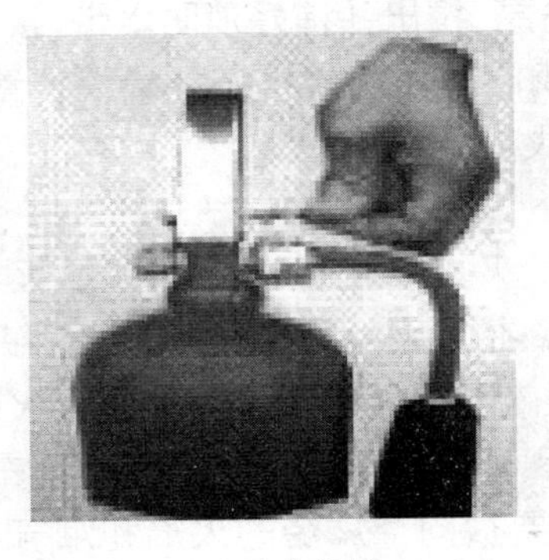
(c) 除掉铅封

(d) 拔掉保险销

(e) 左手握着喷管，右手提着压把

(f) 距火源 2 m 处，右手用力压下压把 左手拿着喷管左右摆动，喷射干粉覆盖整个燃烧区

图 7-5　常用干粉灭火器的使用方法

三、无灭火器时的灭火方法

发现火情后，如果就近没有灭火器材怎么办？若是小火，则应因地制宜、就地取材，灵活运用身边立即可以拿到的其他物品进行扑火。

1. 用水杯：该方法对扑灭小火行之有效。将水桶里的水一下子泼倒出去，还不如用水杯分数次浇泼灭火方便、快捷、效果好。

2. 用灭火毯、湿被单等：用灭火毯或浸湿的被褥、衣服、毛毯等物从火源的上方慢慢捂盖灭火，盖好后，再浇上少量水。该方法对油锅、煤油取暖炉或燃气罐引起的火灾效果明显，但要防止灼伤。

3. 用扫帚等：将扫帚用水浸湿，用其拍打火焰。可能的话，一只手拿扫帚拍打火苗，另一只手向火中浇水，其灭火效果更为明显。该方法还可适用于窗帘等纵向火灾的扑救。

4. 用盆类器具等：用锅、碗、瓢、盆、小桶等物品平时盛水或在起火时可用来舀水泼灭火苗。

四、典型初起火灾的灭火

下面就一些常见的初起小火的灭火方法作简单介绍。

1. 油锅起火

家庭食用油品大致分为两类：一类是植物油，如豆油、花生油及芝麻油等；另一类是动物油，如猪油、羊油及牛油等。无论是植物油还是动物油，都是可燃的。当其在锅内加热至 450 ℃ 左右时就会发生自燃，立刻蹿起很高的火焰，气势吓人。

其实，油锅起火并不可怕，因为火焰被“包围”限制在油锅内，不去触动它，一般不会蔓延扩大。此时，只要沉着镇定，迅速采取以下方法即可灭火：

(1) 用锅盖或能遮盖住锅的大湿布、湿麻袋，从人体处朝前倾斜遮盖到起火的油锅上，隔绝空气即可将火扑灭，见图 7-6 所示；

(2) 用厨房里切好的蔬菜或其他生冷食品，沿着锅的边缘倒入锅内，使油迅速降温至其燃点以下，油锅火随即熄灭。

图 7-6 利用锅盖灭油锅火

必须特别注意的是，油锅着火时，切忌用水向锅内浇，因为冷水遇到高温热油时会形成“炸锅”现象，使油火到处飞溅，导致火势扩大，人员伤亡。

2. 燃气灶具起火

现代生活中使用的燃气一般有两种：一是天然气，二是液化石油气。天然气比空气轻，一旦泄漏会向空中扩散，而液化石油气比空气重，泄漏后会沉积在地面，然后向四周扩散，其危险性较天然气大。无论是天然气还是液化石油气，它们泄漏后都会与空气混合形成爆炸性混合气体，遇火源发生爆炸，破坏性极大。

那么，燃气灶具泄漏着火后应该怎样处置呢？

(1) 应迅速关闭燃气管道上的阀门，若是液化石油气钢瓶，要迅速拧紧钢瓶角阀上的手轮，切断气源，这是最简便、最易行的有效方法。

在关闭角阀时，要戴上湿过水的布手套，或用湿毛巾、围巾、抹布包住手臂，以防被火灼伤。有的用户见到钢瓶角阀处着火时，错误地认为会发生"回火"爆炸，不敢关闭阀门，其实液化气钢瓶是不会发生"回火"的，因为一般液化气钢瓶上安装有调压器，因调压器内有止回构造，故不会发生"回火"爆炸。即便没有安装调压器，由于钢瓶内的压力远大于外界大气压力，使液化气向外喷射，瓶内没有空气，形成不了爆炸性混合气体。此外，钢瓶出气口口径较小，火焰传播速度慢也是防止发生回火的重要因素。

关阀断气的速度要快，一般不应超过 3～5 min，否则钢瓶角阀内的尼龙垫、橡胶垫圈和用于密封接头的环氧树脂黏合剂就会被高温融化，以至失去阀门的密封作用，使液化气大量外泄，火势更旺。

在起火的情况下，千万不可将火扑灭，否则，火扑灭后，无法堵住大量外泄的液化气，遇火源后仍会导致爆炸燃烧。此时应将钢瓶移到屋外空旷的地面上让它直立燃烧，只要不碰倒它是不会发生爆炸的。

(2) 断绝气源后，用家里的手提灭火器进行灭火。

(3) 不要忘记及时报"119"火警，请求消防队支援。

3. 人身上衣服起火

在日常工作、生活中，常有这样的事情发生：工人在明火作业时，飞溅的火花会引燃工作服；小孩在燃放烟花爆竹时，火星飞溅到身上，烧着了衣服等，倘若处置不当，有可能造成人身伤害事故。

人身上衣服着火后，常常出现如下情形：有的人皮肤被火灼痛，于是惊慌失措，撒腿就跑，岂不知越跑火势越大，结果被烧伤或烧死；有的人发现自己身上着火了，吓得大喊大叫，胡扑乱打，却反而越扑火越旺。这是因为人身上衣服着火后，如果一味奔跑，或胡乱扑打，正好鼓动了空气，风助火势，有利于氧气的助燃，因此火就越烧越旺。

那么,人身上衣服着火后应该怎样来扑灭呢?正确而有效的方法如下:

(1)应迅速就地脱下着火衣服。如是带纽扣的衣服,可用双手抓住左右衣襟用力猛撕,将衣服脱下,不能像平常那样一个个纽扣解开脱下,因为时间不允许;如果是拉链衫,则要迅速拉开链锁将衣服脱下。

(2)若胸前衣服着火,则应迅速趴在地面上;若是背后衣服着火,则应躺在地面上,或身体贴紧墙壁将火压灭;如果前后衣服都着火时,则应立即离开火场,然后就地躺倒,来回滚动,利用身体隔离空气,覆盖火焰,但在地面上滚动的速度不能太快,否则火不容易压灭。

(3)在家里,可使用如被褥、毯子或厚重衣服等裹在身上,压灭火苗;或跳进有水的浴缸中灭火。

(4)在野外,如果附近有水池、河流等,可迅速跳入浅水中。

值得注意的是,若人体已被烧伤,而且创面皮肤亦已烧破,则不宜跳入水中,更不能用灭火器直接往人体上喷射,因为这样做很容易会使烧伤的创面感染。

4. 家用电器起火

如果电视机、电冰箱、洗衣机或微波炉等家用电器起火怎么办?大致的处置方法如下:

(1)沉着镇定地迅速拔出电源插头或关闭电闸,切断电源,以防止灭火时触电伤亡;

(2)用棉被、毛毯等透气较差的物品将电器包裹起来,使火因缺乏空气而熄灭;

(3)用身旁的灭火器灭火。如灭电视机火时,不应将灭火剂直接射向荧光屏,因为荧光屏燃烧受热后遇冷时有可能发生爆炸。

5. 固定家具、隔断或窗帘等起火

固定家具、隔断或窗帘等起火时,应立即采取以下措施灭火:

(1)应迅速将其附近的可燃、易燃物品移开,以免将它们引燃,造成火势扩大;

(2)利用家中的手提式灭火器向家具等燃烧物喷射;

(3)如果家中没有灭火器,则可用水桶、水盆、饭锅等物盛水进行扑救；

(4) 可将着火窗帘撕下、屏障推倒，然后用脚将火踩灭，或用湿扫帚拍打火焰将火熄灭。

6. 家中衣服、织物及小件家具起火

当家中衣服、织物及小件家具等起火时，切忌惊慌，更不应在家中胡扑乱打，以免火星飞溅引燃其他可燃物品，应该在火尚小时快速把起火物拿到室外或卫生间等较为安全之处，然后用水将火浇灭即可。

7. 电气线路起火

当电气线路冒火花时，应当首先关闭电源总开关，然后再进行灭火。电源切断前，千万不要盲目靠近电线，以防止触电，伤及人身。如带电灭火时，切忌用水或清水泡沫灭火器，因为含杂质的水或泡沫水是导电体。

8. 汽油、煤油或柴油起火

汽油、煤油或柴油等油品是易燃、可燃油品，其初起火灾的扑救应采取如下方法：

(1) 利用干粉、水成膜、泡沫及二氧化碳等灭火器进行灭火；

(2) 如无灭火器，也可用砂土掩埋扑灭，或可用毛毯、棉被浸湿，然后覆盖在着火区灭火。

特别要注意的是，上述油品着火，切忌用水扑救。因为这些油品的密度比水小，用水扑救时，水沉积在油品之下，油浮在水面之上仍会继续燃烧，并会随水到处流淌蔓延，扩大燃烧面积。

9. 酒精起火

酒精的化学名称叫乙醇，是一种易燃液体。当酒精起火时，可用砂土或湿麻袋、湿棉被等覆盖灭火，也可用干粉灭火器进行灭火。若用泡沫灭火器时，一定要用抗溶性泡沫灭火药剂，因为普通泡沫灭火剂中的水可与酒精混溶，且乙醇也有消泡作用，所以普通泡沫覆盖在酒精表面上无法形成能够隔绝空气的泡沫层。

五、灭火小技巧

扑救初起火灾的方法简单易学，便于操作，如在扑灭初起火灾时再掌握并运用好以下小技巧，就更容易使自己在灭火中立于不败之地。

1. 为了自身安全，灭火时应背对安全逃生出口，以防灭火失败时可顺利地从该出口快速撤离；

2. 灭火器灭火时，应对准火源(即燃烧物品)的根部，不应向火焰上部喷射，也不要被升腾的烟雾和火焰所迷惑；

3. 灭火之后要用水进行浇泼，使之彻底熄灭，因为被扑灭的火灾也有可能再次"死灰复燃"；

4. 灭火时，应站在火焰的上风侧，顺风灭火，不应站在火源的下风则，以免被火焰燎伤；

5. 当初起火灾扩大，以至于不能扑灭时(如煤质及顶棚等)，应立即撤离火场。

六、家庭消防应急器材配备常识

为提高家庭扑救初起火灾和逃生自救能力，公安部消防局于2010年12月9日发布《家庭消防应急器材配备常识》(以下称《常识》)，主要介绍了手提式灭火器、灭火毯、消防过滤式自救呼吸器、救生缓降器、带声光报警功能的强光手电等器材的配备及使用常识，其内容如下：

1. 手提式灭火器。宜选用手提式ABC类干粉灭火器，配置在便于取用的地方，用于扑救家庭初起火灾。注意防止被水浸渍和受潮生锈。

2. 灭火毯。灭火毯是由玻璃纤维等材料经过特殊处理编织而成的织物，能起到隔离热源及火焰的作用，可用于扑灭油锅火或者披覆在身上逃生。

3. 消防过滤式自救呼吸器。消防过滤式自救呼吸器是防止火场有毒气体侵入呼吸道的个人防护用品，由防护头罩、过滤装置和面罩组成，可用于火场浓烟环境下的逃生自救。

4. 救生缓降器。救生缓降器是供人员随绳索靠自重从高处缓慢下降的紧急逃生装置，主要由绳索、安全带、安全钩、绳索卷盘等组成，可往复使用。

5. 带声光报警功能的强光手电。带声光报警功能的强光手电具有火灾应急照明和紧急呼救功能，可用于火场浓烟以及黑暗环境下人员疏散照明和发出声光呼救信号。

《常识》提示广大群众，请根据家庭成员数量、建筑安全疏散条件等状况适量选购上述或者其他消防器材，并仔细阅读使用说明，熟练掌握使用方法。上述器材均可在消防器材商店选购。选购手提式灭火器、消防过滤式自救呼吸器、救生缓降器时，可先从中国消防产品信息网上查询拟购器材的市场准入信息，以防购买假冒伪劣产品。

下面简单介绍上述家用消防应急、灭火器材的常识。

手提式干粉灭火器

手提式干粉灭火器(见图 7-7)具有结构简单、操作灵活、应用广泛、使用方便、价格低廉等优点，适用于扑救一般家庭火灾。

图 7-7　手提式干粉灭火器

干粉灭火器主要由筒体、瓶头阀、喷射软管(喷嘴)等组成。灭火器瓶头阀装有压力表，具有显示其内部压力的作用，便于检查维修。ABC 干粉灭火器可用于扑救一般固体、液体和气体火灾；BC 干粉灭火器可用于扑救一般液体、气体火灾。干粉灭火剂电绝缘性好，不易受潮变质，便于保管。灭火器内充装的驱动气体为氮气，无毒、无味，喷射后对人体无伤害，常温下其工作压力为 1.2 MPa。

1. 使用方法(见图 7-8)

扑救家庭火灾时，左手握住灭火器提把，保持灭火器正立状态，右手拔出保险插销，同时左手压下提把，将干粉射流喷向燃烧的火焰根部。注意与火焰保持安全距离，并随着火情发展，随时改变与火焰的距离，以提高灭火效率。

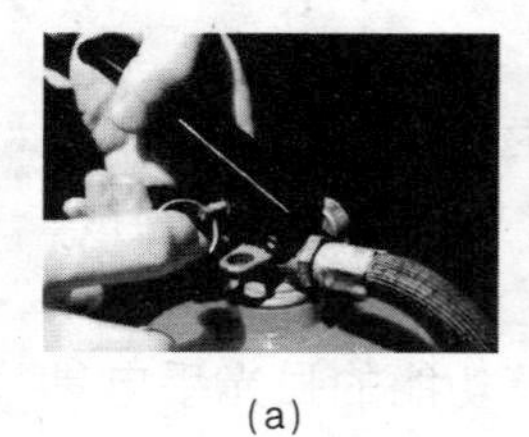

(a)

(b)

(c)

图 7-8　干粉灭火器使用方法示意图

2. 维修保养

(1) 存放环境温度为：−10 ℃～+45 ℃；不得受到烈日暴晒、接近火源或受剧烈振动。

(2) 灭火器应放牢靠，存放地点通风干燥。

(3) 经常检查保险销及铅封是否完好，压力值是否符合要求，零部件是否松动、变形、锈蚀或损坏。

(4) 干粉灭火器的维修与报废期限应符合 GB50444—2008《建筑灭火器配置验收与检查规范》的要求。GB50444 标准中第 5.3 条规定干粉灭火器出厂期满 5 年或首次维修以后每满 2 年的应进行维修。GB50444 标准中第 5.4 条规定干粉灭火器出厂时间达到 10 年的应报废。

(5) 灭火器的维修或再充装应由有资质的专业消防维修部门进行修理，使用者不得擅自拆装或修理。

灭火毯

灭火毯是一种经过特殊处理的玻璃纤维斜纹织物，质地光滑、柔软、紧密，而且不刺激皮肤，见图 7-9。在遇到火灾初始阶段时，能以最快速度隔氧灭火，控制灾情蔓延，还可以作为及时逃生用的防护物品，只要将毯子裹于全身，由于毯子本身具有防火、隔热的特性，在逃生过程中，人的身体能够得到很好的保护，在无破损的情况下可重复使用。与水基型灭火器、干粉灭火器具相比较，其优点是：没有失效期，在使用后不会产生二次污染，并且绝缘、耐高温。

由于灭火毯的优良特性，所以灭火毯适于配备在家庭厨房、老人房间、学校宿舍、医院病房、娱乐场所、宾馆、高层商住楼、颐养院、儿童福利院、居民社区、工厂宿舍、商场摊位、网吧、汽车、加油站、寺庙、监狱集体宿舍及人口密集场所等。

灭火毯常用规格有三种，分别为：

(1) 1 m×1 m；

(2) 1.2 m×1.2 m；

(3) 1.8 m×1.2 m。

前两种规格适用于扑灭较小火源，后一种规格适用于扑灭较大火源及包裹人身，便于逃生。

图 7-9　灭火毯

使用方法(见图 7-10):

(1) 将灭火毯固定或放置于比较显眼且能快速拿取的墙壁上或抽屉内。

(2) 当发生火灾时,快速取出灭火毯,双手握住两根黑色拉带。

(3) 将灭火毯轻轻抖开,作为盾牌状拿在手中。

(4) 将灭火毯轻轻的覆盖在火焰上,同时切断电源或气源。

(5) 灭火毯持续覆盖在着火物体上,并采取积极灭火措施直至着火物体完全熄灭。

(6) 待着火物质熄灭，并于灭火毯冷却后，将毯子裹成一团，作为不可燃垃圾处理。

(7) 如果人身上着火，将毯子抖开，完全包裹于着火人身上扑灭火源，并迅速拨打急救 120。

(8) 注意事项：

① 请将本产品牢固置于方便易取之处(例如室内门背后、床头柜内、厨房墙壁、汽车后备箱等)，并熟悉使用方法。

② 每 12 个月检查一次灭火毯。

③ 如发现灭火毯有损坏或污染应立即更换。

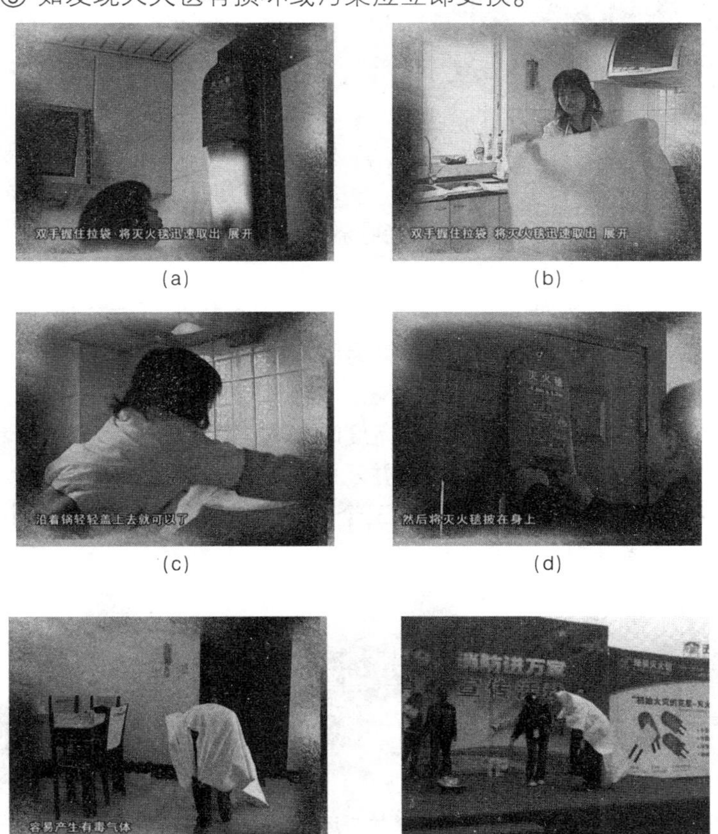

(a) (b) (c) (d) (e) (f)

图 7-10 灭火毯的使用方法示意图

消防过滤式自救呼吸器

消防过滤式自救呼吸器的结构和使用方法详见第六章第二节有关内容，这里不再重复作介绍。

救生缓降器

救生缓降器又称救生缓降器，其产品介绍和使用方法参见第六章第二节相关内容，这里省略之。

带声光报警功能的强光手电

图 7-11　带声光报警功能的强光手电示意图

强光手电筒又称 LED 强光手电筒，是以发光二极管作为光源的一种新型照明工具，它具有省电、耐用、亮度强等优点。带声光报警功能的强光手电（见图7-11）则具有火灾应急照明和紧急呼救功能，可用于火场浓烟以及黑暗环境下人员疏散照明和发出声光呼救信号。

使用方法（见图 7-12）：

(1) 在第一次使用之前，可先充电 5～8 h，以保证发挥最佳性能；

(2) 使用时，第一次按下开关为强光，第二次为特强光，第三次为闪光警示，第四次为关灯；

(3) 在使用过程中，当灯泡亮度暗淡时，电池趋于完全放电状态，此时，为保护电池，应停止使用，并及时充电；

(4) 如不经常使用，每存放三个月内补充电一次约 10 个小时以上，否则会降低电池寿命。

(a) 首次使用之前，先对本灯充电 5—8 小时

(b) 开关的使用：按一次强光，两次特强光，三次闪光警示，四次关灯。

(c) 如不常使用，三个月补充电一次，否则会降低电池寿命。

图 7-12　带声光报警功能的强光手电筒使用方法示意图

七、寄语家庭灭火常识

图7-13为家庭灭火最基本、最常用也最简单的一些常识，人们在平时的日常生活中，应谨记于心。

(1) 发现火灾迅速拨打火警电话119。报警时要讲清详细地址、起火部位、着火物质、火势大小、报警人姓名及电话号码，并派人到路口迎候。

(2) 家中一旦起火，不要惊慌失措，如果火势不大，应迅速利用家中备有的简易灭火器材，采取有效措施控制。

(3) 油锅着火，不能用水灭火，应关闭炉灶燃气阀门，直接盖上锅盖或用湿抹布覆盖，令火窒息。还可向锅内放入切好的蔬菜冷却灭火。

(4) 燃气罐着火，要用浸湿的被褥、衣服等捂盖灭火并迅速关闭阀门。

(5) 家用电器或线路着火，要先切断电源，再用干粉或气体灭火器灭火，不可直接泼水灭火，以防触电或电器爆炸伤人。

(6) 救火时不要贸然开门窗，以免空气对流，加速火势蔓延。

图 7-13　家庭灭火常识寄语

第六节　火灾现场的保护

火灾扑灭后，发生火灾的单位和相关人员应当按照《中华人民共和国消防法》的有关规定和公安消防部门的要求保护好火灾现场。

一、火灾现场保护目的

火灾现场是火灾发生、发展和熄灭过程的真实记录，是公安消防部门调查认定火灾原因的物质载体，是提取查证火灾原因痕迹物的重要场所。保护火灾现场的目的，是为了火灾调查人员发现起火物和引火物，并根据着火物质的燃烧特性、火势蔓延情况，研究火灾发展蔓延的过程，为确定起火点，提取并搜集到客观、真实、有效的火灾痕迹、物证创造条件，确保火灾原因认定的准确性。所以，保护好火灾现场对做好火灾调查工作具有十分重要的意义。

二、火灾现场保护的要求

（一）正确划定火灾现场保护范围

原则上，凡与火灾有关的留有痕迹物证的场所均应列入现场保护范围。通常情况下，火灾现场的保护范围应包括燃烧的全部场所以及与火灾有关的一切地点。遇有下列情况时，根据需要应适当扩大保护范围：

1. 起火点位置未确定

起火部位不明显；初步认定的起火点与火场遗留痕迹不一致等。

2. 电气故障引起的火灾

当怀疑起火原因为电气设备故障时，凡与火场用电设备有关的线路、设备，如进户线、总配电盘、开关、灯座、插座、电机及其移动设备和它们通过或安装的场所，均应列入保护范围。有时电气故障引起的火灾，起火点和故障点并不一致，甚至相隔甚远，则保护范围应扩大到发生故障的那个场所。

3. 爆炸现场

建筑物因爆炸倒塌的起火场所，不论被抛出物体飞出的距离有多远，都应将抛出物体着落地点列入保护范围；同时将爆炸破坏或影响到的建筑物等列入保护区域。但并非将这个范围全部都禁锢起来，只要将有助于查明爆炸原因、分析爆炸过程及爆炸威力的有关物件圈围保护即可。

保护范围确定后，禁止任何人（包括现场保护人员）进入保护区，更不得擅自移动火场中任何物品，对火灾痕迹和物证，应采取有效措施妥善保护。

（二）火灾现场保护的基本要求

1. 对现场保护人员的基本要求

现场保护人员要服从统一指挥，遵守纪律，坚守岗位，有组织地做好现场保护工作，保护好现场的痕迹、物证，收集群众的反映。不准随便进入现场，不准触摸现场物品，不准移动、挪用现场物品。

2. 火场保护中的要求

（1）起火后，应及时严密地保护现场；

（2）公安消防部门接到报警后，应迅速组织勘查人员前往现场，并立即开展现场保护；

（3）扑灭火灾时注意保护火灾现场。

（三）现场保护的方法

1. 灭火中的现场保护

消防队员在进行火情侦察时，应注意发现和保护起火部位和起火点。在对起火部位的灭火行动中，特别是在灭扫残余火时，应尽量不要实施消防破拆或变动物品的位置，以保持燃烧后的自然状态。

2. 勘查的现场保护

(1) 露天现场

首先在发生火灾的地点和留有火灾痕迹、物证的一切场所周围，划定保护范围。若情况不明时，可以将保护范围适当扩大些，待勘查工作就绪后，可酌情缩小保护范围，同时布置警戒。对重要部位应绕红白相间的绳旗划警戒圈或设置屏障遮挡。当火灾发生在交通道路上时，在城市由于行人、车辆流量大，封锁范围应尽量缩小，并由公安部门专人负责治安警戒，疏导人员和车辆；在农村可以全部或部分封锁，重要的进出口处应设置路障并派专人看守。

(2) 室内现场

室内现场的保护，主要是在室外门窗下布置专人看守，或对重点部位加封；现场的室外和院落也应划出一定的禁入区。对于私人房间要做好户主的安抚工作，讲清道理，劝其不要急于清理。

(3) 大型火灾现场

可利用原有围墙、栅栏等进行封锁隔离，尽量不要影响交通和居民生活。

3. 痕迹与物证的现场保护方法

对于可能证明火灾蔓延方向和火灾原因的任何痕迹、物证，均应严加保护。在留有痕迹与物证的地点做出明显的保护标志。

(四) 现场保护中的应急措施

火灾现场有时会出现一些紧急情况，因此，现场保护人员除提高警惕、随时发现问题、掌握现场动态外，还应同时针对现场出现的不同情况，采取有效的应对措施进行处理。

1. 扑灭后火场“死灰”复燃，甚至二次成灾时要迅速有效地实施扑救，酌情及时报警。

2. 对遇有人命危急的情况，应立即设法施行急救，对遇有趁火打劫，或者二次放火的，思维要敏捷；对打听消息、反复探视、问询火场情况以及行为可疑的人要多加小心，纳入视线后，必要情况下移交公安机关。

3. 危险物品发生火灾时，无关人员不得靠近，危险区域与外界实施隔离，禁止人员随意进入，人员应站在上风侧，远离在地势低洼处。对于接触可能被灼伤、有毒物品、放射性物品引起的火灾现场，进入现场的人，要配戴隔绝或呼吸器，穿着全身防护衣。

4. 被烧坏的建筑物有倒塌危险并危及他人安全时，应采取措施使其固定，以防其倒塌造成次生灾害。倘若受条件限制不能使其固定时，应在倒塌前仔细观察并记录倒塌前的烧毁情况；若采取移动措施时，应尽量使现场少受破坏，并事前应详细记录现场原貌。

第八章　火场急救基本知识

火场急救是指火场上的人员负伤后，为了防止伤员的伤情恶化，减轻其痛苦，尽快使伤员脱离危险场所和预防休克死亡所采取的初步救护措施。火灾既是“天灾”，也是“人祸”。早期火灾从“天灾”而论，多系雷击导致森林大火或一些建筑遭殃；“人祸”则是生活用火不慎，或战争，或故意放火等引起。火灾的现场救护首先是使伤者尽快脱离现场，使其处在一个安全环境下；而医学救护也不仅仅是火的直接烧伤，还有气体中毒等其他伤害。火场烟雾的特点、火场烟雾中毒的表现、火灾的扑救措施、如何报警以及火灾的救护要点，都是救护人员必须掌握的知识。因此，学习和掌握火场简易急救的知识、方法，对缓解火场受伤人员伤势，减少人员伤亡有着十分重要的作用和意义。

第一节　火场急救基本要求

在各类自然灾害中，火灾是一种不受时间、空间限制，发生频率最高的灾害。现代社会使火灾的原因及范畴大大地拓开，家庭使用的电气设备、燃气等，石油化学工业中的大批危险化学品都可能引起火灾、爆炸。

火场上，烟雾的蔓延速度是火的5～6倍，烟气流动的方向就是火势蔓延的途径，温度极高的浓烟在2 min内就可以形成烈火，由于浓烟烈火升腾，严重影响了人们的视线，使人看不清逃离的方向而陷入困境。烟雾是物质燃烧时产生的挥发性产物，包括有毒气体和颗粒性烟尘，它与燃烧物质、燃烧速度、温度和氧量有关，很少呈单一成分。有资料表明，28%的建筑物火灾中，一氧化碳是主要的毒物，10%的火灾中，一氧化碳超过急性致死浓度（0.5%），在非建筑性火灾中，氰化物和缺氧是潜在的致死因素。因此，当发生火灾时，一定要保持清醒的头脑，争分夺秒，快速离开。

一、火灾现场救护特点

1. 火灾现场混乱，救护条件差

由于火灾发生的突然性，火灾现场的疏散逃生人员、观望人员、火灾扑救人员、救护人员等云集，使得火灾事故现场混乱繁杂。同时，火灾现场医疗救护设备简陋，救治方法简单，医疗条件相对较差。

2. 灾后瞬间可能出现大批伤员

由于出现大批伤员要及时救护和运送，因此，要及时拯救生命，需分秒必争。这就要求救护人员平时训练有素，以便适应紧张工作。运输工具和专项医疗设备的准备程度，是救灾医疗保障的关键问题。

3. 伤情复杂

因火灾的原因不同，对人的伤害也不一样，通常受伤较为多见。伤员常因救护不及时，发生创伤感染，伤情变得更为复杂。在特殊情况下还可能出现一些特发病症，如挤压综合征、急性肾功能衰竭、化学烧伤等。尤其在化学和放射事故时，救护伤员除须有特殊技能外，还应有自我防护的能力。这就要求救护人员掌握相关基础知识，对危重伤病员进行急救和复苏。

4. 大量伤员同时需要救护

火灾突然发生后，伤病员常常同时大批出现，而且危重伤员居多，需要急救和复苏，按常规医疗办法往往无法完成任务。这时可根据伤情，对伤病员进行鉴别分类，实行分级救护，后送医疗。

二、火场实施救护三阶段

目前，对灾害事故伤员实施医学救护通常分为现场抢救、后送伤员和医院救护三个阶段。

1. 现场抢救

在混乱的火灾事故现场，组织指挥特别重要，应快速组成临时现场救护小组，统一指挥，加强事故现场一线救护，这是保证抢救成功的关键措施之一。为避免慌乱及做好灾害事故现场救护工作，应尽可能缩短伤后至抢救的时间，提高基本治疗技术，善于应用现有的先进科技手段，体现“立体救护、快速反应”的救护原则，提高救护的成功率。

2. 后送伤员

首批进入火灾现场的医护人员应对灾害事故伤员及时做出分类，做好后送前医疗处置，指定后送，救护人员可协助后送，使伤员在最短时间内能获得必要治疗，而且在后送途中要保证对危重伤员进行不间断地抢救。

3. 医院救护

对危重灾害事故伤员尽快送往医院救治，对某些特殊伤害的伤员应送专科医院进行救治。

三、火灾现场救护基本要求

火场急救的目的是求助伤员及早撤离危险场所，免受进一步的伤害；及时正确地处理各种创伤，防止创伤感染和并发症的发生；尽量减轻伤员的痛苦为医院进一步救治做好准备。

火灾事故现场的救护原则应是根据其情况而定的。但其基本要求为：

(1) 自救与互救相结合；

(2) 先救命后治伤，先重伤后轻伤；

(3) 先抢后救，抢中有救，尽快使伤员脱离火灾事故现场；

(4) 先对伤情分类再后送；

(5) 医护人员以救护为主，其他人员以抢为主；

(6) 消除伤员的精神创伤；

(7) 尽力保护好事故现场。

第二节　火场常用急救方法

火灾事故现场中常见的病症有烧(灼)伤、休克、失(出)血、骨折等。

一、烧伤的急救

烧伤亦称之为灼伤，是生活中常见的意外。由火焰、沸水、热油、电流、热蒸气、辐射、化学物质(强酸、强碱)等引起。

烧伤会造成局部组织损伤，轻者损伤皮肤，出现肿胀、水泡、疼痛；

重者皮肤烧焦，甚至血管、神经、肌腱等同时受损，呼吸道也可烧伤。烧伤引起的剧痛和皮肤渗出等因素会导致休克，晚期出现感染、败血症等并发症而危及生命。

（一）症状

烧伤对人体组织的损伤程度一般分为三度。可按三度四分法进行分类，见表 8-1。

表 8-1　烧伤三度四分法

烧伤程度		症　状
Ⅰ度		轻度红、肿、痛、热，感觉过敏；表面干燥无水泡，称为红斑性烧伤
Ⅱ度	浅Ⅱ度	剧痛、感觉过敏、有水泡；泡皮剥落后，可见创面均匀发红，水肿明显。Ⅱ度烧伤又称为水泡性烧伤
	深Ⅱ度	感觉迟钝，有或无水泡，基底苍白，间有红色斑点，创面潮湿
Ⅲ度		皮肤疼痛消失，无弹性，干燥无水泡，皮肤呈皮革状、蜡状、焦黄或炭化；严重时可伤及肌肉，神经、血管、骨骼和内脏

1. 烧烫伤面积的估计

不规则或小面积烧伤，用手掌粗算，见图 8-1。五指并拢一掌面积，约等于体表面积的 1%；新九分法：头颈部 9%，双上肢各 9%，躯干前后各 2× 9%，双下肢各 2×9%，会阴 1%，总计为 100%，见图 8-2。

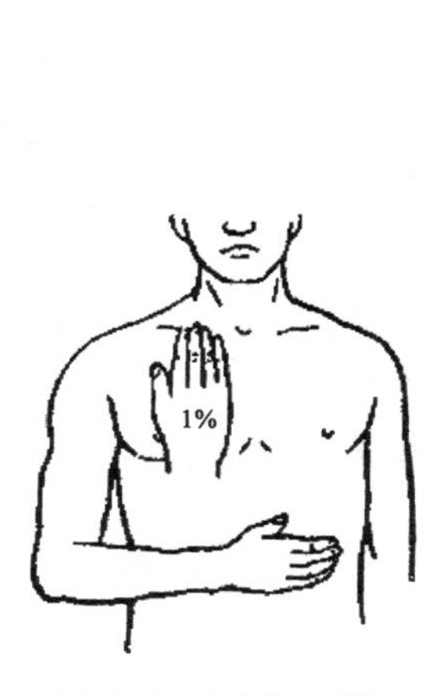

图 8-1　手掌约为 1%

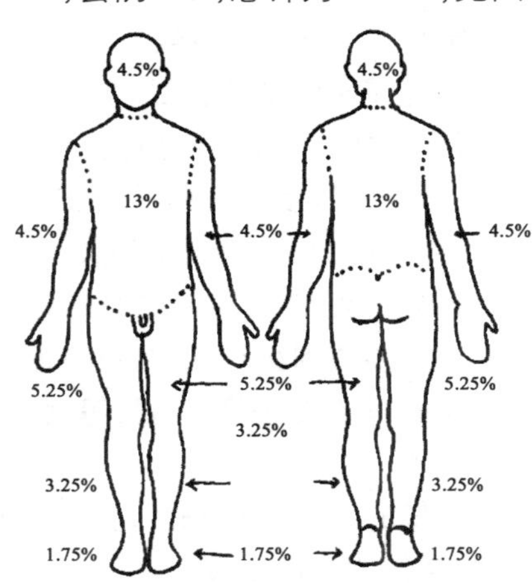

图 8-2　中国九分法

2. 烧伤休克

烧伤休克大多表现为：烦渴，烦躁不安，尿少，脉快而细，血压即将下降，四肢厥冷、发绀、苍白、呼吸增快等。

（二）现场救护方法

烧伤的急救主要是制止烧伤面积继续扩大和创面逐步加深，防止休克和感染。烧伤现场急救的原则是先除去伤因，脱离现场，保护创面，维持呼吸道畅通，再组织转送医院及治疗。针对烧伤的原因可分别采取如下相应的措施：

（1）冷清水冲洗或浸泡伤处，降低表面温度。

（2）脱掉受伤处的饰物。

（3）Ⅰ度烧烫伤可涂上外用烧烫伤膏药，一般3～7日治愈。

（4）Ⅱ度烧烫伤，不要刺破表皮水泡，不要在创面上涂任何油脂或药膏，应用干净清洁的敷料或就便器材，如方巾、床单等覆盖伤部，以保护创面，防止污染。

（5）严重口渴者，可口服少量淡盐水或淡盐茶，如条件许可时，可服用烧伤饮料。

（6）呼吸窒息者，行人工呼吸；伴有外伤大出血者应予止血；骨折者应作临时骨折固定。

（7）大面积烧伤伤员或严重烧伤者，应尽快组织转送医院治疗。

二、强酸强碱烧伤的急救

强酸强碱属于化学腐蚀品，其对人体有腐蚀作用，易造成化学灼伤，其造成的灼伤与一般火灾的烧伤、烫伤不同。它对组织细胞的损害与酸类、碱类的浓度、接触时间长短、接触量多少有关。强酸对组织的局部损害为强烈的刺激性腐蚀，不仅伤面被烧，并能向深层侵蚀。但由于局部组织细胞蛋白的被凝结，从而能够阻止烧伤的继续发展。碱性物质更能渗透到组织深层，日后形成的瘢痕较深。

常见强酸有硫酸、硝酸、盐酸等，强碱有氢氧化钠、氢氧化钾等。

（一）症状

硫酸烧伤的伤口呈棕褐色，盐酸、石碳酸烧伤的伤口呈白色或灰黄色，硝酸烧伤的伤口呈黄色。

烧伤局部疼痛剧烈，皮肤组织溃烂；如果酸、碱类通过口腔进入胃

肠道，则口腔、食道、胃黏膜造成腐蚀、糜烂、溃疡出血，黏膜水肿，甚至发生食道壁穿孔和胃壁穿孔，严重烧伤病人可引起休克。

（二）现场救护方法

（1）被少量强酸、强碱烧伤，立即用纸巾、毛巾等蘸吸，并用大量的流动清水冲洗烧伤局部，冲洗时间应在 15 min 以上。

（2）被大量强酸、强碱烧伤，立即用大量的清水冲洗烧伤局部，冲洗时间应在 20 min 以上，冲洗时将病人被污染的衣物脱去。

（3）如口服的病人，则可服用蛋清、牛奶、面糊、稠米汤或服用氢氧化铝凝胶保护口腔、食道、胃黏膜。

（4）如眼部被化学药品灼伤，在送医院途中仍要为病人冲洗受伤眼部。目前常用的消毒剂如过氧乙酸，未经稀释高浓度使用可对组织造成损伤，处理原则同上，应用大量流动清水冲洗。

三、休克的急救

休克是全身有效循环血量急剧减少，引起组织器官灌注量明显下降，导致组织细胞缺氧以及器官功能障碍的病理生理过程。火场休克是由于严重创伤、烧伤、触电、骨折的剧痛和大量出血等多种原因引起的、具有相同或相似临床表现的一组临床综合征，严重者可导致死亡，所以必须予以及时抢救。

（一）休克类型

1. 低血容量性休克

（1）失血性休克：急性消化道出血、肝脾破裂、宫外孕及产科出血等。

（2）创伤性休克：严重创伤、骨折、挤压伤、大手术及多发性损伤等。

（3）烧伤性休克：烧伤引起大量血浆丢失。

（4）失液性休克：大量呕吐、腹泻、出汗、肠瘘等。

2. 感染性休克

常见于肺炎、急性化脓性胆管炎、急性肠梗阻、胃肠穿孔、急性弥漫性腹膜炎、中毒性菌痢等疾病。

3. 心源性休克

常见于急性心肌梗死、心律失常、心脏压塞、心脏手术术后、重症心肌炎、感染引起的心肌抑制等。

4. 过敏性休克

常见于药物(如青霉素)、血清制剂、输血/血浆等引起的变态反应,蚊虫、蜜蜂等叮咬过敏,花粉、化学气体过敏等。

5. 神经源性休克

常见于高度紧张、恐惧、高位脊髓损伤、脊髓神经炎、脑疝、颅内高压等。

6. 内分泌性休克

常见于肾上腺皮质功能不全或衰竭、糖皮质激素依赖等。

7. 全身炎症反应性休克

常见于严重创伤、烧伤和重症胰腺炎早期。

(二) 症状

虽然导致休克的病因不尽相同,但休克的症状却有一些共同之处:

(1) 自感头晕不适或精神紧张,过度换气。

(2) 血压下降,成人肱动脉收缩压低于90 mmHg。

(3) 肢端湿冷,皮肤苍白或发绀,有时伴有大汗。

(4) 脉搏搏动未扪及或细弱。

(5) 烦躁不安,易激惹或神智淡漠,嗜睡,昏迷。

(6) 尿量减少或无尿。

不同类型的休克,临床过程有不同的特点。根据休克的病程演变,休克可分为两个阶段,即休克代偿期和休克抑制期,或称休克前期和休克期。

(三) 现场救护方法

休克的救护应在尽早去除休克病因的同时,尽快恢复有效循环血量、纠正微循环障碍、纠正组织缺氧和氧债,防止发生多脏器功能衰竭(MODS)。

1. 病人应取平卧位,下肢略抬高,以利于静脉血回流。如有呼吸困难者,可将头部和躯干部适当抬高,以利呼吸。

2. 保持呼吸道通畅,尤其是休克伴昏迷者。方法是将病人颈部垫高,下颌抬起,使头部最大限度的后仰,同时头偏向一侧,以防呕吐、分泌物误吸入呼吸道。

3. 注意给体温过低的休克病人保暖，盖上被毯。但伴高热的感染性休克病人应予降温。

4. 注意病人生命体征变化。应密切观察呼吸、心率、血压、尿量等情况。

5. 有条件的应予以吸氧。

6. 病人因外伤出血引起的出血性休克应采取适当方法止血。

四、复合伤的急救

人体同时或相继受到不同性质的两种及其以上致伤因素的作用而发生两种以上不同的损伤，称为复合伤。

(一) 病因

1. 各类爆炸事故

火药或弹药、汽油、瓦斯、蒸气锅炉、沼气及其他一些化学易燃易爆物引发爆炸事故时，可发生严重火灾，形成强大冲击、爆震波，可能发生烧伤与冲击伤或其他创伤的复合伤。

2. 严重交通事故

驾驶员和乘员发生撞击伤等创伤，随之发生油箱爆炸或起火及腐蚀性或有毒物质泄漏，又可造成烧伤、中毒等，从而发生复合伤。

3. 严重自然灾害

自然灾害可产生不同的致伤因素。例如，地震可产生直接灾害，又可产生地震水灾、地震火灾、地基失效(如山崩)房屋倒塌而引起压伤和石砸伤，如同时破坏炉灶、煤气可引起火灾而造成烧伤，从而发生创伤与烧伤的复合伤。

(二) 临床特点

1. 常以一种创伤为主

复合伤中的两种或更多的致伤因素中，就伤情严重程度而言，常以一种损伤为主，其他为次要损伤。这是由于致伤时不同致伤因素的强度往往不一致的缘故。主要损伤常决定复合伤的基本性质、伤情特点、病程经过、救治重点和影响预后及转归。

2. 伤情可被掩盖

复合伤常伤及全身各个部位、多个脏器，但有些损伤显露于外，易

于发现;有些损伤隐发于内,难以发现。而表露的伤情常掩盖隐发的伤情,或转移医生及伤员本人的注意力,从而造成漏诊误诊,有时带来致命性的后果。因此,在诊治时,必须根据伤员致伤情况,充分考虑到发生复合伤的可能,必须对伤员进行全面的观察,特别注意内脏的隐发损伤。

(三) 救治基本要求

复合伤的急救要求是迅速扑灭伤员身上的火焰,对大面积烧伤应另用衣物遮盖伤面,迅速撤离受伤现场。优先抢救出血、窒息、昏迷、休克等伤员。清除伤员口、鼻、耳道的粉尘和异物保持呼吸道通畅,对窒息者行环甲膜穿刺。迅速包扎伤口、止血、固定,以及对气胸、休克者等做急救处理。

五、止血方法

在各种突发创伤中,常有外伤大出血的紧张场面。出血是指皮肤、肌肉、血管受损破裂,血液从血管等不断外流的现象,是创伤的突出表现,采取有效的止血方法可减少出血,保存有效血容量,防止休克的发生。因此,及时有效的止血是创伤现场救护的基本任务,是挽救生命、降低死亡率、为病人赢得进一步治疗时间的重要治疗技术。然而,由于现场救护条件较差,要想做到既能有效止血,又能因地制宜、就便取材,而且使用的止血方法又不会伤及肢体,则平时就必须学习相关的医疗救护知识和技能,只有这样,才能在火灾现场井井有条地实施救护工作。

(一) 失(出)血类型

根据出血部位的不同,出血类型可分为皮下出血、内出血、外出血。火场出血大多见于外出血。

皮下出血大多因跌、撞、挤、挫伤,造成皮下软组织内出血,形成血肿、瘀斑,可短期自愈。

内出血是深部组织和内脏损伤,血液流入组织内或体内,形成脏器血肿或积血,从外表看不见,只能根据伤病人的全身或局部症状来判断,如面色苍白、吐血、腹部疼痛、便血、脉搏快而弱等来判断胃肠道等重要脏器有无出血。内出血对伤病人的健康和生命威胁很大,必须密切注意。

外出血是人体受到外伤后血管破裂，血液从伤口流出体外。

（二）失血症状

无论是外出血还是内出血，失血量较多时，伤病人面色苍白、口渴、冷汗淋漓、手足发凉、软弱无力、呼吸紧迫、心慌气短。检查时，脉快而弱以至摸不到，血压下降，表情淡漠，甚至神志不清。

（三）止血材料

常用的止血材料有无菌敷料、粘贴创可贴、气囊止血带、表带止血带。就地取材所用的布料止血带，如用三角巾、毛巾、手绢、布料、衣物等可折成三指宽的宽带以应急需。禁止用电线、铁丝、绳子等替代止血带。

无菌敷料用来覆盖伤口。其种类有：纱布垫、创可贴、创伤敷料等。如没有无菌敷料，可以用干净的毛巾、衣物、布、餐巾纸等替代。目的为控制出血，吸收血液并引流液体，保护伤口，预防感染。

止血带采用宽的、扁平的布质材料做成。其种类有医用气囊止血带、表式止血带等。

（四）止血方法

常用的止血方法有包扎止血、加压包扎止血、指压止血、加垫屈肢止血、填塞止血、止血带止血等。一般的出血可以使用包扎、加压包扎法止血。四肢的动、静脉出血，如使用其他的止血法能止血的，就不用止血带止血。人体主要的止血点见图 8-3。

1. 包扎止血

包扎止血适用于浅表伤口出血损伤小血管和毛细血管，出血少。

（1）粘贴创可贴止血

将创可贴自粘贴的一边先粘贴在伤口的一侧，然后向对侧拉紧粘贴另一侧。

（2）敷料包扎

将敷料、纱布覆盖在伤口上，敷料、纱布要有足够的厚度，覆盖面积要超过伤口至少 3 cm。可选用不粘伤口、吸收性强的敷料。

（3）就地取材，选用三角巾、手帕、纸巾、清洁布料等包扎止血。

2. 加压包扎止血

加压包扎止血适用于全身各部位的小动脉、静脉、毛细血管出血。

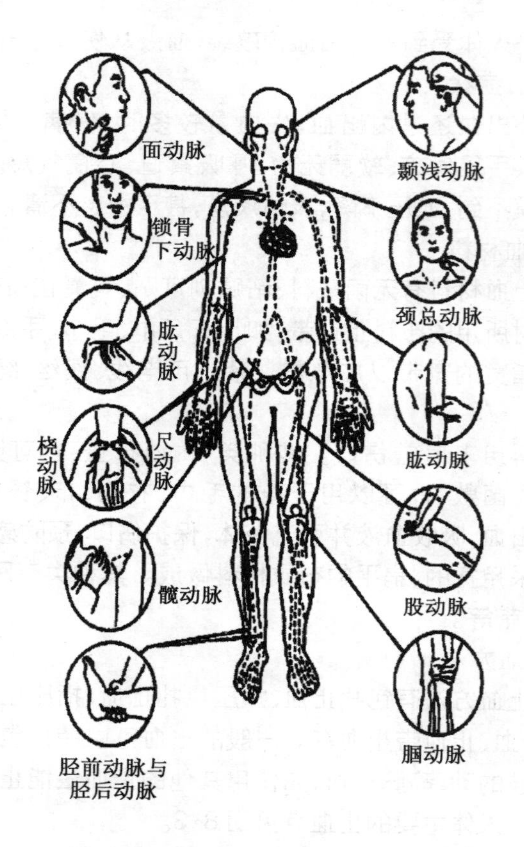

图 8-3　人体主要的止血点

用敷料或其他洁净的毛巾、手绢、三角巾等覆盖伤口，加压包扎达到止血目的。

(1) 直接压法

通过直接压迫出血部位而达到止血目的。

操作要点：伤病人卧位，抬高伤肢(骨折除外)。检查伤口有无异物，如无异物，用敷料覆盖伤口，敷料要超过伤口至少 3 cm，如果敷料已被血液浸湿，再加上另一敷料，用手施加压力直接压迫，用绷带、三角巾等包扎。

(2) 间接压法

操作要点：伤病人卧位，伤口如有扎入身体导致外伤出血的剪刀、小刀、玻璃片等异物，则保留异物，并在伤口边缘将异物固定，然后用绷带加压包扎。

3．指压止血法

用手指压迫伤口近心端的动脉，阻断动脉血运，能有效地达到快速止血目的。指压止血法大多用于出血多的伤口。

操作要点：准确掌握动脉压迫点，压迫力度要适中，以伤口不出血为准。压迫 10～15 min，仅是短时急救止血，保持伤处肢体抬高。

常用指压止血部位：颞浅动脉压迫点，肱动脉压迫点，桡、尺动脉压迫点，股动脉压迫点。

4．加垫屈肢止血法

对于外伤出血量较大、肢体无骨折损伤者，用此法。注意肢体远端的血液循环，每隔 50 min 缓慢松开 3～5 min，防止肢体坏死。

5．填塞止血法

此法适用于伤口较深较大、出血多、组织损伤大的应急现场救治。具体做法是用消毒纱布、敷料（如无，用干净的布料替代）填塞在伤口内，再用加压包扎法包扎。

6．止血带止血法

当四肢有大血管损伤，或伤口大、出血量多，采用以上止血方法仍不能止血时，方可选用止血带止血的方法。

操作要点：肢体上止血带的部位要正确，止血带适当拉长，经绕肢体体周，在外侧打结固定。上止血带部位要有敷料、衣服等衬垫，记住上止血带时间，每隔 50 min 要放松 3～5 min，以暂时改善血液循环。放松止血带期间，要用指压法、直接压迫法止血，以减少出血。

六、包扎方法

快速、准确地将伤口包扎，是外伤救护的重要一环。包扎的目的是为了快速止血、保护伤口，防止进一步污染，减少感染机会；减少出血，减轻疼痛，预防休克；保护内脏和血管、神经、肌腱等重要解剖结构，有利于转运和进一步治疗。

伤口是细菌侵入人体的门户，如果伤口被细菌污染，就可能引起化脓或并发败血症、气性坏疽、破伤风，严重损害健康，甚至危及生命。

因此，受伤以后，如果没有条件做到清创手术，在现场应先进行包扎。

（一）伤口种类

1. 割伤

被刀、玻璃等锋利的物品将组织整齐切开，如伤及大血管，伤口则会大量出血。

2. 瘀伤

由于受硬物撞击或压伤、钝物击伤，使皮肤内层组织出血，伤处瘀肿。

3. 刺伤

被尖锐的小刀、针、钉子等扎伤，伤口小而深，易引起内层组织受损。

4. 枪伤

子弹可穿过身体而出，或停留体内，因此，身体可见 1～2 个伤口。体内组织、脏器等受伤。

5. 挫裂伤

伤口表面参差不齐，血管撕裂出血，并黏附污物。

（二）包扎材料

常用的包扎材料有创可贴、尼龙网套、三角巾、弹力绷带、纱布绷带、胶条及就便器材如毛巾、头巾、衣服等。

（三）包扎方法

包扎伤口动作要快、准、轻、牢。包扎时部位要准确、严密，不遗漏伤口；包扎动作要轻，不要碰撞伤口，以免增加伤病人的疼痛和出血；包扎要牢靠，但不宜过紧，以免妨碍血液流通和压迫神经。

操作要点：尽可能带上医用手套，如无，用敷料、干净布片、塑料袋、餐巾纸为隔离层，脱去或剪开衣服，暴露伤口，检查伤情，伤口封闭要严密，防止污染伤，动作要轻巧而迅速，部位要准确，伤口包扎要牢固，松紧要适宜。不要用水冲洗伤口（化学伤除外），不要对嵌有异物或骨折断端外露的伤口直接包扎，不要在伤口上用消毒剂或消炎粉。如必须用裸露的手进行伤口处理，在处理完成后，用肥皂清洗手。手、足绷带包扎见图 8-4，足部三角巾包扎见图 8-5，头部三角巾包扎见图 8-6。

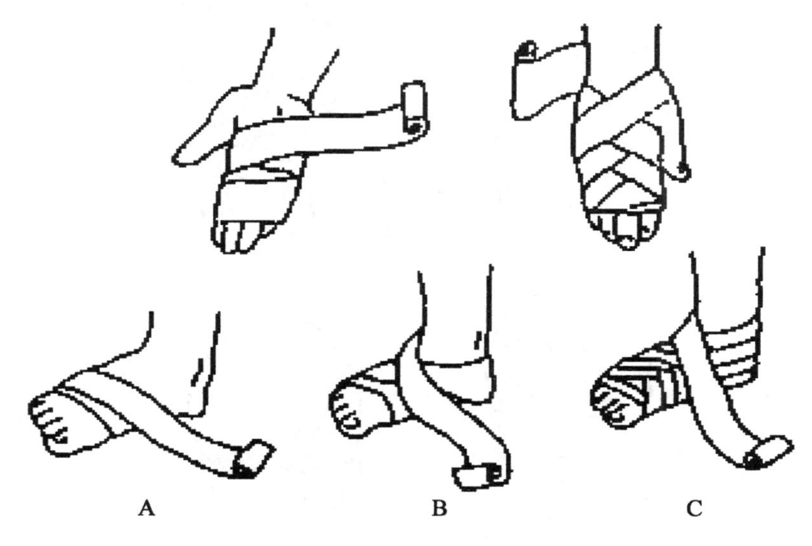

图 8-4　手、足绷带包扎

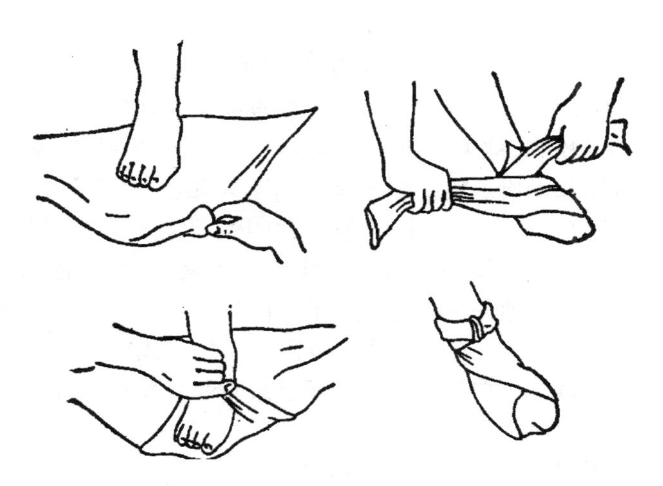

图 8-5　足部三角巾包扎

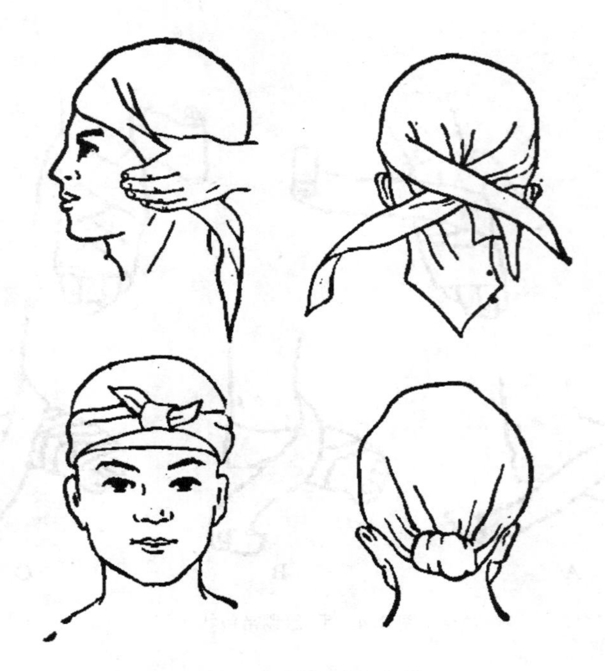

图 8-6　头部三角巾包扎

七、固定方法

骨骼的完整性由于受外力的撞击、扭曲、过分的牵拉、机械性的碾伤、肌肉拉力受损、本身疾病等原因，直接或间接使其遭破坏，发生骨骼破裂、折断、粉碎，称为骨折。如交通事故，从高处跌下，骨结核、骨肿瘤等因素引起骨折。为了使断骨伤情不再加重，必须对骨折正确及时地急救，即将它“捆绑”起来，这种方法叫做固定。

骨折固定的目的是为了减少伤病人的疼痛，避免损伤周围组织、血管、神经，减少出血和肿胀，防止闭合性骨折转化为开放性骨折；便于搬动病人，有利于转运后的进一步治疗。如不固定，在搬动过程中骨折端会刺破周围的血管、神经，甚至造成脊髓损伤截瘫等严重后果。

（一）骨折类型

骨折类型包括：闭合性骨折、开放性骨折。

骨折的程度分为完全性骨折、不完全性骨折、嵌顿性骨折。

骨折的临床表现主要为疼痛，肿胀，畸形，功能障碍。

（二）骨折判定方法

骨折急救，首先要弄清是不是骨折，其判断方法主要是：

(1) 受伤部位和伤肢明显变形；伤肢比健肢短、弯曲或手脚转向异常方向，便是骨折；

(2) 受伤部位明显肿胀，疼痛加剧，不能活动，可判定是骨折；

(3) 用手轻轻按摸受伤部位时疼痛加剧，有时可摸到骨折线，搬移时疼痛更加剧烈，明显是骨折；

(4) 患肢无异常活动骨折处有压痛，是不完全性骨折。这种骨折要进行外固定，以防搬移时完全断离；

(5) 骨折端穿破软组织与外界相通，可以直接判定是开放性骨折。

（三）常见的固定器材

1. 脊柱部位固定

常运用颈托、铝芯塑型夹板、脊柱板、头部固定器、躯干夹板等专业器材。如现场无此类器材可现场制作。如用报纸、毛巾、衣物卷成卷，从颈后向前围于颈部。颈套粗细以围于颈部后限制下颌活动为宜。

2. 夹板类

常运用充气式夹板、铝芯塑型夹板、锁骨固定带、小夹板等。如无合适器材也可现场制作，利用杂志、硬纸板、木板块、折叠的毯子、树枝、雨伞等作为临时夹板。

3. 自体固定

将受伤上肢缚在胸廓上，将受伤下肢固定于健肢。

（四）固定方法

要根据现场的条件和骨折的部位采取不同的固定方式。固定要牢固，不能过松、过紧。在骨折和关节突出处要加衬垫，以加强固定和防止皮肤压伤。根据伤情选择固定器材，如以上提到的一些器材，也可根据现场条件就便取材。颈椎骨折固定见图 8-7，股骨骨折固定见图 8-8。

操作要点：置伤病人于适当位置，就地施救，夹板与皮肤、关节、骨突出部位之间加衬垫，固定时操作要轻。先固定骨折的上端，再固定下端,绑带不要系在骨折处。前臂、小腿部位的骨折,尽可能在损伤部位的两侧放置夹板固定,以防止肢体旋转及避免骨折断端相互接触。固定后,上肢为屈肘位,下肢呈伸直位。

注意事项:开放性骨折禁止用水冲洗,不涂药物,保持伤口清洁;肢体如有畸形、可按畸形位置固定;临时固定的作用只是制动,严禁当场整复。

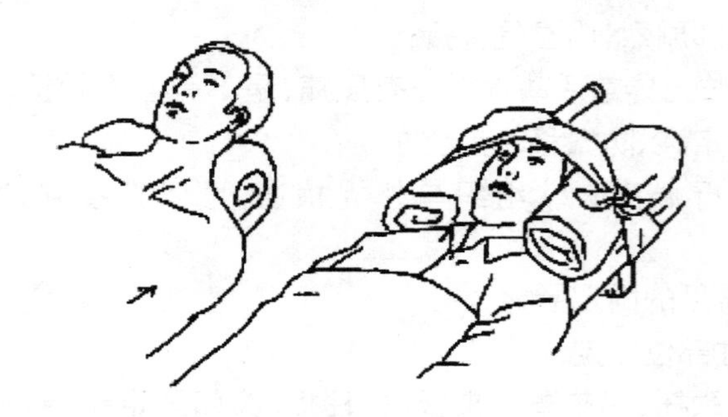

图 8-7　颈椎骨折固定

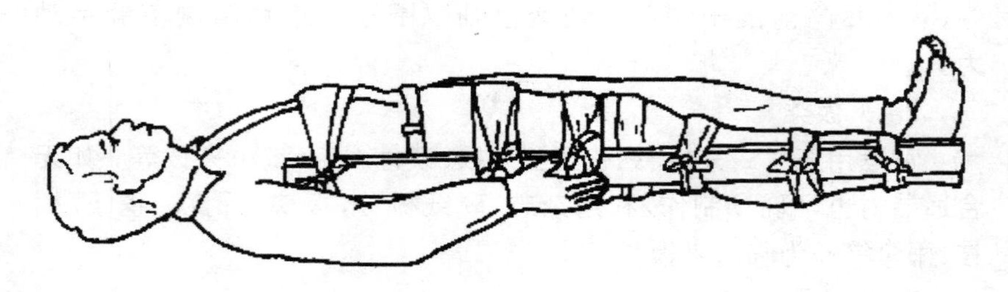

图 8-8　股骨骨折固定

八、搬运方法

近 20 年来,搬运护送的方法及工具有了很大的改变。装备精良、性能良好的救护车和艇船以及直升救护机、轻型喷气式救护飞机等已构成医疗运输的重要内容。但是,无论怎样的进步,病人从发病现场被搬运到担架、救护车、飞机等过程,都要求救护人员掌握正确的救护搬运知识和技能。

火场搬运伤员的目的:一是使火场受伤病人脱离危险区,防止在火场上再次受伤,并实施现场救护;二是尽快使伤病人获得专业医疗;

三是防止损伤加重;四是最大限度地挽救生命,减轻伤残。

(一)搬运器材种类

火场上最常用的搬运病人的工具是担架。通常有以下几种类型:

1. 担架器材

(1)折叠楼梯担架:便于在狭窄的走廊、曲折的楼梯搬运。

(2)折叠铲式担架:为医用专业担架,担架双侧均可打开,将病人铲入担架,常用于脊柱损伤病人的现场搬运 。

(3)真空固定垫:可以自动(或打气)成型,并根据病人的身体形状将伤病人固定在垫中,担架搬运。

(4)漂浮式吊篮担架:海上救护,将病人固定于垂直的位置保证头部完全露出水面。

(5)脊椎固定板。

(6)帆布担架:适用于内科系列的病人。对怀疑有脊柱损伤的病人禁用。

2. 自制担架

(1)木板担架。

(2)毛毯担架:在伤病人无骨折的情况下运用。毛毯也可用床单、被罩、雨衣等替代。

(3)简易担架:在户外现场应用中要慎重,尽可能用木板担架。对于无骨折的病人,病情严重时急用。

(4)绳索担架:用木棒两根,将坚实绳索交叉缠绕在两根木棒之间,端头打结系牢。

(5)衣物担架:用木棒两根,将大衣袖翻向内成两管,木棍插入内,衣身整理平整。

(二)搬运护送要求

(1)迅速观察受伤现场和判断伤情。

(2)做好伤病人现场的救护,先救命后治伤。

(3)应先止血、包扎、固定后再搬运。

(4)伤病人体位要适宜。

(5)不要无目的地移动伤病人。

(6)保持脊柱及肢体在一条轴线上,防止损伤加重。

(7) 动作要轻巧,迅速,避免不必要的震动。

(8) 注意伤情变化,并及时处理。

(三) 搬运方法

正确的搬运方法能减少病人的痛苦,防止损伤加重;错误的搬运方法不仅会加重伤病人的痛苦,还会加重损伤。因此,正确的搬运在现场救护中显得尤为重要。

操作要点:现场救护后,要根据伤病人的伤情轻重和特点分别采取搀扶、背运、双人搬运等措施。疑有脊柱、骨盆、双下肢骨折时,不能让伤病人试行站立;疑有肋骨骨折的伤病人不能采取背运的方法。伤势较重,有昏迷、内脏损伤、脊柱、骨盆骨折,双下肢骨折的伤病人应采取担架器材搬运方法,现场如无担架,制作简易担架,并注意禁忌范围。常用的搬运方法见图 8-9。

(a) 腋下拖行法

(b) 担架搬运法

(c) 爬行法

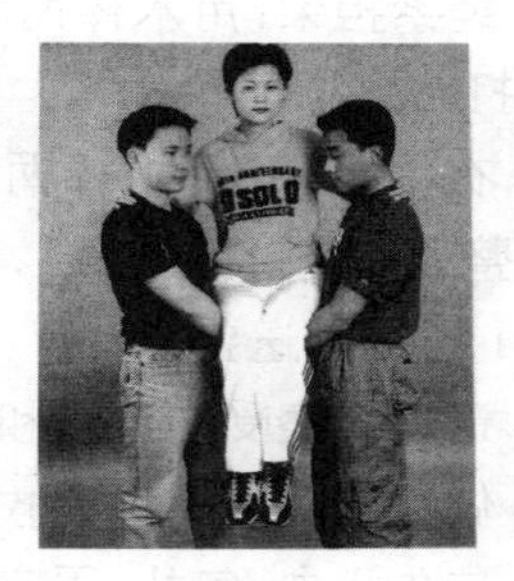

(d) 杠轿搬运法

(e) 单人搀扶、背、抱搬运法

(f) 双人抬式、平托式搬运法

(g) 多人平移搬运法

图 8-9　常用的搬运方法

1. 徒手搬运

对于转运路程较近、病情较轻、无骨折的病人所采用的搬运方法。包括拖行法、扶行法、抱持法、爬行法、杠轿式等。

2. 担架搬运

担架是现场救护搬运中最方便的用具。有 2～4 名人员，救护人按救护搬运的正确方法将伤病人轻轻移上担架，需要的话，做好固定。

搬运要点：病人固定于担架上，病人的头部向后，足部向前，以便后面抬担架的救护人观察伤病人的变化，抬担架人的脚步、行动一致。向高处抬时，前面人要将担架放低，后面人要抬高，以使病人保持水平状态；向低处抬则相反。一般情况下伤病人多采取平卧位，有昏迷时头部应偏于一侧，有脑脊液耳漏、鼻漏时头部应抬高 30 度，防止脑脊液逆流和窒息。

3. 伤病人的紧急移动

(1) 从驾驶室搬出

一人双手掌抱于伤病人头部两侧，轴向牵引颈部。可能的话带上颈托，另一人双手轻轻轴向牵引伤病人的双踝部，使双下肢伸直。第三、四人双手托伤病人肩背部及腰臀部，保持脊柱为一条直线，平稳将伤病人搬出。

(2) 从倒塌物下搬出

迅速清除压在伤病人身上的泥土、砖块、水泥板等倒塌物，清除伤病人口腔、鼻腔中的泥土及脱落的牙齿，保持呼吸道通畅，一人双手抱于伤病人头部两侧牵引颈部，另一人双手牵引伤病人双踝，使双下肢伸直，第三、四人双手平托伤病人肩背部和腰臀部，四人同时用力，保持脊柱轴位，平稳将伤病人移出现场。

(3) 从狭窄坑道将伤病人搬出

一人双手抱于伤病人头部两侧牵引颈部，另一人双手牵引伤病人双踝，使双下肢伸直，第三、四人双手平托伤病人肩背部和腰臀部，将伤病人托出坑道，交于坑道外人员将伤病人搬出。

(4) 脊柱骨折移动

一人在伤病人的头部，双手掌抱于头部两侧轴向牵引颈部，另外三人在伤病人的同一侧(一般为右侧)，分别在伤病人的肩背部、腰臀部、膝踝部。双手掌平伸到伤病人的对侧，四人均单膝跪地，四人同时用力，保持脊柱为一轴线，平稳将伤病人抬起，放于脊柱板上，上颈托，无颈托颈部两侧用沙袋或衣物等固定。头部固定器固定头部，或布带固定 6～8 条固定带，将伤病人固定于脊柱板 2～4 人搬运 。

(5) 骨盆骨折移动

伤病人骨盆固定，三人位于伤病人的一侧，一人位于伤病人的胸

部，伤病人的手臂抬起置于救护人的肩上；一人位于腿部，一人专门保护骨盆，双手平伸，同时用力，抬起伤病人放于硬板担架，如有骨盆骨折，骨盆两侧用沙袋或衣物等固定，防止途中晃动，如上臂有骨折，固定后上臂用衣物垫起，与胸部相平行，肘部屈曲 90 度放于腹部。头部、双肩、骨盆、膝部用宽布带固定于担架上。防止途中颠簸和转动。

（四）现场搬运注意事项

1. 搬动要平稳，避免强拉硬拽，防止损伤加重。

2. 特别要保持脊柱轴位，防止脊髓损伤。

3. 疑有脊柱骨折时禁忌一人抬肩、一人抱腿的错误方法。

4. 转运途中要密切观察伤病人的呼吸、脉搏变化，并随时调整止血带和固定物的松紧度，防止皮肤压伤和缺血坏死。

5. 要将伤病人妥善固定在担架上，防止头部扭动和过度颠簸。

九、心肺复苏方法

心搏呼吸骤停是临床最紧急的危险情况，心肺复苏术（CPR）就是对此所采用的最初急救措施，应争分夺秒地立即在现场进行，以争取复苏成功。

古老心肺复苏到现代心肺复苏经历了几十个世纪的发展过程，并日趋完善。美国心脏病学会于 1998 年开始着手进行心脏紧急救治和心肺复苏指南的再次修订，并确定该指南于 2000 年修订成国际指南。我国近十多年来，对心肺复苏的工作也十分重视，并在心肺复苏技术的普及训练、复苏技术的某些改进等方面均取得了一定成绩。

（一）心搏呼吸骤停原因

心搏呼吸骤停的原因很多，其中以心脏血管疾病引起者为多见，主要有以下几个方面：

（1）心脏血管疾病：各种心脏疾病均有可能发生心搏骤停，其中冠心病是最常见的原因。

（2）非心脏血管疾病：电击、溺水、自缢、严重创伤等意外事件、一氧化碳中毒、有机磷中毒、灭鼠药中毒、工业毒物及食物中毒、脑血管意外、急性重症胰腺炎等。

（3）手术及操作意外：如心脏直视手术、气管插管、心包或胸腔穿刺、心血管造影等。

(4) 麻醉意外及呼吸系统疾病等。

(二) 现场心肺复苏术

心搏呼吸突然停止后,循环终止。脑细胞由于对缺氧十分敏感,一般在循环停止后4～6 min大脑即发生严重损害,甚至不能恢复。因此,对心搏呼吸骤停患者,必须争分夺秒,积极抢救,立即在现场进行心肺复苏。复苏开始越早,存活率越高。

现场心肺复苏的抢救一般遵循以下三个操作步骤:

1. A(assessment + airway)判断意识和畅通呼吸道

(1) 确定患者的意识状态:轻摇患者肩部并呼唤,如无反应,立即用手指甲掐压人中、合谷穴约5s,如患者出现眼球活动、四肢活动或疼痛,应立即停止。如已有患者心搏停止的可靠佐证,则可省略这一步骤。

(2) 呼救:一旦初步确定患者丧失意识,应呼救,以招呼周围的人前来协助抢救,一个人作心肺复苏术不可能坚持较长时间。

(3) 体位:将患者放置仰卧于地上或硬板床,如为软床,则应在患者背部垫一宽度超过床沿和够长的硬板,解开患者上衣。抢救者跪或站立于患者右肩颈侧。

(4) 畅通气道:心搏呼吸骤停的患者因其舌根后坠,引起气道阻塞,宜用仰头举颏法使之通畅。即一手置于前额使头部后仰,另一手的食指与中指置于下颌近下颏处,抬起下颏。常用的打开气道方法见图8-10。

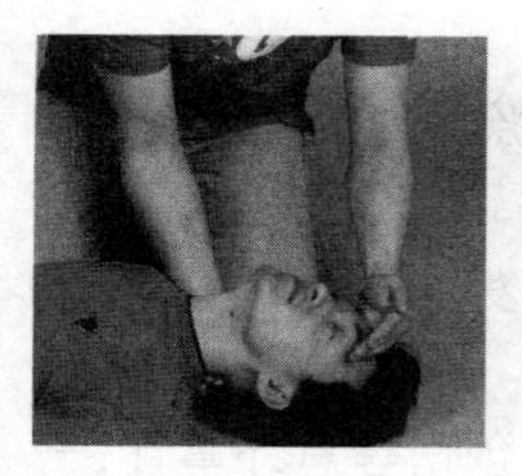

(a) 仰头抬颈法

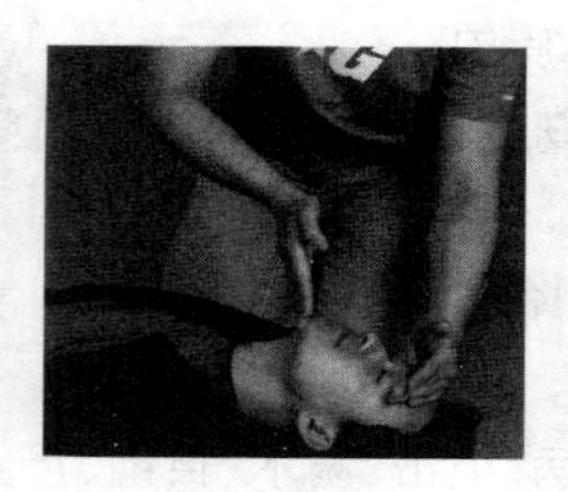

(b) 仰头举颏法

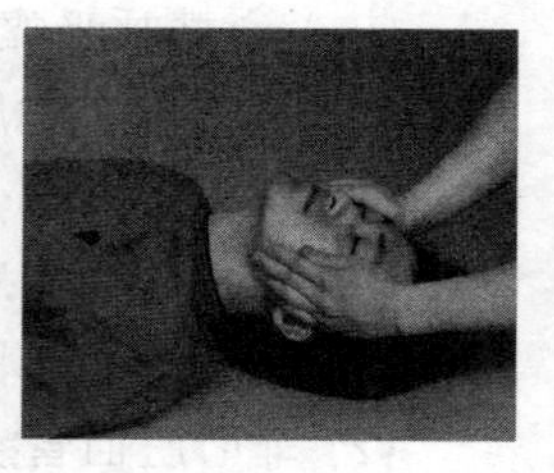

(c) 双下颌上提法

图8-10 打开气道方法

(5) 判断呼吸: 在畅通呼吸道之后,判断呼吸是否存在,即用耳贴近患者口鼻,眼睛观察患者胸部有无起伏,面部感觉患者呼吸道有无气体排出，耳听患者呼吸道有无气流通过的声音。见图 8-11。观察 5 s 左右，无呼吸者立即作人工呼吸。

图 8-11　判断呼吸方法

2. B(breathing)人工呼吸

一般均用口对口人工呼吸法。若患者牙关紧闭或口腔有严重损伤时可改用口鼻人工呼吸，因婴幼儿口鼻开口均较小，位置又很靠近，可作口对口鼻人工呼吸。人工呼吸的步骤如下：

(1) 在保持呼吸道通畅和患者口部张开的情况下进行；

(2) 用按于患者前额一手的拇指与食指，捏闭患者的鼻孔

(3) 抢救者深吸一口气后，张开口贴紧并把患者的口部完全包住

(4) 用力快而深地向口内吹气直至患者胸部上抬；

(5) 一次吹气完毕后，应即与患者口部脱离，轻轻抬头观察患者胸部，吸入新鲜空气，以便作下一次人工呼吸。同时放松患者鼻孔以便呼气，此时患者胸部向下塌陷，有气流从口鼻排出；

(6) 每次吹入气量约为 800～1 200 mL，气量不要过大，吹气时要暂停按压胸部；

(7) 抢救开始首先全力吹气两口，以扩张萎陷肺脏，以后每按压胸部 15 次后，吹气两口，即 15∶2；亦可应用 s 形的急救口咽吹气管或用口对口呼吸专用面罩以代替直接口对口人工呼吸。

(8) 在做口对口呼吸前，应先查明口腔中有无血液、呕吐物或其他分泌物，若有这些液体，应先尽量清除之。

3. C(circulation)人工循环

(1) 判断脉搏患者心搏停止后，脉搏亦即消失，由于颈部暴露故便于迅速触摸颈动脉。在开放气道并作 2 次人工呼吸后，用食指及中指指尖先触及气管正中部位，男性可先触及喉结，然后在靠近抢救者一侧向旁滑移 2～3 cm，在气管旁软组织处轻轻触摸颈动脉搏动，检查不要超过 10s，未触及搏动表明心搏已停止，注意避免可能将自己手指的搏动误为患者的脉搏。

(2) 胸外心脏按压术按压部位在胸骨中下 1/3 交界处，以一手掌根部放在按压区，将另一只手掌根重叠放于其手背上，两手手指交叉

抬起，使手指脱离胸壁。抢救者双臂绷直，双肩在患者胸骨上方正中，垂直向下用力按压，利用上半身体重和肩臂部肌肉力量。按压应平稳、有规律地进行，不能间断，不能冲击式猛压。下压及向上放松的时间大致相同，按压频率成人及儿童均为 100 次/min。1 岁以内婴儿多采用双手环抱法，双拇指重叠下压，按压频率＞100 次/min。见图 8-12。

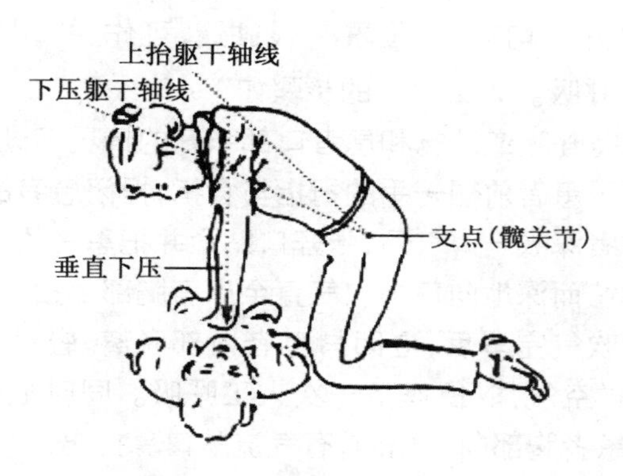

图 8-12　胸外按压示意图

（三）心肺复苏有效与终止

1. 心肺复苏有效性判定

心肺复苏术操作是否正确，主要靠平时严格训练，掌握正确的方法。而在急救中判断复苏是否有效，可以根据以下四方面进行综合考虑。

(1) 瞳孔：复苏有效时，瞳孔由大变小，如瞳孔由小变大、固定，则说明复苏无效。

(2) 面色（口唇）：复苏有效，可见面色由紫绀转为红润；如若变为灰白，则说明复苏无效。

(3) 颈动脉搏动：按压有效时，每一次可以摸到一次搏动，如若停止按压，搏动亦消失，此时应继续进行心脏按压，如若停止按压后脉搏仍跳动，则说明患者心跳已恢复，按压有效时可测到血压＞60/40 mmhg。

(4) 出现自主呼吸：自主呼吸出现，并不意味可以停止人工呼吸，如果自主呼吸微弱，仍应坚持口对口呼吸。

2. 终止心肺复苏的指征

心肺复苏应坚持连续实施，抢救中不可武断地作出停止复苏的决定。如有条件确定下列指征时，可考虑终止心肺复苏。

脑死亡表现为：

(1) 深度昏迷，对疼痛刺激无任何反应，无自主活动；

(2) 自主呼吸停止；

(3) 瞳孔固定；

(4) 脑干反射消失、眼前庭反射消失、角膜和吞咽反射消失、瞬目和呕吐动作消失；

(5) 脑电图平波。

无心跳及脉搏有以上脑死亡诊断标准的 1～4 点，加上无心跳，心肺复苏 30 min 以上，可以考虑患者死亡，终止复苏。

参考文献

1. 全国人大常委会法工委刑法室，公安部消防局. 中华人民共和国消防法释义[M]. 北京：人民出版社，2009

2. 朱力平. 消防工程师手册[M]. 南京：南京大学出版社，2005

3. 公安部消防局. 公安消防监督员业务培训教材[M]. 北京：群众出版社，1999

4. 公安部消防局. 消防监督检查[M]. 北京：群众出版社，1999

5. 张洪江. 单位消防安全管理基础[M]. 南昌：江西科学技术出版社，2002

6. 范维澄，孙金华，陆守香. 火灾风险评估方法学[M]. 北京：科学出版社，2004

7. 李引擎. 建筑防火性能化设计[M]. 北京：化学工业出版社，2005

8. 孙才正，付强. 现代建筑排烟[M]. 天津：天津科学技术出版社，1997

9. 郑端文. 建筑内部装修消防安全技术[M]. 北京：中国建筑工业出版社，2006

10. 童朝阳等. 火灾烟气毒性的定量评价方法评述[J]. 安全与环境学报.，2005，5(4)：101-105

11. 张树平. 建筑火灾中人的行为反应研究[D]. 西安：西安建筑科技大学，2004

12. 阎卫东. 建筑物火灾时人员行为规律及疏散时间研究[D]. 沈阳：东北大学，2006

13. GB50016—2006. 建筑设计防火规范[S]

14. GB50045—95(2005 版).高层建筑设计防火规范[S]
15. GB50098—98(2001 版).人民防空工程设计防火规范[S]
16. GB50222—95(2001 版).建筑内部装修设计防火规范[S]
17. GB13495—92.消防安全标志[S]
18. GB15630—1995.消防安全标志设置要求[S]
19. DGJ32/J67—2008.商业建筑设计防火规范[S]
20. DGJ32/J26—2006.江苏省住宅设计标准[S]
21. GA654—2006.人员密集场所消防安全管理规定[S]
22. GA/T579—2005.城市轨道交通消防安全管理[S]
23. DB32/857—2005.学校消防安全管理[S]
24. DB32/1137—2007.公共娱乐场所消防安全管理[S]
25. DB32/863—2005.商场市场消防安全管理[S]
26. DB32/862—2005.医院消防安全管理[S]
27. DB32/861—2005.宾馆饭店消防安全管理[S]
28. 公安部令第 11 号.高层居民住宅楼防火管理规则
29. 公安部令第 61 号.机关、团体、企业、事业单位消防安全管理规定
30. 江苏省人民政府令第 82 号.江苏省高层建筑消防安全管理规定